“十二五”普通高等教育本科国家级规划教材

大学物理学

（第三版） 下册

主 编 张铁强

DAXUE WULIXUE

中国教育出版传媒集团
高等教育出版社·北京

内容提要

本书是普通高等教育“十一五”国家级规划教材、“十二五”普通高等教育本科国家级规划教材，并获得国家普通高等教育精品教材奖。

本书以《理工科类大学物理课程教学基本要求》（2010 年版）为依据，在总结前两版编写的经验，吸收了广大师生的意见和建议的基础上修订而成。全书适度扩展了近代物理学的内容，将涉及现代科学与高新技术的物理基础内容引入教材；同时，通过设置科技博览、前沿进展等栏目，在经典物理学内容中插入物理前沿知识和现代科学技术的例子。本书上册包括力学、流体力学、热学、电磁学，下册包括振动和波动、光学、相对论、量子物理、现代科学与高新技术的物理基础专题。

本书可作为普通高等学校理工科非物理学类专业大学物理课程的教材，以及电视大学和成人教育相关课程的教材，也可作为其他读者的参考书。

图书在版编目（CIP）数据

大学物理学．下册 / 张铁强主编．-- 3 版．-- 北京：高等教育出版社，2022.9

ISBN 978-7-04-058674-9

Ⅰ．①大… Ⅱ．①张… Ⅲ．①物理学–高等学校–教材 Ⅳ．①O4

中国版本图书馆 CIP 数据核字（2022）第 086534 号

策划编辑 马天魁　责任编辑 吴 荻　封面设计 李小璐　版式设计 李彩丽
责任绘图 黄云燕　责任校对 张慧玉 刁丽丽　责任印制 耿 轩

出版发行	高等教育出版社	网　　址	http://www.hep.edu.cn
社　　址	北京市西城区德外大街 4 号		http://www.hep.com.cn
邮政编码	100120	网上订购	http://www.hepmall.com.cn
印　　刷	三河市吉祥印务有限公司		http://www.hepmall.com
开　　本	787 mm×1092 mm　1/16		http://www.hepmall.cn
印　　张	21.5	版　　次	2008 年 1 月第 1 版
字　　数	490 千字		2022 年 9 月第 3 版
购书热线	010－58581118	印　　次	2022 年 9 月第 1 次印刷
咨询电话	400－810－0598	定　　价	47.60 元

物 料 号　58674－00

目　录

第 10 章　振　　动

振动(vibration)是自然界中常见的现象,如钟摆的摆动、琴弦的颤动、心脏的跳动乃至晶体中原子在格点附近的热运动等,均属于振动. 我们把物体在其稳定的平衡位置附近所做的往复运动,称为机械振动(mechanical vibration). 但振动并不仅限于此,在物理学的其他领域也存在着与机械振动类似的振动现象. 如交流电中电流和电压的往复变化,电磁波中电场和磁场的往复变化等. 因此广义上讲,任何一个物理量,在某一定值附近发生往复变化,我们都可以称之为振动. 虽然它们与机械振动有本质差别,但理论和实验表明,一切振动现象都具有共同点,都遵循相同的数学规律.

振动有简单和复杂之分. 最简单、最基本的振动是简谐运动. 一切复杂的振动都可看成诸多简谐运动的合成. 本章我们主要以简谐运动为例,研究振动现象的一般规律.

通过本章的学习,我们应理解简谐运动及其旋转矢量表示法,掌握简谐运动的规律,理解同方向、同频率简谐运动的合成,了解阻尼振动、受迫振动及共振等现象.

10.1　简 谐 运 动

10.1.1　简谐运动的运动学方程

简谐运动(simple harmonic motion)可以用一弹簧振子来演示. 一个轻质弹簧一端固定,另一端固结一个物体(视为质点),就构成一个弹簧振子(spring oscillator). 图 10.1 所示是一个安放在光滑水平面上的弹簧振子. 当弹簧处于自然状态时,物体所在位置为平衡位置,用 O 点表示,且取为坐标原点. 如果拉动物体,然后释放,那么物体将在弹性回复力的作用下,依靠其惯性在 O 点附近做往复运动,即简谐运动.

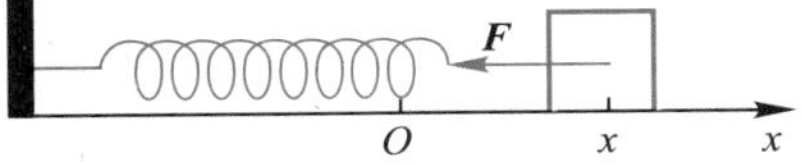

图 10.1　弹簧振子

设在任意时刻 t,物体的位移为 x,由胡克定律(Hooke's law)可知,它所受的弹性力为

$$F=-kx \tag{10.1}$$

式中,k 为轻质弹簧的弹性系数,负号表示弹性力的方向与位移方向相反. 若物体的质量为 m,则根据牛顿第二定律,物体的动力学方程可表示为

$$F=ma=m\frac{\mathrm{d}^2x}{\mathrm{d}t^2} \tag{10.2}$$

将式(10.1)代入式(10.2)中,得

$$m\frac{\mathrm{d}^2x}{\mathrm{d}t^2}=-kx \tag{10.3}$$

将上式改写成

$$\frac{\mathrm{d}^2x}{\mathrm{d}t^2}=-\frac{k}{m}x=-\omega^2x \tag{10.4}$$

式中

$$\omega^2=\frac{k}{m} \tag{10.5}$$

ω 是由系统自身性质所决定的常量. 式(10.4)反映了简谐运动物体加速度的基本特征:加速度的大小与位移大小成正比,加速度方向与位移方向相反.

利用式(10.4)可进一步将简谐运动的概念扩展,任何物理量 y 若满足方程式

$$\frac{\mathrm{d}^2y}{\mathrm{d}t^2}=-\omega^2y$$

且 ω 是由系统自身性质所决定的常量,则该物理量在进行简谐运动. 该式称为简谐运动的微分方程.

式(10.4)的解为

$$x=A\cos(\omega t+\varphi) \tag{10.6}$$

式中,A 和 φ 都是积分常量,其物理意义将在以后讨论. 式(10.6)反映了简谐运动物体的运动特征:简谐运动物体的位移随时间按余弦(或正弦)规律变化. 因此从运动学角度又可以说,具有这种运动特征的运动即简谐运动. 故式(10.6)为简谐运动的运动学方程(简称运动方程).

由简谐运动的运动学方程,可求得任意时刻质点的速度和加速度:

$$v=\frac{\mathrm{d}x}{\mathrm{d}t}=-A\omega\sin(\omega t+\varphi)=A\omega\cos\left(\omega t+\varphi+\frac{\pi}{2}\right) \tag{10.7}$$

$$a=\frac{\mathrm{d}v}{\mathrm{d}t}=\frac{\mathrm{d}^2x}{\mathrm{d}t^2}=-\omega^2A\cos(\omega t+\varphi)=\omega^2A\cos(\omega t+\varphi+\pi) \tag{10.8}$$

式(10.6)、式(10.7)和式(10.8)的函数关系如图10.2所示,其中表示 $x-t$ 关系的曲线称为振动曲线.

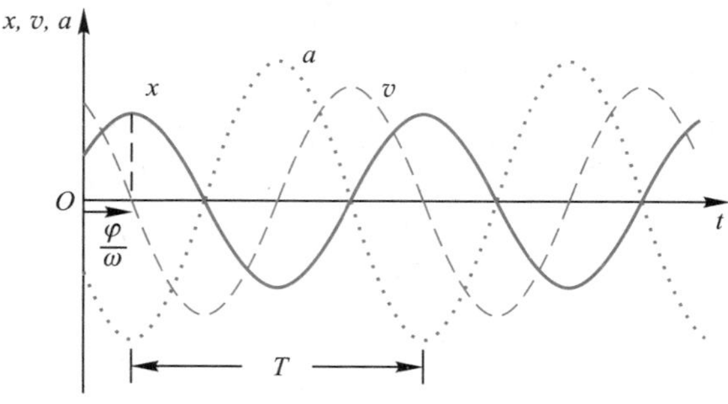

图10.2 简谐运动的 x、v、a 随时间变化的关系曲线

10.1.2 简谐运动的特征量

由简谐运动的运动学方程 $x=A\cos(\omega t+\varphi)$ 可知,决定简谐运动物体运动特征的物理量是其中的 A、ω 和 φ,它们是描述简谐运动的特征量.

一、振幅

式(10.6)中,A 表示振动物体离开平衡位置的最大距离,称为振幅(amplitude),它恒为正. 在国际单位制中,振幅的单位为米(m).

二、周期和频率

正弦、余弦函数均为周期函数,因此简谐运动也是周期性的,即每隔一定时间 T,运动就重复一次,这个固定的时间间隔 T 就是周期(period). 于是有

$$x=A\cos(\omega t+\varphi)=A\cos[\omega(t+T)+\varphi]$$

因余弦函数的周期是 2π,所以有

$$\omega T=2\pi$$

即

$$T=\frac{2\pi}{\omega}=2\pi\sqrt{\frac{m}{k}} \tag{10.9}$$

物体在 1 s 内完成全振动的次数,称为振动频率(frequency),用 ν 表示. 显然

$$\nu=\frac{1}{T}=\frac{1}{2\pi}\sqrt{\frac{k}{m}} \tag{10.10}$$

m、k 都是弹簧振子系统的固有性质,T 和 ν 均由系统自身性质决定,故又分别称为固有周期(natural period)和固有频率(natural frequency). 在国际单位制中,周期的单位为秒(s),频率的单位为赫兹(Hz).

由式(10.10)可知

$$\nu=\frac{\omega}{2\pi}$$

或

$$\omega=2\pi\nu \tag{10.11}$$

这说明 ω 等于 2π s 内物体完成全振动的次数,称为角频率(angular frequency)或圆频率(circular frequency). 在国际单位制中,角频率的单位为弧度每秒($\mathrm{rad\cdot s^{-1}}$).

三、相位与初相位

运动方程中的$(\omega t+\varphi)$称为简谐运动的相位(phase),有时也简称为相. 相位的单位为弧度(rad). 在振幅一定、角频率已知的情况下,相位决定任意时刻振动系统的运动状态(位置和速度). 例如,当用余弦函数表示简谐运动时,$\omega t+\varphi=0$,即相位为零的状态,表示质点在正的最大位移处而速度为零;$\omega t+\varphi=\pi/2$,即相位为 $\pi/2$ 的状态,表示质点正越过原点并以最大速率向 x 轴负向运动;$\omega t+\varphi=3\pi/2$ 的状态,表示质点正越过原点并以最大速率向 x 轴正向运动.

$t=0$ 时刻的相位 φ 称为初相位(initial phase),简称初相,在振幅一定、角频率已知的情况下,它取决于振动系统的初始运动状态. 反之,振动系统的初始运动状态亦决定系统的振

幅和初相位.

设 $t=0$ 时刻,物体的位移和速度分别是 x_0 和 v_0. 利用式(10.6)、式(10.7)得出

$$\begin{cases} x_0 = A\cos\varphi \\ v_0 = -A\omega\sin\varphi \end{cases} \tag{10.12}$$

从中可解出振幅和初相位:

$$\begin{cases} A = \sqrt{x_0^2 + v_0^2/\omega^2} \\ \varphi = \arctan \dfrac{-v_0}{x_0\omega} \end{cases} \tag{10.13}$$

例 10.1 一物体沿 x 轴做简谐运动,其运动方程为 $x=A\cos(\omega t+\varphi)$,设 $\omega=10\ \mathrm{rad\cdot s^{-1}}$,且当 $t=0$ 时,物体的位移为 $x_0=1\ \mathrm{m}$,速度为 $v_0=-10\sqrt{3}\ \mathrm{m\cdot s^{-1}}$,求该物体的振幅和初相位.

解 将 $\omega=10\ \mathrm{rad\cdot s^{-1}}$,$x_0=1\ \mathrm{m}$,$v_0=-10\sqrt{3}\ \mathrm{m\cdot s^{-1}}$ 代入式(10.13),可得

$$A=2\ \mathrm{m}$$

$$\tan\varphi=\sqrt{3}$$

即

$$\varphi=\frac{\pi}{3} \quad 或 \quad \varphi=\frac{4}{3}\pi$$

但因

$$v_0=-A\omega\sin\varphi=-10\sqrt{3}\ \mathrm{m\cdot s^{-1}}<0$$

可知

$$\sin\varphi>0$$

所以

$$\varphi\neq\frac{4}{3}\pi, \quad \varphi=\frac{\pi}{3}$$

四、相位差

设有下列两个做简谐运动的物体,其运动方程分别为

$$x_1=A_1\cos(\omega_1 t+\varphi_1)$$

$$x_2=A_2\cos(\omega_2 t+\varphi_2)$$

它们的相位之差称为相位差(phase difference),简称相差,以 $\Delta\varphi$ 表示,有

$$\Delta\varphi=(\omega_2 t+\varphi_2)-(\omega_1 t+\varphi_1)=(\omega_2-\omega_1)t+\varphi_2-\varphi_1$$

若 $\omega_2=\omega_1$,则两者是相同频率的简谐运动,有

$$\Delta\varphi=\varphi_2-\varphi_1$$

即相同频率的两个简谐运动,其相位差等于它们的初相差. 由这个相差的值可以方便地比较两个简谐运动的"步调"的差异情况.

如果 $\Delta\varphi=0$(或者 2π 的整数倍),那么称两个简谐运动同相. 此时,两个简谐运动的"步调"完全一致. 即两个振动质点同时过平衡位置,同时到达正的最大位移处.

如果 $\Delta\varphi=\pi$(或者 π 的奇数倍),那么称两个简谐运动反相. 此时两个简谐运动的"步

调”完全相反. 当两振动质点中的一个到达正最大位移处时,另一个将到达负最大位移处.

当 $\Delta\varphi=\varphi_2-\varphi_1>0$ 时,称 x_2 的相位超前 x_1 的相位 $\Delta\varphi$,或者说 x_1 的相位落后 x_2 的相位 $\Delta\varphi$. 而当 $\Delta\varphi<0$ 时,称 x_1 的相位超前 x_2 的相位 $|\Delta\varphi|$. 注意在这种说法中,由于相差的周期是 2π,所以常把 $|\Delta\varphi|$ 的值限在 π 以内. 例如,当 $\Delta\varphi=3\pi/2$ 时,不说 x_2 的相位超前 x_1 的相位 $3\pi/2$,而改写成 $\Delta\varphi=3\pi/2-2\pi=-\pi/2$,且说 x_2 的相位落后 x_1 的相位 $\pi/2$.

相位差不但能用来表示两个同做简谐运动的物体“步调”的差异,而且还可以表示不同的物理量变化的“步调”. 例如从式(10.6)、式(10.7)、式(10.8)中的相位可看出,做简谐运动的物体的加速度和位移反相,速度的相位超前位移的相位 $\pi/2$,而落后加速度的相位 $\pi/2$.

10.1.3 简谐运动的能量

以弹簧振子为例,由简谐运动的运动学方程及速度方程,可求出任意时刻弹簧振子系统的弹性势能和动能:

$$E_{\mathrm{p}}=\frac{1}{2}kx^2=\frac{1}{2}kA^2\cos^2(\omega t+\varphi)$$

$$E_{\mathrm{k}}=\frac{1}{2}mv^2=\frac{1}{2}m\omega^2A^2\sin^2(\omega t+\varphi)$$

由

$$\omega^2=\frac{k}{m}$$

可得

$$E_{\mathrm{k}}=\frac{1}{2}kA^2\sin^2(\omega t+\varphi)$$

因此,系统的机械能为

$$E=E_{\mathrm{k}}+E_{\mathrm{p}}=\frac{1}{2}kA^2 \tag{10.14}$$

可见简谐运动系统的机械能不随时间改变,即其能量守恒. 这是因为无阻尼自由振动的弹簧振子是一个孤立系统,在振动过程中没有外力对它做功.

同时可看出,弹簧振子的总能量与振幅的平方成正比,这说明振幅不仅能描述简谐运动的运动范围,而且能反映振动系统能量的大小,表征振动的强度.

把动能和势能的表达式改写为

$$E_{\mathrm{k}}=\frac{1}{2}kA^2\sin^2(\omega t+\varphi)=\frac{1}{4}kA^2[1-\cos 2(\omega t+\varphi)]$$

$$E_{\mathrm{p}}=\frac{1}{2}kA^2\cos^2(\omega t+\varphi)=\frac{1}{4}kA^2[1+\cos 2(\omega t+\varphi)]$$

可见,简谐运动系统的动能和势能都在谐振,其谐振频率均为位移振动频率的两倍,且二者振动的相位相反,因而它们的总和,即机械能守恒,如图 10.3 所示. 动能和势能谐振的平衡点在系统总机械能一半的地方.

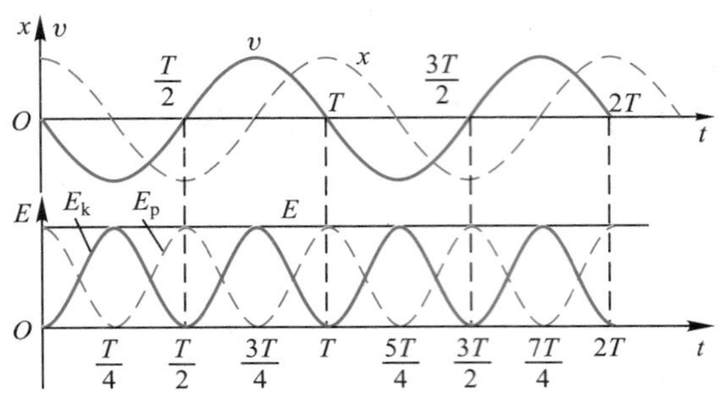

图 10.3 简谐运动的能量与时间的关系曲线

10.1.4 简谐运动的旋转矢量表示法

图 10.4(a)中$\overrightarrow{OM}$(也常用矢量 $\boldsymbol{A}$ 表示)为一起点在 x 轴原点 O 处的矢量. 设 $t=0$ 时,$\overrightarrow{OM}$与 x 轴的夹角为 φ,此矢量以角速度 ω 绕 O 点逆时针旋转. 在任意时刻 t,$\overrightarrow{OM}$与 x 轴的夹角为 $\omega t+\varphi$,矢量端点 M 在 x 轴上的投影点 P 的坐标为

$$x=A\cos(\omega t+\varphi)$$

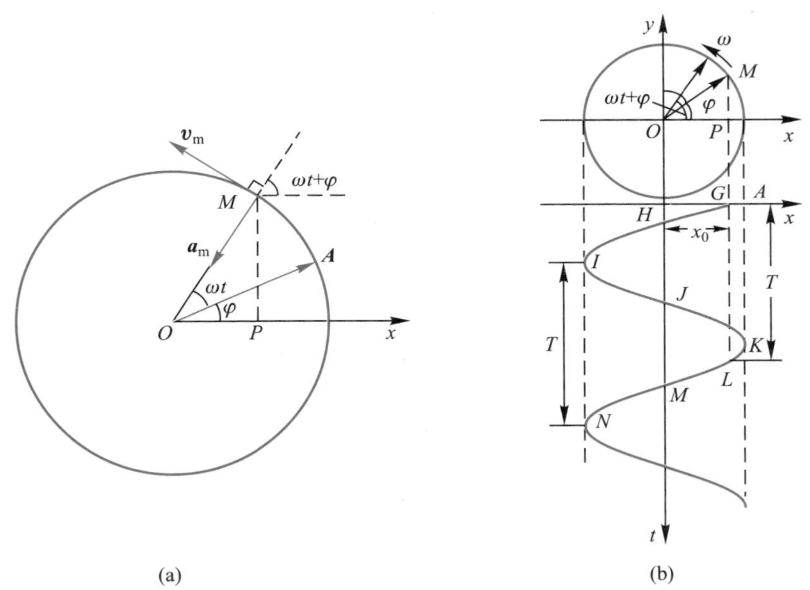

图 10.4 简谐运动的旋转矢量表示法

此式与式(10.6)完全相同,所以当矢量$\overrightarrow{OM}$绕其起点(即坐标原点)以角速度 ω 做匀速转动时,其矢量端点在 x 轴上的投影点 P 的运动即简谐运动. 图 10.4(b)所绘的曲线是点 P 的位移与时间的关系曲线,即振动曲线. 用一个旋转矢量端点在一条轴线上的投影点的运动来表示简谐运动,这种方法称为简谐运动的旋转矢量表示法,简称矢量图法.

在矢量图法中，我们也可方便地求出 P 点的速度和加速度. 图 10.4(a) 中，$\overrightarrow{OM}$的矢量端点沿圆周运动的速度 $\boldsymbol{v}_m$ 的大小为 ωA，t 时刻 $\boldsymbol{v}_m$ 与 x 轴的夹角为 $\omega t+\varphi+\pi/2$，点 P 在 x 轴上的运动速度即 $\boldsymbol{v}_m$ 在 x 轴上的投影值为

$$v_x=A\omega\cos\left(\omega t+\varphi+\frac{\pi}{2}\right)=-\omega A\sin(\omega t+\varphi)$$

$\overrightarrow{OM}$的矢量端点加速度 $\boldsymbol{a}_m$ 的大小为 $\omega^2 A$，t 时刻 $\boldsymbol{a}_m$ 与 x 轴的夹角为 $\omega t+\varphi+\pi$，点 P 的加速度为 $\boldsymbol{a}_m$ 在 x 轴上的投影，即

$$a_x=\omega^2 A\cos(\omega t+\varphi+\pi)=-\omega^2 x$$

显然，旋转矢量端点的速度、加速度在 x 轴上的投影值等于特定的简谐运动的速度、加速度. 其对应关系可总结如下：旋转矢量的长度就是简谐运动的振幅；矢量的角位置就是简谐运动的相位，矢量的初始角位置就是简谐运动的初相，矢量的角位移就是简谐运动相位的变化量；矢量的角速度就是简谐运动的角频率，即相位变化的速率；矢量旋转的周期和频率就是简谐运动的周期和频率.

例 **10.2** 一质点在 x 轴上做简谐运动，振幅为 A，周期为 T. (1) 当 $t=0$ 时，质点相对平衡位置($x=0$)的位移为 $x_0=A/2$，且向 x 轴正向运动，求质点振动的初相；(2) 问质点从$x=0$处运动到 $x=A/2$ 处最少需要多少时间？

解 (1) 已知 $t=0$ 时，$x_0=A/2$，由矢量图法可知，此时的矢量与 x 轴的夹角为 $\varphi=\pi/3$ 或 $\varphi=-\pi/3$，见图 10.5(a). 又知此时质点向 x 轴正向运动，故 $\varphi=-\pi/3$ 是质点振动的初相.

(2) 图 10.5(b)是质点从 $x=0$ 处运动到 $x=A/2$ 处的矢量图. 对应地，旋转矢量从 $\varphi=-\pi/2$ 处逆时针转动到 $\varphi=-\pi/3$ 处，满足时间最短的要求. 此间隔内，矢量转过了 $\pi/6$ 的角位移. 因转动一周的时间是 T，故转过 $\pi/6$ 角度对应的时间应为 $T/12$.

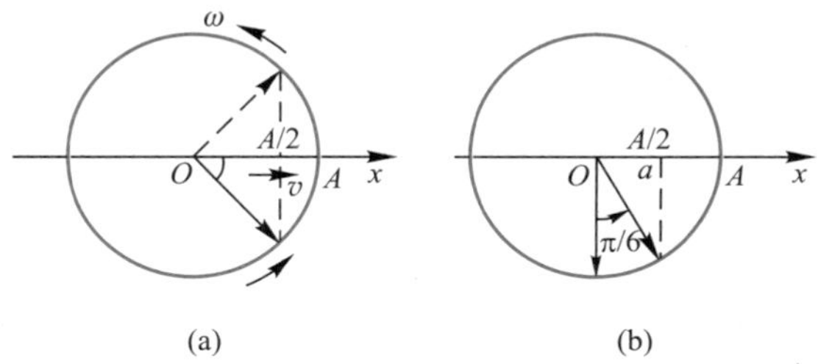

图 10.5

例 **10.3** 一质点做简谐运动，其振动曲线如图 10.6 所示，求质点的运动方程.

解 由图可知质点做简谐运动的振幅为 $A=2$ cm.

当 $t=0$ 时，质点的位移为 $x_0=A/2$，质点的速度(曲线在该点的斜率)为负值，由矢量图法很容易得到质点振动的初相应为 $\varphi=\pi/3$(如图 10.7 所示).

当 $t=2$ s 时，质点的位移为 $x_0=A/2$，而质点的速度为正值，用矢量图法(图10.7)分析可知，振动质点的相位应该为 $\varphi=5\pi/3$(注意此处不能取 $\varphi=-\pi/3$，因为相位是随时间单调增加的). 从 $t=0$ 到 $t=2$ s 的过程中，旋转矢量的相位从 $\varphi=\pi/3$ 变化到 $\varphi=5\pi/3$，相位的改变量为 $\Delta\varphi=4\pi/3$. 故可求出振动的角频率 ω，即相位变化的速率

$$\omega=\Delta\varphi/\Delta t=2\pi/3\ \mathrm{rad}\cdot\mathrm{s}^{-1}$$

故质点的运动方程为

$$x=2\cos\left(\frac{2\pi}{3}t+\frac{\pi}{3}\right)\quad(\text{式中 }x\text{ 的单位为 cm},t\text{ 的单位为 s})$$

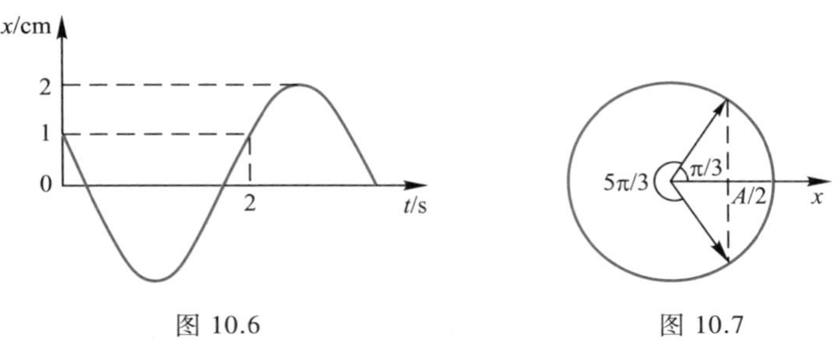

图 10.6　　图 10.7

10.2 几种简谐运动系统

同弹簧振子一样,若运动的质点不受任何阻力的作用,仅受到与其位移成正比而反向的回复力的作用,该物体就一定做无阻尼的自由振动,即简谐运动.下面再来研究几种典型的简谐运动系统.

10.2.1 单摆与复摆

如图 10.8(a)所示,一根质量可忽略,长为 h 不可伸缩的细线,上端固定于 O 点,下端悬挂一质量为 m 的小球(其线度远比绳的长度小,故可视为质点),将小球从平衡位置拉开一段距离后放手,小球就可在竖直平面内来回摆动,这种装置称为单摆(simple pendulum).图 10.8(b)则是一质量为 m,可绕不过其质心的水平固定轴 O 转动的实际物体(设其为刚体).当物体的重心在轴的正下方时,物体可保持静止.若使物体重心稍有偏离平衡位置后放手,物体就可在其平衡位置附近左右往复摆动,这种装置称为复摆(ompound pendulum).

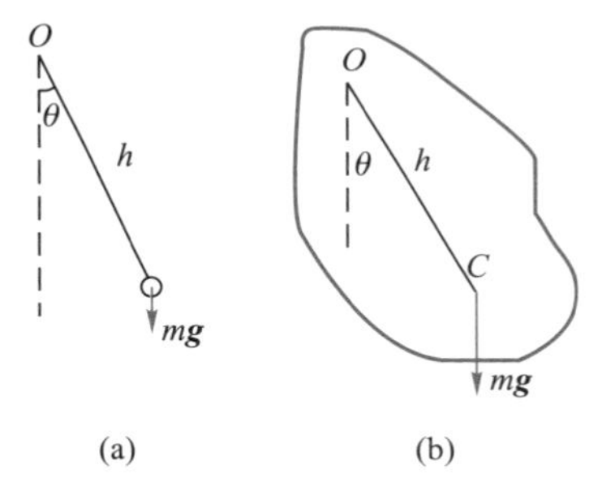

图 10.8 单摆与复摆

无论是单摆还是复摆,当摆的重心偏离其平衡位置后,其重力矩就成为摆往复运动的回复力矩,致使它不断地左右摆动.下面以复摆为例,证明在摆角 θ 很小时,摆的运动是简谐运动.

设摆的重心距定轴 O 点的距离为 h,摆绕定轴 O 的转动惯量为 J,据刚体的转动定律有

$$-mgh\sin\theta=J\frac{\mathrm{d}^2\theta}{\mathrm{d}t^2}\tag{10.15}$$

当偏角 θ 很小时,$\sin\theta\approx\theta$,上式可写成

$$-mgh\theta=J\frac{\mathrm{d}^2\theta}{\mathrm{d}t^2}$$

令 $\omega^2=\frac{mgh}{J}$,上式可整理为

$$\frac{\mathrm{d}^2\theta}{\mathrm{d}t^2}+\omega^2\theta=0 \tag{10.16}$$

显然此式与弹簧振子的微分方程式(10.4)完全相似,只是变量 θ 代替了 x. 所以复摆的角位移与时间的关系可以用下式表示:

$$\theta=\theta_0\cos(\omega t+\varphi) \tag{10.17}$$

式中 θ_0 是由初始条件决定的摆的角振幅,φ 为初相位,ω 为振动的角频率. 可见在偏角很小时,复摆的运动也是简谐运动. 因其运动方程用角量表示,故我们又称之为角谐振动. 振动的周期为

$$T=\frac{2\pi}{\omega}=2\pi\sqrt{\frac{J}{mgh}} \tag{10.18}$$

对于单摆,结论是相同的. 将单摆绕 O 轴的转动惯量 $J=mh^2$ 代入上式,得到单摆的振动周期:

$$T=2\pi\sqrt{\frac{h}{g}} \tag{10.19}$$

可见,任何在平衡位置附近的微振动都可以视为简谐运动. 微振动是一种十分普遍的运动形式. 构成物质的原子和分子的振动、原子核内质子和中子的振动、固体的晶格振动等,都是在其稳定的平衡位置附近的微振动,这些振动都可以近似地看成简谐运动.

【经典回顾】

1583 年,年轻的伽利略在比萨教堂祈祷时,被教堂顶悬挂着的那盏大油灯(长命灯)的来回摆动所吸引. 他发现油灯的摆动很规则,那时还没有能准确计量时间的钟表,于是伽利略以他自己的"表"——即他的脉搏的跳动——来计算油灯摆动的时间. 他发现,不论油灯的摆幅是大是小,摆动一个来回所需时间几乎相同. 发现单摆的摆动周期与振幅无关,这是伽利略对物理学的一个贡献. 后来他又通过更精确的实验得出,摆的振动周期与摆长的平方根成正比.

荷兰的惠更斯(C. Huygens,1629—1695)对摆的研究取得了最突出的成果,他的研究是与当时要解决精密钟表的结构问题相联系的. 根据伽利略发现的摆的等时运动规律,1656 年惠更斯发明了摆钟. 当时,摆钟就是走时较准的时钟了.

随着航海事业的迅速发展,对精准计时的要求更加迫切. 为了设计更精确的摆钟,首先要求制造一种摆动准确等时的摆,而不是像单摆那样近似等时的摆. 惠更斯找到的解决办法是:摆动点的轨迹应是一段摆弧(摆的小角度摆动——角谐振动)而不是一段圆弧.

由于真正的摆并不是一个数学摆(一个质点悬挂在一条数学线上),而是一个绕着水平轴旋转的物理摆,所以惠更斯着手研究如何用给定的物理摆去确定等时摆动的数学摆的长度. 为此,他引进了惯性矩概念. 他还发现了物理摆的悬挂点与摆动点的可互换性.

在研制摆钟时,惠更斯还进一步研究了单摆运动,他制作了一个秒摆(周期为 2 s 的单

摆),导出了单摆的运动公式,还计算出了重力加速度为 9.8 m/s². 这一数值与现在我们使用的数值是完全一致的.

后来,惠更斯和胡克还各自发现了螺旋式弹簧丝的振荡等时性,这为近代游丝怀表和手表的发明创造了条件.1673 年,惠更斯开始了他关于简谐运动的研究,并设计出由弹簧而非钟摆来校准时间的钟表. 同年,他出版了《论钟摆》一书. 书中既研究了摆钟本身,又进一步研究了以摆钟为基础的理论体系. 因此,从这个意义上看,我们是不是可以说:对简谐运动的研究与分析是出于精准计时的历史需要呢?

10.2.2 *LC* 振荡电路

图 10.9 是一个最简单的 *LC* 振荡电路(*LC* oscillatory circuit),也是一个非力学的简谐运动系统. 它由一已充电的电容器(电容为 C)和一无电阻的自感线圈(自感为 L)组成. 电路闭合瞬间,电容器放电,回路中产生瞬时电流,自感线圈产生自感电动势.

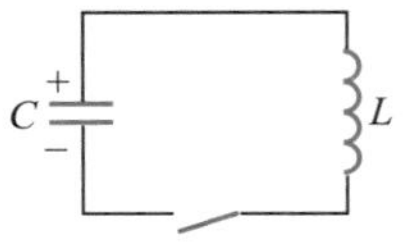

图 10.9 振荡电路

根据欧姆定律,在无阻尼的情况下,回路中电阻为零,任一瞬时的自感电动势 $-L\mathrm{d}i/\mathrm{d}t$ 应与电容器两极板间的电势差 q/C 相等,即

$$-L\frac{\mathrm{d}i}{\mathrm{d}t}=\frac{q}{C} \tag{10.20}$$

将 $i=\mathrm{d}q/\mathrm{d}t$ 代入上式,令 $\omega^2=1/LC$,得

$$\frac{\mathrm{d}^2q}{\mathrm{d}t^2}+\omega^2q=0 \tag{10.21}$$

其解为

$$q=q_0\cos(\omega t+\varphi) \tag{10.22}$$

电流的表达式为

$$i=\frac{\mathrm{d}q}{\mathrm{d}t}=-\omega q_0\sin(\omega t+\varphi) \tag{10.23}$$

可见,回路中的电流随时间周期性地变化,此电流叫振荡电流(oscillatory current). 振荡周期为

$$T=2\pi\sqrt{LC} \tag{10.24}$$

【前沿进展】

对于单摆,如果摆角 θ 不是很小,就不能简单地认为 $\sin\theta\approx\theta$. 将 $\sin\theta$ 做泰勒展开,$\sin\theta=\theta-\theta^3/6+\cdots$,并代入式(10.15),得

$$\frac{\mathrm{d}^2\theta}{\mathrm{d}t^2}+\omega^2\theta-\frac{\omega^2}{6}\theta^3+\cdots=0$$

与式(10.16)比较,上式中出现了 θ^3 等非线性项,此方程为单摆自由振动的非线性方程. 实际上在单摆大角度摆动时,很难认为其运动是自由的,随着摆角的增大,单摆受到的阻尼是不可忽略的. 现在考虑阻尼正比于摆的角速度,同时摆还受到一个周期性外力的作用,致使摆做受迫振动(见 10.5 节)的情形. 单摆的动力学方程可表示为

$$\frac{\mathrm{d}^2\theta}{\mathrm{d}t^2}+\beta\frac{\mathrm{d}\theta}{\mathrm{d}t}+\omega_0^2\sin\theta=f_0\cos\Omega t$$

它是更为复杂的非线性方程. 它的解究竟有几种,人们目前尚不清楚. 但摆的运动却出现了非常奇特的现象. 保持阻尼不变,当方程中的一些参量(β,ω_0,f_0)取某些值时,使两次运动的初始条件(θ_0,Ω_0)稍有差异,摆的运动则变得完全不同. 其行为表现出明显的不可预测性和随机性. 这与牛顿力学的决定论或因果律是截然不同的. 我们把这种在非线性确定系统中出现的貌似无规、随机的运动形式称为混沌(chaos). 应该说明的是,混沌不是来自初始条件不同而引起的误差积累,而是源于系统内部的非线性,这种特性导致运动对初值条件极为敏感. 混沌所表现出来的随机性也不同于掷骰子的纯粹随机性. 从单摆的非线性系统的运动还可知,随着外来驱动力幅的增加,系统从单一周期逐渐变为无穷多周期而进入混沌状态,然后从混沌状态出来再进入周期性运动状态,之后可能又进入混沌状态,表现出混沌来自无序,又可产生有序,而有序又不是绝对的;混沌也不是绝对的无序,无序中包含着复杂的有序因素. 因此可以说,混沌是有序和无序的统一,是决定性和随机性的统一.

混沌现象的存在,意味着预测能力受到一种新的根本性限制,“未来并不完全包含在过去之中”. 近几十年来,混沌科学更是与其他科学互相渗透,无论是在生物学、生理学、心理学、数学、物理学、电子学、信息科学,还是在天文学、气象学、经济学,甚至在音乐等艺术领域,混沌都得到广泛的应用.

10.3 简谐运动的合成

在实际问题中我们常会遇到几个振动的合成情况,例如,当两列声波同时传到空间某点时,该处空气质点的运动就是两个振动的合成. 一般的振动合成问题比较复杂,这里我们只讨论最简单的简谐运动的合成情况.

10.3.1 同方向、同频率简谐运动的合成

设两个振动都发生在 x 方向,振动的角频率均为 ω,运动方程分别为

$$x_1=A_1\cos(\omega t+\varphi_1)$$
$$x_2=A_2\cos(\omega t+\varphi_2)$$

式中 A_1、A_2 和 φ_1、φ_2 分别为两个振动的振幅和初相.

根据运动的叠加原理,在任意时刻合振动的位移为

$$x=x_1+x_2$$

用简谐运动的旋转矢量表示法很容易得到合运动的规律. 如图 10.10 所示,$\boldsymbol{A}_1$、$\boldsymbol{A}_2$ 分别表示简谐运动 x_1 和 x_2 对应的旋转矢量,而 $\boldsymbol{A}_1$、$\boldsymbol{A}_2$ 的合矢量 $\boldsymbol{A}$ 的端点 M 在 x 轴上的投影坐标是 $x=x_1+x_2$. 因 $\boldsymbol{A}_1$、$\boldsymbol{A}_2$ 以相同的角速度 ω 匀速逆时针旋转,所以在旋转过程中图中平行四边形的形状保持不变,即合矢量 $\boldsymbol{A}$ 的长度 A 保持不变,也以同一角速度 ω 匀速旋转. 因此合矢量 $\boldsymbol{A}$ 的端点 M 在 x 轴上的投影坐标可表示为

$$x=x_1+x_2=A\cos(\omega t+\varphi)$$

这说明合运动仍是频率不变的简谐运动. 合振动的振幅 A 等于合矢量 $\boldsymbol{A}$ 的长度,合振动的初相 φ 就是合矢量的初角位置. 它们的值可由几何学求得.

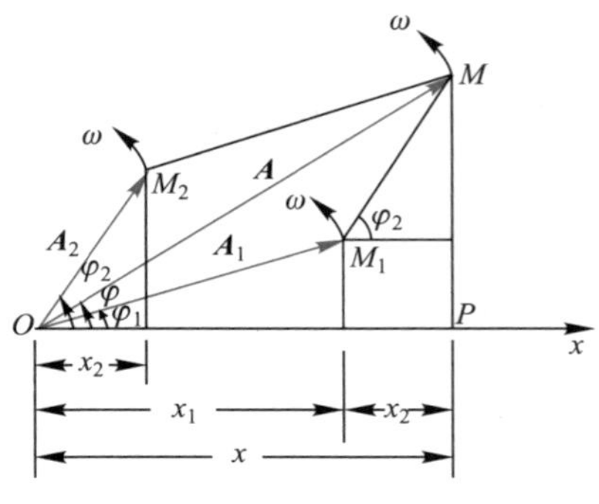

图 10.10 简谐运动的矢量合成图

在图 10.10 的三角形 OMM_1 中,由余弦定理可求得合振幅:

$$A=\sqrt{A_1^2+A_2^2+2A_1A_2\cos(\varphi_2-\varphi_1)} \tag{10.25}$$

由直角三角形 OMP 可以求得合振动的初相 φ 满足

$$\tan\varphi=\frac{A_1\sin\varphi_1+A_2\sin\varphi_2}{A_1\cos\varphi_1+A_2\cos\varphi_2} \tag{10.26}$$

φ 角的象限可以通过矢量合成图直接判定.

可见,对于两个振幅确定的分振动,合振幅随它们的相位差 $\Delta\varphi=\varphi_2-\varphi_1$ 而变. 特别是,如果两个分振动同相,即 $\Delta\varphi=2k\pi, k=0,\pm1,\pm2,\pm3,\cdots$,则

$$A=\sqrt{A_1^2+A_2^2+2A_1A_2}=A_1+A_2 \tag{10.27}$$

这时合振幅达到最大.

如果两个分振动反相,$\Delta\varphi=(2k+1)\pi, k=0,\pm1,\pm2,\pm3,\cdots$,则

$$A=\sqrt{A_1^2+A_2^2-2A_1A_2}=|A_1-A_2| \tag{10.28}$$

这时合振幅最小.

当 $\Delta\varphi$ 为其他值时,合振幅的值在 A_1+A_2 与 $|A_1-A_2|$ 之间.

在实际问题中,我们还常常遇到 $A_1=A_2$ 的情况,此时 $A_1+A_2=2A_1$, $|A_1-A_2|=0$,说明两个等幅反相的振动合成的结果将使质点保持静止状态.

10.3.2 同方向、频率相近的简谐运动的合成 拍

设一个物体同时参与了在同一直线(x 轴)上的两个频率相近的简谐运动,若这两个简谐运动分别表示为

$$x_1=A_1\cos(\omega_1t+\varphi_1)$$
$$x_2=A_2\cos(\omega_2t+\varphi_2)$$

与上一种情况相似,物体的合运动仍在该条直线上,合位移 x 仍为两个分位移的代数和. 即

$$x=x_1+x_2$$

但与上一种情况所不同的是,这时的合运动不再是简谐运动,而是一种复杂的振动.

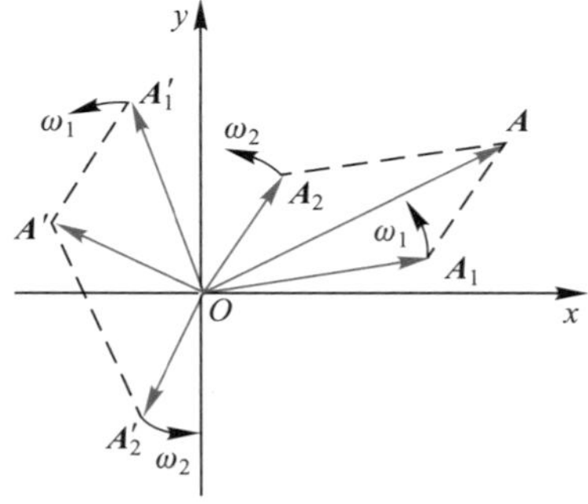

图 10.11 简谐运动的矢量合成图

从简谐运动的矢量合成图(图 10.11)可以看出,两个分振动所对应的旋转矢量 $\boldsymbol{A}_1$ 和 $\boldsymbol{A}_2$ 绕 O 点转动的角速度不同,因此它们之间的夹角随时间变化,合振动的振幅也随时间变化. 值得注意的是,假设 $\omega_2>\omega_1$,即分振动的频率 $\nu_2>\nu_1$,若二者相差不是很大,那么 1 s 内 $\boldsymbol{A}_2$ 将比 $\boldsymbol{A}_1$ 多转 $\nu_2-\nu_1$ 圈. 而 $\boldsymbol{A}_2$ 比 $\boldsymbol{A}_1$ 每多转一圈,就会出现一次二者同相的机会和一次反相

的机会,即在 1 s 内将出现 $\nu_2-\nu_1$ 次同相和 $\nu_2-\nu_1$ 次反相. $\boldsymbol{A}_1$ 与 $\boldsymbol{A}_2$ 同相时,合振动的振幅为 A_1+A_2,$\boldsymbol{A}_1$ 与 $\boldsymbol{A}_2$ 反相时,合振动的振幅为 $|A_2-A_1|$,这样就形成了由于两个分振动频率的微小差别而产生的合振动的振幅时而加强、时而减弱的现象,我们称之为拍现象. 合振动在 1 s 内加强或减弱的次数,称为拍频,显然拍频为

$$\nu=\nu_2-\nu_1 \tag{10.29}$$

即拍频为两个分振动的频率之差.

图 10.12 是根据上面的分析画出的拍现象的振动曲线. 拍现象在声振动和波动中是常见的,如当两个频率相近的音叉同时发生振动时,就可以听到"嗡""嗡""嗡"……的时强时弱的拍音. 式(10.29)也常用来测量频率. 如果已知一个高频振动的频率,使它和另一频率相近但未知的振动叠加,测量合振动的拍频,就可以求出后者的频率. 此外,拍现象在声学和无线电技术中均有应用. 如乐器的调音和超外差收音机等,均利用了拍的原理.

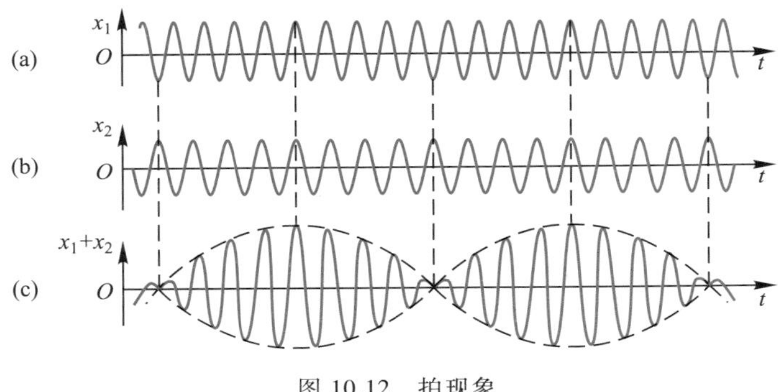

图 10.12 拍现象

*10.3.3 振动方向垂直、同频率简谐运动的合成

当一个质点同时参与两个振动方向不同的简谐运动时,其合位移是两个分位移的矢量和. 下面我们讨论相互垂直的两个简谐运动的合成.

设两个简谐运动分别在 x 和 y 方向上进行,且频率相同,运动方程分别为

$$x=A_1\cos(\omega t+\varphi_1)$$

$$y=A_2\cos(\omega t+\varphi_2)$$

由上两式消去 t 即得到合运动的轨迹方程:

$$\frac{x^2}{A_1^2}+\frac{y^2}{A_2^2}-\frac{2xy}{A_1A_2}\cos(\varphi_2-\varphi_1)=\sin^2(\varphi_2-\varphi_1) \tag{10.30}$$

此方程是椭圆方程,说明质点运动的轨迹为一椭圆. 此椭圆的形状、方位取决于两分振动的相位差$(\varphi_2-\varphi_1)$和振幅. 下面讨论几种特殊情况.

(1) $\varphi_2-\varphi_1=0$ 或 π,即两分振动的相位相同或相反,这时式(10.30)变为

$$\left(\frac{x}{A_1}\pm\frac{y}{A_2}\right)^2=0$$

即

$$y=\pm\frac{A_2}{A_1}x \tag{10.31}$$

质点运动的轨迹是一条通过坐标原点的直线. 当 $\varphi_2-\varphi_1=0$ 时,质点在过原点的位于一、三象限的直线上运动,此直线的斜率为 A_2/A_1[图 10.13(a)];当 $\varphi_2-\varphi_1=\pi$ 时,质点在过原点的位于二、四象限的直线上运动,此直线的斜率为 $-A_2/A_1$[图 10.13(b)]. 在任何时刻,质点离开原点的位移大小是

$$s=\sqrt{x^2+y^2}=\sqrt{A_1^2+A_2^2}\cos(\omega t+\varphi)$$

显然,质点的合运动仍是简谐运动,其频率与分振动相同,振幅为 $\sqrt{A_1^2+A_2^2}$.

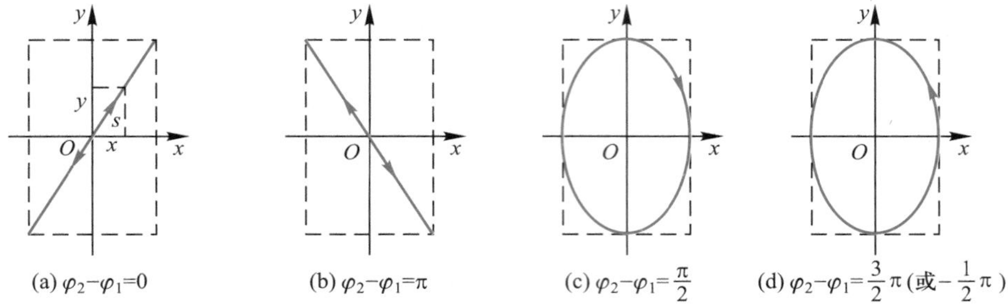

图 10.13 振动方向垂直、同频率简谐运动的合成

(2) $\varphi_2-\varphi_1=\pm\pi/2$,即两个简谐运动的相位差为 $\pi/2$ 或 $-\pi/2$,这时式(10.30)变为

$$\frac{x^2}{A_1^2}+\frac{y^2}{A_2^2}=1 \tag{10.32}$$

质点合运动的轨迹是以坐标轴为主轴的正椭圆,如图 10.13(c)、(d)所示,椭圆上的箭头表示质点的运动方向. 如果两个简谐运动的振幅相等,那么质点将做圆周运动.

(3) $\varphi_2-\varphi_1$ 为其他值时,合运动的轨迹一般是斜椭圆,其具体形状(长短轴的方向与大小)和运动的方向由分振动的振幅和相位差决定. 图 10.14 给出了 8 种不同情形.

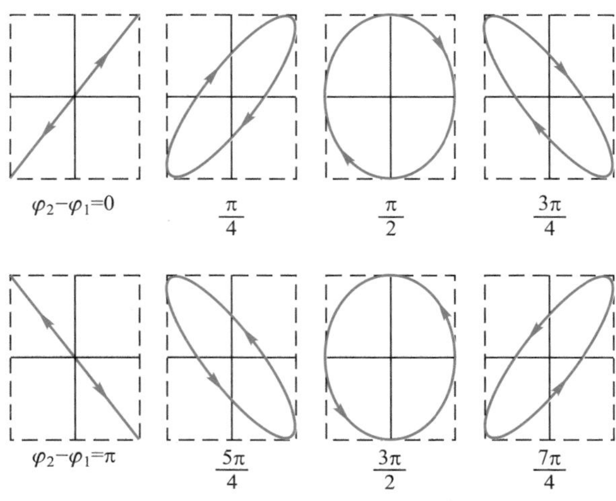

图 10.14 几种不同相位差的合运动轨迹

*10.3.4 振动方向垂直、不同频率简谐运动的合成

如果两个相互垂直的简谐运动的频率不同，那么它们的合运动比较复杂，且轨迹也不稳定.

若两个简谐运动的频率相差很小，则可以近似看成同频率的合成，其相位差将随时间缓慢改变，合运动的轨迹将不断按图 10.14 所示的顺序，在上述矩形范围内由直线逐渐变为椭圆，又由椭圆逐渐变为直线，并不断重复进行下去.

若两分振动的频率相差很大，但有简单的整数比关系，这时合运动的轨迹是有一定规则的稳定的闭合曲线，该曲线称为李萨如图形（Lissajous figure）. 图 10.15 即表示两分振动的周期比分别为 1 : 2、1 : 3 和 2 : 3 的情况下合运动的李萨如图形. 利用李萨如图形，可以由一个频率已知的振动的频率，求得另一个振动的频率. 这是无线电技术中常用来测定电磁振荡频率的办法.

最后应该说明的是，与上述合成运动相反，任何一个直线简谐运动、椭圆运动或匀速率圆周运动都可以分解为两个相互垂直的简谐运动.

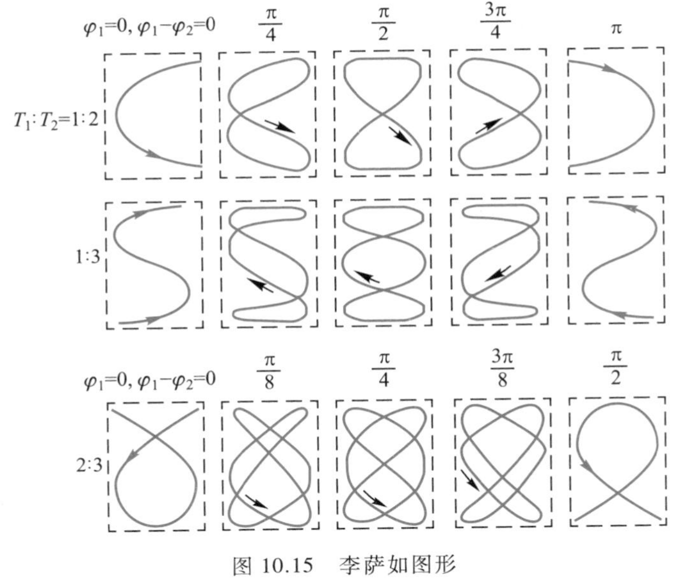

图 10.15 李萨如图形

*10.4 振动的分解与频谱分析

通过上节的讨论可知，两个简谐运动的合成运动可能是简谐运动，但一般情况下是复杂的振动. 图 10.16 是两个频率比为 1 : 3 的简谐运动的合成情况，图中两条虚线分别代表频率比为 1 : 3 的两个简谐运动，实线代表合振动. 可以看出合振动不是简谐运动，但仍是周期性振动. 其频率与两分振动中频率较低的一个相同. 实际上，分振动不是两个，而是三个、四个……乃至无限个，如果它们的频率都是其中一个最低频率的整数倍，那么这些振动的合运

动仍是周期性的，且频率等于那个最低频率. 这就意味着若干个频率为 $\omega,2\omega,3\omega,\cdots$ 的一系列简谐运动的合运动是一个频率为 ω 的周期性振动. 相反，任何一个频率为 ω 的周期性振动也一定可以分解为若干个频率为 $\omega,2\omega,3\omega,\cdots$ 的一系列简谐运动之和. 其中频率最低的简谐运动称为基频振动(fundamental frequency vibration)，这一频率称为基频(fundamental frequency)，其余分振动的频率均是基频的整数倍，依次称为 $2,3,\cdots,n$ 次谐频(harmonic frequency). 这种振动的分解完全符合数学上的傅里叶(Fourier)级数理论.

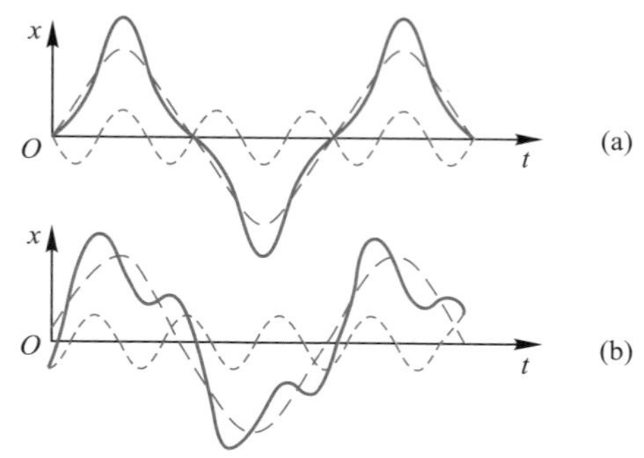

图 10.16 两个频率比为 1∶3 的简谐运动合成

傅里叶级数理论表明，一个频率为 ω 的周期函数 $F(t)$ 可以展开为正弦或余弦函数的级数，即

$$F(t)=A_0+\sum_{n=1}^{\infty}A_n\cos(n\omega t+\varphi_n)$$

式中，A_0 为一常量，A_n 和 φ_n 分别是各简谐运动的振幅和初相，它们都可以由函数 $F(t)$ 的积分求得.

我们把这种将复杂的周期性振动分解为一系列简谐运动之和，从而确定该振动包含的频率成分以及各频率对应的振幅的方法，称为频谱分析(spectrum analysis). 在进行频谱分析时，所取的级数项越多，这些简谐运动之和就越接近被分析的复杂振动. 一般来说，频率越高的简谐运动的振幅越小，对合振动的贡献也小. 在实际问题中，根据精度要求取有限项即可. 根据所取项的振幅 A 和对应频率 ω 作出图10.17，即得复杂振动的频谱，其中每条短线均称为谱线(spectral line).

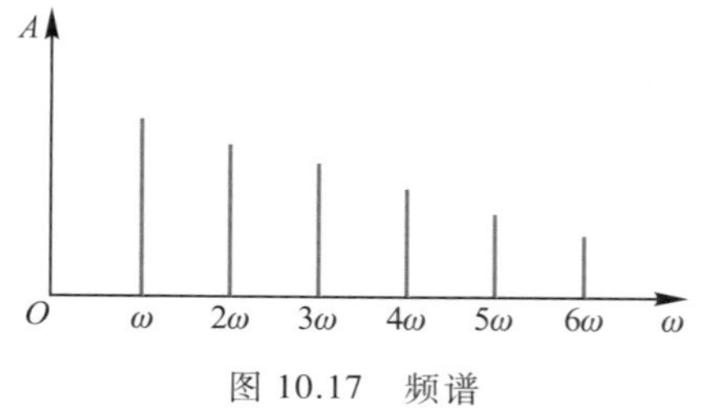

图 10.17 频谱

我们不仅可以对周期性振动进行频谱分析，也可以对非周期性振动进行频谱分析，不过非周期性振动的频谱不再是离散的. 这里不做介绍.

频谱分析在工程技术中有重要的实用价值. 例如高压直流输电比高压交流输电有很大的优越性，因此在高压输电时要先将交流电整流为直流电传输，然后再转变为交流电使用. 但在交流电变直流电的过程中将产生高次谐波，在使用时会发生干扰. 因此必须分析出谐频的分布并设法消除高次谐波. 又如在无线电技术和光学领域的研究中，为增强或抑制某一频率的振动，也要进行频谱分析.

*10.5 阻尼振动 受迫振动 共振

前面讨论的简谐运动是严格的周期性振动，即振动的位移、速度和加速度每经一个周期，就完全恢复原值. 即振动系统不受任何阻力的作用，系统的机械能守恒，振幅不变. 实际上，这是一种理想情况. 因为任何实际的振动都必然受到阻力的影响，使之不能进行无阻尼的自由振动. 下面就简略地介绍一下实际情况下的两种振动形式.

10.5.1 阻尼振动

任何振动系统所具有的能量，都将因阻力做负功而不断减少，因振动系统的能量与振幅的平方成正比，所以随着能量的减少，振幅也逐渐减小，这种振动称为阻尼振动(damped vibration)或减幅振动，其振动曲线如图 10.18 所示.

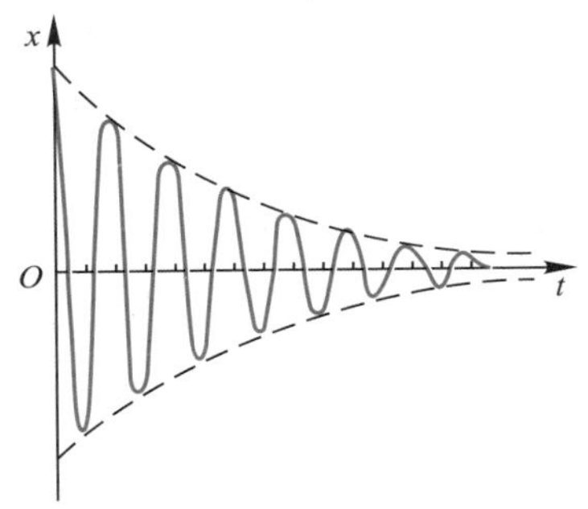

图 10.18 阻尼振动

阻尼振动系统能量减少的方式通常有两种，一种是由于摩擦阻力使振动系统的能量逐渐转变为热运动的能量，称为摩擦阻尼. 另一种是由于振源的振动引起邻近质点的振动，使系统的能量逐渐向四周辐射出去，转变为波动的能量，称为辐射阻尼. 无论系统以哪种方式减少能量，都可统一表示为系统受到某种阻力的作用. 设系统受到的阻力与物体的速率成正比，即

$$F=-\gamma v \tag{10.33}$$

式中，γ 称为阻尼系数(damping coefficient)，它与介质的性质和运动物体的形状、大小有关. 式中负号表示阻力方向与运动速度方向相反.

考虑弹簧振子受到该阻力的作用，由牛顿第二定律得到其运动微分方程：

$$-kx-\gamma\frac{dx}{dt}=m\frac{d^2x}{dt^2}$$

整理得

$$\frac{d^2x}{dt^2}+\frac{k}{m}x+\frac{\gamma}{m}\frac{dx}{dt}=0 \tag{10.34}$$

令 $\omega_0^2=k/m, 2\beta=\gamma/m$，上式改写为

$$\frac{d^2x}{dt^2}+2\beta\frac{dx}{dt}+\omega_0^2x=0 \tag{10.35}$$

该式即阻尼振动的微分方程. 式中 ω_0 是系统的固有频率，β 称为阻尼因子(damping factor). 一般情况下，阻尼因子不同，方程式(10.35)的解不同. 下面分三种情况讨论该方程的解.

(1) $\beta<\omega_0$，方程式(10.35)的解为

$$x=A_0e^{-\beta t}\cos(\omega t+\varphi) \tag{10.36}$$

式中 A_0 和 φ 为积分常量，由初始条件决定. ω 为振动的角频率，它与固有角频率 ω_0 和阻尼因子 β 的关系为 $\omega=\sqrt{\omega_0^2-\beta^2}$. 式(10.36)说明，此时的振动是一种减幅振动，即 β 较小，其振幅 $A_0\mathrm{e}^{-\beta t}$ 衰减得很慢，我们称此振动为欠阻尼(underdamping)振动. 可见，欠阻尼振动不是严格的周期性振动，虽然物体的位移每隔一固定时间均达到一个极大值，但每个极大值是依次减小的，不能恢复原值，我们称其为准周期性振动. 相邻的两个极大值之间的时间间隔称为阻尼振动的周期. 与无阻尼情况比较，阻尼振动的周期却比无阻尼时长. 可见，由于阻尼的存在，周期变长，频率变小，振动变慢.

(2) $\beta=\omega_0$，方程式(10.35)的解为

$$x=(A+Bt)\mathrm{e}^{-\beta t}$$

式中 A、B 为积分常量，此时阻尼的大小恰好使振子不能产生振动，而迅速地从最大位移处回到平衡位置，系统处于临界阻尼(critical damping)状态，如图 10.19 所示.

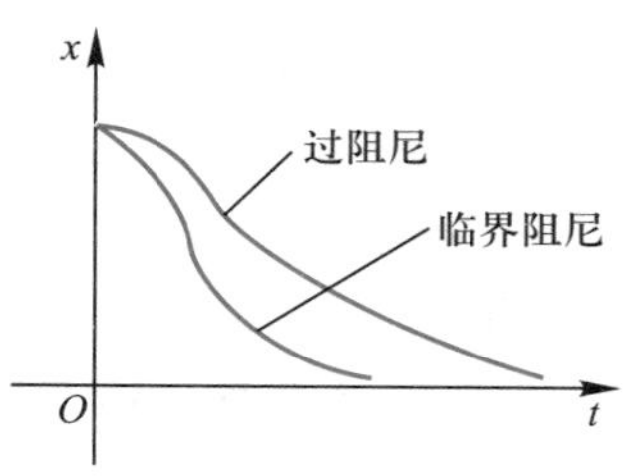

图 10.19 临界阻尼和过阻尼

(3) $\beta>\omega_0$，方程式(10.35)的解较复杂，此时由于阻尼较大，振动能量很快损失完毕，物体需用更长的时间才能从最大位移处慢慢地回到平衡位置，如图 10.19 所示，我们称系统处于过阻尼(overdamping)状态.

在工程技术上，人们常根据需要控制阻尼的大小，以实现控制系统的运动状况. 例如天平和高灵敏度仪表，要求指针迅速且无振动地回到平衡位置，以便尽快读数，这就需要把系统的阻尼控制在临界阻尼状态.

10.5.2 受迫振动

振动系统在周期性外力的持续作用下发生的振动称为受迫振动(forced vibration). 这个周期性的外力称为驱动力. 设振动系统在弹性力 $-kx$、阻力 $-\gamma v$ 和周期性驱动力 $H\cos\omega' t$ 的作用下做受迫振动(其中 H 是驱动力的幅值，ω'是驱动力的角频率)，则其动力学方程为

$$m\frac{\mathrm{d}^2x}{\mathrm{d}t^2}=-kx-\gamma\frac{\mathrm{d}x}{\mathrm{d}t}+H\cos\omega' t$$

令 $\omega_0^2=k/m$，$\beta=\gamma/2m$，$h=H/m$，代入上式整理得

$$\frac{\mathrm{d}^2x}{\mathrm{d}t^2}+2\beta\frac{\mathrm{d}x}{\mathrm{d}t}+\omega_0^2x=h\cos\omega' t \tag{10.37}$$

该方程的解为

$$x=A_0\mathrm{e}^{-\beta t}\cos(\omega t+\xi)+A\cos(\omega' t+\varphi) \tag{10.38}$$

式(10.38)表明，受迫振动是由阻尼振动和简谐运动两部分合成的.

系统开始振动时运动情况很复杂，经过一段时间后，阻尼振动衰减到可忽略不计时，振动便达到稳定，即仅剩下式(10.38)的第二项：

$$x=A\cos(\omega' t+\varphi)$$

这说明，稳定状态的受迫振动等同于一个与驱动力频率相同的简谐运动. 其振幅和初相分别为

$$A^2=\frac{h^2}{(2\beta\omega')^2+(\omega_0^2-\omega'^2)^2} \tag{10.39}$$

$$\varphi=\arctan\frac{2\beta\omega'}{\omega_0^2-\omega'^2} \tag{10.40}$$

可见，受迫振动的振幅和初相与驱动力的角频率、阻尼系数及振动系统的固有频率均有关.

10.5.3 共振

据式（10.39）可画出不同阻尼因子 β 的 $A-\omega'/\omega_0$ 曲线，如图 10.20 所示. 当驱动力的角频率 ω' 与振动系统的固有角频率 ω_0 相差较大时，受迫振动的振幅 A 是很小的；当 ω' 接近 ω_0 时，A 迅速增大；当 ω' 为某一确定值时，A 达到最大值. 当驱动力的角频率接近系统的固有频率时，受迫振动振幅急剧增大的现象，称为共振（resonance）. 振幅达到最大值时的角频率，称为共振角频率.

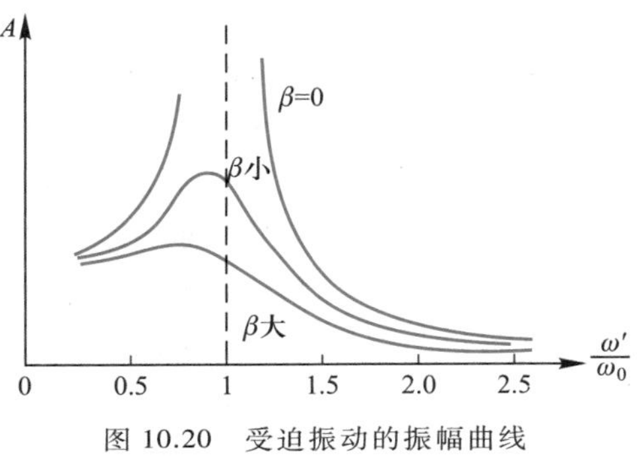

图 10.20 受迫振动的振幅曲线

利用式（10.39）求极大值，可得出共振角频率 ω_r：

$$\omega_r=\sqrt{\omega_0^2-2\beta^2} \tag{10.41}$$

上式表明，系统的共振角频率既与系统自身性质有关，也与阻尼大小有关. 由图 10.20 可看出：系统的阻尼越大，共振时振幅的峰值越低，共振角频率越小；系统的阻尼越小，共振时振幅的峰值越高，共振角频率越接近系统的固有角频率；当系统的阻尼趋于零时，共振时振幅的峰值趋于无限大，共振角频率趋于系统的固有角频率.

共振的原理被广泛地应用于各个领域，如收音机、电视机的调谐，就是利用电磁共振来接收空间某一频率的电磁波的. 某些乐器也是利用共振来提高其音响效果的. 现今在物质结构的研究上，共振也充当了一个重要的角色. 构成物质的分子、原子、原子核乃至基本粒子，都具有一定的电结构，并存在着振动. 当外来的交变电磁场作用于这些微观结构并恰好引起共振时，物质就表现出对交变电磁场能量的强烈吸收，我们称之为共振吸收. 共振吸收的情况可以反映出物质结构的某些信息. 从不同方面研究这种共振吸收，如顺磁共振、核磁共振和铁磁共振等，已经成为当今研究物质结构的重要方法. 此外，核磁共振技术已广泛地应用于癌症的临床诊断之中. 在 21 世纪开始的信息技术、基因技术、纳米技术、航天技术大发展的浪潮中，人们更是大量运用了共振技术. 当然共振现象也可能给我们带来损害. 如在设计桥梁和其他建筑物时，必须避免由于车辆运行、风浪袭击等周期性力的冲击而引起的共振现象. 因为当这种共振现象发生时，振幅可能达到使桥梁和建筑物毁坏的程度.1940 年著名的美国塔科马海峡大桥断塌的部分原因就是阵阵大风引起的桥的共振.

【科技博览】

核磁共振（nuclear magnetic resonance，NMR）是一种物理现象，是指磁矩不为零的原子核,在外磁场作用下自旋能级发生塞曼分裂,共振吸收某一定频率的射频辐射的物理过程. 原子核之所以产生核磁共振现象是因为具有核自旋. 原子核自旋产生磁矩,当核磁矩处于静止外磁场中时产生进动和能级分裂. 在交变磁场作用下,核自旋会吸收特定频率的电磁波,从较低的能级跃迁到较高能级. 这种过程就是核磁共振. 因此,它被作为一种分析物质结构的手段,广泛应用于物理、化学、生物学等领域. 直到 1973 年人们才将它用于医学临床检测,为了避免与核医学中放射性成像混淆,把它称为核磁共振成像技术(nuclear magnetic resonance imaging,NMRI),这也是人们通常所说的核磁共振(利用核磁共振现象获取分子结构、人体内部结构信息的技术).

核磁共振成像技术(NMRI)是继 CT(计算机断层扫描术)后医学影像学的又一重大进步. 自应用以来,它以极快的速度得到发展. 其基本原理是:将人体置于特殊的磁场中,用无线电射频脉冲激发人体内氢原子核,引起氢原子核共振,并吸收能量. 在停止射频脉冲后,氢原子核按特定频率发出射电信号,并将吸收的能量释放出来,这些信号被体外的接收器收录,再经电子计算机处理获得图像,这是一种生物磁自旋成像技术.

NMRI 提供的信息量不但多于医学影像中的其他许多成像技术,而且不同于已有的成像技术. 因此,它对疾病的诊断有很大潜在的优越性. 它可以直接做出横断面、矢状面、冠状面和各种斜面的体层图像,不会产生 CT 检测中的伪影;不需注射造影剂;无电离辐射,对肌体没有不良影响. NMRI 对检测脑内血肿、脑内肿瘤、颅内动脉瘤、动静脉血管畸形、脑缺血、椎管内肿瘤、脊髓空洞症和脊髓积水等疾病非常有效.

NMRI 也存在不足之处. 它的空间分辨率不及 CT,带有心脏起搏器的患者或有某些金属异物的部位不能做 NMRI 的检查,另外,它的价格也比较贵.

【网络资源】

小结

本章首先以最简单、最典型的弹簧振子的运动——简谐运动为例,描述了弹簧振子系统的运动学、动力学特征及其能量特征. 然而简谐运动并不仅限于弹簧振子,我们又通过单摆与复摆、*LC* 振荡电路的运动,将简谐运动推广到角谐振动,将机械振动推广到电磁振动,以加深对简谐运动的基本特征的理解. 在表征简谐运动时,我们分别用解析法、振动曲线法、旋转矢量表示法对其加以描述. 其中旋转矢量表示法在确定振动系统的运动状态时,表现出了突出的优点——简单而直观. 因此简谐运动的基本特征及旋转矢量表示法是本章的两个重点内容.

根据运动的叠加原理,我们又分几种情况讨论了简谐运动的合成规律. 其中同方向、同频率的简谐运动的合成规律,不仅是本章的重点内容,还是波的干涉的理论基础. 合成与分解是两个相反的过程,通过运动的合成的研究我们得出了振动的分解规律,即任何一个复杂的振动均可分解为若干个简谐运动之和. 该结论对频谱分析有重要的意义.

简谐运动系统是孤立的、不受任何外力作用的系统. 然而实际的振动系统不可能是绝对孤立的. 因此我们在无阻尼自由振动的基础上,又简单讨论了接近实际情况的阻尼振动、受迫振动,同时还阐述了在工程技术等领域中必须考虑的共振现象.

通过本章的学习,我们还应知道,弹簧振子是物理学中继质点和刚体之后的又一理想模型,简谐运动也是一理想化的运动过程. 因此物理学中的理想模型法是物理学重要的研究方法之一. 掌握该方法对我们未来的研究工作有重要的指导意义.

附:本章的知识网络

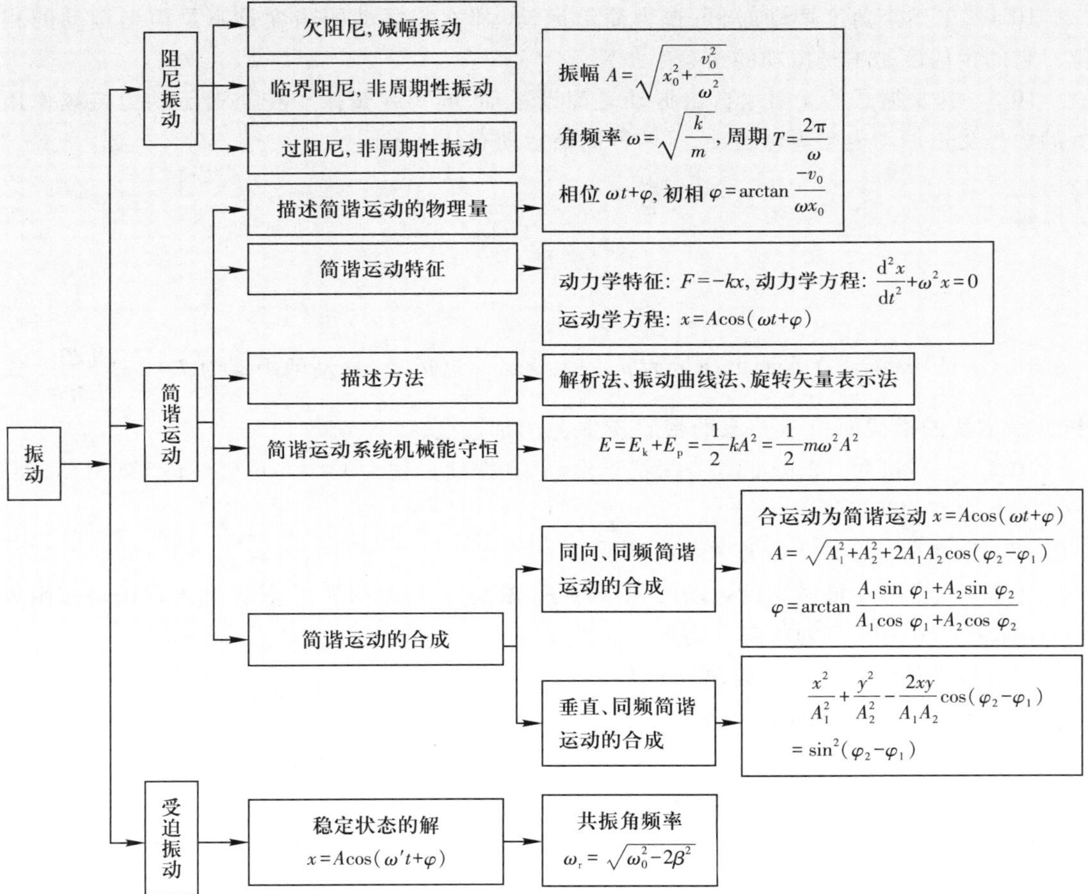

思考题

10.1 简谐运动有何特征？试从运动学和动力学的角度分别说明.

10.2 分析下列运动是否为简谐运动：

（1）拍皮球时球的运动；

（2）一小球在一个半径很大的光滑凹球面内滚动(设小球所经过的弧线很短).

10.3 同一弹簧振子,它在光滑的水平面上做简谐运动与它在竖直悬挂情况下做简谐运动,振动频率是相同的. 如果把它装在光滑斜面上,它仍做简谐运动吗？振动频率仍不变吗？改变斜面倾角时又如何？

10.4 单摆小角度摆动时,可视为简谐运动. 那么它摆动的角度是不是简谐运动的相位？它的角速度是不是振动的角频率？

10.5 弹簧振子的无阻尼自由振动是简谐运动,同一弹簧振子在简谐驱动力持续作用下的稳态受迫振动也是简谐运动,这两种简谐运动有什么不同？

习题

10.1 证明:沉浮在水面上质量为 m 的木块做简谐运动. 振动的周期为 $T=2\pi\sqrt{\dfrac{m}{S\rho g}}$. 式中,$S$ 是木块的横截面积,ρ 是水的密度,g 是重力加速度.

10.2 一质量为 0.2 kg 的质点做简谐运动,其振动方程为 $x=0.6\cos(5t-\pi/2)$ (SI). 求：

（1）质点的初速度；

（2）质点在正向最大位移一半处所受的力.

10.3 一个沿 x 轴做简谐运动的弹簧振子,振幅为 A,周期为 T,其振动方程用余弦函数表示. 如果 $t=0$ 时质点的状态分别是

（1）过平衡位置向正向运动；

（2）过 $x=A/2$ 处向负向运动；

（3）过 $x=-A/\sqrt{2}$ 处向正向运动.

试求出相应的初相位,并写出振动方程.

10.4 一物体做简谐运动,其速度最大值 $v_m=3\times10^{-2}$ m/s,其振幅 $A=2\times10^{-2}$ m. 若 $t=0$ 时,物体位于平衡位置且向 x 轴的负向运动. 求：

（1）振动周期 T；

（2）加速度的最大值 a_m；

（3）振动方程.

10.5 一质点沿 x 轴做简谐运动,振动方程为 $x=4\times10^{-2}\cos(2\pi t+\pi/3)$ (SI). 求：从 $t=0$

时刻起，到质点位置在 $x=-2$ cm 处，且向 x 轴正向运动的最短时间间隔.

10.6 一弹簧振子沿 x 轴做简谐运动. 已知振子的最大位移为 $x_{max}=0.4$ m，受到的最大回复力为 $F_{max}=0.8$ N，振子的最大速度为 $v_{max}=0.8$ m/s，又知 $t=0$ 时的初位移为 0.2 m，且初速度与所选 x 轴方向相反. 求：

(1) 振动的能量；

(2) 振动方程.

10.7 两质点做同方向、同频率的简谐运动，它们的振幅分别为 $2A$ 和 A；当质点 1 在 $x_1=A$ 处向右运动时，质点 2 在 $x_2=0$ 处向左运动，试用旋转矢量表示法求这两个简谐运动的相位差.

10.8 如题图所示，一质点在 x 轴上做简谐运动，选取该质点向右运动通过 A 点时作为计时起点（$t=0$），经过 2 s 后质点第一次通过 B 点，再经过 2 s 后质点第二次经过 B 点. 若已知该质点在 A、B 两点具有相同的速率，且 $AB=10$ cm，求：

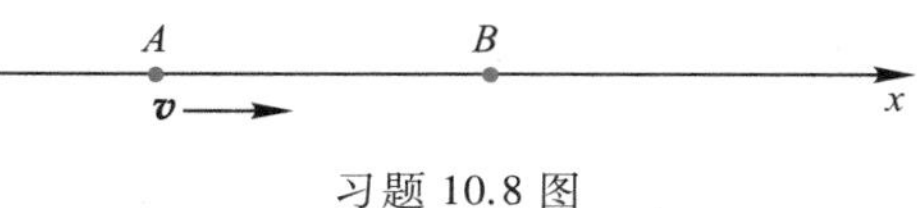

习题 10.8 图

(1) 质点的运动方程；

(2) 质点在 A 点处的速率.

10.9 两个同方向同频率的简谐运动，其运动方程分别为

$$x_1=6\times10^{-2}\cos\left(5t+\frac{\pi}{2}\right)\quad(\text{SI})$$

$$x_2=2\times10^{-2}\sin(\pi-5t)\quad(\text{SI})$$

求合运动的运动方程.

10.10 一质点同时参与了三个简谐运动，它们的运动方程分别为

$$x_1=A\cos\left(\omega t+\frac{\pi}{3}\right)$$

$$x_2=A\cos\left(\omega t+\frac{5\pi}{3}\right)$$

$$x_3=A\cos(\omega t+\pi)$$

求其合运动的运动方程.

10.11 一物体同时参与两个相互垂直的简谐运动，其运动方程分别为

$$x=0.05\cos\frac{2\pi t}{T}\quad(\text{SI})$$

$$y=0.05\cos 2\pi\left(\frac{t}{T}+\frac{1}{4}\right)\quad(\text{SI})$$

式中 T 为周期，求合运动的轨道方程.

10.12 如题图所示，两个相互垂直的简谐运动的合运动轨迹为一椭圆，已知 x 方向的运动方程为 $x=6\cos 2\pi t$，式中，x 以 cm 为单位，t 以 s 为单位，求 y 方向的运动方程.

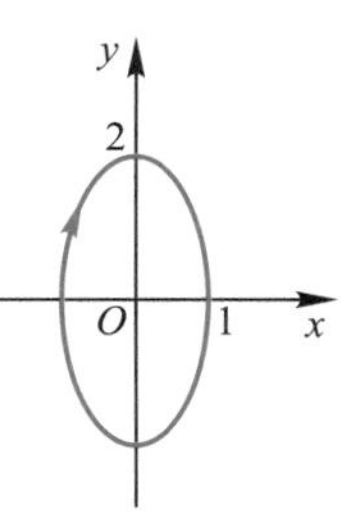

习题 10.12 图

10.13 楼内空调用的鼓风机如果安装在楼板上，它工作时就会使

整个楼产生振动. 为了减小这种振动,我们就把鼓风机安装在有 4 个弹簧支撑的底座上. 鼓风机和底座的总质量为 576 kg,鼓风机的轴的转速为 1 800 r/min. 经验指出,当驱动频率为振动系统固有频率 5 倍时,可减振 90% 以上,若以此计算,所用的每个弹簧的弹性系数应多大?

习题参考答案

第 11 章　机　械　波

振动在空间的传播过程称为波动(wave motion),简称波. 它是自然界中一种重要而常见的运动形式. 波动通常按照传播的物理量来分类. 机械振动在弹性介质中的传播过程,称为机械波(mechanical wave),如绳子上的波和声波等;变化的电场和变化的磁场在空间的传播过程,称为电磁波,如无线电波和光波等. 近代物理还指出,微观粒子也具有波动性,这种波称为物质波或德布罗意波. 各类波虽然本质不同,但都具有波动的共同特征,并遵从相似的规律. 本章我们以最简单、最典型的一种机械波——简谐波(simple harmonic wave)为例,介绍波的一般表达式及其特征,并在此基础上描述波的能量、波的传播规律——惠更斯原理以及波的叠加原理和驻波等现象.

通过本章的学习,学生应理解机械波形成和传播的条件;掌握平面简谐波的波函数及其物理意义;理解波的能量传播特征;理解波的叠加原理及干涉现象;理解行波和驻波的区别及半波损失的概念.

11.1　波动的基本概念

11.1.1　机械波的产生和传播

室内的闹钟,以发条的振动产生声波,我们能听到嘀嗒嘀嗒的声音. 但将闹钟置于玻璃罩内,并将罩内空气缓缓抽出,直至真空,嘀嗒之声也渐渐减弱,乃至消失. 这说明机械波的产生需要两个条件:一是有做机械振动的物体,即波源(wave source),二是有能够传播机械振动的弹性介质(elastic medium).

图 11.1 表示的是在沿 x 轴放置的绳子中传播的机械波. 我们可以认为绳子是由许多质点组成的,各质点间以弹性力相联系. 绳子的左端 O 点即波源,它在做简谐运动. 当它离开平衡位置时必与邻近质点间产生弹性力的作用,此弹性力既迫使它回到平衡位置,同时也使邻近质点离开平衡位置参与振动. 这样在波源的带动下,就有波不断地从 O 点生成,并沿 x 轴向前传播,形成波动.

设 $t=0$ 时,O 点的相位是 $-\pi/2$,O 点在平衡位置,且向正方向运动;$t=T/4$ 时,O 点的相位变为 0,O 点在正的最大位移处. 此时 O 点的下一个考察点 a 处于平衡位置,且向正方向运动,相位为 $-\pi/2$,这正是 $t=0$ 时 O 点的相位. $t=T/2$ 时,O 点的相位为 $\pi/2$,O 点在平衡位置,且向负方向运动. 此时 a 点的相位为 0,a 点的下一个考察点 b 的相位为 $-\pi/2$……以此类

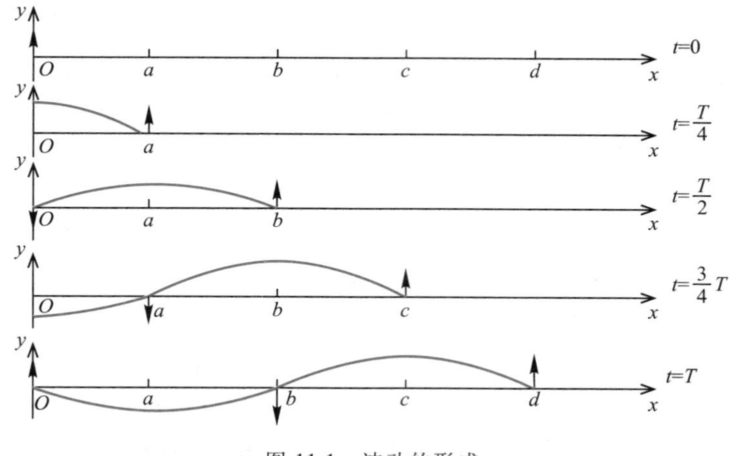

图 11.1 波动的形成

推，$t=T$ 时，从 O 点开始，沿传播的方向看过去，O、a、b、c、d 各点的相位依次为 $3\pi/2$、π、$\pi/2$、0、$-\pi/2$，是由近及远依次落后的.

由此可见，介质中各质点振动的周期与波源相同，波的传播实质是相位的传播，即振动状态的传播. 在波的传播过程中，介质中的各质点并不随波前进，而是在各自的平衡位置附近振动. 波动是介质整体所表现出的运动状态. 对于介质中的单个质点，只有振动的概念.

质点的振动方向与波的传播方向垂直的波叫横波(transverse wave)，如绳子上的波就是横波；质点的振动方向与波的传播方向平行的波叫纵波(longitudinal wave)，如空气中的声波就是纵波. 横波和纵波是两种最基本的波，除了质点振动方向与波传播方向之间的差异外，其他性质无根本区别，故对横波的讨论也适用于纵波，对纵波的讨论也适用于横波. 各种复杂的波也常可分解为横波和纵波来研究.

11.1.2 波的几何描述

为了形象地描述波在空间的传播，我们引入波线和波面的概念. 从波源出发沿波的各传播方向所画的带箭头的线，称为波线(wave line)，也叫波射线. 它表示了波的传播路径和方向. 波在传播过程中，任一时刻介质中所有振动相位相同(即振动状态相同)的点连成的面，称为波面(wave surface)，也叫波阵面或同相面. 显然波在传播过程中有许多个波面. 而某一时刻，最前面的波面，就称为该时刻的波前(wave front). 在各向同性的均匀介质中，波线与波面相垂直.

波面有不同的形状. 一个点波源在各向同性的均匀介质中激发的波，其波面是一系列的同心球面，这样的波称为球面波(spherical wave). 而波面为平面的波，则称为平面波(plane wave). 当球面波传播到足够远时，如果观察范围不大，波面近似为平面，可以认为是平面波. 图 11.2(a)和(b)分别表示球面波和平面波的波面. 图中带箭头的直线表示波线.

在二维空间中，波面退化为线. 平面波的波面退化为一系列直线，球面波的波面退化为一系列同心圆，如图 11.3(a)和(b)所示.

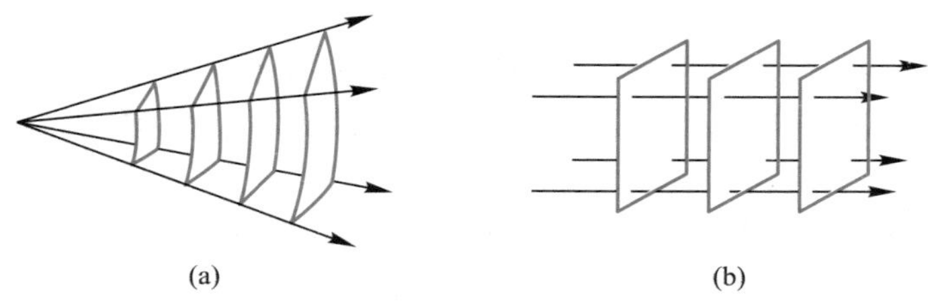
(a) (b)

图 11.2 波面与波线

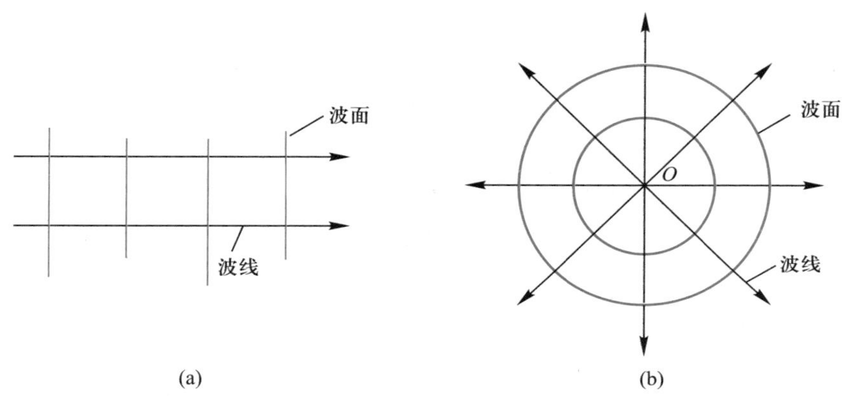

(a) (b)

图 11.3 二维空间中的平面波与球面波

11.1.3 描述波的物理量

（1）波长

波在传播过程中，沿同一波线上相位差为 2π 的两个相邻质点之间的距离为一个波长（wavelength），用 λ 表示. 因此波长就是一个完整的波的长度. 对横波来说，它等于相邻两个波峰之间或相邻两个波谷之间的距离；对纵波来说，它等于相邻两个密部中心或相邻两个疏部中心之间的距离.

（2）周期与频率

一个完整的波通过波线上某点所需的时间，称为波动的周期，用 T 表示. 由振动产生的波动效应可知，波源完成一次全振动，其振动状态就传出一个波长的距离. 因此波动的周期等于振源振动的周期，与介质无关.

波的频率表示在单位时间内通过波线上某点的完整的波的数目. 显然，频率等于周期的倒数，用 ν 表示.

（3）波速

振动状态在单位时间内传播的距离称为波速（wave velocity），用 u 表示.

由这些物理量的定义可知

$$\lambda = uT \tag{11.1}$$

$$u = \lambda / T = \nu\lambda \tag{11.2}$$

以上两式表示的是波长、周期与波速之间的基本关系,具有普遍意义,适用于各类波.

理论与实验都证明,波速的大小取决于介质的性质,在不同的介质中,波速是不同的. 而波的频率只取决于波源,与介质无关,因此同一频率的波在不同介质中传播时,其波长是不同的.

例 11.1 频率为 3 000 Hz 的机械波,以 1 560 $m\cdot s^{-1}$的速度在介质中传播,由 A 点传到 B 点,两点之间的距离为 0.13 m,质点振动的振幅为 1 cm. 求:

(1) B 点的振动落后于 A 点的时间;

(2) A、B 两点之间的距离相当于多少个波长;

(3) 振动速度的最大值.

解 已知:$T=1/\nu=(1/3\ 000)$ s,$u=1\ 560\ m\cdot s^{-1}$. 利用式(11.2)得

$$\lambda=u/\nu=0.52\ m$$

(1) B 点的振动落后于 A 点的时间为

$$\Delta t=\frac{x_B-x_A}{u}=\frac{\Delta x}{u}=\frac{0.13}{1.56\times10^3}\ s=\frac{1}{12\ 000}\ s=\frac{1}{4}T$$

即 B 点比 A 点落后 1/4 周期.

(2)
$$\frac{\Delta x}{\lambda}=\frac{0.13}{0.52}=\frac{1}{4}$$

$$\Delta x=\frac{1}{4}\lambda$$

即 A、B 两点之间的距离相当于 1/4 波长.

(3) $v_m=A\omega=10^{-2}\times2\pi\times3\ 000\ m\cdot s^{-1}\approx188\ m\cdot s^{-1}$

11.2 平面简谐波 波动方程

在一般情况下,波动是很复杂的. 但存在一种最简单、最基本的波,这就是波源在做简谐运动时,激发介质中的质点也做简谐运动而形成的波,这种波称为简谐波. 若其波阵面为平面,则称为平面简谐波(plane simple harmonic wave).

为了定量描述介质中大量质点参与的这种集体运动,必须引入一个函数. 如一列沿 x 方向传播的波,要描述它,就应该说明介质中任意位置 x 处的质点在任意时刻 t 的位移 y 如何. 显然 y 应是 x、t 的函数,即 $y=y(x,t)$,这个函数称为波函数(wave function). 我们以平面简谐波为例,讨论建立波函数的方法,并推出波动满足的一般方程.

11.2.1 平面简谐波的波函数

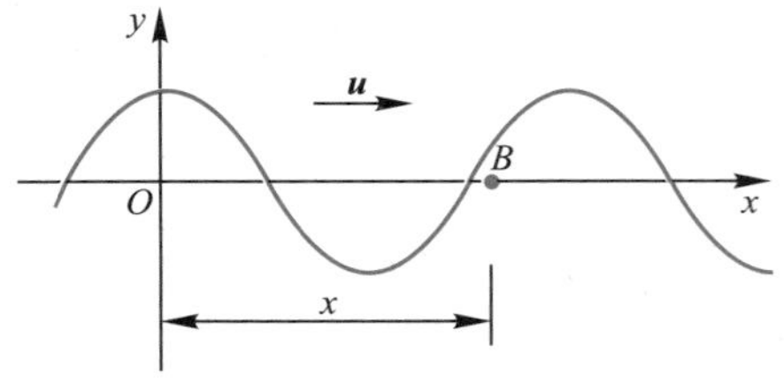

图 11.4 沿 x 轴正向传播的平面简谐波

如图 11.4 所示,在各向均匀同性介质中有一列平面简谐波沿 x 轴的正向传播,波速为 u. 取任

意一条波线为 x 轴，O 为 x 轴的原点，设 O 点处（即 $x=0$ 处）质点的振动方程为

$$y_0(t)=A\cos(\omega t+\varphi)$$

式中，A 是振幅，ω 是角频率．若在波传播过程中，不考虑能量损失，则振幅在传播过程中保持不变．

考察波线上任意一点 B 的振动．在某一时刻，B 点将重复 O 点的振动．设 B 点的坐标为 x，故 B 点振动的相位比 O 点落后，落后的时间为 $\Delta t=x/u$，也就是说 B 点在 t 时刻的振动状态将是 O 点在 $t-\Delta t$ 时刻的振动状态，故 B 点的振动方程为

$$y=A\cos\left[\omega\left(t-\frac{x}{u}\right)+\varphi\right] \tag{11.3}$$

上式表示的是波线上任意点（坐标为 x）的振动方程，因此也就是沿 x 轴方向传播的平面简谐波的波函数．

因为 $\omega=2\pi/T=2\pi\nu$，$\lambda=uT$，所以式（11.3）又可写成

$$y=A\cos\left[2\pi\left(\frac{t}{T}-\frac{x}{\lambda}\right)+\varphi\right]=A\cos\left[2\pi\left(\nu t-\frac{x}{\lambda}\right)+\varphi\right]=A\cos\left[\frac{2\pi}{\lambda}(x-ut)+\varphi\right] \tag{11.4}$$

如果波沿 x 轴负向传播，B 点振动相位将超前于 O 点，超前的时间是 $\Delta t=x/u$．因此，t 时刻 B 点的振动状态就是 $t+\Delta t$ 时刻 O 点的振动状态，此时波函数为

$$y=A\cos\left[\omega\left(t+\frac{x}{u}\right)+\varphi\right] \tag{11.5}$$

显然波函数中含有 x 和 t 两个变量，如果 x 确定（即只考察介质中 x 处振动的质点），那么位移 y 只是 t 的周期函数，即 $y=y(t)$，该方程是 x 处质点的振动方程，由该方程绘出的曲线就是该质点的振动曲线．图 11.5（a）绘出的即一列简谐波在 $x=0$ 处质点的振动曲线；如果波函数中的 t 确定，那么位移 y 只是 x 的周期函数，即 $y=y(x)$，该方程给出了 t 时刻波线上各个质点的位移．由该方程绘出的曲线即 t（已知）时刻的波形（wave shape）曲线．图 11.5（b）绘出的是 $t=0$ 时，一列沿 x 轴正向传播的简谐波的波形曲线．故此方程也叫波形方程（wave shape equation）．

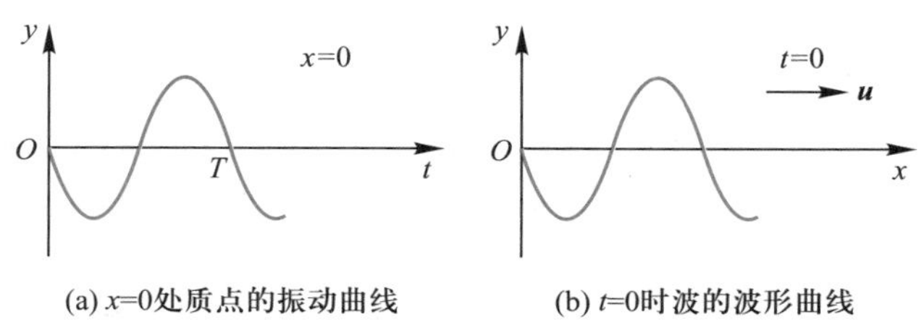

(a) $x=0$处质点的振动曲线　　(b) $t=0$时波的波形曲线

图 11.5　振动曲线与波形曲线

在一般情况下，波函数中的 x 和 t 都是变量．这时波函数具有最完整的含义，它包含了无数个时刻的波形方程．例如，在 t 时刻，x 处质点的位移为 y，经过 Δt 时间后，位移 y 出现在 $x+\Delta x$ 处，由式（11.3）可得

$$A\cos\left[\omega\left(t-\frac{x}{u}\right)+\varphi\right]=A\cos\left[\omega\left(t+\Delta t-\frac{x+\Delta x}{u}\right)+\varphi\right]$$

由此得出

$$\Delta x = u\Delta t$$

这说明波形以波速沿波线平移,振动状态也以波速沿波的传播方向传播. 图 11.6 画出了 t 时刻和 $t+\Delta t$ 时刻的两条波形曲线.

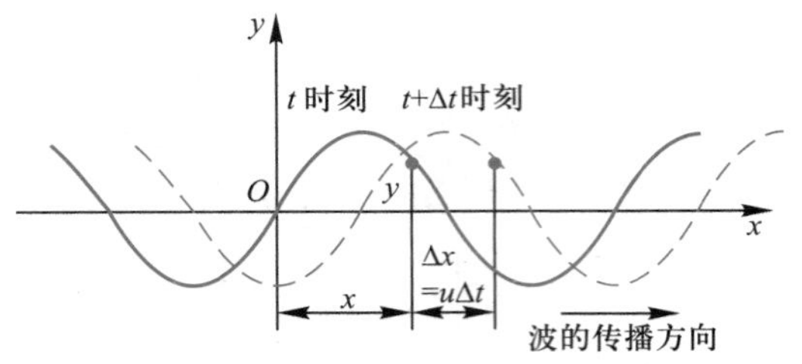

图 11.6 波的传播

可见,不同时刻的波形曲线记录的是不同时刻各质点的位移,就像该时刻波的照片. 而波动是动态的,犹如这些照片的连续放映,表现为波形沿着波线以波速 $\boldsymbol{u}$ 向前推进,每一个周期 T 推进一个波长 λ. 因此我们又称这样的波为行波(traveling wave).

11.2.2 波动方程

令式(11.3)中的 $\varphi=0$,波函数为

$$y=A\cos\,\omega\left(t-\frac{x}{u}\right)$$

将上式分别对时间 t 和位置坐标 x 求二阶导数,得

$$\frac{\partial^2 y}{\partial t^2}=-A\omega^2\cos\,\omega\left(t-\frac{x}{u}\right)$$

$$\frac{\partial^2 y}{\partial x^2}=-A\,\frac{\omega^2}{u^2}\cos\,\omega\left(t-\frac{x}{u}\right)$$

比较两式,得

$$\frac{\partial^2 y}{\partial x^2}=\frac{1}{u^2}\frac{\partial^2 y}{\partial t^2} \tag{11.6}$$

该式是平面简谐波满足的波的动力学方程,也称波动方程(wave motion equation). 可以证明该方程虽由平面简谐波得出,但它却是各种一维平面波都满足的微分方程,故称一维平面波的波动方程.

推广到一般情况,在充满无吸收的、各向同性的均匀介质的三维空间中传播的一切波动过程,均满足下列方程:

$$\frac{\partial^2 \psi}{\partial x^2}+\frac{\partial^2 \psi}{\partial y^2}+\frac{\partial^2 \psi}{\partial z^2}=\frac{1}{u^2}\frac{\partial^2 \psi}{\partial t^2} \tag{11.7}$$

该式是一般形式的波动方程,它是物理学中的重要方程之一. 波动方程的意义在于任何物质的运动,只要它的运动规律满足式(11.7),就表明它是以 $\boldsymbol{u}$ 为传播速度的波动过程. 式中 ψ 不限于位移,它可代表任何物理量. 例如在电磁波中,它就代表电场强度或磁场强度.

考察一个由点波源发出的波,它在各向同性的均匀介质中传播. 这时将式(11.7)化成球

坐标表示,考虑到各径向上的波的传播性质完全相同,有

$$\frac{\partial^2(r\psi)}{\partial r^2}=\frac{1}{u^2}\frac{\partial^2(r\psi)}{\partial t^2} \tag{11.8}$$

式中,r 代表沿任一径向上某质元到波源或球心的距离. 与式(11.7)比较,可得到与式(11.3)相对应的波函数

$$\psi=\frac{A}{r}\cos\left[\omega\left(t-\frac{r}{u}\right)+\varphi\right] \tag{11.9}$$

上式表明,在相同时刻,r 相同的点的振动状态相同,即波面是以波源为中心的球面,我们称之为球面波. 显然,在不考虑能量损耗的情况下,球面波的振幅随距离 r 的增加而减小.

例 11.2 图 11.7 为一平面简谐波在 $t=0$ 时刻的波形曲线,已知 $u=5\times10^3\ \mathrm{m\cdot s^{-1}}$,$\nu=1.25\times10^4$ Hz,$A=0.1$ m. 求:

(1) 此波的波函数表达式;

(2) 距 O 点 0.1 m 和 0.3 m 处质点的振动方程;

(3) 二者与 O 点的相位差及其之间的相位差.

解 利用已知条件得出

$$\lambda=u/\nu=0.4\ \mathrm{m}$$

$$T=1/\nu=8\times10^{-5}\ \mathrm{s}$$

$$\omega=2\pi\nu=25\pi\times10^3\ \mathrm{s^{-1}}$$

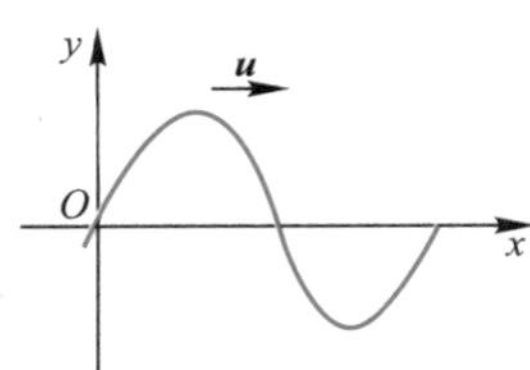

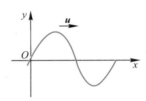

图 11.7

由图可知,O 点在 $t=0$ 时,有

$$y_0=0,\quad v_0<0$$

故可判断 O 点的初相位为 $\varphi=\pi/2$. O 点的振动方程为

$$y_0=A\cos(\omega t+\pi/2)$$

(1) 波函数的表达式为

$$y=A\cos\left[\omega\left(t-\frac{x}{u}\right)+\frac{\pi}{2}\right]=0.1\cos\left[25\pi\times10^3\left(t-\frac{x}{5\times10^3}\right)+\frac{\pi}{2}\right]\quad(\mathrm{SI})$$

(2) 将 $x_1=0.1$ m 和 $x_2=0.3$ m 代入上式,得此两点的振动方程分别为

$$y_{0.1}=0.1\cos\left[25\pi\times10^3\left(t-\frac{0.1}{5\times10^3}\right)+\frac{\pi}{2}\right]\quad(\mathrm{SI})$$

$$y_{0.3}=0.1\cos\left[25\pi\times10^3\left(t-\frac{0.3}{5\times10^3}\right)+\frac{\pi}{2}\right]\quad(\mathrm{SI})$$

(3) $x_1=0.1$ m 和 $x_2=0.3$ m 处的质点与 O 点的相位差分别为

$$\Delta\varphi_1=\left[25\pi\times10^3\left(t-\frac{0.1}{5\times10^3}\right)+\frac{\pi}{2}\right]-\left(25\pi\times10^3t+\frac{\pi}{2}\right)=-\frac{\pi}{2}$$

$$\Delta\varphi_2=\left[25\pi\times10^3\left(t-\frac{0.3}{5\times10^3}\right)+\frac{\pi}{2}\right]-\left(25\pi\times10^3t+\frac{\pi}{2}\right)=-\frac{3\pi}{2}$$

x_2、x_1 之间的相位差为

$$\Delta\varphi=-\frac{3\pi}{2}-\left(-\frac{\pi}{2}\right)=-\pi$$

11.3 波的能量 能流密度

11.3.1 波的能量

在波的传播过程中，弹性介质中的各质元都在各自平衡位置附近振动，因此具有动能. 同时弹性介质还要产生形变，因而又具有势能. 当波源的振动由近及远地传播出去时，振动的能量也就得以由近及远地传播，这是行波的重要特征.

设一平面简谐波在密度为 ρ 的均匀介质中沿 x 轴正向传播，其波函数为

$$y(x,t)=A\cos\omega\left(t-\frac{x}{u}\right)$$

考察介质中一体积为 $\mathrm{d}V$ 的小质元. 其质量为 $\mathrm{d}m=\rho\mathrm{d}V$，该质元中心平衡位置坐标为 $(x,0)$，则 t 时刻的振动速度为

$$v=\frac{\partial y}{\partial t}=-A\omega\sin\omega\left(t-\frac{x}{u}\right)$$

其动能为

$$\mathrm{d}E_{\mathrm{k}}=\frac{1}{2}(\mathrm{d}m)v^{2}=\frac{1}{2}(\rho\mathrm{d}V)A^{2}\omega^{2}\sin^{2}\omega\left(t-\frac{x}{u}\right)$$

可见，当质元经过平衡位置时，其速度最大，动能也最大；而当它达到最大位移处时，速度为零，动能也为零.

对于质元的弹性势能的分析要复杂一些. 但因弹性势能与介质的弹性形变有关，故可以用图 11.8 来说明绳子的形变引起的质元弹性势能变化的情况. 图中 A 处的质元位于最大位移处，此时没有形变，弹性势能为零（注意此时动能也为零）；而 B 处的质元位于平衡位置，形变最大，弹性势能也就最大（此时动能也最大）. 这说明，振动质元在平衡位置处，其动能与弹性势能相等，且为最大值；而在振动的最大位移处，又同时变为零. 理论也可以证明，在波的传播过程中无论质元处于什么振动位置，它的动能和弹性势能都相等，即

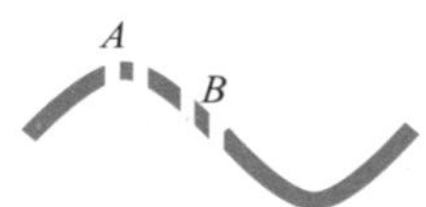

图 11.8 绳子的形变

$$\mathrm{d}E_{\mathrm{k}}=\mathrm{d}E_{\mathrm{p}}=\frac{1}{2}(\rho\mathrm{d}V)A^{2}\omega^{2}\sin^{2}\omega\left(t-\frac{x}{u}\right) \tag{11.10}$$

质元的机械能为

$$\mathrm{d}E=\mathrm{d}E_{\mathrm{k}}+\mathrm{d}E_{\mathrm{p}}=\rho\mathrm{d}VA^{2}\omega^{2}\sin^{2}\omega\left(t-\frac{x}{u}\right) \tag{11.11}$$

上述讨论表明，波的能量表现出特殊的规律，即每一质元的动能和弹性势能均同相地随时间变化，且在任一时刻的值都相同. 质元的机械能不守恒，而是随时间在零和最大值之间周期性地变化. 这说明介质中的质元在不断地接受和放出能量，各质元之间进行着能量交换，使能量得以传播. 这是波动不同于孤立振动系统的一个重要特征.

介质单位体积内的波动能量，称为波的能量密度(energy density)，用 w 表示，有

$$w=\frac{\mathrm{d}E}{\mathrm{d}V}=\rho A^2\omega^2\sin^2\omega\left(t-\frac{x}{u}\right) \tag{11.12}$$

可见波的能量密度也是随时间周期性变化的，我们把一个周期内能量密度的平均值叫平均能量密度(average energy density)，用 $\overline{w}$ 表示，则有

$$\overline{w}=\frac{1}{T}\int_0^T\rho A^2\omega^2\sin^2\omega\left(t-\frac{x}{u}\right)\mathrm{d}t=\frac{1}{2}\rho A^2\omega^2 \tag{11.13}$$

此式表明，平均能量密度和介质的密度、振幅的平方以及角频率的平方成正比. 这一结论虽由平面简谐波导出，但对各种弹性波均适用.

11.3.2 波的能流 能流密度

对于行波，能量是伴随着波在介质中的行进而传播的，像水的流动一样. 为了定量地描述能量的传播特性，我们引入能流(energy flux)与能流密度(energy flux density)的概念.

在单位时间内，通过介质中某面积的能量称为通过该面积的能流，表示为

$$P=\frac{\mathrm{d}E}{\mathrm{d}t}$$

在介质中取垂直于波线的面积 S，如图 11.9 所示，则在 $\mathrm{d}t$ 时间内通过 S 面积的能量，等于介质 $uS\mathrm{d}t$ 体积内的能量，故有

$$P=wuS=\rho A^2\omega^2uS\sin^2\omega\left(t-\frac{x}{u}\right) \tag{11.14}$$

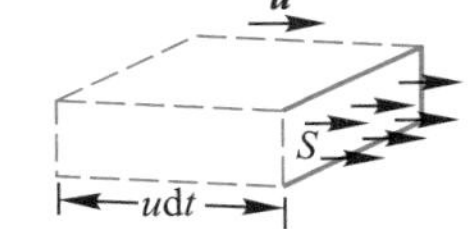

图 11.9 波的能流计算

可见，能流是随时间周期性变化的. 考虑在一个周期内取平均值，得到通过 S 面的平均能流为

$$\overline{P}=\overline{w}uS=\frac{1}{2}\rho A^2\omega^2uS \tag{11.15}$$

波的强弱是通过传播能量的多少比较的，因此我们引入能流密度的概念，将通过垂直于波的传播方向的单位面积的能流，称为能流密度. 其在一个周期内的平均值

$$I=\frac{\overline{P}}{S}=\frac{1}{2}\rho A^2\omega^2u=\overline{w}u \tag{11.16}$$

该式表明，平均能流密度与波的角频率的平方及振幅的平方成正比，同时正比于波的传播速度.

平均能流密度越大，单位时间内通过单位面积的能量就越多，波就越强，故平均能流密度也叫波强(wave intensity)，其单位为瓦每平方米($\mathrm{W\cdot m^{-2}}$).

考虑到波的能量传播具有方向性，平均能流密度一般定义为矢量，记为 $\boldsymbol{I}$. 平均能流密度方向就是能量的传播方向，也就是波速 $\boldsymbol{u}$ 的方向，于是波的平均能流密度的矢量表达式为

$$\boldsymbol{I}=\overline{w}\boldsymbol{u}=\frac{1}{2}\rho A^2\omega^2\boldsymbol{u} \tag{11.17}$$

下面根据此式讨论在无能量损耗的均匀介质中传播的平面波及球面波的振幅变化情况.

(1) 平面波

一平面波在均匀介质中传播，如图 11.10(a)所示. 在垂直于波的传播方向取两个面积(设为 S)相等的波阵面(此波阵面为平面)，两波阵面处的平面波的振幅为分别 A_1 和 A_2，平均能流密度分别为 I_1 和 I_2. 由定义知，过此二面的平均能量分别为

$$E_1 = I_1 S = \frac{1}{2}\rho A_1^2 \omega^2 u S$$

$$E_2 = I_2 S = \frac{1}{2}\rho A_2^2 \omega^2 u S$$

若波在介质中传播时无能量损耗(介质不吸收波的能量)，即 $E_1 = E_2$，则有 $A_1 = A_2$. 这说明在无能量损耗的均匀介质中传播的平面波，其振幅保持不变.

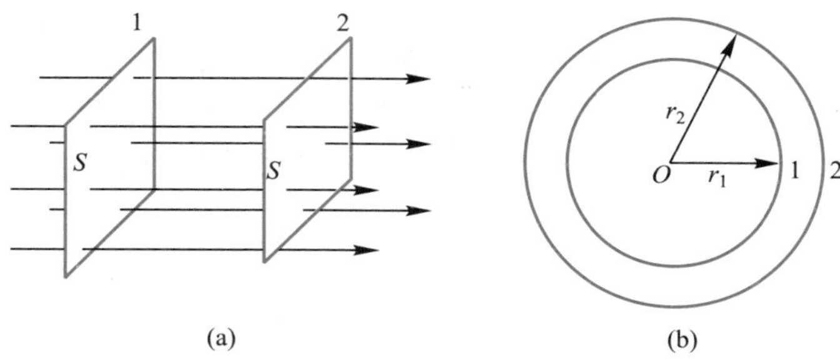

图 11.10 均匀介质中传播的波的振幅变化讨论图

(2) 球面波

在均匀介质中有一点源振动，该振动在各方向的传播速度相同，形成球面波，如图 11.10(b)所示. 若距波源为 r_1 和 r_2 处的波阵面的平均能流密度分别为 I_1 和 I_2，单位时间内穿过这两个球面的能量分别为 $E_1 = 4\pi r_1^2 I_1$ 与 $E_2 = 4\pi r_2^2 I_2$. 设两球面处波的振幅为分别 A_1 和 A_2，考虑式(11.16)，若波无能量损失(介质不吸收波的能量)，即 $E_1 = E_2$，则有

$$\frac{A_1}{A_2} = \frac{r_2}{r_1}$$

上式说明球面波的振幅和球面半径成反比.

设半径为单位长度的球面上的振幅为 a，半径为 r 的球面上的振幅为 A，由上式得

$$\frac{A}{a} = \frac{1}{r}$$

已知振动的相位随 r 的增加而落后，若中心处的振动在 t 时刻的相位为$(\omega t+\varphi)$，则球面波的表达式为

$$y = \frac{a}{r}\cos\left[\omega\left(t - \frac{r}{u}\right) + \varphi\right]$$

*11.3.3 声强 声强级

习惯上人们把能够引起人的听觉效应的机械振动称为声振动. 在弹性介质中由声振动激发的波动称为声波(sound wave). 声波是纵波，一般频率范围是20~20 000 Hz. 频率低于

20 Hz 的声波称为次声波(infrasonic wave);频率高于 20 000 Hz 的声波称为超声波(ultrasonic wave).

声波的强度叫声强(intensity of sound).可以引起听觉的声强范围很广.如刚刚能听见的 1 000 Hz 声波的声强约为 $10^{-12}\ \mathrm{W\cdot m^{-2}}$,而声强为 $10\ \mathrm{W\cdot m^{-2}}$ 的声波会引起耳膜疼痛感.二者的数量级相差悬殊,故引入声强级(sound intensity level)的概念比较声波的强弱.以 1 000 Hz 的声波的声强 $10^{-12}\ \mathrm{W\cdot m^{-2}}$ 为基准声强,用 I_0 表示,则声强为 I 的声波的声强级为

$$L=\lg\frac{I}{I_0} \tag{11.18}$$

其单位定义为贝尔(B).在实际中,常用分贝(dB)表示,1 B = 10 dB,即

$$L=10\lg\frac{I}{I_0}\quad(\mathrm{dB}) \tag{11.19}$$

声音的响度表示人们对声强的主观感觉,它与声强级呈"正比例"关系.声强级越高,声音响度越大,人们感觉越响,表 11.1 给出了一些声音的声强、声强级及响度的有关数值.

表 11.1 几种声音的声强、声强级和响度

类型	声强/($\mathrm{W\cdot m^{-2}}$)	声强级/dB	响度
聚焦超声波	10^9	210	
炮声	1	120	
痛觉阈值	1	120	
铆钉机	10^{-2}	100	震耳
闹市车声	10^{-5}	70	响
通常谈话	10^{-6}	60	正常
室内轻声收音机	10^{-8}	40	较轻
耳语	10^{-10}	20	轻
树叶沙沙声	10^{-11}	10	极轻
听觉阈值	10^{-12}	0	

【科技博览】

人耳最高只能感觉到大约 20 000 Hz 的声波,频率更高的声波就是超声波了.理论研究表明,在振幅一定时,声强与频率的平方成正比,所以超声波的功率远大于一般的声波,具有能量大的特点.又因其波长很短,所以超声波在介质中传播时,最明显的传播特性之一就是衍射现象不明显,近似沿直线传播,即方向性很好,可以定向传播.超声波的应用就是根据能量大和方向性好这两个特点展开的.

在我国北方干燥的冬季,如果把超声波通入水罐中,剧烈的振动会使罐中的水破碎成许多小雾滴,再用小风扇把雾滴吹入室内,就可以增加室内空气的湿度.这就是超声波加湿器的原理.在医学上,对于咽喉炎、气管炎等疾病,药力很难达到患病的部位.利用超声波加湿器的原理,把药液雾化,让患者吸入,能够增进疗效.利用超声波的巨大能量和良好的方向性

还可以切割、焊接金属、钻孔和清洗机件等，甚至可以把人体内的结石击碎.

超声波在传播时，遇到杂质或介质分界面就有显著的反射. 利用该特点可以制成具有探测和定位功能的声学仪器，这种仪器称为声呐(sonar). 声呐在军事上有很重要的应用，主要用于搜索敌方潜艇，探测水雷、鱼雷. 还可以用来探测水中的暗礁，测量海水的深度等. 根据同样的道理，超声波还常被用于非破坏性地检测材料性质及内部缺陷，该技术称为超声波探伤. 如探测金属、陶瓷、混凝土制品，甚至水库大坝，检查内部是否有气泡、空洞和裂纹等.

超声波还可以用于研究物质结构. 超声波在介质中传播时，其波速衰减和吸收等，都与介质的宏观量有关. 因此研究超声波在介质中的波速和衰减，可以掌握分子结构状态的变化以及微观谐振过程(如铁磁、顺磁、核磁共振). 当频率接近晶格热运动频率时，可以利用这种量子化声能(即声子)研究原子间的相互作用，金属和半导体声子与电子、声子与超导结、声子与光子的相互作用. 因此超声波现已与电磁波及粒子轰击并列为研究物质微观过程的三大重要手段.

超声波除了在生活、生产、物质结构的探索及军事上有广泛的应用外，还被广泛应用于医疗、生物、化学等许多领域. 例如，近年来，被广泛应用于医疗诊断的“B 超”，就是根据人体各个内脏的表面对超声波的反射能力的不同，以及健康内脏和病变内脏对超声波的反射能力的不同，而得到的超声波造影，来帮助医生分析患者体内病变的.

11.4 惠更斯原理

11.4.1 惠更斯原理

我们有这样的经验，观察水面上的波时，在波的前方设置一个障碍物，障碍物上留有一个小孔. 可以看到小孔的后面也出现了圆形的波. 这圆形的波就好像是以小孔为波源产生的一样.

英国物理学家惠更斯(C. Huygens)总结了上述现象，提出了波的传播规律：在波的传播过程中，波阵面(波前)上的每一点都可以视为发射子波(wavelet)的波源，在其后的任一时刻，这些子波的包络即新的波阵面，这就是惠更斯原理(Huygens' principle).

惠更斯原理适用于任何波动过程，无论是机械波还是电磁波. 根据这一原理所提供的方法，只要知道某一时刻的波阵面，就可用几何作图法来确定下一时刻的波阵面. 图 11.11 是用惠更斯原理描绘的球面波和平面波在各向同性的均匀介质中的传播过程，以球面波为例，其中 S_1 为某一时刻 t 的波阵面，S_1 上的每一点发出的球面子波，经 Δt 时间后形成半径为 $u\Delta t$ 的球面，在波的前进方向上，这些子波的包络 S_2 即是 $t+\Delta t$ 时刻的新波阵面.

11.4.2 波的衍射

波向前传播的过程中遇到障碍物时，其传播方向发生改变，绕过障碍物的边缘继续传播的现象，称为波的衍射(diffraction)现象.

衍射是波的重要特性，在光学和声学中都很常见. 人们能隔着障碍物听到他人的说话，

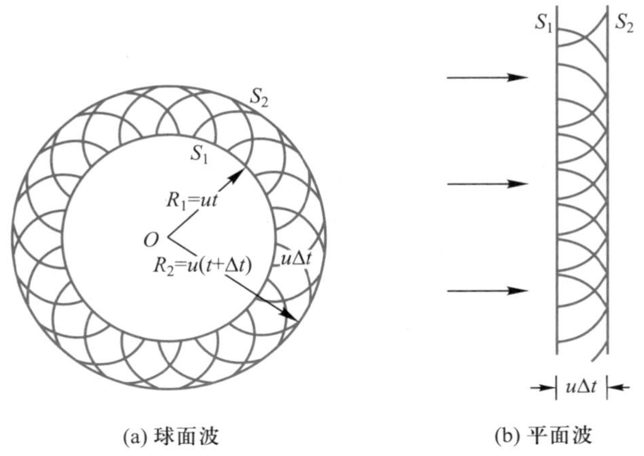

(a) 球面波　　(b) 平面波

图 11.11　用惠更斯原理求新波阵面

正是声波衍射的结果.

用惠更斯原理很容易解释波的衍射现象. 图 11.12 为一平面波通过一缝时的衍射情况,缝上的每一点都是一个新的子波源,作出这些子波的包络面,就得到波通过缝后的新波阵面. 此时的波阵面中间是平的,两侧是弯曲的,就是说中间部分波的传播方向同缝前波的传播方向一致,而两侧的波的传播方向(波线)偏离了原来的方向,绕过物体的边缘传播,即发生了衍射.

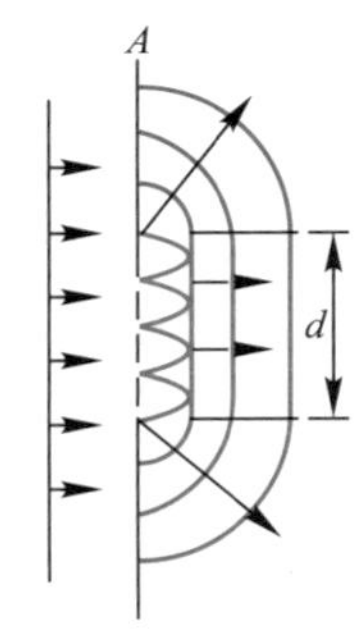

图 11.12　波的衍射

应该说明,惠更斯原理只解决了波的传播方向问题,而不能解决波衍射时强度的不均匀分布现象. 后来菲涅耳(A. J. Fresnel)对惠更斯原理作了重要的补充,形成惠更斯-菲涅耳原理,我们将在光学部分加以阐述.

实验观察表明,衍射现象与障碍物的尺寸有关. 在障碍物尺寸与波长相近时,衍射现象比较明显;如果障碍物的尺寸远大于波长,经过障碍物后的波面几乎没有变形,衍射现象基本消失.

11.4.3　波的反射与折射

利用惠更斯原理还很容易说明波在介质交界面上的反射与折射现象.

如图 11.13 所示,设一束平面波入射到两种介质的交界面上,入射角为 i,此波于 t 时刻先射到交界面上的 M 点,根据惠更斯原理,M 点为新的子波源,即向介质 1 发射半球面子波,同时也向介质 2 发射半球面子波;接着于 $t+\Delta t_1$ 时刻入射到交界面上的 M_1 点,M_1 点即向介质 1、2 分别发射半球面子波……最后于$t+\Delta t$时刻入射到 M'点,M'点开始发射子波. 设该波在介质 1、2 中的传播速度分别为 u_1 和 u_2,由图 11.13 所示的几何关系得

$$u_1\Delta t=|MM'|\sin i$$

$t+\Delta t$ 时刻介质 1 中所有反射子波波前的包络即构成了反射波的波前,介质 2 中所有透射子波波前的包络即构成了透射波的波前.

t 时刻 M 点发射的反射子波在 $t+\Delta t$ 时刻的波前如图 11.14(a)所示,半径为 $r_1=u_1\Delta t$.

t 时刻 M 点发射的透射子波在 $t+\Delta t$ 时刻的波前如图 11.14(b)所示，半径为 $r_2=u_2\Delta t$. M 与 M' 之间的其他的点发射的反射子波与透射子波在 $t+\Delta t$ 时刻的波前半径应按比例减小，图中均未画出. 但它们的包络应是平面，分别对应于图 11.14(a)和图 11.14(b)中的由 M' 点向 M 点在 $t+\Delta t$ 时刻的波前所作的切线 $M'A$，而图 11.14(a)和图 11.14(b)中的 MA 射线分别称为反射波线与透射波线. 反射波线与交界面法线夹角 θ 称为反射角. 透射波线与交界面法线的夹角 γ 称为折射角. 由图 11.14(a)的几何关系可得

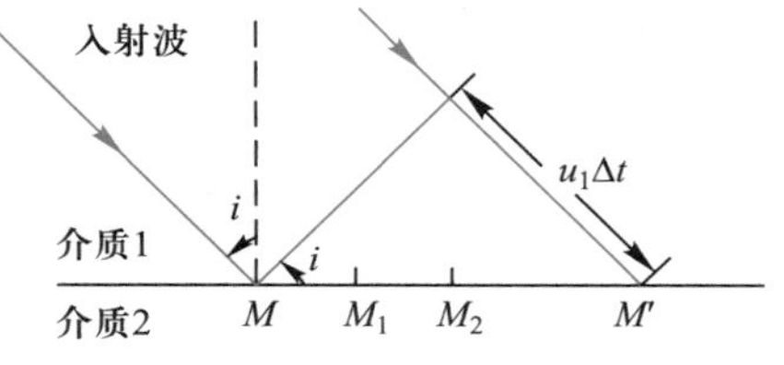

图 11.13 平面波入射到两种介质的交界面上

$$|MA|=|MM'|\sin\theta$$

而 $|MA|=u_1\Delta t$，$u_1\Delta t=|MM'|\sin i$，故有

$$i=\theta$$

这就是反射定律. 同样由图 11.14(b)的几何关系得

$$|MA|=|MM'|\sin\gamma$$

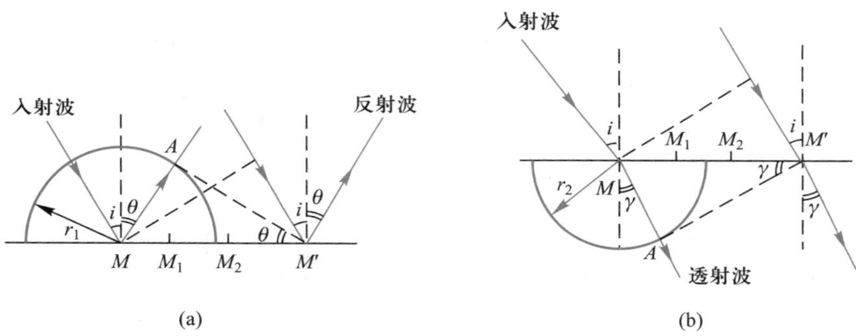

图 11.14 根据惠更斯原理绘出反射子波与透射子波的波前

而 $|MA|=u_2\Delta t$，$u_1\Delta t=|MM'|\sin i$，即得

$$\frac{\sin\gamma}{\sin i}=\frac{u_2}{u_1}$$

波的折射方向与入射方向有偏折，上式即折射定律. 若此波是由折射率为 n_1 的介质射向折射率为 n_2 介质的光波，则由上式即可得出光的折射定律

$$n_1\sin i=n_2\sin\gamma$$

11.5 波的叠加原理 波的干涉

11.5.1 波的叠加原理

如果有几列波同时在介质中传播，那么每一列波都将各自保持自己原有的频率、波长、

振幅而独立传播，彼此互不影响，相遇点处的质点的振动为各列波单独在该点引起振动的合成，这一规律称为波的叠加原理. 波的叠加原理实际上是运动叠加原理在波动中的表现. 设两列波在空间某点相遇，若这两列波分别在该点引起的振动的位移为 y_1、y_2，则该点合振动的位移为

$$y=y_1+y_2$$

生活中许多现象都反映了波的这种性质. 如管弦乐队演奏时，人们既可以听到整个乐队合奏出的和谐美妙的音乐，又可以分辨出不同乐器的声音；在嘈杂的场合也可以分辨出自己熟悉的人的声音等.

11.5.2 波的干涉

一般来说，任意的几列简谐波在空间相遇时，叠加的情形是很复杂的，它们可以合成多种形式的波动. 我们只讨论波的叠加中最简单而又最重要的情形：两列频率相同、振动方向相同、相位差恒定的简谐波的叠加. 这种波的叠加会使空间某些点处的振动始终加强，某些点处的振动始终减弱，即波强呈现出规律性的分布. 这种现象称为波的干涉（interference of wave）. 能产生干涉现象的波称为相干波（coherent wave），相应的波源称为相干波源. 同频率、同振动方向、恒相位差称为相干条件（coherence condition）.

如图 11.15 所示，两个相干波源 S_1、S_2，它们的振动方程分别为

$$y_{S_1}=A_{S_1}\cos(\omega t+\varphi_1)$$

$$y_{S_2}=A_{S_2}\cos(\omega t+\varphi_2)$$

式中，ω 是振动的角频率，A_{S_1} 和 A_{S_2} 是两波源的振幅，φ_1 和 φ_2 是两波源的初相. 它们发出的两列相干波在空间的 P 点（称为干涉点）相遇，由波函数可写出两列波在 P 点引起的分振动分别为

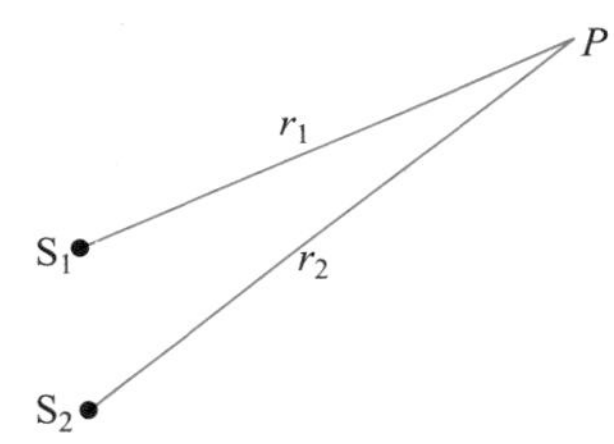

图 11.15 两列相干波在 P 点相遇

$$y_1=A_1\cos\left(\omega t-\frac{2\pi r_1}{\lambda}+\varphi_1\right)$$

$$y_2=A_2\cos\left(\omega t-\frac{2\pi r_2}{\lambda}+\varphi_2\right)$$

式中，A_1 和 A_2 为两列波在干涉点引起振动的振幅. 若不考虑波的吸收，则对于平面波，波的振幅等于波源的振幅. r_1 和 r_2 为两个波源到干涉点的波程，λ 为两列相干波的波长.

由上两式可知，这是两个同方向、同频率的简谐运动，则干涉点的合振动也是简谐运动，即

$$y=y_1+y_2=A\cos(\omega t+\varphi)$$

合振动的振幅为

$$A=\sqrt{A_1^2+A_2^2+2A_1A_2\cos\Delta\varphi} \tag{11.20}$$

其中

$$\Delta\varphi=\varphi_2-\varphi_1-\frac{2\pi}{\lambda}(r_2-r_1) \tag{11.21}$$

是两列相干波在干涉点引起的振动的相位差. 合振动的初相 φ 满足

$$\tan\varphi=\frac{A_1\sin\left(\varphi_1-\dfrac{2\pi r_1}{\lambda}\right)+A_2\sin\left(\varphi_2-\dfrac{2\pi r_2}{\lambda}\right)}{A_1\cos\left(\varphi_1-\dfrac{2\pi r_1}{\lambda}\right)+A_2\cos\left(\varphi_2-\dfrac{2\pi r_2}{\lambda}\right)} \tag{11.22}$$

由式(11.21)和式(11.20)可知,两列相干波在空间任一定点的相位差 $\Delta\varphi$ 是一个常量,因而该点的合振幅 A 也是常量. 而对于不同的干涉点,它们到波源的波程差 $\delta=r_2-r_1$ 一般并不相同,因而两列波的相位差 $\Delta\varphi$ 不同,振动的合振幅也不同. 因此在两波的相遇区域就形成了波强的不均匀分布,产生了干涉现象.

若干涉点的相位差满足

$$\Delta\varphi=\varphi_2-\varphi_1-\frac{2\pi}{\lambda}(r_2-r_1)=2k\pi \quad (k=0,\pm1,\pm2,\cdots) \tag{11.23a}$$

该点的合振幅最大,$A=A_1+A_2$,称为干涉加强;

若干涉点的相位差满足

$$\Delta\varphi=\varphi_2-\varphi_1-\frac{2\pi}{\lambda}(r_2-r_1)=(2k+1)\pi \quad (k=0,\pm1,\pm2,\cdots) \tag{11.23b}$$

该点的合振幅最小,$A=|A_1-A_2|$,称为干涉减弱.

在实际问题中,两个相干波源常常是由同一个振源驱动的,这时两个波源的初相相同($\varphi_1=\varphi_2$). 于是干涉的极值条件可用波程差表示,即

$$\delta=r_2-r_1=k\lambda \quad (k=0,\pm1,\pm2,\cdots) \quad \text{干涉加强} \tag{11.24a}$$

$$\delta=r_2-r_1=(2k+1)\frac{\lambda}{2} \quad (k=0,\pm1,\pm2,\cdots) \quad \text{干涉减弱} \tag{11.24b}$$

上式说明,若两相干波源为同相源时,在相遇的空间,波程差等于波长的整数倍的各点,干涉加强,振幅最大;波程差等于半波长的奇数倍的各点,干涉减弱,振幅最小.

干涉现象只有在波的合成时才能产生,因此干涉是波动所独具的一个重要特征.

例 11.3 如图 11.16 所示,两列平面简谐波为相干波,在两种不同介质中传播,在两介质交界面上的 P 点相遇,波的频率 $\nu=100$ Hz,振幅 $A_1=A_2=1.0\times10^{-3}$ m,S_1 的相位比 S_2 的相位领先 $\pi/2$,波在介质 1 中的波速 $u_1=400\ \text{m}\cdot\text{s}^{-1}$,在介质 2 中的波速 $u_2=500\ \text{m}\cdot\text{s}^{-1}$,$r_1=4.0$ m,$r_2=3.75$ m,求 P 点的合振幅.

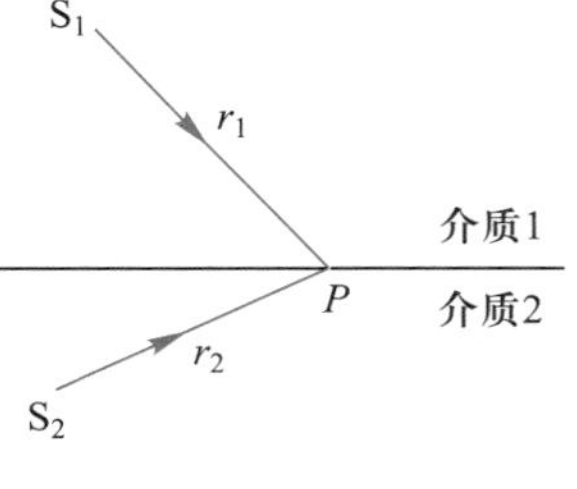

图 11.16

解 两波在 P 点的相位差为

$$\Delta\varphi=\varphi_2-\varphi_1-\left(\frac{2\pi}{\lambda_2}r_2-\frac{2\pi}{\lambda_1}r_1\right)=-\frac{\pi}{2}-2\pi\nu\left(\frac{r_2}{u_2}-\frac{r_1}{u_1}\right)=0$$

故两相干波在 P 点干涉加强,其合振幅为

$$A=A_1+A_2=2.0\times10^{-3}\ \text{m}$$

11.6 驻 波

两列振幅相同的相干波在同一种介质中沿同一直线相向传播时,合成的波是一种波形不向前传播的波,称为驻波(standing wave). 它是干涉的一种特殊情况.

如图 11.17 所示的装置,A 处有一电动音叉,音叉末端系一水平的细绳 AB,B 处有一尖劈,可左右移动调节 AB 间的距离. 细绳绕过滑轮 P 后,末端悬一重物,使绳上产生张力. 音叉振动时,细绳随之振动,在绳中产生一从左向右传播的入射波,此波在 B 点反射,从而在绳中又有一列从右向左传播的反射波,这两列波是相干波,在绳中相互叠加产生干涉. 调节尖劈的位置使振动稳定,结果形成图上所示的波动状态——驻波. 用手触摸驻波,感觉到弦线在振动,注意图中有些点始终静止不动(振幅为零),该处被称为波节(wave node). 而有些点振幅始终最大,该处被称为波腹(wave loop).

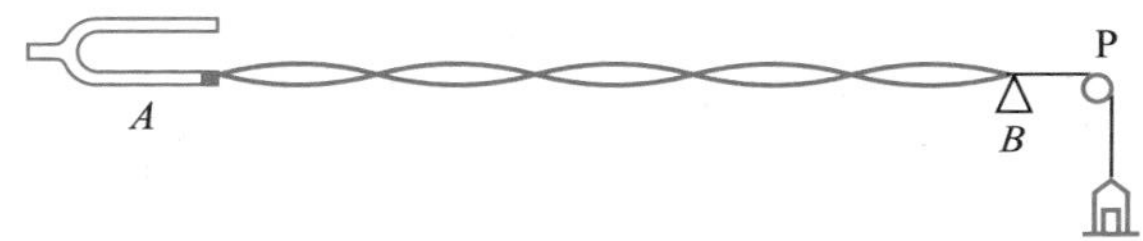

图 11.17 绳上的驻波

11.6.1 驻波的形成

图 11.18 表示了驻波形成的物理过程. 其中黑色虚线表示向右传播的波(入射波),黑色实线表示向左传播的波(反射波),蓝色实线表示合成波. 图中(a)~(e)依次表示 $t=0, T/8, T/4, 3T/8, T/2$ 各时刻的波形. 从图中可以看出,不论什么时刻,合成波的波节(N 处)处的质元总是不动的,整个波被波节分为许多段,每一段的长度为半个波长. 每一段上的各质点,都以相同的相位振动,但振幅不同,中央的点,即波腹(L 处)的振幅最大. 相邻两段上各点的振动相位相反. 每一时刻,驻波都有一定的波形,但此波形既不向左移,也不向右移. 即没有振动状态和相位的传播,因此也就谈不上能量的传播,而只存在着波腹附近的动能与波节附近的势能之间的相互转换. 这与前面所讨论的行波是完全不同的,我们称之为驻波.

11.6.2 驻波的方程

设有两列振幅相同、相向传播的相干波在 x 轴上传播. 为了方便,在它们的波形曲线正好重合的时候,取位移极大的某一点为坐标原点,并开始计时. 于是,两列波的初相均为零,它们的波函数分别为

$$y_1 = A\cos 2\pi\left(\frac{t}{T}-\frac{x}{\lambda}\right)$$

$$y_2 = A\cos 2\pi\left(\frac{t}{T}+\frac{x}{\lambda}\right)$$

根据波的叠加原理,合成的波为

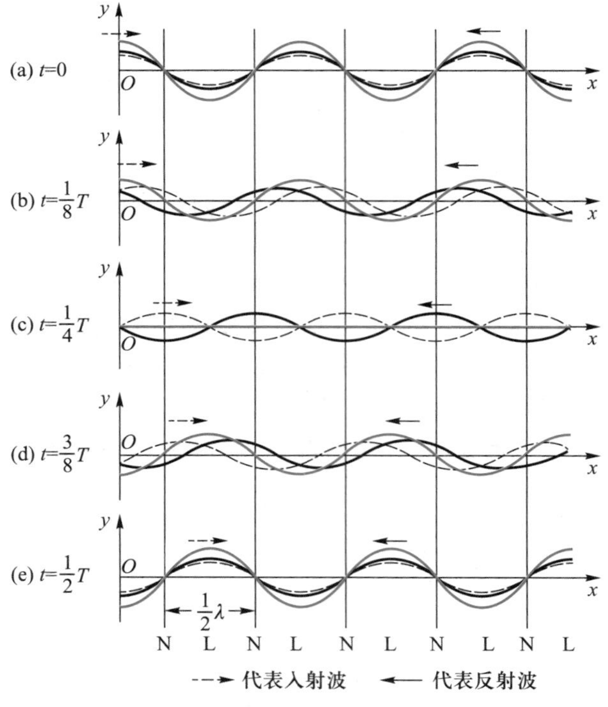

图 11.18 驻波的形成

$$y=y_1+y_2=A\left[\cos 2\pi\left(\frac{t}{T}-\frac{x}{\lambda}\right)+\cos 2\pi\left(\frac{t}{T}+\frac{x}{\lambda}\right)\right]$$

$$=\left(2A\cos\frac{2\pi}{\lambda}x\right)\cos\frac{2\pi}{T}t \qquad (11.25)$$

该式为驻波方程(standing wave equation). 它蕴藏着驻波的所有特点:介质中各点都在做同频率的简谐运动,每一点的振幅均与位置有关. 因此严格地说驻波实质上是一种振动,波形只在原地起伏变化,振动的相位(状态)没有传播出去,也就没有能量传播.

由驻波方程可得出波节和波腹的位置. 由式(11.25)可知:波节坐标满足

$$\left|2A\cos\frac{2\pi}{\lambda}x\right|=0$$

得出

$$\frac{2\pi}{\lambda}x=\pm(2k+1)\frac{\pi}{2}\quad(k=0,1,2,\cdots)$$

波节的坐标是

$$x=\pm(2k+1)\frac{\lambda}{4} \qquad (11.26)$$

而相邻两波节间的距离是

$$\Delta x=x_{k+1}-x_k=\frac{\lambda}{2} \qquad (11.27)$$

同理,波腹坐标满足

$$\left|2A\cos\frac{2\pi}{\lambda}x\right|=2A$$

得出

$$\frac{2\pi}{\lambda}x=\pm k\pi\quad(k=0,1,2,\cdots)$$

波腹的坐标是

$$x=\pm k\frac{\lambda}{2}\tag{11.28}$$

相邻两波腹间的距离与相邻两波节间的距离相同,为

$$\Delta x=\frac{\lambda}{2}\tag{11.29}$$

11.6.3 半波损失

实际上用两个独立的波源,激发出两列振幅相同、传播方向相反的相干波进行叠加、合成驻波是很难做到的,因此通常都是利用入射波与反射波的叠加来形成驻波. 在图 11.17 所示的弦线上的驻波实验中,反射点 B 是固定不动的,为驻波的波节. 从振动的合成考虑,这意味着入射波与反射波的相位在此正好相反,或者说入射波在反射时有 π 的相位突变. 由于波线上相距半波长的两点相位差为 π,所以这种入射波在反射时发生 π 的相位突变的现象称为半波损失(half-wave loss). 如果反射端为自由端,则没有相位突变,入射波与反射波在此的相位是相同的,不存在半波损失,此时驻波在此端将形成波腹.

一般情况下,入射波在两种介质的分界处将发生反射与折射. 反射时是否发生半波损失,与波的种类、两种介质的性质以及入射角的大小都有关. 但当波垂直入射时,半波损失则由介质的密度和波速的乘积 ρu 决定. 相对来讲,ρu 较大的介质称为波密介质,ρu 较小的称为波疏介质. 当波从波疏介质垂直入射到波密介质界面上反射时,有半波损失,形成的驻波在界面处是波节. 反之,当波从波密介质垂直入射到波疏介质界面上反射时,无半波损失,界面处是驻波的波腹.

例 11.4 两列波在一根很长的细绳上传播,它们的波函数表达式为

$$y_1=0.06\cos\pi(x-4t)\quad(\text{SI})$$

$$y_2=0.06\cos\pi(x+4t)\quad(\text{SI})$$

(1) 求各波的频率、波长、波速和波的传播方向;(2) 证明细绳做驻波式振动,并求波腹和波节的位置;(3) 波腹处的振幅多大? 在 $x=1.25$ m 处,振幅多大?

解 (1) 将两波函数化成标准形式

$$y_1=0.06\cos\pi(x-4t)=0.06\cos2\pi\left(2t-\frac{x}{2}\right)$$

$$y_2=0.06\cos\pi(x+4t)=0.06\cos2\pi\left(2t+\frac{x}{2}\right)$$

可知

$$A=0.06\ \mathrm{m},\quad \nu=2\ \mathrm{Hz},\quad \lambda=2\ \mathrm{m}$$

$$u=\lambda\nu=4\ \mathrm{m\cdot s^{-1}}$$

y_1 沿着 x 轴正向传播，y_2 沿着 x 轴反向传播.

（2）合运动方程为

$$\begin{aligned} y &= y_1+y_2 \\ &= 0.06\cos\ \pi(x-4t)+0.06\cos\ \pi(x+4t) \\ &= 2\times0.06\cos\ 2\pi\frac{x}{2}\times\cos\ 4\pi t \quad (\mathrm{SI}) \end{aligned}$$

由此方程可知，细绳在做驻波式振动. 由此可得出波腹、波节的位置：$x=0$ 处为波腹，且每隔 $\lambda/2$ 就出现一个波腹，即 $x=1$ m，2 m，3 m，…处均为波腹；相应地，$x=0.5$ m，1.5 m，2.5 m，…处均为波节.

（3）波腹处振幅是

$$A=2\times0.06\ \mathrm{m}=0.12\ \mathrm{m}$$

$x=1.25$ m 处，振幅为

$$A_{x=1.25}=(0.12\ \mathrm{m})\cos\ 2\pi\frac{x}{2}=(0.12\ \mathrm{m})\cos\ 2\pi\frac{1.25}{2}=0.08\ \mathrm{m}$$

11.6.4 弦线上的驻波

在弦振动实验中，弦线的两端拉紧固定，拨动弦线时，波经两端反射，形成两列反向传播的波，叠加后就能形成驻波. 两固定端处必为波节，因而要形成稳定的驻波，弦长 L 必须是半波长的整数倍，即

$$L=n\frac{\lambda}{2}\quad (n=1,2,3,\cdots)$$

从上式可以看出，如果弦长是固定的，波长就不能是任意的，只能等于

$$\lambda_n=\frac{2L}{n}\quad (n=1,2,3,\cdots) \tag{11.30}$$

由于波速 $u=\lambda\nu$，所以波的频率也不能是任意的，只能取下列固定值：

$$\nu_n=n\frac{u}{2L}\quad (n=1,2,3,\cdots) \tag{11.31}$$

这表明：只有波长（或频率）满足上述条件的那些波才能在弦线上形成驻波. 我们把 $n=1$ 对应的频率称为基频，其他频率依次称为二次谐频、三次谐频……（对声驻波则称为基音和泛音）. 各种允许频率所对应的驻波模式（即简谐振动方式）称为简正模式（normal mode），相应的频率为简正频率（normal frequency）. 简正频率由驻波系统的结构决定，故又称为系统的固有频率（与谐振子不同，一个驻波系统有多个固有频率）. 系统究竟按哪种频率振动，取决于初始条件. 当外扰动源以某一频率激起系统振动时，如果该扰动频率和系统的某一固有频率相同（或相近），就会激起强驻波. 这种现象称为共振.

许多乐器的发声都服从驻波原理. 弦乐器的弦振动时发出各种频率的声音. 管乐器中的

管内空气柱、锣面、鼓面等也都是驻波系统,它们振动时同样产生各种相应的简正模式及共振现象. 如钢琴的音板是一块具有许多固有频率的木板,当有一根振动着的弦碰上它时就有可能发生共振. 类似地,共振也可发生在小提琴的空腔里,它里面的空气对某些频率可以发生较大的振动.

【前沿进展】

1834 年 8 月,英国科学家、造船工程师罗素(S. J. Russell)在勘察爱丁堡到格拉斯哥的运河河道时,看到一只运行的木船摇荡的船头挤出高 0.3~0.5 m、长约 10 m 的一堆水来. 当船突然停下时,这堆水竟保持着它的形状,以大约 13 km/h 的速度向前传播. 罗素认识到,这绝不是普通的水波. 因为普通的水波是由水面的振动形成的,水波的一半高于水面,一半低于水面,而且在扩展一小段距离后即行消失. 而他所看到的这个水堆,却具有光滑规整的形状,完全在水面上移动,衰减得也很缓慢. 他把这团奇特的运动着的水堆称为"孤立波"或"孤波". 罗素还仿照运河的状况建造了一个狭长的大水槽,模拟当时的条件给水以适当的推动,果然从实验上再现了在运河上观察到的孤波. 但是对孤波的理论解释,却成了科学家们争论了几十年的课题.1895 年,两位年轻的荷兰数学家科特维格(D. J. Korteweg)和德弗里斯(G. de Vries)在研究浅水中的小振幅长波运动时,考虑到可以把水简化为弹性体,即水具有弹性特征之外,还注意到水具有非线性特征与色散作用,这些次要特性在一定条件下会形成相干结构. 他们由此导出了单向运动浅水波的 KdV 方程,由此得出的波的表面形状与孤波的表面形状十分相似,从而给出了一个类似于罗素孤波的解析解,孤波的存在才得到了公认.

20 世纪 60 年代,电子计算机的广泛应用使得科学家们敢于去探索过去用解析方法难以处理的复杂问题.1965 年,美国科学家扎布斯基(N. Zabusky)和克鲁斯卡尔(M. D. Kruskal)等在用电子计算机做数值试验后意外地发现,以不同速度运动的两个孤波在相互碰撞后,仍然保持各自原有的能量、动量的集中形态,其波形和速度具有极大的稳定性,就像弹性粒子的碰撞过程一样,因此完全可以把孤波视为刚性粒子. 于是他们将这种具有粒子性的孤波,即非线性方程的孤波解称为"孤子". 之后,人们进一步发现,除水波外,在其他一些物质中也会出现孤波. 如在固体物理、等离子体物理、光学实验中,都发现了孤子. 特别是,人们发现光纤中的光学孤子(光纤孤子)可以进行压缩,且在传输过程中形状不变,利用光纤孤子进行通信有容量大、误码率低、抗干扰能力强、传输距离长等优点. 目前各国都在竞相研究光纤孤子通信. 此外,由于孤子同时具有波和粒子两重性质,所以它也引起了理论物理学家们的极大关注,他们尝试用它来描述基本粒子. 但在应用中,上述孤子的定义有所扩展. 到目前为止,还有很多理论上的困难未能解决.

11.7 多普勒效应

我们有这样的生活经验:当鸣笛的火车向我们驶来时,我们听到的笛声不仅越来越大,而且越来越尖锐;当火车离我们而去时,笛声变得越来越小,而且越来越低沉. 这说明接收频率与波源的频率是不同的. 同样当波源不动而观察者运动或二者都在运动时,也会出现接收频率与波源频率不同的现象. 该现象是奥地利物理学家多普勒(C. Doppler)于1842年发现的,因此称为多普勒效应(Doppler effect).

对于机械波,运动和静止均是相对于介质而言的. 在此我们仅研究波源和接收器均在同一种弹性介质中,并沿同一直线运动情况下的多普勒效应.

首先假定:波源的振动频率为 ν_S,波源相对介质的运动速度为 u_S. 接收器接收到的频率为 ν_B,接收器相对介质的运动速度为 u_B. 波在介质中的传播速度为 u,波的频率为 ν.

一、接收器相对介质以 u_B 的速度运动,波源不动($u_S=0, u_B\neq 0$)

(1) 接收器向着波源运动

由运动叠加原理知,对于接收器来说,波相当于以 $u+u_B$ 的速度相对它运动. 则在单位时间内接收器接收到的振动次数为

$$\nu_B=\frac{u+u_B}{\lambda}=\frac{u+u_B}{uT}=\left(\frac{u+u_B}{u}\right)\frac{1}{T}=\left(1+\frac{u_B}{u}\right)\nu$$

ν 是波的频率,但波源是不动的,因此波的频率就是波源的振动频率 ν_S,故

$$\nu_B=\left(1+\frac{u_B}{u}\right)\nu_S \tag{11.32}$$

接收器接收到的频率 ν_B 要大于波源振动频率 ν_S.

(2) 接收器远离波源运动

类似上述分析,可以得到

$$\nu_B=\left(1-\frac{u_B}{u}\right)\nu_S \tag{11.33}$$

接收器接收到的频率 ν_B 要小于波源振动频率 ν_S.

二、波源以速度 u_S 相对介质运动,接收器不动($u_B=0, u_S\neq 0$)

(1) 波源向着接收器运动

如图11.19所示,波在介质中传播速度 u 只同介质的性质有关,不论其波源运动与否,因此波在一个周期内传播的距离总是一个波长 λ(也就是波源静止时介质中的波长),而在一个周期内波源在波的传播方向走过 u_ST_S 的距离,结果使波长变为

$$\lambda'=\lambda-u_ST_S=uT_S-u_ST_S=(u-u_S)T_S$$

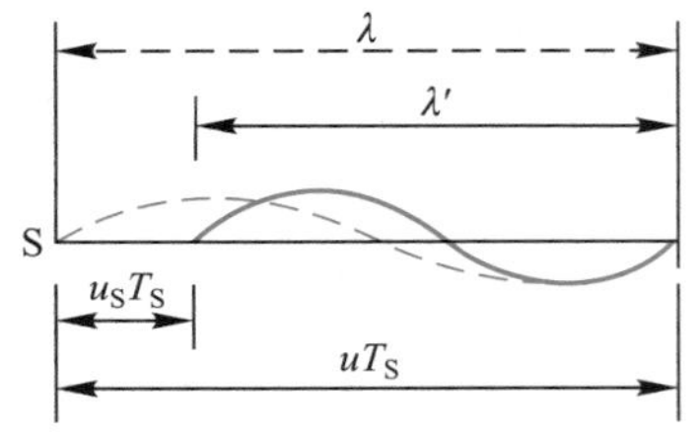

图11.19 波源运动时的多普勒效应

此波的频率

$$\nu=\frac{u}{\lambda'}=\frac{u}{(u-u_S)T_S}=\frac{u}{u-u_S}\nu_S$$

由于接收器是静止的,所以接收器接收到的频率 ν_B 就是波的频率 ν,即

$$\nu_B=\left(\frac{u}{u-u_S}\right)\nu_S \tag{11.34}$$

ν_B 要大于 ν_S.

(2) 波源远离接收者运动

类似上述分析,可以得到接收器接收到的频率是

$$\nu_B=\left(\frac{u}{u+u_S}\right)\nu_S \tag{11.35}$$

这时接收器接收到的频率小于波源的振动频率.

三、接收者和波源同时相对介质运动($u_S\neq 0, u_B\neq 0$)

在两者相向运动时,由于波源的运动使波长变为

$$\lambda'=\lambda-u_S T_S$$

接收器的运动使相对接收器的波速变为 $u+u_B$. 所以,接收器接收到的频率为

$$\nu_B=\left(\frac{u+u_B}{u-u_S}\right)\nu_S \tag{11.36}$$

当波源和接收器彼此分开时,接收器接收到的频率为

$$\nu_B=\left(\frac{u-u_B}{u+u_S}\right)\nu_S \tag{11.37}$$

多普勒效应是波动过程的共同特征,其在机械波和电磁波中均存在,而且有广泛的应用. 例如,在医学上利用超声波的多普勒效应进行多普勒超声诊断,来研究心脏和大血管中血液的动力学特征. 近年来,人们又将多普勒效应与激光和光纤技术结合起来,研制成光纤激光多普勒血流计,来测量血液的流量;另外,电磁波的多普勒效应的应用也非常广泛,与机械波不同的是,电磁波在真空中的传播速度为光速,因此多普勒效应的结论要用狭义相对论得出. 高速公路上用于监测车辆速度的监测器就利用了电磁波的多普勒效应的原理;在天文学领域,天文学家通过光谱分析发现遥远的星体所发出的光谱线的波长向长波方向移动,在可见光谱中移向红色一端. 这种现象叫“红移”. “红移”是由于宇宙中星体相对于地球运动而引起的光的多普勒效应,这种效应说明星体都在远离地球向四面飞去. 这一结论恰被“大爆炸”的宇宙学理论的倡导者视为其理论的重要证据.

例 11.5 A、B 两船沿相反方向行驶(彼此分开),航速分别为 20 m·s^{-1}和 30 m·s^{-1},已知 A 船上汽笛声的频率为 700 Hz,声波在空气中的传播速度为 340 m·s^{-1},求 B 船上人听到 A 船汽笛声的频率.

解 设 A 船汽笛为波源,B 船上的人为接收者,由式(11.37)得出

$$u_B=\left(\frac{u-u_B}{u+u_S}\right)\nu_S=\frac{340-30}{340+20}\times 700\ \text{Hz}=603\ \text{Hz}$$

显然,B 船上人听到的汽笛声的频率变低了.

【科技博览】

多普勒效应是波动的基本特性之一. 不仅声波具有这种效应,而且电磁波也有多普勒效应. 随着科学技术的发展,多普勒效应得到广泛的应用.

设有一电磁波源发出频率为 ν_0 的脉冲波,由相对论可以算得,当电磁波源以速度 u 朝着观测者运动时,观测者接收到的频率为

$$\nu=\nu_0\sqrt{\frac{c+u}{c-u}} \tag{1}$$

当电磁波源以速度 u 背离观测者运动时,观测者接收到的频率为

$$\nu=\nu_0\sqrt{\frac{c-u}{c+u}} \tag{2}$$

公路上用于监测车辆速度的监测器就是利用上述原理制成的. 当监测器发射的频率为 ν_0 的电磁波被以速度 u 向其运动的车辆接收后,由式(1)可得电磁波频率变化为

$$\nu'=\nu_0\sqrt{\frac{c+u}{c-u}}$$

然后,电磁波被运动的车辆反射回去,从监测器所测得的反射波的频率为

$$\nu=\nu'\sqrt{\frac{c+u}{c-u}}=\nu_0\left(\sqrt{\frac{c+u}{c-u}}\right)^2=\nu_0\,\frac{c+u}{c-u}$$

由上式可看出,监测器接收到的电磁波的频率与其发射的电磁波的频率之差为

$$\Delta\nu=\nu-\nu_0=\frac{2u}{c-u}\nu_0\approx\frac{2u}{c}\nu_0$$

由于 $u\ll c$,故 $\Delta\nu/\nu\ll 1$. 即监测器接收到的电磁波的频率与其发射的电磁波的频率之差非常小,产生拍现象,$\Delta\nu$ 就是拍频. 将上式改写为

$$u=\frac{\Delta\nu}{2\nu_0}c$$

可见测出拍频,即可测出运行车辆的速度. 如交通部门对车辆的最高限速为 u_m,那么拍频的最大值为

$$\Delta\nu_m=2\left(\frac{u_m}{c}\right)\nu_0$$

因此,监测人员若发现某车辆的拍频大于规定拍频最大值,就可断定该车辆违章超速行驶.

【网络资源】

小　　结

波动是振动状态的传播. 本章首先通过绳子中的波说明了机械波产生和传播的条件——振源和弹性介质. 同时说明行波的传播过程即相位的传播过程、能量的传播过程. 然后以简谐运动在无限大均匀介质中产生的平面简谐波为例阐述了描述波动状态的波函数的建立过程. 又鉴于行波的能量传播特性,给出了描述其能量传播特性的物理量——能流和能流密度的概念. 波函数的建立和能流密度的概念是本章的重点内容.

干涉和衍射是波动的两个基本现象，为此我们根据运动的叠加原理阐述了波的相干条件和干涉规律，并利用此规律说明了驻波这个特殊的运动状态．又通过两端固定的弦线上产生的驻波给出了半波损失的概念．干涉现象和半波损失是本章的又一重点内容；惠更斯原理是阐述波遇到障碍物或介质的分界面时，其传播方向为什么发生改变的理论，我们用它说明了波的衍射现象，证明了波的反射和折射定律．

应该指出的是，本章阐述的波的规律虽然由机械波给出，但对其后要介绍的电磁波（包括光波）也成立．

附：本章的知识网络

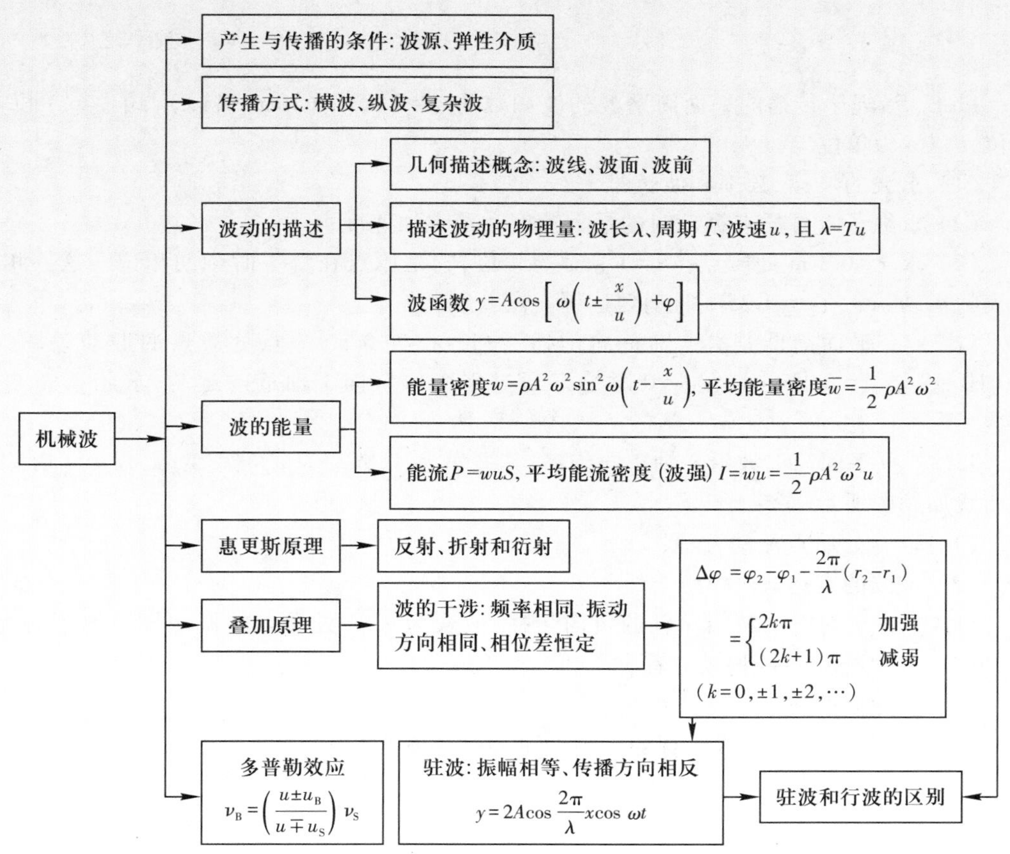

思　考　题

11.1　建立波函数时，坐标原点是否一定要选在波源处？$t=0$ 时刻是否一定是波源开始振动的时刻？在什么前提下波函数能写成 $y=A\cos\omega\left(t-\frac{x}{u}\right)$ 这种形式？式中 $\frac{x}{u}$ 表示什么？

如果把上式改写为 $y=A\cos\left(\omega t-\dfrac{\omega x}{u}\right)$，式中$\dfrac{\omega x}{u}$又表示什么？

11.2 声波在空气中传播，波的能流密度是一个常量吗？为什么？

11.3 驻波是怎样形成的？与行波比较有什么特点？

11.4 驻波不传播能量，这是不是说驻波中各点的能量不发生变化？

11.5 波源向着观察者运动和观察者向波源运动都会产生频率增大的多普勒效应，这两种情况有何区别？

习 题

11.1 沿绳子传播的平面简谐波的波函数为 $y=0.05\cos(10\pi t-4\pi x)$，式中 x、y 以 m 为单位，t 以 s 为单位.

(1) 求波的波速、频率和波长；

(2) 求绳子上各质点振动时的最大速度和最大加速度；

(3) 求 $x=0.2$ m 处质点在 $t=1$ s 时的相位，它是原点在哪一时刻的相位？这一相位所代表的运动状态在 $t=1.25$ s 时刻到达哪一点？

11.2 一平面简谐波沿 x 轴负向传播，波长 $\lambda=1.0$ m，原点处质点的振动频率为 $\nu=2.0$ Hz，振幅 $A=0.1$ m，且在 $t=0$ 时恰好通过平衡位置向 y 轴负向运动，求此平面波的波函数.

11.3 一平面简谐波沿 x 轴正向传播，其振幅为 A，频率为 ν，波速为 u. 设 $t=t'$时刻的波形曲线如题图所示. 求：

(1) $x=0$ 处质点振动方程；

(2) 该波的表达式.

11.4 一平面简谐波沿 x 轴的负向传播，波长为 λ，P 处质点的振动规律如题图所示.

(1) 求 P 处质点的振动方程；

(2) 求此波的波动表达式；

(3) 若图中 $d=\lambda/2$，求坐标原点 O 处质点的振动方程.

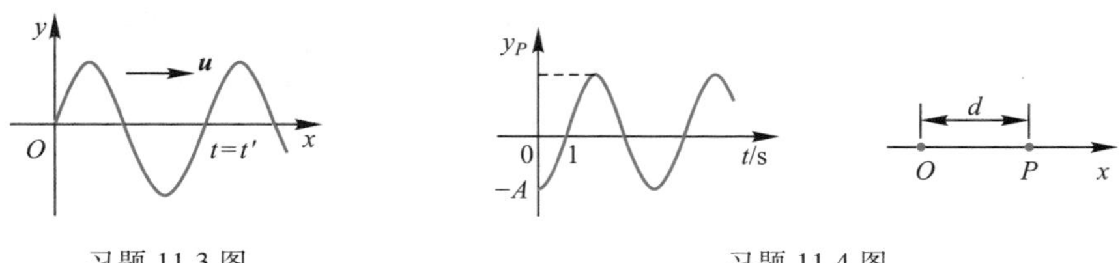

习题 11.3 图　　　　习题 11.4 图

11.5 如题图所示，有一平面简谐波在空间传播，已知 P 点的振动方程为

$$y_P=A\cos(\omega t+\varphi_0)$$

(1) 分别就图中给出的两种坐标写出其波函数；

(2) 写出距 P 点距离为 b 的 Q 点的振动方程.

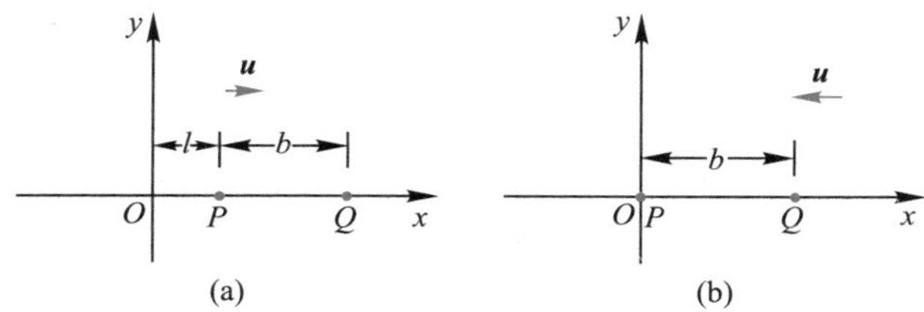

习题 11.5 图

11.6　一平面余弦波沿直径为 14 cm 的圆柱形管传播,波强为 1.8×10^{-2} J·m^{-2}·s^{-1},频率为 300 Hz,波速为 300 m·s^{-1},求:

(1) 波的平均能量密度和最大能量密度;

(2) 两个相邻同相面之间波的能量.

11.7　用聚焦超声波的方法在水中可以产生波强达到 $I=120$ kW/cm^{2}的超声波,该超声波的频率为 $\nu=500$ kHz. 水的密度为 $\rho=10^3$ kg/m^3. 其中水中声速为 $u=1\ 500$ m·s^{-1},求这时液体质元的振动振幅. 从得出的数值能否说明水能传播超声波?(水分子之间的距离为 10^{-10} m.)

11.8　某城市春节播放钟声的是一种气流扬声器,它发声的总功率为 2×10^4 W. 该声音传播到 12 km 远处还可听到. 设空气不吸收声波能量,且该声波按球面波传播,问该声波传到 12 km 处的声强级是多少? 相当于表 11.1 中哪种声音?

11.9　题图是干涉消声器的结构原理图,利用这一结构可以消除噪声. 当发动机排气声波经管道到达 A 点时,分成两路传播,然后在 B 点相遇,声波因干涉而相消. 如果要消除频率为 300 Hz 的发动机排气噪声,问图中弯道与直管长度差 $\Delta r=r_2-r_1$ 至少应为多少?(设声波速度为 340 m·s^{-1}.)

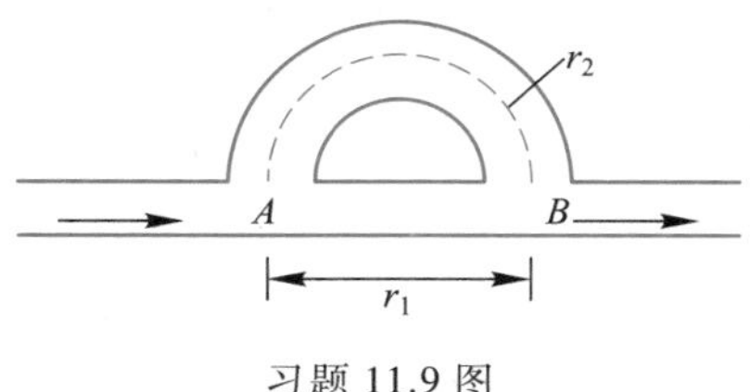

习题 11.9 图

11.10　S_1和 S_2为两相干波源,振幅均为 A_1,相距 $\lambda/4$,S_1较 S_2相位超前 $\pi/2$,求:

(1) S_1外侧各点的合振幅和强度;

(2) S_2外侧各点的合振幅和强度.

11.11　如题图所示,设 B 点发出的平面横波沿 BP 方向传播,它在 B 点的振动方程为 $y_1=2\times10^{-3}\cos 2\pi t$;$C$ 点发出的平面横波沿 CP 方向传播,它在 C 点的振动方程为 $y_2=2\times10^{-3}\cos(2\pi t+\pi)$,其中,$y_1$、$y_2$以 m 为单位,$t$ 以 s 为单位. 设 $BP=0.4$ m,$CP=0.5$ m,波速 $u=0.2$ m·s^{-1},求:

(1) 两波传到 P 点时的相位差;

(2) 当这两列波的振动方向相同时,P 处合振动的振幅;

(3) 当这两列波的振动方向互相垂直时,P 处合振动的振幅.

11.12　一平面简谐波沿 x 轴正向传播,如题图所示. 已知振幅为 A,频率为 ν,波速为 u.

(1) 若 $t=0$ 时,原点 O 处质元正好由平衡位置向位移正方向运动,写出此波的波函数;

(2) 若从分界面反射的波的振幅与入射波振幅相等,试写出反射波的波函数,并求 x 轴上因入射波与反射波干涉而静止的各点的位置.

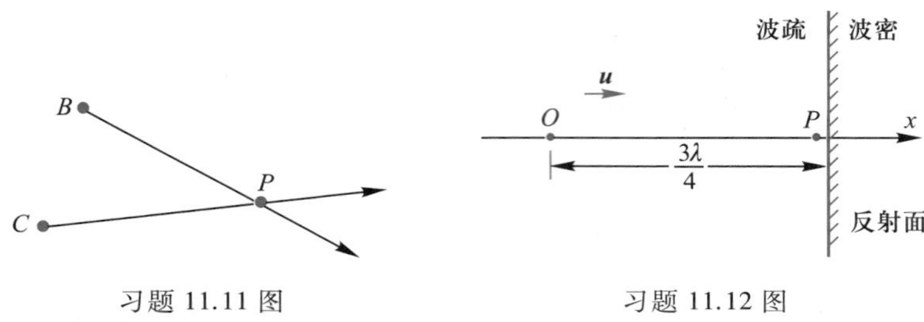

习题 11.11 图　　习题 11.12 图

11.13 入射波的表达式为 $y_1 = A\cos 2\pi\left(\frac{x}{\lambda}+\frac{t}{T}\right)$,在 $x=0$ 处发生反射,反射点为一固定端,设反射时无能量损失,求:

(1) 反射波的表达式;

(2) 合成的驻波方程式;

(3) 波腹和波节的位置.

11.14 一列火车以 20 $m \cdot s^{-1}$ 的速度行驶,若火车汽笛声的频率为 600 Hz,一静止观察者在火车前和火车后听到的汽笛声频率分别为多少?(空气中声速为 340 $m \cdot s^{-1}$.)

11.15 汽车驶过车站时,车站上的观测者测得汽笛声频率由 1 200 Hz 变到了 1 000 Hz,设空气中声速为 330 $m \cdot s^{-1}$,求汽车的速率.

11.16 一驱逐舰停在海面上,它的水下声呐向一驶近的潜艇发射 1.8×10^4 Hz 的超声波,由该潜艇反射回来的和发射的超声波频率相差 220 Hz,求该潜艇的速度.(海水中声速为1.54×10^3 $m \cdot s^{-1}$.)

11.17 公路检查站采用雷达测速仪检查来往汽车的车速. 所用雷达的微波频率为 5.0×10^{10} Hz. 该雷达发出的微波被迎面驶来的汽车反射回来,与入射波形成了频率为 1.1×10^4 Hz 的拍频. 问此汽车是否已超过了限速 100 $km \cdot h^{-1}$?

习题参考答案

第12章 电 磁 波

1864 年,英国物理学家麦克斯韦(James Clerk Maxwell)发表了一篇题为电磁场(electromagnetic field)的动力学理论的论文,预言电场和磁场中存在着波——电磁波(electromagnetic wave),并认为光也是电磁波. 我们现在知道可见光只是电磁波的一种形式,电磁波的其他的形式包括:无线电波和 X 射线等.

本章主要从麦克斯韦方程组出发,利用波动的概念来研究电磁波,进而讨论电磁波的基本特性和规律.

通过本章学习,了解电磁波的理论基础,掌握平面电磁波的性质;了解振荡电偶极子发射电磁波的特征,理解坡印廷矢量的物理意义.

12.1 电 磁 波

12.1.1 电磁波的预言

麦克斯韦的电磁场理论表明:变化的磁场激发涡旋电场,如图 12.1(a)所示,变化的电场(位移电流)激发涡旋磁场,如图 12.1(b)所示. 因此变化的电场和变化的磁场是相互激发的.

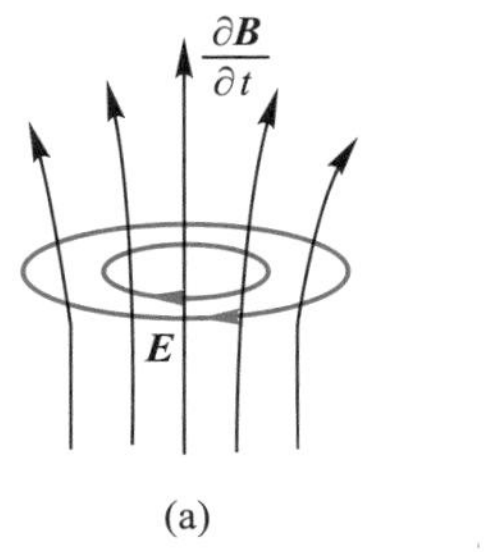

(a)

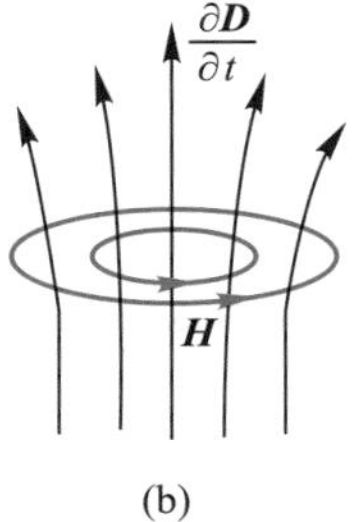

(b)

图 12.1 电场与磁场的相互激发

设想在空间某处有一个电磁振源,在这里有交变的电流或电场,它在自己周围激发涡旋磁场. 由于这个磁场也是交变的,于是它又在自己周围激发涡旋电场. 交变的涡旋电场和涡旋磁场相互激发,闭合的电场线和磁感应线就像链条的环节一样一个个地套连下去,如此持续下去,变化的电场和磁场相互激发,由近及远地传播出去,如图 12.2 所示. 这种变化的电磁场以有限的速度在空间传播的过程,称为电磁波.

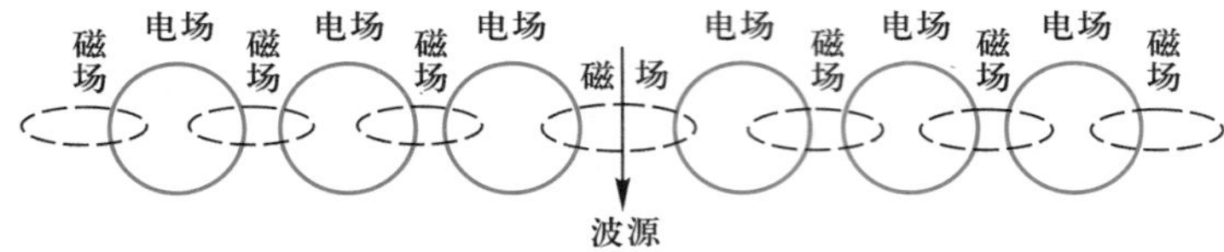

图 12.2 电磁波的形成

实际上电磁振荡是沿各个不同方向传播的,图 12.2 只是电磁振荡在某一直线上传播过程的示意图,并非真实的电场线和磁感应线的分布图.

赫兹(H. Hertz)利用振荡电偶极子(oscillation dipole)进行了许多实验,不仅证实了振荡电偶极子能发射电磁波,并且证明了这种电磁波与光波一样,能产生折射、反射、干涉、衍射、偏振等现象. 因此赫兹初步证实了麦克斯韦电磁理论——存在电磁波以及光波本质上也是电磁波.

【经典回顾】

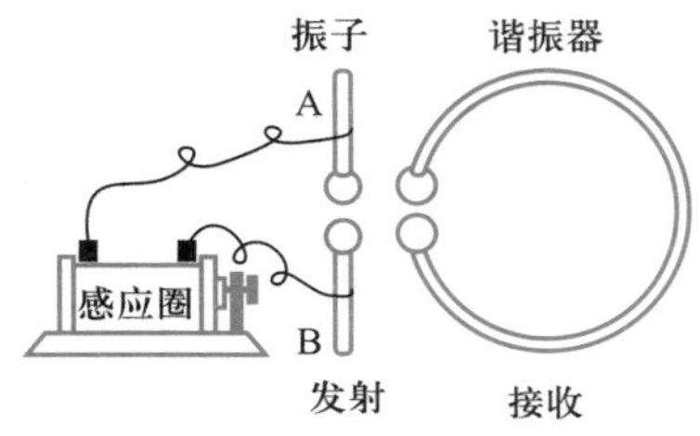

图 12.3 赫兹实验装置

1888 年德国物理学家赫兹用实验证实了电磁波的存在,这就是著名的赫兹实验. 赫兹实验中所用的装置(实际是一个振荡电偶极子)如图 12.3 所示. 他用的是两段金属杆,它们共轴放置,中间留有一个"火花间隙",间隙两边杆的端点做成球状. 这样做的目的是使电路中的电荷和电势差积累到一定的数量之后再行放电,以便提高发射电磁波的功率. 赫兹所用的这种装置,后来称之为赫兹振子. 把赫兹振子接在感应圈的副绕组上,即能在其中激发高频的振荡. 产生振荡的过程如下:感应圈以 10~100 Hz 的频率一次一次地使火花间隙两端充电,每次充电使电压达到一定程度时火花间隙被击穿,于是两段金属杆连成一条导电的通路,在其中产生高频振荡(赫兹实验中的振荡频率约为 10^8 Hz). 由于焦耳热和电磁辐射的能量损耗,赫兹振子中的振荡很快地衰减,直到下一次充电后重新激起振荡. 如此过程继续下去,就在赫兹振子中得到间歇性的阻尼振荡(图 12.4),并从赫兹振子向四周发射着电磁波. 为了探测电磁波的存在,赫兹采用一种如图 12.3 中所示的接收装置. 它是由铜杆弯成的一个圆环,其中也留有端点为球状的火花间隙. 间隙的距离可利用螺旋进行微小的调节,这种接收装置称为谐振器. 将谐振器放在距赫兹振子一定的距离以外,适当地选择其方位,并调节间隙距离以达到与赫兹振子频率谐振. 赫兹发现,在感应圈工作的时候,谐振器的间隙中也有电火花跳过,这样便在实验上证实了电磁场在空间的传播.

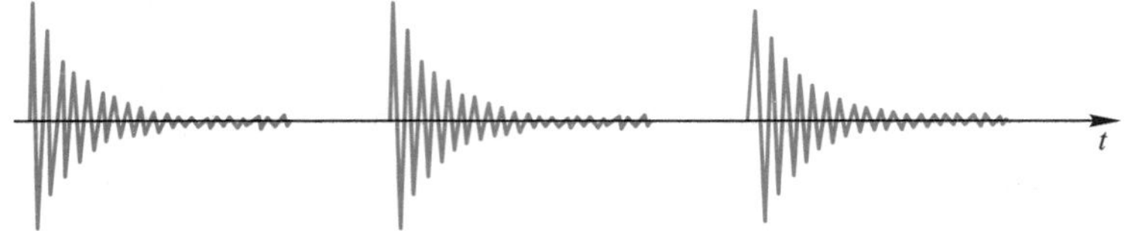

图 12.4 阻尼振荡

12.1.2 平面电磁波的波动方程

在无限大的均匀各向同性介质中,变化的电场和变化的磁场相互激发,沿着 z 轴进行传播. 在垂直于 z 轴方向的平面上,电场与磁场是均匀的,其方向分别平行于 x 轴和 y 轴,如图 12.5 所示. 由此形成的电磁波称为平面电磁波(planar electromagnetic wave),该垂直平面是波面. 根据麦克斯韦电磁理论,变化的电场和变化的磁场相互激发,满足如下关系:

$$\oint_L \boldsymbol{E}\cdot \mathrm{d}\boldsymbol{l}=-\frac{\mathrm{d}\Phi_\mathrm{m}}{\mathrm{d}t} \tag{12.1}$$

$$\oint_L \boldsymbol{H}\cdot \mathrm{d}\boldsymbol{l}=\frac{\mathrm{d}\Phi_\mathrm{e}}{\mathrm{d}t} \tag{12.2}$$

式中,Φ_m 是磁感应强度 $\boldsymbol{B}$ 的通量(磁通量),Φ_e 是电位移 $\boldsymbol{D}$ 的通量(电通量),我们利用上述二式给出相互激发的电磁场在空间传播的规律.

取如图 12.6 所示的矩形区域 $abcd$,其中 ab 和 cd 边与电场方向平行,ad 和 bc 边与电场方向垂直,磁场方向垂直穿过矩形平面. 若 ab(或 cd)$=l$,则矩形区域边界上电场的环流是

$$\oint_L \boldsymbol{E}\cdot \mathrm{d}\boldsymbol{l}=[E(z+\Delta z,t)-E(z,t)]l$$

而穿过矩形区域的磁通量的变化率是

$$\frac{\mathrm{d}\Phi_\mathrm{m}}{\mathrm{d}t}=\frac{\partial B(z,t)}{\partial t}l\Delta z$$

应用式(12.1),有

$$\frac{E(z+\Delta z,t)-E(z,t)}{\Delta z}=-\frac{\partial B(z,t)}{\partial t}$$

在 $\Delta z\to 0$ 时,上式化为

$$\frac{\partial E(z,t)}{\partial z}=-\frac{\partial B(z,t)}{\partial t} \tag{12.3}$$

利用关系式 $\boldsymbol{B}=\mu\boldsymbol{H}$,得出

$$\frac{\partial E(z,t)}{\partial z}=-\mu\frac{\partial H(z,t)}{\partial t} \tag{12.4}$$

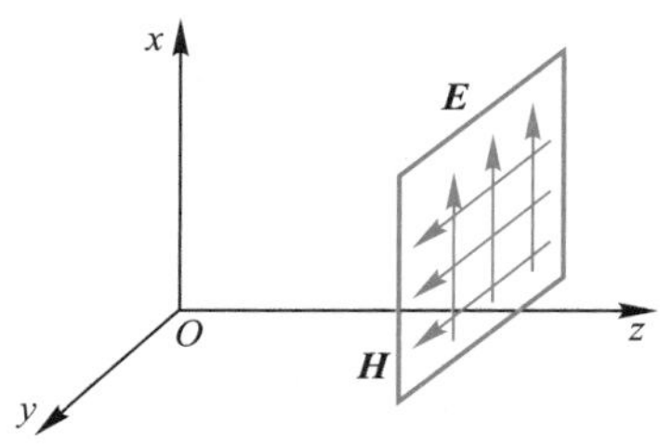

图 12.5 平面电磁波

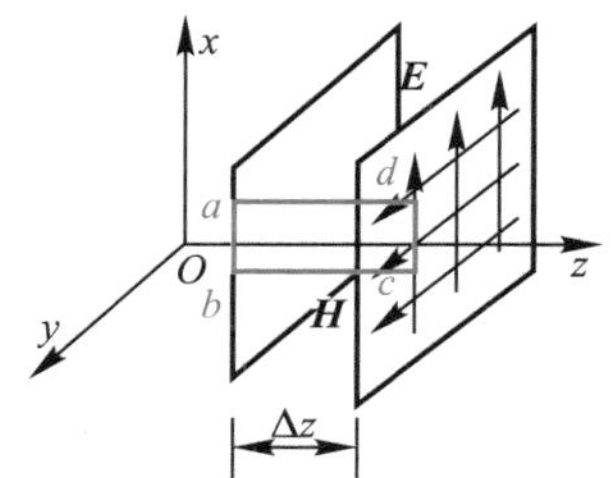

图 12.6 电场环流计算

同理,取如图 12.7 所示的矩形区域 $efgh$,其中 ef 和 gh 边与磁场方向平行,eh 和 fg 边与磁场方向垂直,电场方向垂直穿过矩形平面. 若 ef(或 gh)$=l$,则矩形区域边界上磁场的环

流是

$$\oint_L \boldsymbol{H}\cdot \mathrm{d}\boldsymbol{l}=-[H(z+\Delta z,t)-H(z,t)]l$$

而穿过矩形区域的电通量的变化率是

$$\frac{\mathrm{d}\Phi_{\mathrm{e}}}{\mathrm{d}t}=\frac{\partial D(z,t)}{\partial t}l\Delta z$$

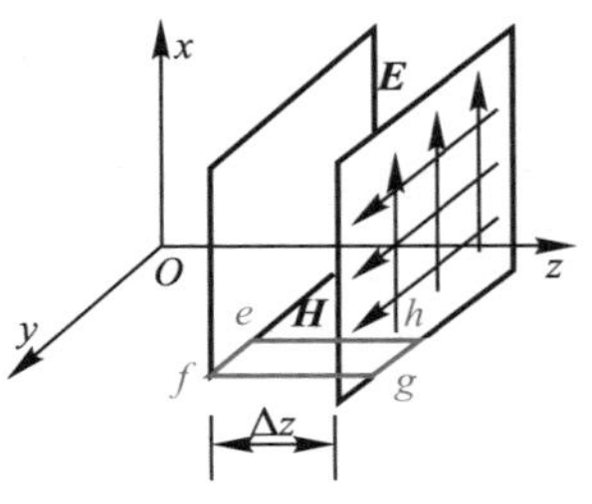

图 12.7 磁场环流计算

应用式(12.2),有

$$-\frac{H(z+\Delta z,t)-H(z,t)}{\Delta z}=\frac{\partial D(z,t)}{\partial t}$$

在 $\Delta z\to 0$ 时,上式化为

$$-\frac{\partial H(z,t)}{\partial z}=\frac{\partial D(z,t)}{\partial t} \tag{12.5}$$

利用关系式 $\boldsymbol{D}=\varepsilon\boldsymbol{E}$,得出

$$\frac{\partial H(z,t)}{\partial z}=-\varepsilon\frac{\partial E(z,t)}{\partial t} \tag{12.6}$$

式(12.4)两边对 z 求导数,得出

$$\frac{\partial^2 E(z,t)}{\partial z^2}=-\mu\frac{\partial^2 H(z,t)}{\partial z\partial t}$$

将式(12.6)代入上式,有

$$\frac{\partial^2 E(z,t)}{\partial z^2}=\varepsilon\mu\frac{\partial^2 E(z,t)}{\partial t^2} \tag{12.7a}$$

同理,可以导出

$$\frac{\partial^2 H(z,t)}{\partial z^2}=\mu\varepsilon\frac{\partial^2 H(z,t)}{\partial t^2} \tag{12.7b}$$

上述结果可以推广到电磁场沿空间任意方向传播的情况,于是有

$$\frac{\partial^2 E(\boldsymbol{r},t)}{\partial x^2}+\frac{\partial^2 E(\boldsymbol{r},t)}{\partial y^2}+\frac{\partial^2 E(\boldsymbol{r},t)}{\partial z^2}=\varepsilon\mu\frac{\partial^2 E(\boldsymbol{r},t)}{\partial t^2} \tag{12.8a}$$

$$\frac{\partial^2 H(\boldsymbol{r},t)}{\partial x^2}+\frac{\partial^2 H(\boldsymbol{r},t)}{\partial y^2}+\frac{\partial^2 H(\boldsymbol{r},t)}{\partial z^2}=\varepsilon\mu\frac{\partial^2 H(\boldsymbol{r},t)}{\partial t^2} \tag{12.8b}$$

我们知道,波函数为 $\psi(\boldsymbol{r},t)$ 的平面机械波沿任意方向传播时,将满足式(11.7)表征的波动方程,即

$$\frac{\partial^2\psi}{\partial x^2}+\frac{\partial^2\psi}{\partial y^2}+\frac{\partial^2\psi}{\partial z^2}=\frac{1}{u^2}\frac{\partial^2\psi}{\partial t^2}$$

同式(12.8)比较可知,相互激发的电磁场是以波动的形态在空间传播的,式(12.8)称为电磁波的波动方程. 比较得出电磁波的传播速度是

$$u=\frac{1}{\sqrt{\mu\varepsilon}} \tag{12.9}$$

上式为电磁波在各向同性的均匀介质中的传播速度. 在真空中有

$$c=\frac{1}{\sqrt{\mu_0\varepsilon_0}} \tag{12.10}$$

将 $\varepsilon_0=8.9\times10^{-12}\ \mathrm{F\cdot m^{-1}}$,$\mu_0=4\pi\times10^{-7}\ \mathrm{H\cdot m^{-1}}$代入上式得

$$c\approx3\times10^{8}\ \mathrm{m\cdot s^{-1}}$$

可见电磁波在真空中传播的速度等于光速,由此麦克斯韦预言光波也是电磁波.

12.1.3 平面电磁波的性质

由微分方程的理论及物理的边值条件可求出式(12.7a)与式(12.7b)的解分别为

$$E=E_0\cos\omega\left(t-\frac{z}{u}\right) \tag{12.11}$$

$$H=H_0\cos\omega\left(t-\frac{z}{u}\right) \tag{12.12}$$

式(12.11)与式(12.12)称为平面电磁波的波函数.

根据上述讨论,电磁波具有如下性质:

(1) 电场强度矢量 $\boldsymbol{E}$ 与磁场强度矢量 $\boldsymbol{H}$ 都垂直于波的传播方向(z 轴),在任何时刻、任何地点,$\boldsymbol{E}$、$\boldsymbol{H}$ 和波的传播方向构成一右手坐标系,如图 12.8 所示. 用矢量的矢积的概念来说,就是矢积 $\boldsymbol{E}\times\boldsymbol{H}$ 的方向总是沿着波的传播方向,因此电磁波是横波.

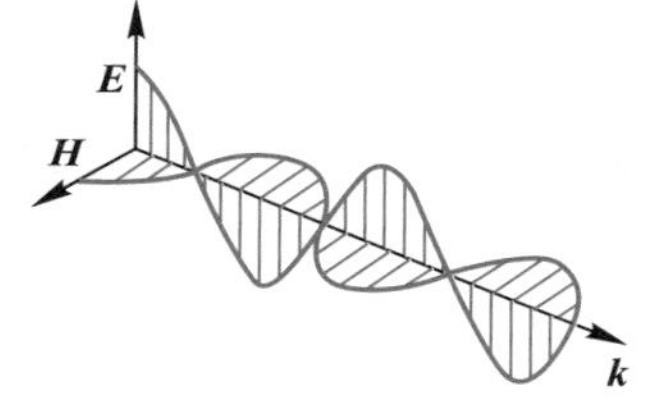

图 12.8 $\boldsymbol{E}$、$\boldsymbol{H}$、$\boldsymbol{k}$ 的方向关系

(2) 由式(12.11)和式(12.12)可知,$\boldsymbol{E}$ 和 $\boldsymbol{H}$ 都做简谐变化,两者的相位相同,同时达到最大值,同时达到最小值.

在任何时刻、任何地点,电场强度矢量 $\boldsymbol{E}$ 与磁场强度矢量 $\boldsymbol{H}$ 在量值上有如下关系

$$\sqrt{\mu}H=\sqrt{\varepsilon}E \tag{12.13}$$

在真空中满足

$$\sqrt{\varepsilon_0}E=\sqrt{\mu_0}H \tag{12.14}$$

式(12.13)和式(12.14)也可以写成

$$E=cB,\quad E_0=cB_0 \tag{12.15}$$

(3) E 或 H 分别在各自的平面上振动,如 E 在 xOz 平面上振动,H 在 yOz 平面上振动,这种性质称为偏振性.

12.1.4 电磁波的能量传播

任何波动的过程都是能量传播的过程,电磁波的传播伴随着电磁能量的传播,以电磁波形式传播出去的能量称为辐射能(radiant energy). 这时描述波的能量传播特性的物理量——能流密度的概念仍然适用.

下面以平面电磁波为例来推导电磁波能流密度的计算公式. 如图 12.9 所示,设有一平面电磁波,以速度 $\boldsymbol{u}$ 在空间沿 z 轴正向传播. 用 S 表示电磁波的能流密度,沿着波的传播方向取一小圆柱,长为 $\Delta l=u\Delta t$,底面面积为 ΔA,如果用 w 表示电磁场的能量密度,则有

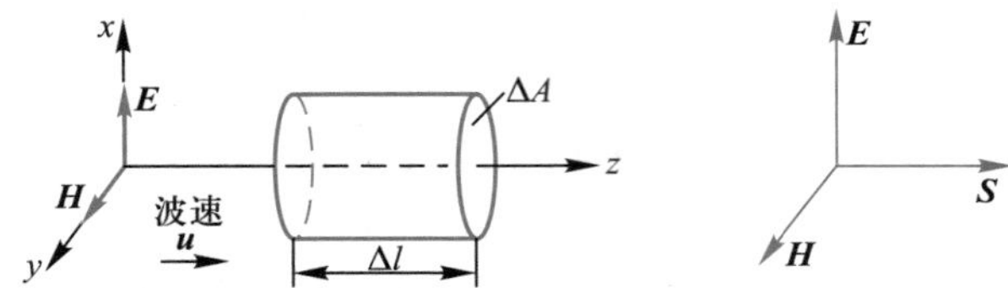

图 12.9 电磁波能流密度计算用图

$$S=\frac{w\Delta A\Delta l}{\Delta t\Delta A}=\frac{w\Delta Au\Delta t}{\Delta t\Delta A}=wu \tag{12.16}$$

由电磁场理论可知,电磁场的总能量密度为

$$w=w_{\mathrm{e}}+w_{\mathrm{m}}=\frac{1}{2}(\varepsilon E^2+\mu H^2)$$

代入式(12.16)中,得

$$S=\frac{1}{2}u(\varepsilon E^2+\mu H^2)$$

再把 $u=1/\sqrt{\mu\varepsilon}$ 和$\sqrt{\mu}H=\sqrt{\varepsilon}E$ 代入上式,得

$$S=\frac{1}{2\sqrt{\varepsilon\mu}}(\sqrt{\varepsilon}E\sqrt{\mu}H+\sqrt{\mu}H\sqrt{\varepsilon}E)=EH$$

由于 $\boldsymbol{E}$、$\boldsymbol{H}$ 和电磁波的传播方向三者相互垂直,并且组成一个右手坐标系,所以上式可用矢量式表示为

$$\boldsymbol{S}=\boldsymbol{E}\times\boldsymbol{H} \tag{12.17}$$

$\boldsymbol{S}$ 为电磁波的能流密度矢量,也称为坡印廷矢量(Poynting vector).

式(12.17)所表示的是电磁波的瞬时能流密度,在某些实际应用中,常用其在一个周期内的平均值,即平均能流密度,也称为电磁波的强度(intensity of electromagnetic wave),用 I 表示,即

$$I=\overline{S}=\overline{EH}=\sqrt{\frac{\varepsilon}{\mu}}\overline{E^2} \tag{12.18}$$

对于平面电磁波,将式(12.11)代入上式,得出平面电磁波的强度表示式是

$$I=\frac{1}{T}\int_0^T E_0H_0\cos^2\omega\left(t-\frac{z}{u}\right)\mathrm{d}t=\frac{1}{2}E_0H_0=\frac{1}{2}\sqrt{\frac{\varepsilon}{\mu}}E_0^2 \tag{12.19}$$

12.2 电偶极子辐射电磁波

12.2.1 电磁波的产生与传播

若想产生电磁波,应当建立适当的波源. 一般而言,任何 LC 振荡电路都可以作为发射电

磁波的波源. 但要想有效地把电路中的电磁能量发射出去,除了给电路连续不断地补充能量外,还必须具备以下条件.

(1) 必须有足够高的频率. 以后将看到,电磁波的辐射功率与频率的四次方成正比,LC 振荡电路的固有频率越高,越能有效地把能量发射出去. 由 LC 振荡电路的固有频率 $\nu_0 = 1/(2\pi\sqrt{LC})$ 可知,要加大 ν_0,必须减小电路中 L 和 C 的值.

(2) 必须有开放的电路. LC 振荡电路是集中性元件的电路,即电场和电能都集中在电容元件中,磁场和磁能都集中在自感线圈中. 为了把电磁场和电磁能发射出去,必须把电路加以改造,以便使电磁场能够分布在空间里. 为此,我们设想把 LC 振荡电路按图 12.10(a)、(b)、(c)、(d)的顺序逐步加以改造,改造的趋势是使电容器的极板面积越来越小,间隔越来越大,并使自感线圈的匝数越来越少. 这样,一方面可以使 C 和 L 的数值减小,以提高固有频率 ν_0;另一方面是电路越来越开放,使电场和磁场分布到空间中去,最后 LC 振荡电路完全演变为一根直导线,电流在其中往复振荡,两端出现正负交替的等量异号电荷. 这样的电路形成了一个振荡电偶极子,适合于有效地发射电磁波. 广播电台或电视台的天线都可以看成这类电偶极子.

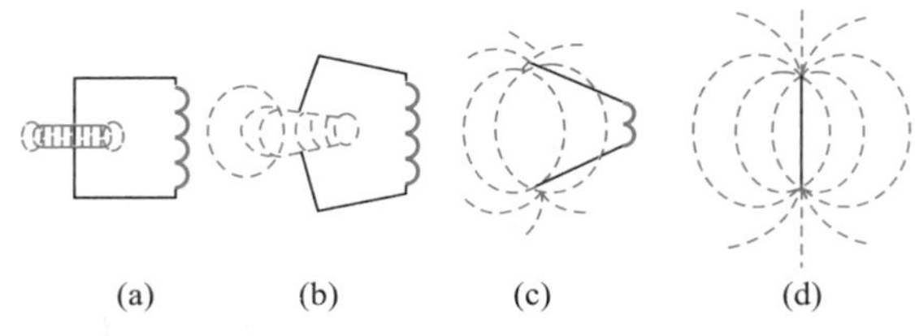

图 12.10 LC 振荡电路的开放

12.2.2 电偶极子辐射电磁波

设电磁波辐射源(radiation source)是一个等效电偶极子,其电矩 p 随时间按正弦或余弦规律变化,我们称其为振荡电偶极子,其电矩为

$$p = p_0 \cos \omega t \tag{12.20}$$

在振荡电偶极子中,正负点电荷都在做加速运动,因此都要发射电磁波,图12.11给出了电偶极子周围的电磁场的电场线和磁感应线的大致分布. 由于电偶极子的电矩呈周期性变化,其周围产生涡旋电场的电场强度必然是周期性变化的. 根据麦克斯韦电磁理论,变化的涡旋电场的周围要产生磁场,这种磁场也必然呈周期性变化,而周期性变化的磁场又要产生新的周期性变化的涡旋电场. 如此交替激发,电磁场便由近及远地传播出去,在振荡电偶极子的周围空间形成了电磁波.

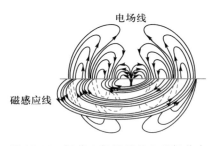

图 12.11 振荡电偶极子的电磁场分布

严格说来,只有根据麦克斯韦方程组才能确切地计算出电偶极子周围电磁场的分布和

变化的情况，但这种计算很复杂，这里只给出计算结果，并做一些说明. 从图 12.11 所示的电磁场分布可以看到，振荡电偶极子辐射的电磁波具有中心对称性. 取电偶极子中心为球面坐标的原点，电矩沿 z 轴方向，如图 12.12 所示，在远离电偶极子的区域内（指距电偶极子中心的距离远大于电磁波的波长，$r>>\lambda$，这种区域称为辐射场区或波场区），在时刻 t，坐标为 (r,θ) 点的电场强度和磁场强度为

$$E=\frac{\omega^2 p_0 \sin\theta}{4\pi\varepsilon u^2 r}\cos\omega\left(t-\frac{r}{u}\right) \tag{12.21}$$

$$H=\frac{\omega^2 p_0 \sin\theta}{4\pi u r}\cos\omega\left(t-\frac{r}{u}\right) \tag{12.22}$$

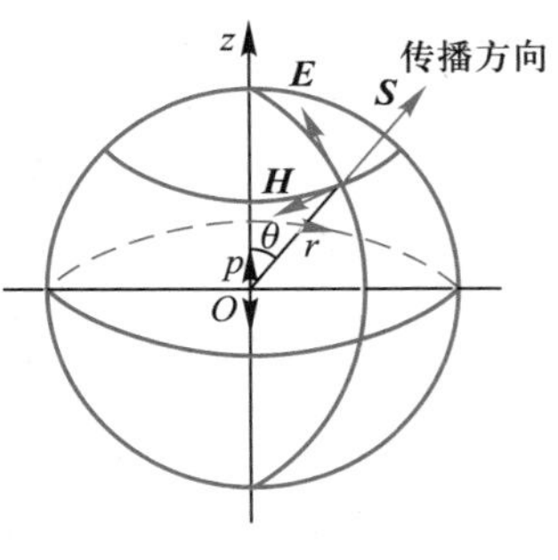

图 12.12

式中 u 为电磁波的传播速度，ε 为传播介质的电容率. 显然，E 和 H 都和距离 r 成反比，与振荡电偶极子的角频率 ω 的平方成正比. 由于出现 $\sin\theta$ 因子，所以在辐射场中 $\theta=\pi/2$ 的地方，即与电偶极子垂直的方向上，电磁辐射最强，沿电偶极子方向上辐射为零.

空间任一点的能流密度大小为

$$S=EH=\frac{\omega^4 p_0^2 \sin^2\theta}{16\pi^2\varepsilon u^3 r^2}\cos^2\omega\left(t-\frac{r}{u}\right) \tag{12.23}$$

振荡电偶极子的辐射功率应等于通过整个球面的电磁波能流，即

$$P=\int Sr^2\sin\theta\mathrm{d}\theta\mathrm{d}\varphi=\frac{\omega^4 p_0^2}{6\pi\varepsilon u^3}\cos^2\omega\left(t-\frac{r}{u}\right) \tag{12.24}$$

而在一个周期内的平均辐射功率为

$$\overline{P}=\frac{\omega^4 p_0^2}{12\pi\varepsilon u^3} \tag{12.25}$$

可见，振荡电偶极子的辐射功率与其振荡频率的四次方成正比.

若在远离波源的极远区（r 很大），在一定范围内 θ 变化很小，此时的电磁波可以视为平面波. 则式（12.21）和式（12.22）可写成

$$E=E_0\cos\omega\left(t-\frac{r}{u}\right)$$

$$H=H_0\cos\omega\left(t-\frac{r}{u}\right)$$

这正是平面简谐电磁波的表示式.

12.3 电磁波谱

所有电磁波波长（或频率）的集合称为电磁波谱（electromagnetic wave spectrum）.

人们通过许多实验，不仅证明光是电磁波，后来陆续发现了伦琴射线（X 射线）、γ 射线

等也都是电磁波. 各种不同的电磁波具有不同的频率或波长,如图 12.13 所示.

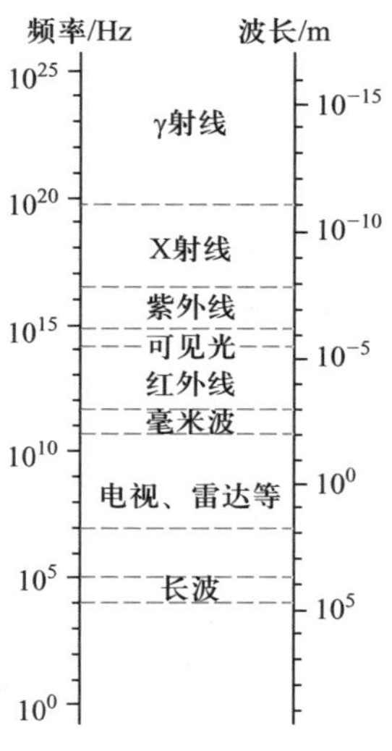

图 12.13 电磁波谱

这些电磁波在本质上虽然相同,但不同波长范围的电磁波的产生方法以及它们与物质间的相互作用是各不相同的,现将各波段的电磁波简介如下:

(1) 无线电波

一般的无线电波(radio wave)是由电磁振荡电路通过天线发射的,波长在 $10^{-3}\sim10^{4}$ m. 表 12.1 列出了各种无线电波的范围和用途.

不同波段的无线电波,其传播特性各有不同. 长波、中波的波长很长,衍射现象显著,能绕过高山、建筑物而传播;短波的波长较短,衍射能力减弱,主要靠大气中的电离层与地面间的反射传播;由于微波波长更短,几乎只能沿直线在空间传播,而且容易被障碍物反射,所以远距离的微波通信和传送电视节目等需设中继站(relay station).

表 12.1 各种无线电波的范围和用途

名称	长波	中波	中短波	短波	米波	微波		
						分米波	厘米波	毫米波
波长	30 000~3 000 m	3 000~200 m	200~50 m	50~10 m	10~1 m	1 m~10 cm	10~1 cm	1~0.1 cm
频率	10~100 kHz	100~1 500 kHz	1.5~6 MHz	6~30 MHz	30~300 MHz	300~3 000 MHz	3 000~30 000 MHz	30 000~300 000 MHz
主要用途	长距离通信和导航	无线电广播	电报通信、无线电广播	无线电广播、电报通信	调频无线电广播、电视广播、无线电导航	电视、雷达、无线电导航及其他专门用途		

电视信号(television signal)、短波(short wave)、雷达(radar)波、调幅(AM)和调频(FM)无线电信号是特殊种类的无线电波,它们由电子电路(electronic circuit)产生,电子电路使电荷加速运动时发生振荡并辐射能量.

(2) 红外线

波长为 $7.6\times10^{-7}\sim10^{-4}$ m 的电磁波称为红外线(infrared ray). 红外线的特点是热效应明显,能通过浓雾或较厚的气层,而不易被吸收.

红外线在生产和国防上都有重要的应用. 在生产上用红外线烘干油漆,干得快,质量好. 在国防上,由于人体、坦克、舰艇等都会发射红外线,因此在夜间或浓雾天气可通过红外线接收器侦察这些目标信号. 此外,用红外线敏感的照相底片来摄影,可以侦察敌情. 红外线难以透过玻璃,这一特性可以解释玻璃温室的原理. 整个宇宙充满了宇宙大爆炸时残留的冷却物质发出的红外线.

(3) 可见光

波长在 $4.0\times10^{-7}\sim7.6\times10^{-7}$ m 的电磁波称为可见光(visible light). 顾名思义,这部分波段的电磁波能使人的眼睛产生感光. 不同颜色的光,实际上是不同波长的电磁波. 白光是多种不同颜色的光(红、橙、黄、绿、青、蓝、紫)按一定的比例混合的结果.

(4) 紫外线

波长在 $5.0\times10^{-9}\sim4.0\times10^{-7}$ m 的电磁波称为紫外线(ultraviolet ray). 它由原子或分子的振荡所激发,不能引起人的视觉反应,只能由特殊的仪器探测到. 紫外线具有显著的生理作用,有较强的灭菌能力,但也会对生命产生危害作用. 来自太阳的紫外线几乎被大气中的臭氧完全吸收,臭氧保护着地球上的生命,少量透过大气的紫外线会晒黑皮肤或使皮肤表面的真菌异常活跃. 另外,紫外线还具有显著的化学效应和荧光效应.

(5) X 射线

波长在 $10^{-12}\sim10^{-8}$ m 的电磁波称为 X 射线(X-ray),也称为伦琴射线. 高速带电粒子轰击某些材料时,如快速电子轰击金属靶,将产生 X 射线. X 射线的能量很大,具有很强的穿透能力,可使照相底片感光. 在医疗上,可用于透视和病理检查. 工业上,可用于检查金属部件内的缺陷和分析晶体结构等. 随着 X 射线技术的发展,它的波长范围也不断朝着两个方向扩充,在长波段已与紫外线有所重叠,短波段已进入 γ 射线领域.

(6) γ 射线

波长在 10^{-10}m 以下的电磁波称为 γ 射线(γ-ray). γ 射线在电磁波谱中波长最短,波长约为原子核大小的量级. γ 射线产生于核反应及其他特殊的激发过程. γ 射线能量和穿透能力比 X 射线更大和更强,可用于金属探伤等. γ 射线也有多方面的应用,它是研究物质微观结构的有力武器. 在医疗上,利用“γ”刀,可以切除肿瘤,治疗癌症.

【网络资源】

小　结

电磁波的发现似乎超越了人类认识事物的一般规律. 麦克斯韦首先是从理论上认识到应该有电磁波存在,而在20多年后该预言才由赫兹在实验室中证实. 这体现了理论的预见性和麦克斯韦的天才.

麦克斯韦除了预言电磁扰动会以波的形式传播外,还得出其传播速度等于光速,进而断言光就是一种电磁波. 这是一个伟大的发现,它使电磁学和光学这两个过去毫不相干的物理学分支建立起了内在的联系. 磁学常量与电学常量的乘积开根号再取倒数,结果等于光学常量. 这是物理学上惊人的自洽,也体现了麦克斯韦对物理学的伟大贡献. 当今的一切有线的、无线的电通信或光通信无不基于麦克斯韦的电磁场理论.

基于麦克斯韦方程,导出电磁波的波动方程,从而证明了电磁场以波动形式在空间传播.通过与波动方程的一般形式的比较,给出了电磁波的传播速度.同时,本章给出了平面电磁波的表示式,强调了电磁波的基本性质,这是本章的教学重点之一.

基于电偶极子模型,本章讨论了电磁辐射规律,给出了电磁波的能流密度矢量,即坡印廷矢量的表示式.正确地了解电磁波的产生条件,掌握电磁波的能流计算,也是本章的教学重点之一.

附:本章的知识网络

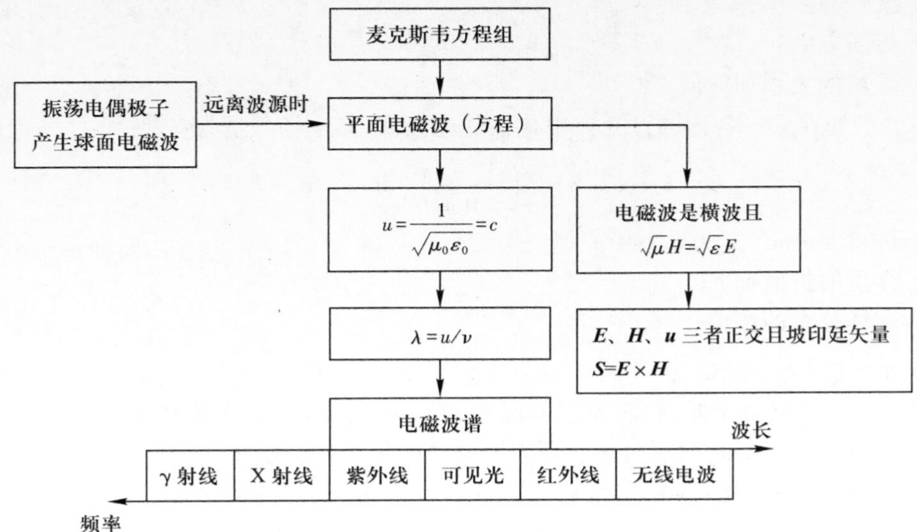

思　考　题

12.1　光是电磁波有什么根据?

12.2　问电荷做下述的两种运动,能否辐射电磁波?

(1) 电荷在空间做简谐运动;

(2) 电荷做圆的轨道运动.

12.3　为什么直线形的振荡电路比一般振荡电路(由线圈和电容器组成)能更好地辐射电磁波?

12.4　什么叫电磁波的能量密度?为什么引入平均能流密度的概念?

习　题

12.1 真空中一平面电磁波的电场分量由下式给出：

$$E_x=0,\quad E_y=0.6\cos\left[2\pi\times10^8\left(t-\frac{x}{c}\right)\right](\mathrm{SI}),\quad E_z=0$$

式中 c 为真空中光速，求：

(1) 波长和频率；

(2) 传播方向；

(3) 磁场的大小和方向.

12.2 已知在某一各向同性介质中传播的电磁波，其电场分量为

$$E_x=E_0\cos\pi\times10^{15}\left(t+\frac{x}{0.8c}\right)(\mathrm{SI}),\quad E_y=E_z=0$$

式中 $E_0=0.08\ \mathrm{V\cdot m^{-1}}$，$c$ 为真空中光速，试求：

(1) 介质的折射率 n；

(2) 磁场分布的幅值；

(3) 平均辐射强度 $\overline{S}$.

12.3 有一氦氖激光器，它所发射的激光功率为 10 mW，设发射的激光为圆柱形光束，圆柱截面的直径为 2 mm，试求激光的最大电场强度和磁感应强度.

12.4 一电台辐射电磁波，若电磁波的能流均匀分布在地面上以电台为球心的半球面内，功率为 10^5 W，求离电台 10 km 处电磁波的坡印廷矢量和电场分量的幅值.

12.5 真空中沿 x 轴正向传播的平面余弦波，其磁场分量的波长为 λ，幅值为 H_0，且 $t=0$ 时刻的波形如题图所示.

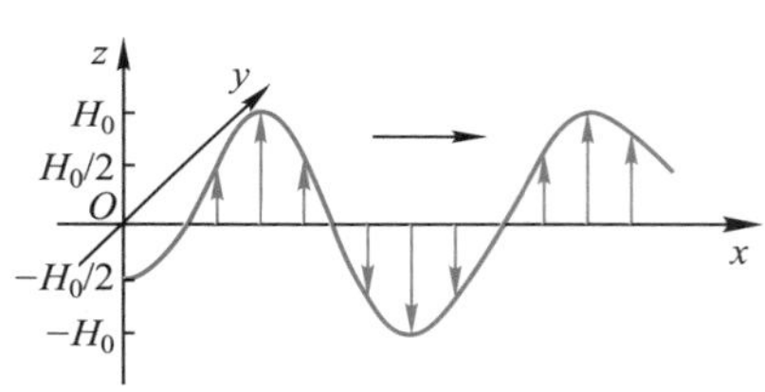

习题 12.5 图

(1) 写出磁场分量的波动方程；

(2) 写出电场分量的波动方程，并在图中画出 $t=0$ 时刻的电场分量波形；

(3) 计算 $t=0$，$x=0$ 处的坡印廷矢量.

习题参考答案

第13章 几何光学成像原理

光是能激起视觉的电磁波. 研究光现象、光的本性和光与物质相互作用等规律的学科称为光学(optics),它是物理学的一个重要分支.

人们研究光已有3 000余年的历史,在公元1600—1900年的300年间,光学有了迅速的发展,特别是在麦克斯韦的电磁场理论揭示了光的电磁本质后,光学便与电磁学联系起来. 此后,人们应用电磁波理论说明了许多光学现象,例如通过求解电磁场方程可以说明光的反射、折射、偏振、干涉和衍射等规律. 然而到20世纪初,在一系列新的实验中,人们发现光不但具有波动的特性,还明显地表现出粒子性,人们进一步认识到,光是一种具有波粒二象性的物质.

光学通常分为几何光学(geometrical optics)、波动光学(wave optics)和量子光学(quantum optics)三部分. 几何光学是以光的直线传播规律为基础,研究光的反射和折射以及光学系统成像规律;波动光学研究光的电磁性质和传播规律,特别是光的偏振、干涉和衍射的规律;量子光学则以近代量子理论为基础,研究光与物质相互作用的规律. 此外,从20世纪60年代以来,由于激光和光信息技术的出现,光学又有了新的发展,并且派生出属于现代光学范畴的一些新分支.

几何光学可以是波动光学的近似——波长趋近于零的情况,它的重要意义在于用光线描述光学系统中光的传播与成像,可以采用几何学的方法来计算和设计光学系统,其解决问题的方法简单明确. 本章主要以光线为基础,采用几何方法来研究光在介质中的传播规律,探讨近轴光路条件下光学系统成像的基本原理,并介绍一些典型的光学仪器.

通过学习本章,学生可以掌握几何光学的基本定律和成像概念,理解近轴光路条件下成像规律;了解典型光学仪器的结构和应用.

13.1 光线及其传播的基本定律

13.1.1 光程与光线

一、光程 光程方程

就其本质而言,光是一种电磁波. 与一般无线电波比较,光波的波长要短一些. 其中,波长在400~760 nm之间的电磁波能够被人眼所感知,称为可见光(visible light). 在可见光谱的范围里,具有单一波长的光称为单色光(monochromatic light). 几种单色光混合而成的光称为复色光. 通常的白光由多种单色光组成,习惯上认为是由七种代表性颜色的光(红、橙、黄、绿、青、蓝、紫)混合而成.

一般而言,能够辐射光能的物体称为发光体(luminophor),或称为光源(light source). 当光源大小与辐射光能作用距离相比可以忽略时,可视其为点光源(point source)或发光点(luminous point). 发光体可以看成由许多发光点或点光源组成的.

作为一种电磁波,光波在空间传播满足电磁波的波动方程,其电场强度由式(12.8a)决定,即

$$\frac{\partial^2 \boldsymbol{E}(\boldsymbol{r},t)}{\partial x^2}+\frac{\partial^2 \boldsymbol{E}(\boldsymbol{r},t)}{\partial y^2}+\frac{\partial^2 \boldsymbol{E}(\boldsymbol{r},t)}{\partial z^2}=\frac{1}{u^2}\frac{\partial^2 \boldsymbol{E}(\boldsymbol{r},t)}{\partial t^2} \tag{13.1}$$

在无限大的均匀各向同性介质中,沿着 z 轴传播的平面简谐光波的波函数是

$$\boldsymbol{E}=\boldsymbol{E}_0\cos\,\omega\left(t-\frac{z}{u}\right)=\boldsymbol{E}_0\cos(kz-\omega t) \tag{13.2}$$

式中,$k=\frac{\omega}{u}=\frac{n\omega}{c}$,为波矢(wave vector)的大小,方向沿 z 轴方向;$c=3.0\times10^8\ \mathrm{m\cdot s^{-1}}$,是光波在真空中的传播速度;$u=c/n$,是光波在介质中的传播速度,与波长有关. 对于沿任意方向 $\boldsymbol{e}_k$(传播方向上的单位矢量)传播的平面简谐光波,如图 13.1 所示,其波函数可以表示为

$$\boldsymbol{E}=\boldsymbol{E}_0\cos(\boldsymbol{k}\cdot\boldsymbol{r}-\omega t) \tag{13.3}$$

式中,波矢可以写成

$$\boldsymbol{k}=\frac{n\omega}{c}\boldsymbol{e}_k=\frac{n2\pi}{\lambda}\boldsymbol{e}_k=n\boldsymbol{k}_0 \tag{13.4}$$

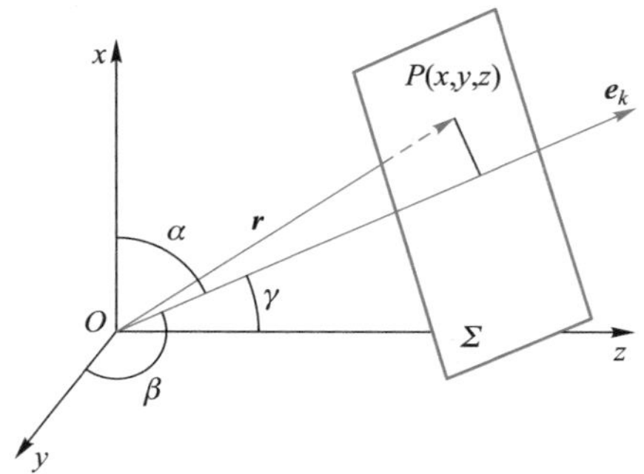

图 13.1 任意方向的平面简谐光波

这里 λ 是光波的波长,而

$$\boldsymbol{k}_0=\frac{\omega}{c}\boldsymbol{e}_k=\frac{2\pi}{\lambda}\boldsymbol{e}_k \tag{13.5}$$

是光波在真空中传播的波矢.

式(13.3)表明,光波的相位是由空间和时间两部分构成. 其中与空间有关的部分可以表示为

$$\varphi(\boldsymbol{r})=\boldsymbol{k}\cdot\boldsymbol{r}=k_0\boldsymbol{e}_k\cdot n\boldsymbol{r}=k_0L(\boldsymbol{r}) \tag{13.6}$$

式中,$L(\boldsymbol{r})$称为光程(optical path),是位置的实标量函数. 对于平面简谐光波,沿光波传播方向量度时,相对于原点处的光程有

$$L=ns \tag{13.7}$$

s 是沿光波传播方向的路径长度. 利用折射率的定义,有

$$L=\frac{c}{u}s=c\cdot t \tag{13.8}$$

这表明,光在介质中的光程等于光在同一时间内在真空中传播的几何路径的长度. 引入光程的好处是把光在不同介质中的传播都折算成光在真空中的传播,从而回避了不同介质的复

杂情况.

在引入光程的概念后,光波的波函数可以表示为

$$\boldsymbol{E}=\boldsymbol{E}_0\cos[k_0L(\boldsymbol{r})-\omega t] \tag{13.9}$$

代入到波动方程式(13.1),整理得出

$$\boldsymbol{E}_0k_0^2\left[\left(\frac{\partial L}{\partial x}\right)^2+\left(\frac{\partial L}{\partial y}\right)^2+\left(\frac{\partial L}{\partial z}\right)^2\right]\cos(k_0L-\omega t)+\boldsymbol{E}_0k_0\left[\frac{\partial^2 L}{\partial x^2}+\frac{\partial^2 L}{\partial y^2}+\frac{\partial^2 L}{\partial z^2}\right]\sin(k_0L-\omega t)$$

$$=\boldsymbol{E}_0\frac{\omega^2}{u^2}\cos(k_0L-\omega t)$$

利用式(13.5),上式两边同时除以 k_0^2,在 $\lambda\to 0$ 时,$k_0\to\infty$,得出

$$\left(\frac{\partial L}{\partial x}\right)^2+\left(\frac{\partial L}{\partial y}\right)^2+\left(\frac{\partial L}{\partial z}\right)^2=n^2\quad 或\quad (\nabla L)^2=n^2 \tag{13.10}$$

这里的 n 是折射率;∇是梯度算符,即

$$\nabla=\frac{\partial}{\partial x}\boldsymbol{e}_x+\frac{\partial}{\partial y}\boldsymbol{e}_y+\frac{\partial}{\partial z}\boldsymbol{e}_z$$

式(13.10)称为光程方程(equation of optical path),是几何光学的基本方程之一.

应当明确,上式虽然在推导中利用了均匀各向同性介质中的平面波的波动方程,其结果亦适于非均匀介质的情况.

二、光线　光线方程

作为电磁波,光波在空间传播,对于给定时刻,其振动相位相同点所构成的曲面称为波面(wave surface). 光的传播,也就是其波面的传播. 由式(13.6)可知,$L(\boldsymbol{r})$= 常量的面,就是波面.

在各向同性介质中,波面上某点的法线方向代表了该点处光的传播方向,即此时光是沿着波面法线方向传播,一般将光波波面的法线称为光线(light ray). 与波面对应的所有光线的集合,称为光束(light beam). 根据波面的形状,波面可以分为平面波、球面波和任意曲面波. 平面波对应的光束称为平行光束,球面波对应的光束称为同心光束,而同心光束可以分为发散光束和会聚光束,如图 13.2 所示.

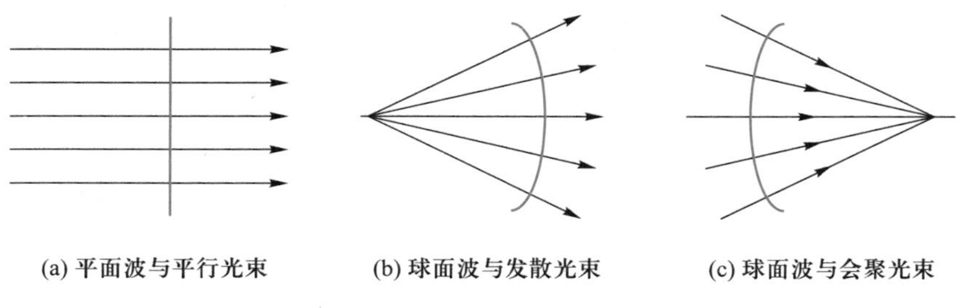

(a) 平面波与平行光束　(b) 球面波与发散光束　(c) 球面波与会聚光束

图 13.2　波面与光束

设 $\boldsymbol{r}(s)$ 代表某一条光线上任一点 $P(x,y,z)$ 的位置矢量,它是光线轨迹弧长 s 的函数,如图 13.3 所示. 对于两个邻近的波面,光线与两个波面正交,显然有

$$\boldsymbol{e}_k=\frac{\mathrm{d}\boldsymbol{r}}{\mathrm{d}s}$$

ds 是两个波面之间光线的弧长. 同样, $\boldsymbol{e}_k$ 是光线的传播方向, 也是光程变化最快的方向, 即光程的梯度 ∇L 的方向. 利用式(13.10), 得出光线的轨迹方程是

$$n\frac{\mathrm{d}\boldsymbol{r}}{\mathrm{d}s}=\nabla L(\boldsymbol{r}) \tag{13.11}$$

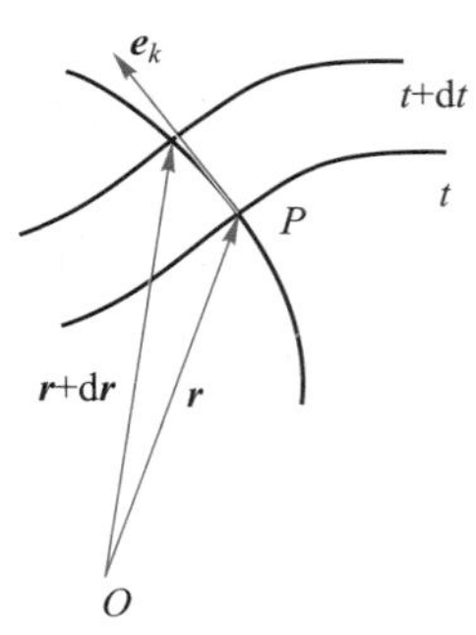

图 13.3 光线的轨迹

上式两边同时对 s 取导数, 有

$$\frac{\mathrm{d}}{\mathrm{d}s}\left(n\frac{\mathrm{d}\boldsymbol{r}}{\mathrm{d}s}\right)=\frac{\mathrm{d}}{\mathrm{d}s}(\nabla L)=\frac{\mathrm{d}\boldsymbol{r}}{\mathrm{d}s}\cdot\frac{\mathrm{d}}{\mathrm{d}\boldsymbol{r}}(\nabla L)=\frac{\mathrm{d}\boldsymbol{r}}{\mathrm{d}s}\cdot\nabla(\nabla L)$$

将式(13.11)代入得

$$\frac{\mathrm{d}}{\mathrm{d}s}\left(n\frac{\mathrm{d}\boldsymbol{r}}{\mathrm{d}s}\right)=\frac{1}{n}(\nabla L)\cdot\nabla(\nabla L)=\frac{1}{2n}\nabla[(\nabla L)^2]$$

再将式(13.10)代入, 得出

$$\frac{\mathrm{d}}{\mathrm{d}s}\left(n\frac{\mathrm{d}\boldsymbol{r}}{\mathrm{d}s}\right)=\nabla n \tag{13.12}$$

式中, 折射率 $n=n(\boldsymbol{r})$, 上式称为光线方程(equation of light ray).

光线方程是光线上任一点位置矢量 $\boldsymbol{r}(s)$ 的二阶微分方程, 只要已知 $n=n(\boldsymbol{r})$ 的分布, 在确定的坐标系中求解光线方程, 可以确定光线的传播轨迹. 下面列出两种常见的变折射率介质中, 光线方程的具体形式:

(1) 在直角坐标系中, 折射率沿 x 方向变化, 而在其他方向是均匀的. 设光线在 xOz 平面传播, 则光线方程的形式为

$$\frac{\mathrm{d}^2x}{\mathrm{d}z^2}=\frac{1}{n(x)}\frac{\mathrm{d}n(x)}{\mathrm{d}x} \tag{13.13}$$

(2) 在柱坐标系中, 折射率沿 r 方向变化, 而且是柱对称的. 设光线在 rOz 平面传播, 则光线方程的形式为

$$\frac{\mathrm{d}^2r}{\mathrm{d}z^2}=\frac{1}{n(r)}\frac{\mathrm{d}n(r)}{\mathrm{d}r} \tag{13.14}$$

在几何光学中, 发光点发出的光线可以认为是携带能量并代表光能量传播方向的线, 如何确定光线的轨迹, 是几何光学的基本问题.

13.1.2 几何光学基本定律

根据几何光学的光线定义, 光在介质中的传播满足下述基本规律, 称为几何光学基本定律. 几何光学基本定律是研究光传播现象和物体经过光学系统成像特性的基础.

一、光的直线传播定律

在各向同性均匀介质中, 光沿着直线传播, 称为光的直线传播定律.

由光线方程式(13.12)可知, 在折射率均匀的情况下, $n=n(\boldsymbol{r})=$ 常量, 则

$$\frac{\mathrm{d}\boldsymbol{r}}{\mathrm{d}s}=\text{常量}$$

显然, 光线的轨迹是直线.

自然界中的许多现象,如日食与月食、影子的形成等,都是这一定律的体现. 天文测量、大地测量、光学测量、光学仪器等实际应用都是建立在该定律的基础之上.

如果考虑到光的波动性,该定律存在一定限制. 当光通过小孔或某些障碍物时,将发生“衍射”现象,光线不再沿着直线传播.

二、光的独立传播定律

不同发光点发出的光束在空间某点相遇时,彼此互不影响,各光束独立传播,称为光的独立传播定律.

该定律表明,在相遇点处,光的强度是各光束强度的简单相加. 例如,几个探照灯在夜空中交叉处的光能量是各个光束能量的相加,通过交叉点之后,各个光束仍按各自传播方向和能量分布向前传播.

这一定律的局限性是没有考虑光的波动性. 对于由同一发光点发出、经过不同途径传播后在空间某点处相遇的光束,交汇处的光强会由于干涉现象不再是各光束强度的简单相加,这时该定律就不再成立.

三、光的折射定律与反射定律

当一束光入射到两种均匀介质的光滑分界面上时,将有一部分光反射回原介质中,称为反射现象,被反射的光称为反射光(reflected light);另一部分光会通过分界面进入到第二种介质中,称为折射现象,进入第二种介质中的光称为折射光(refracted light).

如图 13.4 所示,PQ 是两种均匀介质的光滑分界面,入射光线 AO 入射到分界面上的 O 点,反射光线沿 OB 方向射出,折射光线沿 OC 方向射出. 其中,入射光线、反射光线、折射光线与分界面上 O 点法线 NN' 的夹角分别是 I、I''、I',分别称为入射角(incident angle)、反射角(reflection angle)和折射角(refraction angle). 这些角度均以锐角来量度,并由光线转向法线形成,顺时针旋转形成的角度为正,反之为负. 光的反射和折射分别遵守反射定律(law of reflection)和折射定律(law of refraction),内容表述如下

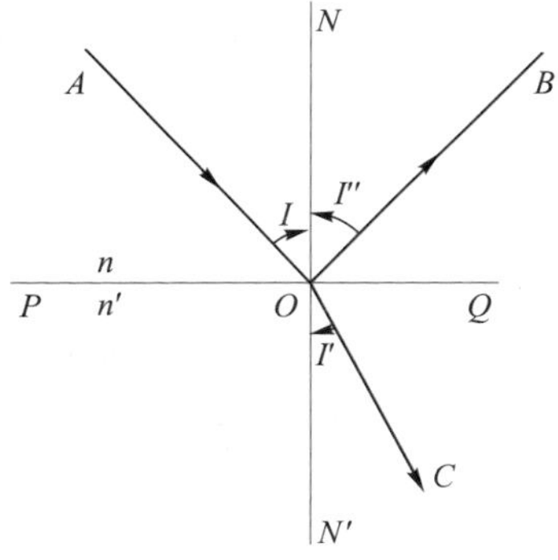

图 13.4 光的反射与折射现象

反射定律:入射光线、反射光线和分界面上入射点的法线三者在同一平面内;入射角和反射角的绝对值相等而符号相反,即入射光线和反射光线位于法线的两侧,即

$$I''=-I \tag{13.15}$$

折射定律:入射光线、折射光线和分界面上入射点的法线三者在同一平面内;入射角的正弦与折射角的正弦之比和入射角的大小无关,只与两种介质的折射率有关,有

$$n'\sin I'=n\sin I \tag{13.16}$$

式中,n、n'分别是入射空间介质和折射空间介质的折射率.

依据几何光学的基本定律,可以导出下述若干推论:

(1) 利用式(13.16),若取 $n'=-n$,则导出 $I'=-I$,正是反射定律的表示式. 因此,反射定律可以视为折射定律的一个特例. 将这个结论推广到一般情况,可以得出:所有由折射定律

导出的适合于折射情况的公式，只要取 $n'=-n$，便可以运用于反射的场合，或直接导出相应的反射情况下的公式.

（2）从图 13.4 中看到，当光线自 B 点或 C 点入射到分界面上 O 点时，由折射定律和反射定律可知，折射光线或反射光线一定是由 OA 方向射出的，这种现象称为“光路的可逆性”. 这个结论适用于几何光学的一般情况.

（3）当光线由光密介质向光疏介质入射时，$n'<n$，由折射定律可知，$I'>I$. 若增大入射角 I，折射角 I' 也相应增大，当入射角 I 增大到某一数值 I_m 时，折射角 $I'=90°$，此时折射光线将沿着介质的分界面掠射而出，如图 13.5 所示. 这时的入射角 I_m 称为全反射临界角（total reflection critical angle），其数值由式（13.16）得出

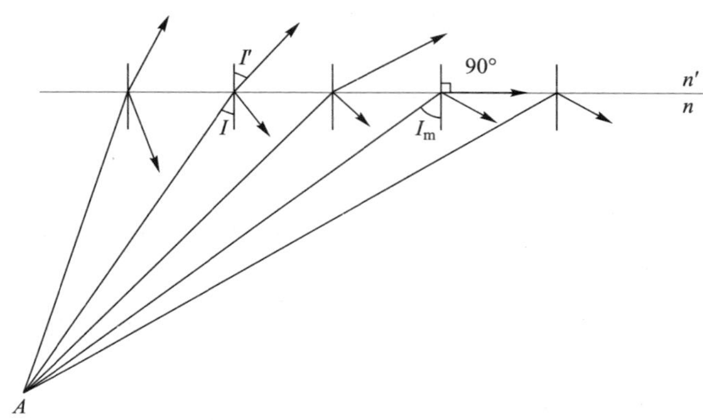

图 13.5 全反射现象

$$\sin I_m=\frac{n'}{n}\sin 90°=\frac{n'}{n} \tag{13.17}$$

若再增加入射角，使 $I>I_m$，则由式（13.16）得出 $\sin I'\geqslant 1$ 的结果，这显然是一个错误结论. 因此，在这种情况下，折射定律已经失去意义，光线不再遵从折射定律. 实验表明，这时光线不发生折射，而是按照反射定律被完全反射回来，产生“全反射（total reflection）现象”.

在全反射情况下，可以使入射光的全部能量反射回原介质，因此全反射现象在光学仪器中有着广泛的应用. 例如，利用全反射棱镜代替平面反射镜，可以减少光能的损失；近代发展的光纤技术也利用了全反射原理.

【科技博览】

光学纤维（简称光纤）是一种圆柱形对称的介质光波导，它可以将光线约束在其内部，并引导光线沿着与轴线近于平行的方向传播.

光纤一般由内外两层折射率不同的玻璃拉制而成，内层玻璃的折射率 n_1 较高，是光纤的芯子；外层玻璃的折射率 n_2 较低. 当入射角大于全反射临界角 I_m 的光线射入内层玻璃时，光线在内外层玻璃的分界面上发生全反射，如图 13.6 所示.

若光线由空气进入光纤，空气折射率是 n_0，则

$$n_0\sin I_1=n_1\sin I_1'$$

利用式（13.17），得出

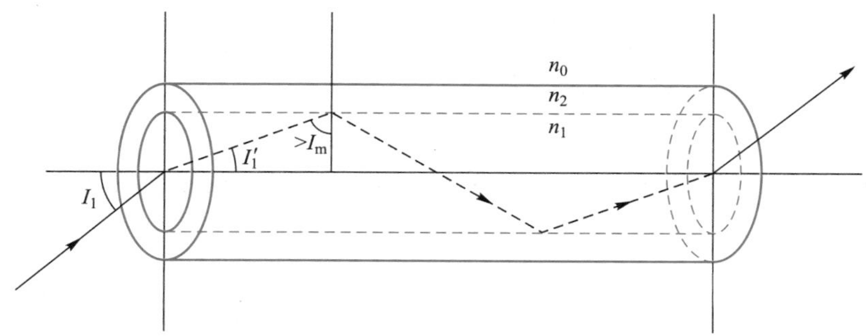

图 13.6 光线在光纤中的传输原理

$$\sin I_m = \frac{n_2}{n_1} = \sin(90° - I_1') = \cos I_1'$$

满足全反射时,有

$$\sin I_1 = \frac{n_1}{n_0}\sin I_1' = \frac{1}{n_0}\sqrt{n_1^2 - n_2^2}$$

上式表明,当入射光线在光纤端面的入射角小于 I_1 时,可以在内外层玻璃的分界面上不断发生全反射,该光线可以在光纤内传输到另一端.

光纤具有传输光信号的功能,在医学、工业、国防、通信等方面得到广泛应用.

13.2 成像基本概念与光路计算

13.2.1 物像的基本概念

一、光学系统

由若干光学零件组成的系统称为光学系统. 常见的光学零件有反射镜、平行平板、透镜和棱镜等,如图 13.7 所示.

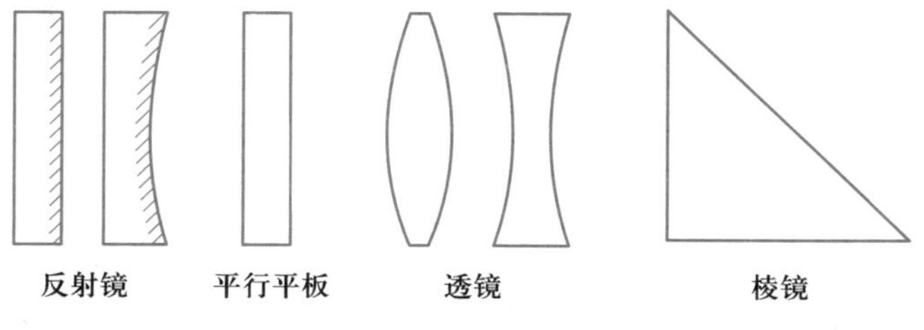

图 13.7 常见的光学零件

光学系统一般是轴对称的,有一条公共的轴线通过系统各表面的曲率中心,该轴线通常称为光轴(optic axis),这样的系统通常称为共轴光学系统.

透镜(lens)是光学系统中最常用的光学零件,一般它是由两个曲面或一个曲面、一个平面所围成的透明体. 目前实际应用的透镜绝大多数是球面透镜,经过两个球面中心的直线称为透镜的光轴. 在由一个球面和一个平面组成的透镜中,其光轴是通过球面中心且垂直于平面的直线. 光轴与透镜面的交点称为顶点(pole).

透镜一般分成正透镜(positive lens)和负透镜(negative lens)两类:正透镜对光束有会聚作用,负透镜对光束有发散作用. 在几何光学中,若不考虑透镜的厚度,正负透镜可以用如图13.8(a)所示的符号表示. 透镜常见的形状如图13.8(b)所示.

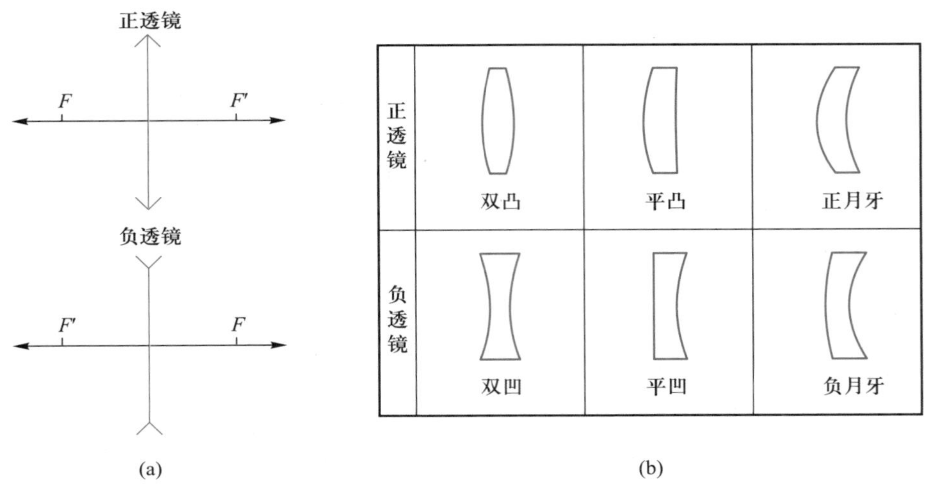

图 13.8 正、负透镜的符号与形状

一般可以采用下述简易的方法鉴定正、负透镜:将一透镜紧靠画有图样的板面,保持距离,然后把透镜移离板面而移近眼前. 如为正透镜,则像放大;如为负透镜则像缩小. 如果把透镜向一侧移动,像向另一侧移动为正透镜. 否则为负透镜.

二、物与像的概念

光学系统的作用之一是对物体成像. 一个发光物体(或被照明物体)可以视为无数个发光点(物点)的集合,每个物点发出一个球面波,与之对应的是一束以物点为中心的同心光束. 如果该球面波经过光学系统后出射的仍是一个球面波,即出射光束仍是同心光束,则称该出射同心光束的中心是物点经过光学系统后形成的完善像点. 物体上每个点经过光学系统后形成的完善像点的集合就是该物体经过光学系统后形成的完善像. 通常,物体所在空间称为物空间(object space),像所在空间称为像空间(image space).

同心光束有会聚和发散之分,因此物、像有虚实的区别. 由实际光线相交所形成的点是实物(real object)点或实像(real image)点,光线延长线相交所形成的点是虚物(virtual object)点或虚像(virtual image)点. 实像可以用屏幕或胶片记录,虚像可以被眼睛观察.

物和像的概念具有相对性. 对于复合光学系统来讲,物经前一光学系统成的像,相对后一光学系统变成物. 所以讨论物、像离不开具体的光学系统,一定的物、像只与一定的光学系统相对应. 对于给定的光学系统,确定位置的物,在相应的位置上可以找到对应的像. 物像之间的对应关系,在几何光学中称为共轭(conjugate).

13.2.2 实际光路计算

光学系统一般是由折射、反射球面或平面组成的共轴系统. 由于平面可以视为球面半径趋于无限大的情况,而反射可看成 $n'=-n$ 的特例,所以折射球面的光线轨迹的计算具有普遍意义.

一、符号规则

如图 13.9 所示的折射球面,是折射率为 n 和 n' 两种介质的分界面. 过球面顶点 O 与球心 C 的连线是光轴,OC 是球面半径,以 r 表示.

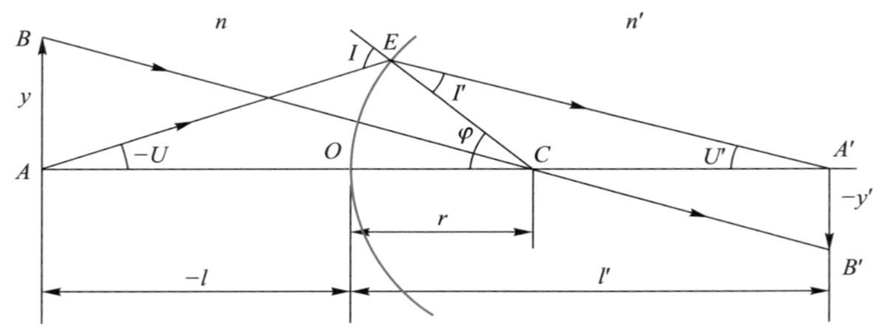

图 13.9 折射球面的光路

从光轴上任一物点 A 发出的光线,它的传播满足几何光学的基本定律. 若 A 点发出的光线经折射球面后交与光轴上的 A' 点,则 A' 点称为 A 点的像点. 因此,成像的实质是:在折射面结构参数(n,n',r)已知的情况下,如何由入射光线求出其相应的出射光线.

对于折射球面,利用球面的对称性,只需研究包含物点和光轴的截面内少数几条光线的光路,物点发出的整个光束的传播情况就可以确定下来. 我们将包含物点和光轴的截面称为子午面. 在子午面内,入射光线的位置由下述两个参量决定:

物方截距:顶点 O 到光线与光轴交点 A 的距离 l, $l=OA$;

物方孔径角:入射光线与光轴的夹角 U, $U=\angle OAE$;

同理,像方出射光线的位置由像方截距 l' 和像方孔径角 U' 决定.

在几何光学中,为了确切描述光路的各种量值和光学系统的结构参量,以明确其物理意义,对有关量值应当做出符号规定.

(1) 光线从左到右的传播方向为光路的正方向.

(2) 角量以锐角量度,由规定的起始边顺时针转成者为正,反之为负. 相关角度的起始边规定是:光线与光轴夹角 U、U' 的起始边是光轴;光线与法线的夹角,即入射角、折射角和反射角的起始边是光线;法线与光轴夹角 φ(称为球心角)的起始边是光轴.

(3) 线段有两种情况,一是沿轴线段,二是垂轴线段. 沿轴线段由规定的起始点引向终点,与光路正方向一致时为正,反之为负. 相关的线段起始点规定是:曲率半径 r 以球面顶点 O 为起始点,引向球心;物、像方截距 l、l' 以球面顶点 O 为起始点,引向物点、像点;球面间隔以前一球面顶点为起始点,引向后一球面顶点. 垂轴线段以光轴为准,在光轴以上为正,在光轴以下为负.

此外,在绘制光路图时,图中各量均以绝对值表示. 如图 13.9 所示,图中 l'、U'、r、φ、y、I

和 I' 为正值；l、y' 和 U 为负值，图中表示时应在字母前加负号.

二、光线的光路计算

下面在已知球面曲率半径 r 和介质折射率 n、n' 的情况下，由物方入射光线参量 (l,U) 确定像方出射光线参量 (l',U').

如图 13.9 所示，在 $\triangle AEC$ 中应用正弦定理有

$$\frac{\sin I}{r-l}=\frac{\sin(-U)}{r}$$

得出

$$\sin I=\frac{(l-r)\sin U}{r} \tag{13.18}$$

在 E 点应用折射定律，有

$$\sin I'=\frac{n\sin I}{n'} \tag{13.19}$$

利用图中几何关系

$$\varphi=U+I=U'+I'$$

得出像方孔径角是

$$U'=U+I-I' \tag{13.20}$$

在 $\triangle A'EC$ 中再次应用正弦定理：

$$\frac{\sin I'}{l'-r}=\frac{\sin U'}{r}$$

从而求出像方截距为

$$l'=r\left(1+\frac{\sin I'}{\sin U'}\right) \tag{13.21}$$

由上述公式可知，在物距 l 为定值时，l' 是孔径角 U 的函数. 在图 13.10 中，若 A 为轴上物点，发出同心光束，由于同心光束中各光线具有不同的孔径角 U 值，所以光束经球面折射后，l' 值也不相同，也就是说在像方的光束不和光轴交于一点，整个光束失去了同心性. 因此，当轴上物点以宽光束经球面成像时，其像是不完善的，这种成像缺陷称为像差(aberration).

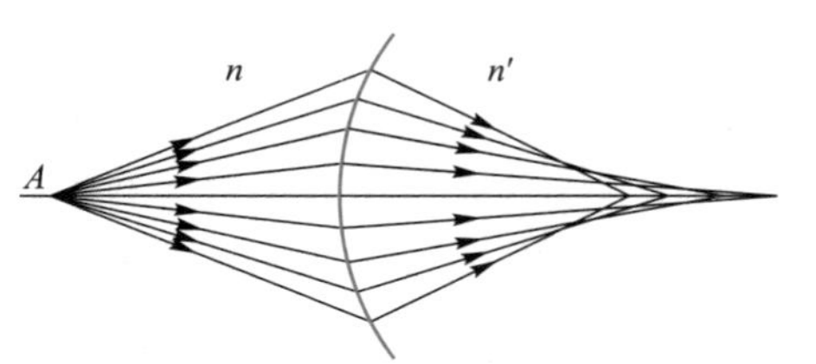

图 13.10 轴上物点成像的不完善性

在利用上式对光路进行计算时，若物体位于物方光轴上无限远处($l\to\infty$)，这时可认为由物体发出的光束是平行于光轴的平行光束，如图 13.11 所示. 显然，这时要应用式(13.4)计算入射角 I 是不可能的. 这时入射光线的位置可由入射高度 h 决定，满足

$$\sin I=\frac{h}{r} \tag{13.22}$$

式中，h 是入射光线的离轴垂直高度.

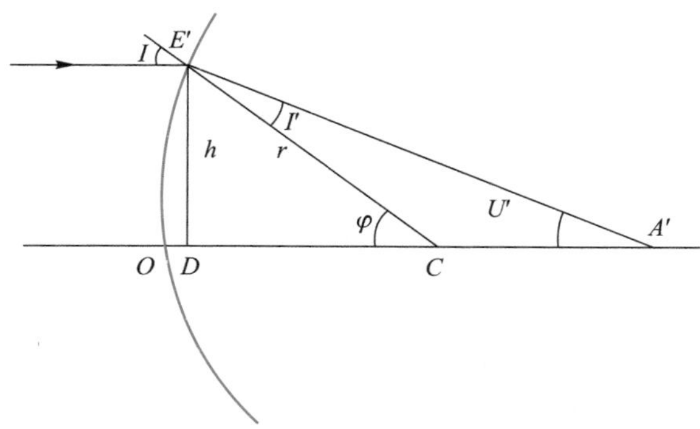

图 13.11 平行光束入射

13.3 高斯光学

当从轴上物点和靠近光轴的轴外物点发出的光束以很小的孔径角入射到光学系统时，相关角度量值很小，使得这些角度的正弦值（或正切值）近似等于角度的弧度值. 符合这个条件的光线十分靠近光轴，通常称为近轴光线（paraxial ray），这些光线的区域称为近轴区（paraxial region）. 研究近轴区内的物像关系的光学称为近轴光学（paraxial optics）. 它是 1841 年由高斯（Gauss）建立的，因而又称为高斯光学（Gaussian optics）. 下面，利用近轴光学的概念，我们来分析近轴区的成像规律.

13.3.1 折射球面近轴成像光路

一、物像位置关系

在近轴条件下，光线的角度的正弦值可以用弧度值取代. 为了与光线实际光路区别，近轴区的参量以相应小写字母表示. 例如角度参量用小写字母 u、i、u'、i'表示，物距、像距分别用 l、l'表示，如图 13.12 所示.

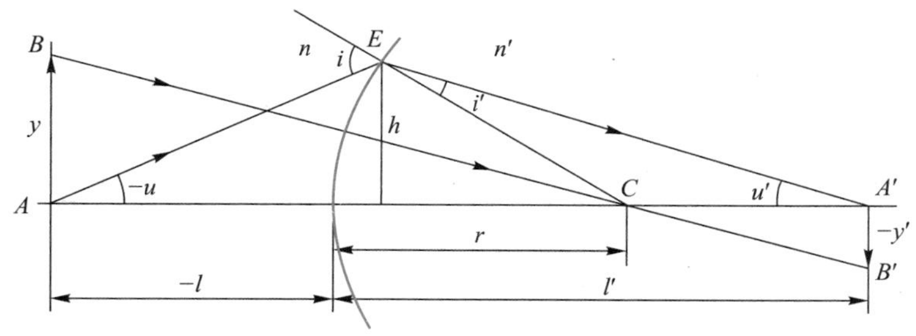

图 13.12 折射球面近轴区的成像

在近轴区内，成像光路的计算式（13.18）~式（13.21）中的角度正弦值用相应弧度值代替，有

$$i=\frac{l-r}{r}u \tag{13.23}$$

$$i'=\frac{n}{n'}i \tag{13.24}$$

$$u'=u+i-i' \tag{13.25}$$

$$l'=r\left(1+\frac{i'}{u'}\right) \tag{13.26}$$

上述公式组表明，当 u 角改变 K 倍时，i、i'、u'亦相应改变 K 倍，而式(13.26)中 i'与 u'的比值保持不变. 这意味着从物点发出的一束很细的光束，经光学系统后仍交于一点，此时成像是完善的，这个像称为高斯像(Gaussian image). 通过高斯像点且垂直于光轴的平面称为高斯像面.

由图 13.12 看到，在近轴区内有

$$l'u'=lu=h \tag{13.27}$$

上式与式(13.23)~式(13.26)联立，得出如下关系式：

$$n'\left(\frac{1}{r}-\frac{1}{l'}\right)=n\left(\frac{1}{r}-\frac{1}{l}\right)=Q \tag{13.28}$$

$$\frac{n'}{l'}-\frac{n}{l}=\frac{n'-n}{r} \tag{13.29}$$

其中，式(13.28)中的 Q 称为阿贝不变量(Abbe invariant). 对于单个折射球面，物像空间的阿贝不变量 Q 相等，随共轭点的位置而异. 式(13.29)给出了物像位置关系，该式表明：在近轴区内，对于给定的物距 l，不论 u 为何值，像距 l'都是定值.

二、放大率

物体经球面成像后，不仅需要知道像的位置，而且我们还希望知道像的大小、虚实和正倒. 这里讨论物像大小、虚实及正倒之间的关系.

(1) 横向放大率

在近轴区内，垂直于光轴的物体 AB 经折射球面后成像 $A'B'$，$A'B'$仍然垂直于光轴. 显然，由轴外物点 B 发出的通过球心 C 的光线 BC 一定通过轴外像点 B'，如图 13.12 所示. 若取 $y=AB$，$y'=A'B'$，定义像的大小与物的大小之比为横向放大率(lateral magnification)β，也称垂轴放大率，则

$$\beta=\frac{y'}{y} \tag{13.30}$$

由于$\triangle ABC$ 相似于$\triangle A'B'C$，有

$$-\frac{y'}{y}=\frac{l'-r}{r-l}$$

利用式(13.28)得出

$$\beta=\frac{y'}{y}=\frac{nl'}{n'l} \tag{13.31}$$

上式表明，折射球面的横向放大率取决于介质的折射率和物体位置，与物体大小无关. 当折

射率一定时，在一对物像共轭面上，横向放大率是一个常数，像与物相似.

当 $\beta>0$ 时，l 与 l' 同号，表示物与像位于折射球面的同一侧，且物与像的方向相同，虚实性质相反，即实物成虚像或虚物成实像.

当 $\beta<0$ 时，l 与 l' 异号，表示物与像位于折射球面的两侧，且物与像的方向相反，虚实性质相同，即实物成实像或虚物成虚像.

当 $|\beta|>1$ 时，$|y'|>|y|$，成放大的像；反之，成缩小的像.

（2）轴向放大率

通常物体沿光轴方向也有一定大小，经球面成像后，应当考虑沿轴方向像的尺寸变化问题. 设沿光轴方向微小物体的尺寸是 $\mathrm{d}l$，其相应的像是 $\mathrm{d}l'$，则 $\mathrm{d}l'$ 与 $\mathrm{d}l$ 的比值称为轴向放大率（axial magnification），用 α 表示，即

$$\alpha=\frac{\mathrm{d}l'}{\mathrm{d}l} \tag{13.32}$$

对式（13.29）两边微分，有

$$-\frac{n'\mathrm{d}l'}{l'^2}+\frac{n\mathrm{d}l}{l^2}=0$$

于是得出

$$\alpha=\frac{\mathrm{d}l'}{\mathrm{d}l}=\frac{nl'^2}{n'l^2} \tag{13.33}$$

与式（13.31）比较，两种放大率之间有如下关系：

$$\alpha=\frac{n'}{n}\beta^2 \tag{13.34}$$

上式表示横向放大率和轴向放大率之间的关系. 它表明：一是两种放大率一般不相同，若物体为一立方体，其像就不再是一立方体，所以一般不能获得与立方物体相似的像；二是对折射球面而言，其轴向放大率恒为正值，即当物体沿光轴方向移动时，其像也以相同的方向移动.

例 **13.1** 折射率为 1.5 的玻璃棒的一端磨成球面，其曲率半径是 100 mm，球面外部是空气（折射率为 1）. 在棒内距球面顶点150 mm处有一高度 5 mm 的小物体，求：

（1）该物体经折射球面成像的位置；

（2）像的高度，并判断像的虚实和正倒.

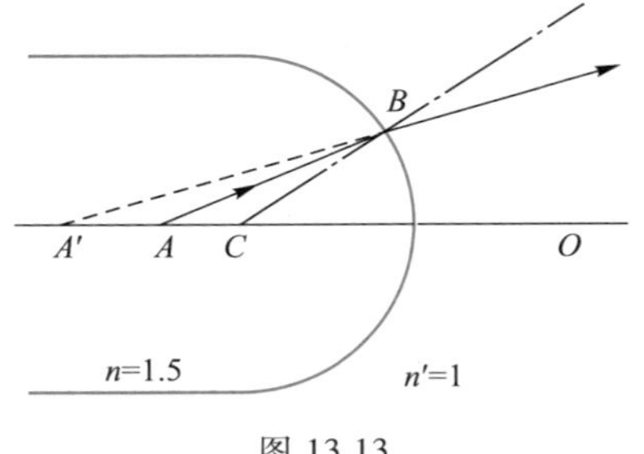

图 13.13

解 按题意画出光路如图 13.13 所示.

（1）已知：$n=1.5$，$n'=1$，$r=-100$ mm，$l=-150$ mm，代入物像位置关系式中，有

$$\frac{1}{l'}-\frac{1.5}{-150\ \mathrm{mm}}=\frac{1-1.5}{-100\ \mathrm{mm}}$$

计算得出

$$l'=-200\ \mathrm{mm}$$

即像位于棒内距球面顶点 200 mm 处的 A'点.

(2) 折射球面的横向放大率是

$$\beta=\frac{nl'}{n'l}=\frac{1.5\times(-200\ \text{mm})}{1\times(-150\ \text{mm})}=2$$

这表明像是正立放大的虚像,其高度是

$$y'=\beta y=2\times5\ \text{mm}=10\ \text{mm}$$

13.3.2 球面反射镜近轴成像光路

如图 13.14 所示,物体 AB 经球面反射镜后成像于 $A'B'$. 如前所述,由折射定律得出的结论,只需取 $n'=-n$,就可以得出满足反射定律的结论.

在式(13.29)中,令 $n'=-n$,则球面反射镜的物像位置关系是

$$\frac{1}{l'}+\frac{1}{l}=\frac{2}{r} \tag{13.35}$$

应当明确,球面反射镜有凸面镜($r>0$)和凹面镜($r<0$)之分.

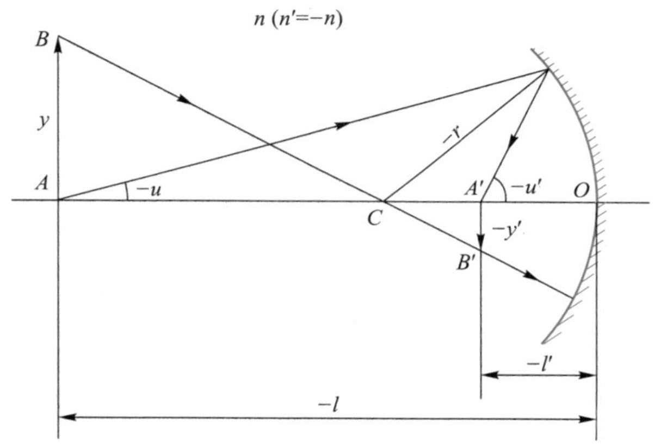

图 13.14 球面反射镜近轴成像光路

同理,将 $n'=-n$ 代入折射球面放大率计算公式,得出球面反射镜的物像大小关系是

$$\beta=\frac{y'}{y}=-\frac{l'}{l} \tag{13.36}$$

$$\alpha=\frac{\mathrm{d}l'}{\mathrm{d}l}=-\frac{l'^2}{l^2}=-\beta^2 \tag{13.37}$$

上式表明:球面反射镜的轴向放大率 $\alpha<0$,即当物体沿光轴方向移动时,像总以相反的方向沿光轴移动.

例 13.2 有一曲率半径是 300 mm 的凹面镜,若将物点放在距凹面镜顶点200 mm的 A 点处,确定像的位置和横向放大率.

解 按题意画出光路如图 13.15 所示. 已知:$r=-300$ mm,$l=-200$ mm,由物像位置关系式得

$$\frac{1}{l'}+\frac{1}{-200}=\frac{2}{-300}$$

从中解出像的位置是

$$l'=-600\ \text{mm}$$

即像点位于距凹面镜顶点 600 mm 的 A' 点处.

凹面镜的横向放大率是

$$\beta=-\frac{l'}{l}=-\frac{(-600)}{(-200)}=-3$$

表明所成的像是放大的倒立实像.

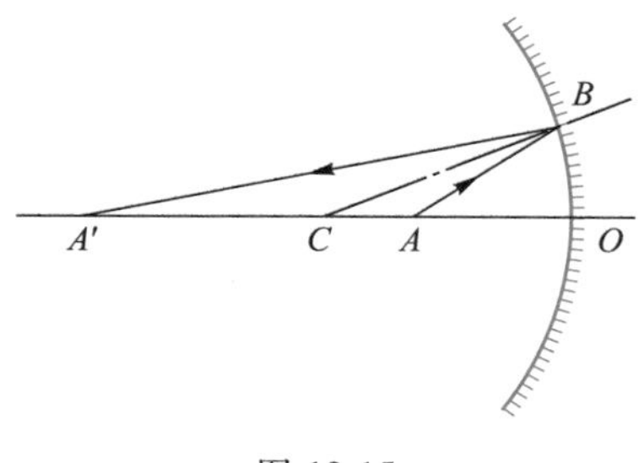

图 13.15

13.3.3 薄透镜近轴成像光路

透镜是由两个折射面包围一种透明介质(如玻璃)所形成的光学器件,它是构成光学系统的最基本单元. 按照透镜对光线的作用,可以将其分成两类:对光线有会聚作用的称为会聚透镜(converging lens),或称为正透镜;对光线起发散作用的称为发散透镜(diverging lens),或称为负透镜.

在实际应用中,多数透镜的厚度和曲率半径比较,往往是较小的,对光路的影响可以忽略. 这种厚度忽略不计的透镜称为薄透镜(thin lens).

如图 13.16 所示,由折射率为 n 的介质构成的透镜,两个折射球面的曲率半径是 r_1、r_2,透镜中心厚度是 d. 物点 A_1 到第一个折射球面顶点 O_1 的距离是 l_1,对其发出的物方孔径角为 u_1 的近轴光线,应用折射球面成像公式,经第一个折射球面的像点 A_1' 的像距 l_1' 满足如下关系式:

$$\frac{n_1'}{l_1'}-\frac{n_1}{l_1}=\frac{n_1'-n_1}{r_1}$$

相对第二个折射球面,A_1' 是其物点 A_2,物距是其到第二个折射球面顶点 O_2 的距离 l_2,即

$$l_2=l_1'-d$$

在透镜厚度可以忽略的情况下,$d=0$,$l_2=l_1'$,经第二个折射球面的像点 A_2' 的像距 l_2' 满足如下关系式:

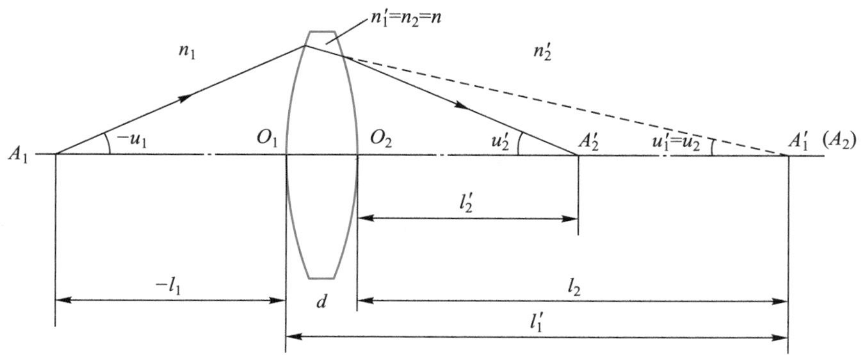

图 13.16 薄透镜近轴成像光路

$$\frac{n_2'}{l_2'}-\frac{n_2}{l_2}=\frac{n_2'-n_2}{r_2}$$

将上述两个关系式相加，并注意到 $n_1'=n_2=n$，得出

$$\frac{n_2'}{l_2'}-\frac{n_1}{l_1}=\frac{n_2'-n}{r_2}+\frac{n-n_1}{r_1} \tag{13.38}$$

上式是薄透镜的物像位置关系式.

当物点位于轴上无限远处时，$l_1\to\infty$，对应像点的位置称为透镜的像方焦点(image-space focus)，过像方焦点的垂轴平面称为像方焦面(focal plane in image space)，像方焦点到薄透镜距离称为像方焦距(focal length in image space). 由式(13.38)得到像方焦距 f' 是

$$f'=\frac{n_2'}{\dfrac{n_2'-n}{r_2}+\dfrac{n-n_1}{r_1}} \tag{13.39}$$

为了表征光学系统偏折光线的能力，可以引入光焦度 $\boldsymbol{\Phi}$，对于薄透镜

$$\boldsymbol{\Phi}=\frac{n_2'}{f'}=\frac{n_2'-n}{r_2}+\frac{n-n_1}{r_1} \tag{13.40}$$

同理可以引入透镜的物方焦点(object-space focus)和物方焦距(focal length in object space)f，物方焦点即像点在轴上无限远处时所对应的物点位置. 利用式(13.38)可以证明，物方焦距与像方焦距关系是

$$\frac{f'}{f}=-\frac{n_2'}{n_1} \tag{13.41}$$

于是，薄透镜的物像位置关系式可以写为

$$\frac{f'}{l'}+\frac{f}{l}=1 \tag{13.42}$$

上式称为高斯公式(Gauss formula). 式中 l 是物到透镜的距离，l' 是像到透镜的距离.

若透镜放置在空气中，则

$$n_1=n_2'=1$$

像方焦距 f' 是

$$f'=\frac{r_1r_2}{(n-1)(r_2-r_1)} \tag{13.43}$$

薄透镜的光焦度 $\boldsymbol{\Phi}$ 是

$$\boldsymbol{\Phi}=(n-1)\left(\frac{1}{r_1}-\frac{1}{r_2}\right) \tag{13.44}$$

物方焦距与像方焦距关系是

$$f=-f' \tag{13.45}$$

而薄透镜的物像位置关系式可以改写为

$$\frac{1}{l'}-\frac{1}{l}=\frac{1}{f'} \tag{13.46}$$

薄透镜成像的横向放大率可以定义为第二个面的像高与第一个面的物高之比，即

$$\beta=\frac{y_2'}{y_1} \tag{13.47}$$

由于第一个面的像就是第二个面的物，$y_1'=y_2$，所以

$$\beta=\frac{y_1'}{y_1}\frac{y_2'}{y_2}=\beta_1\beta_2 \tag{13.48}$$

式中，β_1 和 β_2 分别是第一个折射球面和第二个折射球面的横向放大率. 利用式(13.31)，在透镜位于空气中的情况下，薄透镜的横向放大率是

$$\beta=\frac{l'}{l} \tag{13.49}$$

同理，这时轴向放大率表示为

$$\alpha=\beta^2 \tag{13.50}$$

例 13.3 两个薄透镜紧密接触构成一透镜组（仍可以视为薄透镜），证明该透镜组的像方焦距 f' 与这两个薄透镜像方焦距 f_1' 和 f_2' 满足如下关系：

$$\frac{1}{f'}=\frac{1}{f_1'}+\frac{1}{f_2'} \tag{13.51}$$

证明 设平行于光轴的光线入射到第一个薄透镜上，成像位于 $l_1'=f_1'$ 处，l_1' 也是第二个薄透镜的物距 l_2，对第二个薄透镜应用高斯公式，有

$$\frac{1}{l_2'}-\frac{1}{f_1'}=\frac{1}{f_2'}$$

由于这时的 l_2' 就是透镜组的像方焦距 f'，所以下列公式成立：

$$\frac{1}{f'}=\frac{1}{f_1'}+\frac{1}{f_2'}$$

*13.4 典型光学仪器

利用透镜、反射镜等器件制作的各种仪器，称为光学仪器(optical instrument). 初期的光学仪器，主要是为了改善和扩大视觉. 例如，帮助人们观察近处微小物体或远处物体（前者是显微镜，后者是望远镜），在特定的屏幕上得到放大或缩小的像（前者是投影放映机，后者是照相机），等等. 近几年，随着激光技术、光纤技术和光电技术的发展，各种不同用途的新型光学仪器相继出现. 例如，激光光学系统、扫描光学系统、光纤光学系统等. 这里限于讨论传统的典型光学仪器.

13.4.1 眼睛与视角放大率

一、眼睛

眼睛是目视光学仪器的接收装置，在讨论各种光学仪器之前，了解眼睛的构造和特点是必要的.

眼睛的结构如图 13.17 所示，在角膜和视网膜之间的各个生物器件可以视为成像元

件. 物体经过这些成像元件,在视网膜上得到物体的像(倒立的像),通过神经系统的内部作用,人们感觉像是正立的. 为了方便眼睛成像过程的计算,可以将眼睛简化成由一种物质组成,且只有一个折射面,如图 13.18 所示. 人眼简化的参量是:物方焦距 $f=-17.1$ mm,像方焦距 $f'=22.8$ mm,视网膜半径约 9.7 mm.

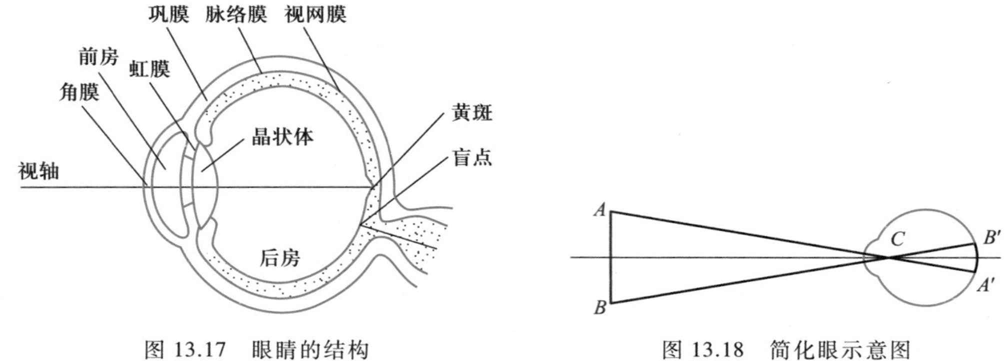

图 13.17 眼睛的结构

图 13.18 简化眼示意图

通过肌肉调节使晶状体的曲率半径变化,调整眼睛的焦距,使不同距离的物体在视网膜上成清晰的像,这个过程称为眼睛的调节. 当肌肉完全放松时,眼睛能看清的最远点称为远点(far point),正常人的远点在无限远处. 当肌肉收缩得最紧张时,眼睛能看清的最近点称为近点(near point). 若以 r、p 表示远点和近点的距离,则其倒数

$$R=\frac{1}{r},\quad P=\frac{1}{p} \tag{13.52}$$

称为远点和近点的视度. 眼睛的调节能力用远点和近点的视度之差 A 来表示,即

$$A=R-P \tag{13.53}$$

在阅读或通过光学仪器观测物像时,为了工作舒适,习惯上把物或像置于眼前 250 mm 处,该距离称为明视距离(distance of distinct vision).

眼睛的远点在无限远处,即眼睛的像方焦点位于视网膜上,这样的眼睛称为正常眼,否则称为反常眼,如图 13.19 所示. 比较常见的反常眼有近视眼和远视眼:近视眼的远点位于眼前有限距离,将无限远的物成像于视网膜前;远视眼的远点位于眼后有限距离,将无限远的物成像于视网膜后.

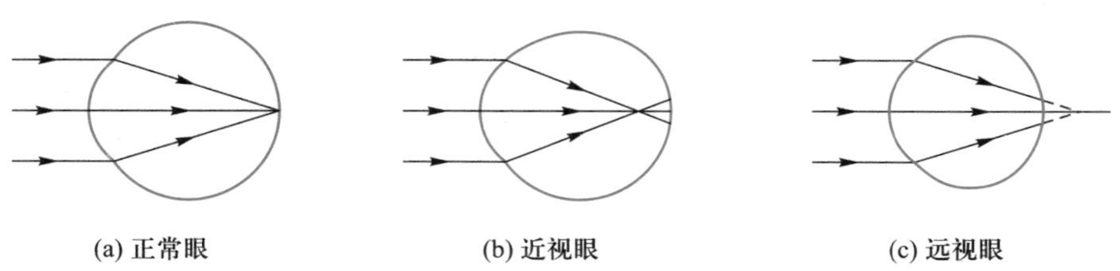

(a) 正常眼　(b) 近视眼　(c) 远视眼

图 13.19 正常眼与反常眼

二、视角放大率

眼睛能够分辨两个邻近物点的能力,称为眼睛的分辨率(resolution),是眼睛性能的重要指标. 眼睛的分辨率由组成视网膜的视神经细胞决定,如果两物点在视网膜上的像点落在一个视神经细胞上,视神经就无法分辨出这两个点,因此视网膜上最小分辨距离应该大于一个视神经细胞的直径.

物体对人眼的张角称为视角(visual angle),如图13.20所示. 通常正常人眼能分辨的两物点之间的最小视角称为视角分辨率. 经验表明,正常人眼的视角分辨率是1′.

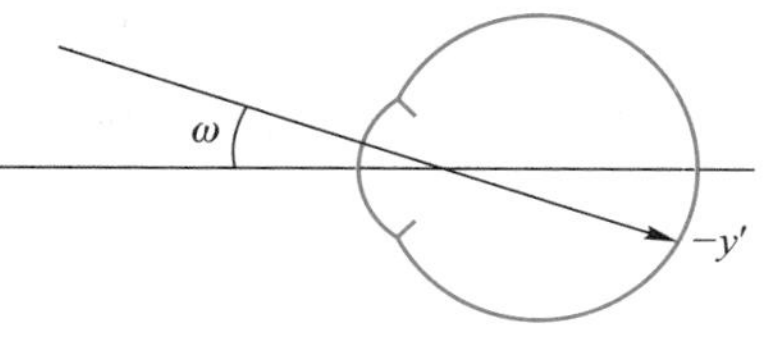

图 13.20 人眼的视角

人眼的视觉能力是有限的,为了扩大人眼的视觉能力,人们创造了各种光学仪器,如放大镜、显微镜和望远镜等,这些仪器统称为目视光学仪器. 物体通过这些仪器后的像对人眼的张角,应当大于人眼直接观察物体时对人眼的张角,这是目视光学仪器的基本工作原理. 同时,定义目视光学仪器的视角放大率 Γ 是

$$\Gamma=\frac{\tan \omega'}{\tan \omega} \tag{13.54}$$

式中,ω、ω'分别是人眼直接观察物体时对人眼的张角和物体通过这些仪器后的像对人眼的张角.

13.4.2 放大镜与显微镜

对于用于观察近处微小物体的目视光学系统,一般称为显微系统. 主要包括放大镜(magnifier)和显微镜(microscope).

一、放大镜

放大镜是用来观察近距离微小物体的最简单的一种目视光学仪器. 在人眼和物体之间放置一块正透镜,使正透镜的物方焦面和物平面 y 靠近或者重合. 图 13.21 给出了物体 AB 经放大镜成像的光路图.

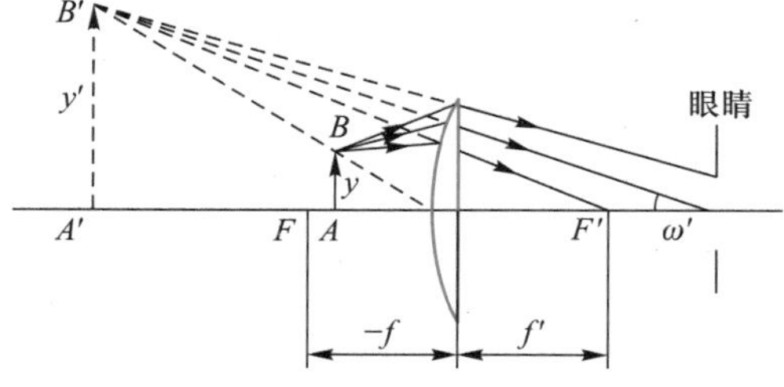

图 13.21 放大镜的光路图

在一般情况下,放大镜的视角放大率与透镜的像方焦距、眼睛的观察位置有关. 当物体与放大镜的物方焦面重合时,放大镜的视角放大率只与透镜的像方焦距有关,可以表示为

$$\Gamma=\frac{250\ \text{mm}}{f'} \tag{13.55}$$

式中,f'是放大镜的像方焦距,单位取为 mm.

由上式可知,透镜的像方焦距越短,其视角放大率越大. 但是,放大镜像方焦距不可能太短,所以单个透镜的视角放大率受到限制,一般不会大于 15×(倍).

二、显微镜

如果要求得到较高的视角放大率,必须采用复杂的组合光学系统,这就是显微镜. 显微镜的主要作用是分辨被观察物体的细小部分，把眼睛分辨不了的细小部分分辨出来.

显微镜光学系统由物镜和目镜两个透镜组成，其光路如图 13.22 所示. 在显微镜的物镜像方焦点和目镜物方焦点之间有一定距离 Δ，称为显微镜筒的光学长度. 物体 y 先经过物镜成像，在目镜的物方焦面上得到一个放大的实像 y'，再经过目镜放大成像于无限远处或人眼的明视距离以外，最后由眼睛接收.

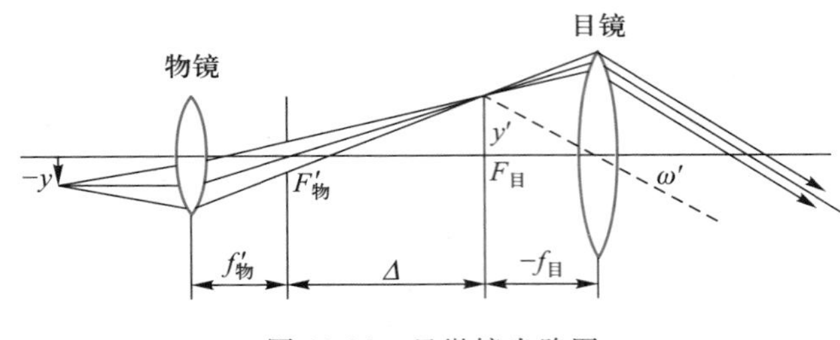

图 13.22 显微镜光路图

显然，显微镜与放大镜的区别在于物体经物镜多放大一次. 因此，显微镜的视角放大率是物镜的横向放大率和目镜视角放大率的乘积. 即

$$\Gamma=\beta_1\Gamma_2 \tag{13.56}$$

式中，β_1、Γ_2 分别是物镜的横向放大率和目镜视角放大率. 由光路图可以看到，两个放大率表示式是

$$\beta_1=\frac{y'}{y}=-\frac{\Delta}{f'_{物}} \tag{13.57}$$

$$\Gamma_2=\frac{250\ \text{mm}}{f'_{目}} \tag{13.58}$$

因此，显微镜的视角放大率与光学长度 Δ 成正比，与物镜、目镜的像方焦距成反比.

一台显微镜往往备有一套物镜和目镜. 一般物镜有 4 个，放大率为 3×、10×、40×、100×. 目镜有 3 个，放大率是 5×、10×、15×. 这样，整个显微镜就能从最低的15×到最高的 1 500×，有 12 种不同放大率的组合.

13.4.3 望远镜

对于远处的物体，当它对眼睛的视角小于 1′时，一般采用望远镜(telescope)进行观察.

望远镜由物镜和目镜组成. 物镜的像方焦点与目镜的物方焦点重合，即光学长度 Δ 为零. 入射的平行光束经过系统后仍成平行光束射出，其光路如图 13.23 所示.

根据视角放大率的定义，由光路图可以得出望远镜的视角放大率是

$$\Gamma=\frac{\tan\omega'}{\tan\omega}=-\frac{f'_{物}}{f'_{目}} \tag{13.59}$$

式中，$f'_{物}$ 为物镜的像方焦距，$f'_{目}$ 为目镜的像方焦距. 由公式可知，要增加望远镜的视角放大率，就需要增大物镜的像方焦距或者减小目镜的像方焦距.

望远镜的出射光束为平行光束，成像在无穷远处，因此用望远镜观察物体时，正常人的眼睛无须调节，观察时亦不易疲劳.

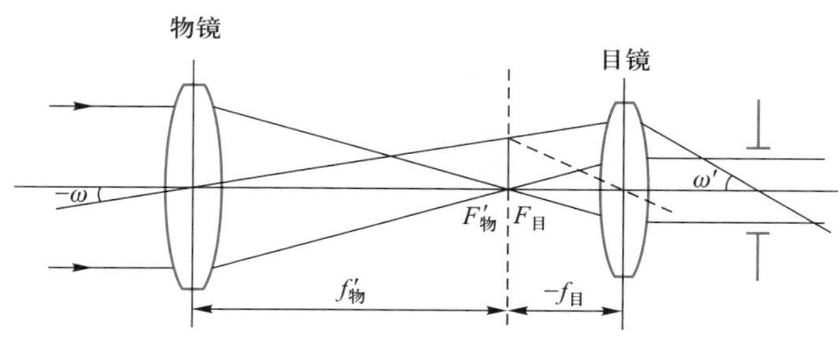

图 13.23 望远镜的光路图

根据望远镜的组成特点,望远镜可以分为两大类型:开普勒望远镜和伽利略望远镜. 开普勒望远镜是由两个正光焦度的物镜和目镜组成的,这时 $\Gamma<0$,望远镜成倒像. 为了将其形成的倒像转变成正立的像,需要设置一个透镜或棱镜转像系统. 由于在开普勒望远镜的物镜焦面上形成的是一个实的中间像,如图 13.23 所示,故可以在中间像处放置分划板,用于瞄准或测量. 伽利略望远镜是由正光焦度的物镜和负光焦度的目镜组成的,这时 $\Gamma>0$,望远镜成正立像,无须加转像系统,但无法安装分划板,应用较少.

【前沿进展】

早在 1873 年阿贝(Abbe)就指出利用传输的光波和普通的透镜光学系统不能分辨小于 $\lambda/2$ 的物体,这个极限值称为衍射极限. 然而最近,在成像领域的一些令人激动的新方法的出现,在一些特定情形下"打破"了这条规则.

对于远场超分辨成像的情况,近年来被研究较多的技术大致有以下三种:

第一,饱和激发结构光照明显微技术(SSIM),这是一种宽场成像方法,荧光分子在高强度激光照射下产生饱和吸收,通过求解图案中的高频信息获得样品的纳米分辨图像,已经实现了几十纳米的横向空间分辨率. 由于 SSIM 是两维并行测量,因此可以实现很高的成像速度,但实时性比较差.

第二,随机光学重建显微技术(STORM),这个方法创始人是庄小威教授(女),该方法基于光子可控开关的荧光探针和质心定位原理,在双激光激发下荧光探针随机发光,通过分子定位和分子位置重叠重构形成超高分辨率的图像,其空间分辨率目前可达 20 nm,但成像时间往往需要几分钟,不能满足活体实时可视的成像需要.

第三,受激发射损耗显微技术(STED),该成像理论源于爱因斯坦的受激辐射理论,斯特凡·赫尔创造性地把该理论应用于荧光成像,最终做出了成像系统. 简单地说,STED 是利用激发光使基态粒子跃迁到激发态,随后用整形后的 STED 环形光照射样品,引起受激辐射,消耗了激发态(荧光态)粒子数,导致焦斑周边上那些受 STED 光损耗的荧光分子失去发射荧光光子能力,而剩下的可发射荧光区域被限制在小于衍射极限区域内,于是获得一个小于衍射极限的荧光发光点,再利用扫描即可获得亚衍射分辨率的成像. 2002 年实现了 33 nm 轴向分辨率;2003 年获得 28 nm 的横向分辨率. 该方法目前可以说是最有希望做实时、活体成像的,已经实现了视频级的成像速度.

超分辨成像的成就正在缩短光学显微镜和电子显微成像方法之间的沟壑. 超分辨光学显微镜的到来将会使我们看待周围世界的清晰度迈向一个新的水平.

【网络资源】

小结

所谓几何光学,就是在分析光学现象时,撇开光的波动属性,而仅以光的直线传播性质为基础,研究光在透明介质中的传播.它建立在实际观察和直接实验得出的几个基本定律之上,即:光的直线传播定律、光的独立传播定律、折射定律和反射定律.

物与像的概念,是几何光学的基本概念之一.应当掌握物与像的定义,以及理想成像的意义,同时理解物像的虚实性和相对性.初步了解光学系统的构成,掌握正负透镜的特点,理解描述光学系统结构的概念,如:焦点、焦距、焦面等.

为了方便光路的计算,人们引入了符号规则.通过符号规则,结果可以方便地反映物像的虚实、正倒、放大与缩小.

本章主要以光线为基础,采用几何方法来研究光在介质中的传播规律.其中,近轴光路条件下光学系统成像的基本原理,即高斯光学,是本章的重点掌握内容.应当掌握折射球面、球面反射镜和薄透镜的近轴成像光路计算公式,能够完成一些基本的物像关系计算.

望远系统(望远镜)和显微系统是典型的光学系统,对其有适当的了解是必要的.

附:本章的知识网络

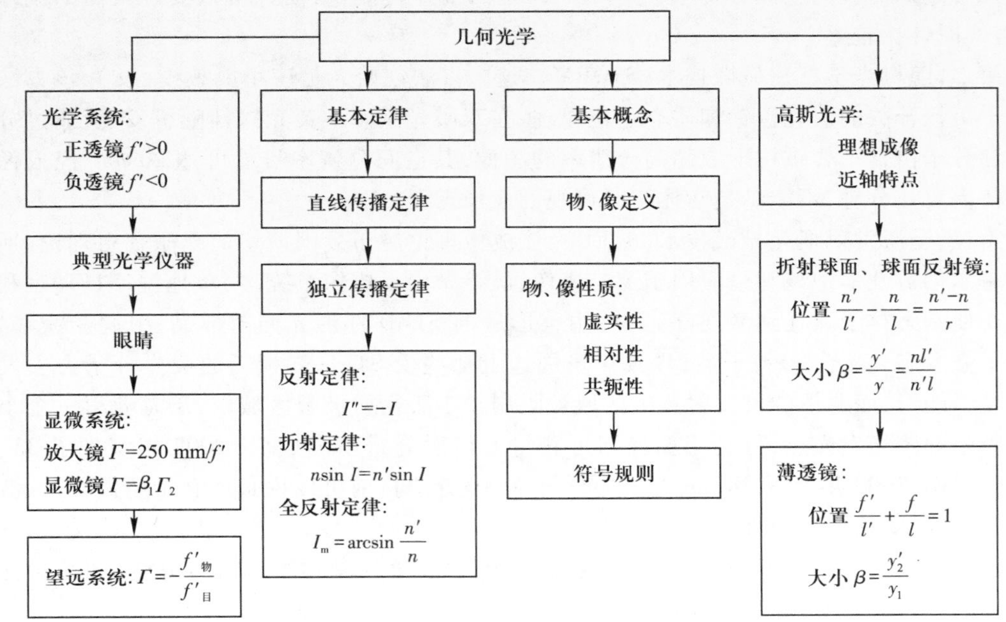

思　考　题

13.1　设想一下,鱼的眼睛看到的天空是什么样子?

13.2　为什么金刚石比磨成相同形状的玻璃仿制品显得更加光彩夺目?

13.3　由立方体的玻璃切下一角制成的棱镜称为四面直角体棱镜,如题图所示. 证明:从四面直角体棱镜斜面入射的光线经其他三面反射后,出射线的方向总与入射线相反.(四面直角体棱镜这一特性可以用于远距离激光测距.)

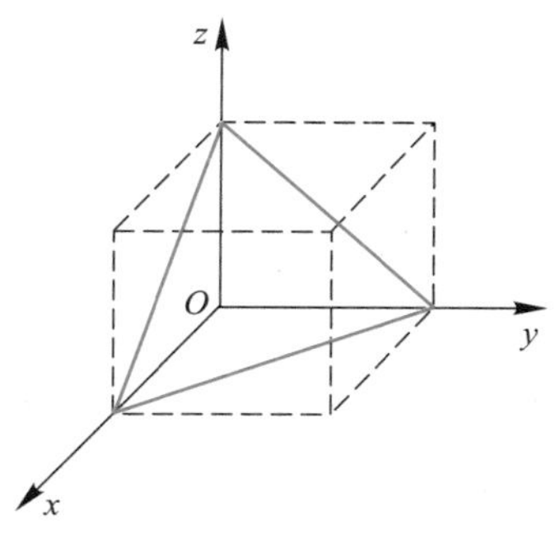

思考题 13.3 图

13.4　根据笛卡儿的理论,虹是由太阳光经水滴的折射和反射而形成的. 虹的角半径(题图中的 α 角)可由入射光线在水滴内反射一次,再折射后出射时获得最大强度的要求来确定. 将水滴看成球形,其折射率为 n,求虹的角半径 α. 若已知水对红光和紫光的折射率分别为 $n_r=1.329$, $n_p=1.343$,则相应的角半径是多少?

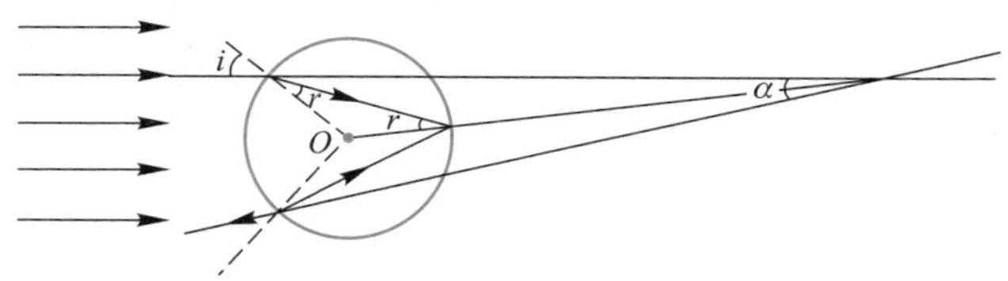

思考题 13.4 图

13.5　如何简易地判断一个薄透镜的正负?

13.6　用极限法测液体折射率的装置如题图所示. ABC 是直角棱镜. 已知其折射率为 n_g. 将待测液体涂在 AB 表面上,然后覆盖一块毛玻璃,用扩展光源以掠入射方式照明. 用望远镜观察从棱镜 AC 面的出射光线,边旋转望远镜的轴线方向边观察,当望远镜的视场中恰好出现半明半暗的分区时,测得望远镜的轴线方向与 AC 面法线的夹角为 i',证明待测液体的折射率为 $n=\sqrt{n_g^2-\sin^2 i'}$. 分析用这种方法测液体折射率时测量范围受什么限制.

13.7　如题图所示,曲率半径为 R,高度为 $h=\dfrac{3}{4}R$ 的两个相同的凹面镜相对叠合,在上面的凹面镜中心处开一个圆孔型通光窗口. 将一个小物置于下面的凹面镜表面构成"魔镜". 求先后经过上、下凹面镜两次反射后成像的位置和大小,以及像的倒正、放缩和虚实情况.

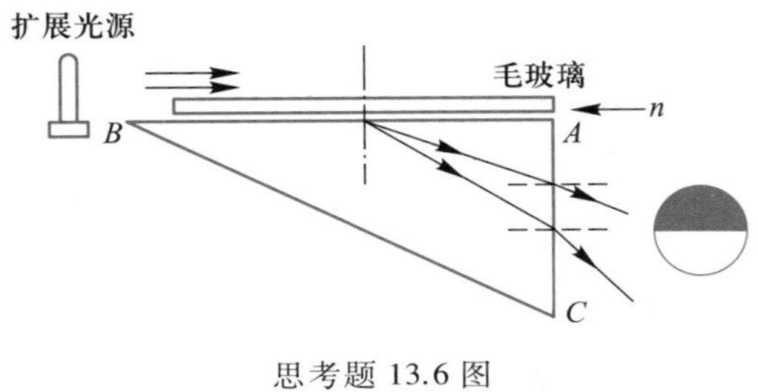

思考题 13.6 图

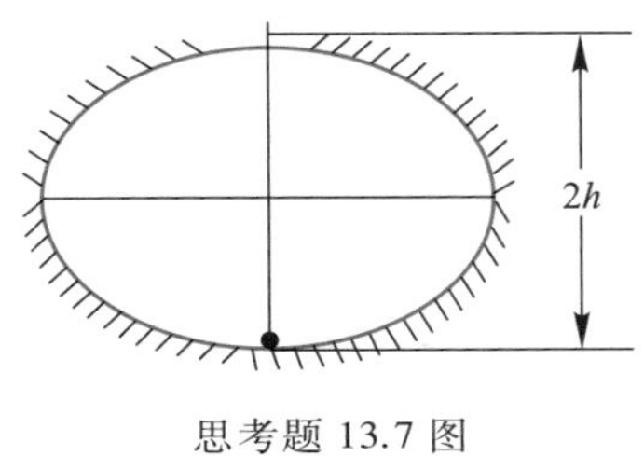

思考题 13.7 图

习 题

13.1 一个玻璃球,折射率为 1.73,入射光线的入射角是 60°. 求折射光线与反射光线间的夹角.

13.2 折射率为 1.33 的水面下 20 cm 处有一点光源,求能够折射出水面的光束最大圆的半径.

13.3 当钓鱼者从接近于池塘水面正上方观测时,一条鱼出现在水面下 2 m 处. 问鱼的实际深度是多少?(已知水的折射率为 1.33.)

13.4 将直径为 10 cm、长度为 50 cm 的玻璃棒的左端磨成曲率半径为 5 cm 的半球形凸面. 已知玻璃棒折射率是 1.50. 一个长为 1 mm 的物体置于凸面的左前方 20 cm 处,并且物体与玻璃棒的轴线垂直. 求像的位置与大小(一次成像).

13.5 设曲率半径 $r=20$ cm 的单个球面的左侧是空气,右侧是水(折射率为 1.33),球心在水中. 在空气中放置一个高为 2 mm 的物,离球面顶点的距离是 30 cm. 求像的位置和大小.

13.6 一折射率为 1.50、凸面曲率半径是 15 cm 的玻璃半球,其凸面朝右方向放置在空气中. 在玻璃半球平面左侧 30 cm 处,正立放置高度是 1 cm 的物体.

(1) 求通过该玻璃半球后的成像位置;

(2) 求像的高度,并判断像的正倒;

(3) 若视其为半球透镜,确定像方焦点的位置.

13.7 一个 5 mm 高的物体放在球面镜前 10 cm 处,形成 1 mm 高的虚像.

(1) 求球面镜的曲率半径;

(2) 判断此球面镜是凸面镜还是凹面镜.

13.8 直径为 1 m 的球形鱼缸的中心处有一条鱼,鱼缸内水的折射率为 1.33. 若玻璃鱼缸的缸壁的影响忽略不计,求缸外观察者所看到鱼的表观位置和横向放大率.

13.9 一个正薄透镜的两个焦点之间距离是 120 mm,物体放置在薄透镜物方焦点右侧 20 mm 处,求像的位置.

13.10 一个正薄透镜将实物成一实像,物与像之间距离是 150 mm. 若像高是物高的 4 倍,求该透镜的位置和像方焦距.

13.11　当物体位于薄正透镜左侧 10 cm 处时,所成的像处于透镜右侧 30 cm 处. 如果把物体移到距离透镜 2.5 cm 处,那么所成的像出现在何处？并判断像的虚实、正倒.

13.12　用像方焦距是 50 mm 的薄正透镜做成一个简单的放大镜,求其视角放大率.

13.13　某天文望远镜的长度是 2.05 m,目镜像方焦距是 5 cm,求该望远镜的视角放大率.

13.14　设伽利略望远镜的视角放大率是 6×,物镜与目镜的距离是 10 cm,求物镜与目镜的像方焦距.

习题参考答案

第14章　光的干涉

光的干涉现象是光的波动性的重要特征之一. 自从1881年迈克耳孙发明干涉仪以来，利用光的干涉进行精密测量的技术逐步得到了广泛应用. 本章讨论光的干涉的规律，包括干涉的条件和明暗条纹分布的规律.

通过本章学习，学生应了解原子或分子发光特点，并理解相干光源和非相干光源，理解获得相干光的方法；掌握光程的概念以及光程差和相位差的关系，理解杨氏双缝和薄膜等厚干涉条纹的特征及规律；了解迈克耳孙干涉仪的工作原理.

14.1　光的相干性

14.1.1　光的干涉　相干条件

电磁波是横波，由两个互相垂直的振动矢量即电场强度 $\boldsymbol{E}$ 和磁场强度 $\boldsymbol{H}$ 来表征. 在光波中，产生感光作用与生理作用的是电场强度 $\boldsymbol{E}$. 因此，常把 $\boldsymbol{E}$ 称为光矢量(optical vector)，用 $\boldsymbol{E}$ 矢量代表光的振动.

在讨论机械波时我们已经知道，在波的强度不是很大时，遵守波的叠加原理，满足相干条件的两列波相遇时会产生干涉现象. 实验证明光波也有类似情形，在光强不是很大时，光波的叠加也遵从波的叠加原理. 在满足光波相干条件时，光波也会产生干涉现象，即频率相同，光矢量振动方向平行，相位差恒定的两简谐光波相遇时，在光波重叠区域内，某些点合光强大于分光强之和，在另一些点合光强小于分光强之和，因而合成光波的光强在空间形成强弱相间的稳定分布，并在放入的光屏上呈现出干涉条纹(interference fringe)，称为光的干涉现象(interference of light). 光波的这种叠加称为相干叠加.

频率相同、光矢量振动方向相同和相位差恒定是产生光的干涉的三个必要条件，称为相干条件，而满足相干条件的两束光称为相干光(coherent light)，相应的光源称为相干光源(coherent light source).

下面将说明相干光的三个相干条件是缺一不可的.

设光矢量为 $\boldsymbol{E}_1$ 和 $\boldsymbol{E}_2$ 的两列光波在空间某点 P 相遇，则在 P 点的合成光矢量为

$$\boldsymbol{E}=\boldsymbol{E}_1+\boldsymbol{E}_2$$

并有

$$E^2=E_1^2+E_2^2+2\boldsymbol{E}_1\cdot\boldsymbol{E}_2$$

根据电磁波强度(平均能流密度)公式(12.18),P 点的光强度是

$$I=\overline{S}=\sqrt{\frac{\varepsilon}{\mu}}\overline{E^2}$$

在光的叠加过程中,我们关注的是空间各处光强的相对分布,因此可直接用$\overline{E^2}$代表光强. 则 P 点的合光强为

$$I=I_1+I_2+I_{12} \tag{14.1}$$

式中,I_1、I_2 分别为两光波单独存在时在 P 点的强度:

$$I_1=\overline{E_1^2},\quad I_2=\overline{E_2^2}$$

而

$$I_{12}=\overline{2\boldsymbol{E}_1\cdot\boldsymbol{E}_2}$$

称为干涉项,它决定两光波叠加的性质. 当 $I_{12}=0$ 时,$I=I_1+I_2$,即空间各点的合光强均为分光强之和,没有干涉现象发生,称为光的非相干叠加,两个普通光源发出的光叠加时就是这种情形. 只有当 $I_{12}\neq 0$ 时,$I\neq I_1+I_2$,空间各点的光强会出现差异,即光的相干叠加.

显然,如果两光波矢量 $\boldsymbol{E}_1$ 与 $\boldsymbol{E}_2$ 振动方向相互垂直,则 $I_{12}=\overline{2\boldsymbol{E}_1\cdot\boldsymbol{E}_2}=0$,即两光波为非相干叠加,不发生干涉. 在一般情况下,$\boldsymbol{E}_1$ 与 $\boldsymbol{E}_2$ 的振动方向成一定角度,可将它们做正交分解,只有平行分量间才可能发生干涉.

如果设两光矢量 $\boldsymbol{E}_1$ 与 $\boldsymbol{E}_2$ 振动方向相同,但频率不同,相位差也不恒定,这时可将两列简谐光波用标量形式表示为

$$E_1=E_{10}\cos\left(\omega_1 t-\frac{2\pi r_1}{\lambda_1}+\varphi_1\right)$$

$$E_2=E_{20}\cos\left(\omega_2 t-\frac{2\pi r_2}{\lambda_2}+\varphi_2\right)$$

式中,ω_1、ω_2,φ_1、φ_2,λ_1、λ_2 分别为两光波的角频率,初相位和波长;r_1 和 r_2 则是空间某点 P 分别到两个光源的距离. 由矢量加法可得出 P 点合光矢量 $\boldsymbol{E}$ 满足

$$E^2=E_{10}^2+E_{20}^2+2E_{10}E_{20}\cos\Delta\varphi$$

其中

$$\Delta\varphi=(\omega_1-\omega_2)t+(\varphi_1-\varphi_2)-2\pi\left(\frac{r_1}{\lambda_1}-\frac{r_2}{\lambda_2}\right)$$

为两光波在 P 点的相位差. 对上式各项取时间平均值,即得到合光强

$$I=I_1+I_2+2\sqrt{I_1I_2}\ \overline{\cos\Delta\varphi} \tag{14.2}$$

其中干涉项为

$$I_{12}=2\sqrt{I_1I_2}\ \overline{\cos\Delta\varphi}$$

由于测量光的各种探测器的响应时间远大于光矢量的振动周期,所以当$\omega_1\neq\omega_2$ 时,在观测的时间内$(\omega_1-\omega_2)t$ 可取各种任意值,从而使$\overline{\cos\Delta\varphi}=0$,导致 $I_{12}=0$,即不同频率的光波之间不发生干涉. 若初相差$(\varphi_1-\varphi_2)$不是恒定的,例如无规则的随机分布,则$(\varphi_1-\varphi_2)$可取任意值,也将使$\overline{\cos\Delta\varphi}=0$,导致$I_{12}=0$,两光波不发生干涉.

在满足三个相干条件时，两相干光叠加干涉场中各点的光强为

$$I=I_1+I_2+2\sqrt{I_1I_2}\cos\Delta\varphi \tag{14.3}$$

式中，相位差

$$\Delta\varphi=(\varphi_1-\varphi_2)-\frac{2\pi}{\lambda}(r_1-r_2)$$

保持恒定. 若 $I_1=I_2=I_0$，则

$$I=2I_0(1+\cos\Delta\varphi)=4I_0\cos^2\frac{\Delta\varphi}{2} \tag{14.4}$$

上式表明，叠加光强具有如下特点：

(1) 当 $\Delta\varphi=\pm 2k\pi(k=0,1,2,\cdots)$ 时，$I=4I_0$，干涉极大.

(2) 当 $\Delta\varphi=\pm(2k+1)\pi(k=0,1,2,\cdots)$ 时，$I=0$，干涉极小.

(3) 当 $\Delta\varphi$ 为其他值时，光强介于 0 和 $4I_0$ 之间. 两光波干涉的光强分布如图 14.1 所示.

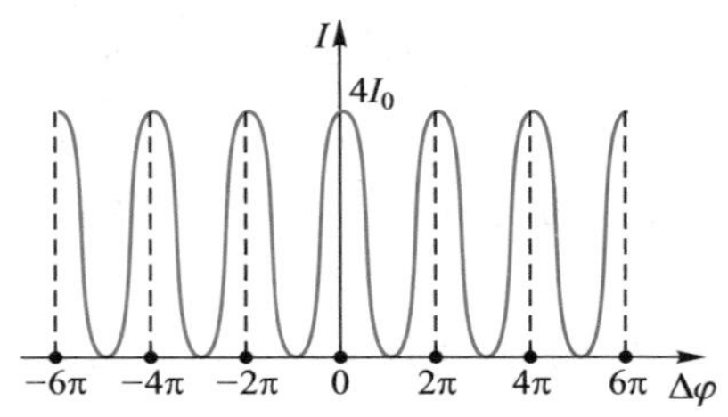

图 14.1 两光波干涉的光强分布曲线

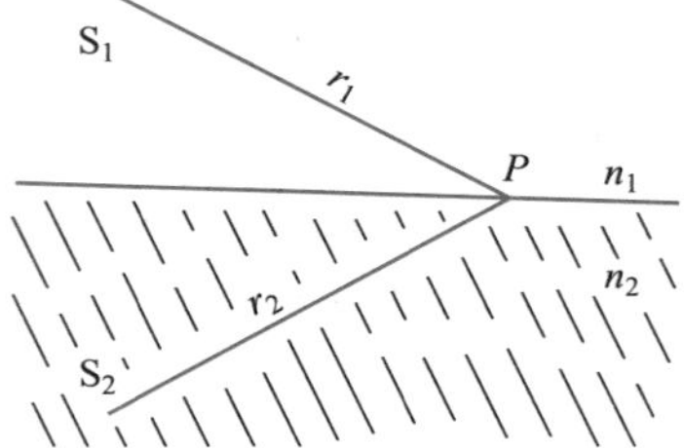

图 14.2 光程差的计算

14.1.2 光程差

由前面的讨论我们已知道，相位差的计算在分析光的叠加现象时十分重要. 为了方便地计算光经过不同介质时引起的相位差，下面引入光程差的概念.

若光波在折射率为 n 的介质中传播的几何路程为 r，则利用式(13.6)得到其引起的相位变化为

$$\Delta\varphi=2\pi\frac{nr}{\lambda}$$

上式表明，同一频率的光在折射率为 n 的介质中通过几何路程 r 时引起的相位变化取决于光程 $L=nr$.

如图 14.2 所示，两相干光源 S_1 和 S_2 发出的两相干光，分别在折射率为 n_1 和 n_2 的介质中传播，经过了几何路程 r_1 和 r_2 在 P 点相遇，显然，两相干光在 P 点的相位差为

$$\Delta\varphi=\left(2\pi\nu t-\frac{2\pi}{\lambda}n_2r_2+\varphi_2\right)-\left(2\pi\nu t-\frac{2\pi}{\lambda}n_1r_1+\varphi_1\right)=\varphi_2-\varphi_1-2\pi\frac{n_2r_2-n_1r_1}{\lambda}$$

当 $\varphi_1=\varphi_2$ 时，有

$$\Delta\varphi=-\frac{2\pi}{\lambda}(n_2r_2-n_1r_1)=-\frac{2\pi}{\lambda}\delta \tag{14.5}$$

其中

$$\delta = n_2 r_2 - n_1 r_1 \tag{14.6}$$

称为两相干光的光程差(optical path difference).

在引入光程概念后,两光干涉加强与减弱的条件为

$$2\pi \frac{\delta}{\lambda} = \begin{cases} \pm 2k\pi & (k=0,1,2,\cdots)\text{加强} \\ \pm(2k+1)\pi & (k=0,1,2,\cdots)\text{减弱} \end{cases}$$

或

$$\delta = \begin{cases} \pm k\lambda & (k=0,1,2,\cdots)\text{加强} \\ \pm(2k+1)\dfrac{\lambda}{2} & (k=0,1,2,\cdots)\text{减弱} \end{cases} \tag{14.7}$$

由此可见,两束相干光在不同介质中传播时,对干涉加强(明条纹)和减弱(暗条纹)条件起决定作用的不是这两束光的几何路程差,而是两者的光程差.

在观察光的干涉和衍射现象时,常用到薄透镜. 下面简单说明通过透镜的各光线的等光程性.

如图 14.3(a)所示,一束平行于主光轴的平行光通过透镜后,会聚在焦点 F 形成亮点. 这说明在平行光束的波阵面上各点(图中 A、B、C、D、E 各点)的相位相同,到达焦面后相位仍然相同,因而相互加强. 所以,从 A、B、C、D、E 各点到达点 F 的每一条光线的光程都是相等的. 对这个实验事实还可以这样来理解. 图 14.3(a)中,虽然光线 AaF 比光线 CcF 经过的几何路程长,但是光线 CcF 在透镜中经过的路程比光线 AaF 的长,而透镜的折射率 n 大于 1,因此,折算成光程后,光线 AaF 的光程与光线 CcF 的光程相等. 对于斜入射的、会聚在焦面上 F' 点的平行光,通过完全类似的讨论可知,AaF'、BbF'、…各光线的光程均相等[图14.3(b)]. 这就是说,使用透镜可以改变光线的传播方向,但不会引起附加的光程差.

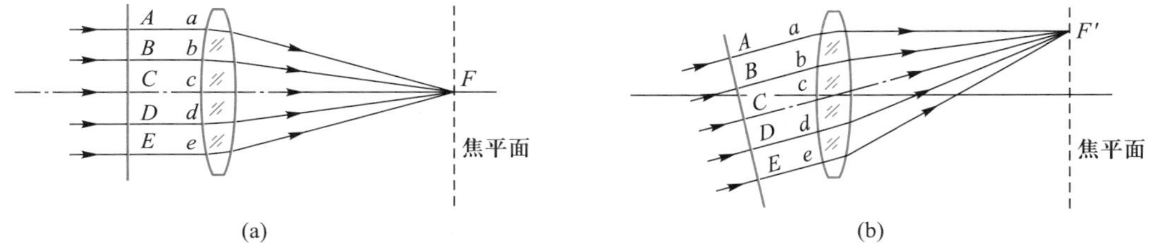

图 14.3 光通过透镜的光程

14.1.3 获得相干光的方法

要实现光的干涉就要保证两光波满足相干条件,而通常情况下两个普通光源是不相干的. 一般普通光源(太阳、白炽灯等)发光是由光源中大量原子或分子从较高的能量状态向较低的能量状态跃迁过程中对外辐射电磁波,从而发光. 这种辐射有两个特点:一是各原子或分子辐射是间歇的、无规则的. 每次辐射持续的时间只有 10^{-8} s 左右,也就是说,原子或分子每次所发出的光是一个很短的波列. 二是大量原子或分子发光是各自独立进行的,彼此之间没有什么联系,在同一时刻各原子或分子、同一原子或分子在不同时刻所发光的频率、振动方向、相位都各不相同,千差万别,是随机分布的. 因此一般的两个独立光源发出的光不满足相干条件,不能发生干涉,即使是同一光源上两个不同部分发出的光,也同样不会发生

干涉.

利用普通光源获得相干光的方法的基本原理是:把由光源上同一点发出的光波设法分成两部分,使它们经过不同的路径传播,在空间相遇叠加起来. 由于这两部分光实际上都来自同一发光原子的同一次发光,即每一个光波列都分成两个频率相同、振动方向相同、相位差恒定的波列,所以这两部分光也是相干光,在相遇区域中能产生干涉现象. 简而言之:此可谓同出一点,一分为二,各行其路,合二而一,这是实现光干涉的基本原则. 根据这一原则,通常用下列两种方法来获得相干光.

一、分波阵面法

在图 14.4 中,S 为单色点光源,AB 是挡板,其上开两个针孔,S_1 和 S_2 相对 S 来说处于对称位置上,且 S 与 S_1、S_2 的距离相等. 当光波传到 S_1、S_2 处时,根据惠更斯原理,S_1 和 S_2 可以视为发射子波的两个新的波源. 由于二者处于同一波阵面上,所以 S_1 和 S_2 是两个相干波源,从它们发出的光满足相干条件. 这种从一点光源发出的同一波阵面上取出两部分作为相干光源的方法,称为分波阵面法(method of dividing wave front). 下面将讨论的杨氏双缝实验、劳埃德镜等光的干涉实验都是用分波阵面法来获得相干光的.

二、分振幅法

利用光的反射和折射可以将一束光分成两束相干光,如图 14.5 所示. 当一束光 a 入射到透明介质的分界面时分成两部分,一部分在薄膜上表面被反射形成光束 a',另一部分折射入膜内在下表面反射经上表面折射出形成光束 a''. 由于光束 a'、a''都是从 a 光束分出来的,因此满足相干条件,是相干光. 又由于 a'和 a''两光束的强度都是从光束 a 的强度中分出来的,都只占入射光强的一部分,且光强又和振幅的平方成正比,所以这种方法称为分振幅法(method of dividing amplitude).

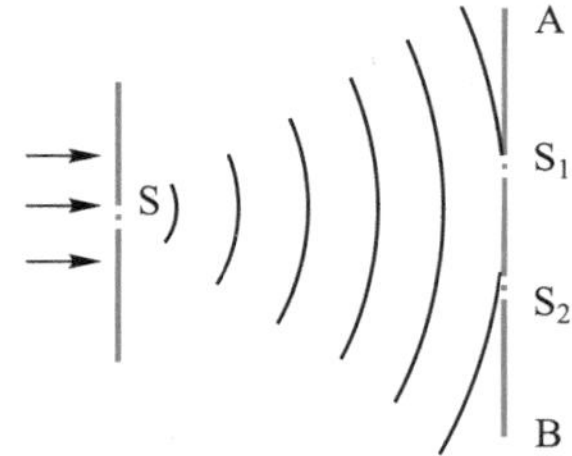

图 14.4 分波阵面法获得相干光

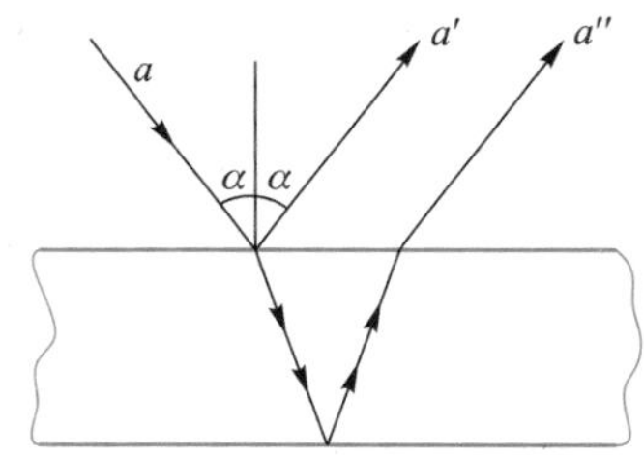

图 14.5 分振幅法获得相干光

我们在日常生活中看到油膜、肥皂膜上呈现五颜六色的花纹、彩色绚丽的图样,这是光在薄膜上干涉的结果,也是用分振幅法获得相干光的例子.

还需指出,两光相干除满足上述干涉的必要条件,即频率相同、振动方向相同、相位相同或相位差恒定之外,还必须满足两个附加条件:

一是两相干光的振幅不可相差太大,否则会使加强 A_1+A_2 与减弱 $|A_1-A_2|$ 效果不悬殊,显示不出明显的明暗区别.

二是两相干光的光程差不能太大,否则由于光的波列长度有限,在考察点,一束光的波列已经通过,另一束光的波列尚未到达,两者不能相遇,当然不可能产生叠加干涉.

14.2 分波阵面干涉

14.2.1 杨氏双缝实验

杨氏双缝实验(Young's double slit experiment)是最早利用单一光源形成两束相干光,从而获得干涉现象的典型实验.实验结果为光的"波动说"提供了重要的依据.

一、杨氏双缝实验装置

英国物理学家托马斯·杨(Thomas Young)在1801年第一次实现了双光束干涉,称之为杨氏双缝实验,其装置如图14.6所示.由光源发出的单色光通过足够窄的狭缝S,形成缝光源.在单缝的后面放置一个挡板,其上有相距很近的两个平行狭缝S_1与S_2,且使S与S_1和S_2的距离相同,则S_1和S_2两狭缝恰好处在缝光源S发出光的同一波阵面上.根据惠更斯原理,S_1、S_2相当于两个振动方向相同、频率相同、相位相同的相干光源.这样,由S_1和S_2发出的光在它们相遇的区域内将产生干涉.若在S_1和S_2的后面放置一观察屏E,则屏上将出现一系列平行于狭缝的明暗相间的直干涉条纹.

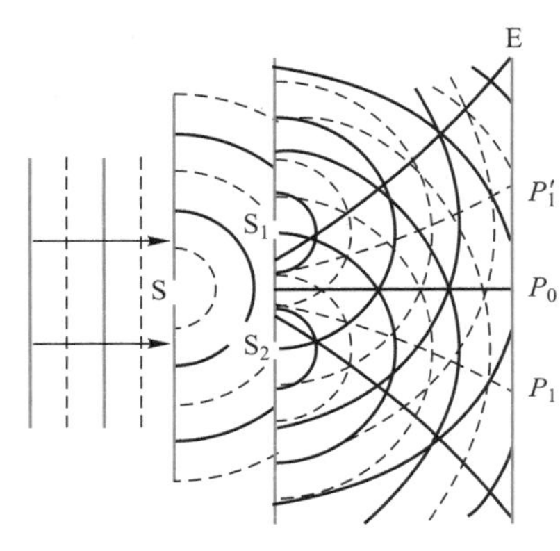

图14.6 杨氏双缝实验

【经典回顾】

托马斯·杨是英国人.17岁时就已精读过牛顿的力学和光学著作.他是医生,但对物理学也有很深造诣,在学医时,研究过眼睛的构造和其光学特性.就是在涉及眼睛接受不同颜色的光这一类问题时,他对光的波动性有了进一步认识,导致他对牛顿做过的光学实验和有关学说进行深入的思考和审查.

18世纪末,在德国自然哲学思潮的影响下,人们的思想逐渐解放,托马斯·杨开始对牛顿的光学理论产生了怀疑.

1801年,托马斯·杨进行了著名的杨氏双缝实验.实验所使用的白屏上明暗相间的黑白条纹证明了光的干涉现象,从而证明了光是一种波.同年,托马斯·杨在英国皇家学会的《哲学会刊》上发表论文,首次提出了光的干涉的概念和光的干涉定律.

他写道:"当同一束光的两部分从不同的路径,精确地或者非常接近地沿同一方向进入人眼,则在光程差是某一长度的整数倍处,光将最强,而在干涉区之间的中间带则最弱,这一长度对于不同颜色的光是不同的."

托马斯·杨明确指出,要使两部分光的作用叠加,必须是发自同一光源.这是他用实验成功地演示干涉现象的关键.许多人想尝试这类实验往往都因用的是两个不同的光源而失败.

1807年托马斯·杨在他的论文中描述了杨氏双缝实验:

"使一束单色光照射一块屏,屏上面开有两个小洞或狭缝,可认为这两个洞或缝就是光的发散中心，光通过它们向各个方向绕射. 在这种情况下，当新形成的两束光射到一个放置在它们前进方向上的屏上时，就会形成宽度近于相等的若干条暗带. ……图形的中心则总是亮的.”

“比较各次实验，看来空气中极红端的波的宽度约为 1/36 000 英寸(1 in = 2.5 cm)，而极紫端则为 1/60 000 英寸.”所谓“波的宽度”，就是波长，这些结果与近代得到的精确值近似相等.

杨氏双缝实验为托马斯·杨的波动学说提供了很好的证据，这对长期与牛顿的名字连在一起的微粒说是严重的挑战.

二、干涉加强、减弱的条件

下面分析屏幕上干涉明、暗条纹应满足的条件，如图 14.7 所示. 设 S_1 和 S_2 间的距离为 a，双缝所在平面与屏 E 平行，两者之间的垂直距离为 D. 今在屏上任取一点 P，它与 S_1 和 S_2 的距离分别为 r_1 和 r_2，则由 S_1 和 S_2 发出的光到达 P 点的光程差为 $\delta = r_2 - r_1$. 若 O_1 为 S_1 和 S_2 的中点，O 与 O_1 正对，当 P 点与 O 点的距离为 x 时，则从图中几何关系上可得到

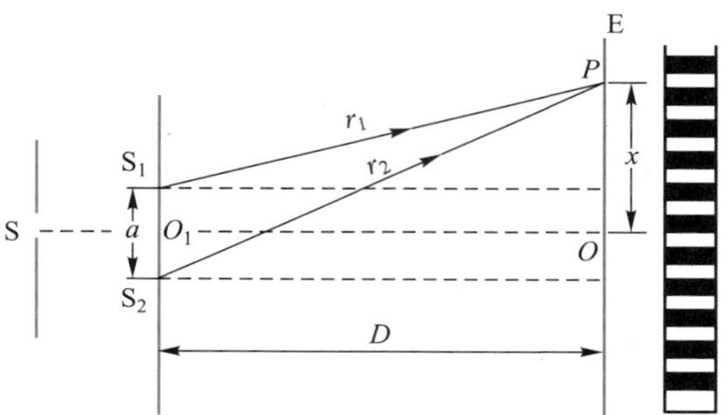

图 14.7 杨氏双缝干涉条纹的计算

$$r_1^2 = D^2 + \left(x - \frac{a}{2}\right)^2$$

$$r_2^2 = D^2 + \left(x + \frac{a}{2}\right)^2$$

将上两式相减，得

$$r_2^2 - r_1^2 = (r_2 + r_1)(r_2 - r_1) = 2ax$$

在通常观测的情况，$D \gg a$，且 $D \gg x$，故 $r_2 + r_1 \approx 2D$，由上式得

$$\delta = r_2 - r_1 = \frac{ax}{D} \tag{14.8}$$

若入射光的波长为 λ，则根据干涉加强和减弱的条件，可得 P 点光波干涉加强形成明条纹(bright fringe)的条件为

$$\delta = \frac{ax}{D} = \pm k\lambda \tag{14.9}$$

而明条纹的位置是

$$x = \pm k\frac{D}{a}\lambda \quad (k = 0, 1, 2, \cdots) \tag{14.10}$$

式中，正负号表示干涉条纹在 O 点两边是对称分布的. 由式(14.10)可知，当 $k=0$ 时，$x=0$，则屏上 O 点处呈明条纹，称为中央明条纹(又称为零级明条纹). 当 $k=1,2,\cdots$，相应的 x 分别为 $\pm\dfrac{D}{a}\lambda$，$\pm\dfrac{2D}{a}\lambda$，$\cdots$，对应的明条纹分别为第一级、第二级……明条纹，它们对称地分布在中央明条纹的两侧.

P 点光波干涉减弱，即形成暗条纹(dark fringe)的条件为

$$\delta=\frac{ax}{D}=\pm(2k+1)\frac{\lambda}{2} \tag{14.11}$$

而暗条纹的位置是

$$x=\pm(2k+1)\frac{D\lambda}{2a}\quad(k=0,1,2,\cdots) \tag{14.12}$$

由式(14.12)可知，当 $k=0,1,\cdots$ 时，相应的 x 为 $\pm\dfrac{D}{2a}\lambda$，$\dfrac{3D}{2a}\lambda$，$\cdots$ 处为暗条纹. 若从 S_1 和 S_2 发出的两相干光到 P 点的光程差既不满足式(14.9)、也不满足式(14.11)，则 P 点处既不呈现最明，也不呈现最暗.

三、条纹特征

(1) 杨氏双缝实验的条纹是明暗相间的直条纹，对称分布在中央明条纹两侧.

(2) 由式(14.10)、式(14.12)可以算出两相邻明条纹(或暗条纹)间的距离，均为

$$\Delta x=x_{k+1}-x_k=\frac{D}{a}\lambda \tag{14.13}$$

这表明干涉明、暗条纹是等间距分布的.

(3) $\Delta x\propto D$，屏离双缝 S_1、S_2 越远，则 Δx 越大，条纹分得开；而 $\Delta x\propto 1/a$，即 a 越小，Δx 就越大，条纹越稀疏；反之 a 越大，Δx 就越小，条纹密集，以致肉眼分辨不出干涉条纹.

(4) 当 D、a 固定不变时，条纹间距 Δx 与入射光波长 λ 成正比，即入射光波长越大，条纹间距也就越大. 若用白光照射，中央是白亮纹，其他级明条纹因入射波长不同其明条纹间距不等而彼此错开，结果在中央白亮纹两侧形成从紫到红的彩色条纹.

14.2.2 劳埃德镜实验

劳埃德镜(Lloyd's mirror)实验不但显示了光的干涉现象，而且还显示了当光由光疏介质射到光密介质并在其表面反射时，反射光的相位发生了跃变，其实验装置如图 14.8 所示. ML 为背面涂黑的玻璃片，作为反射镜. 从狭缝 S_1 射出的光，一部分(以①表示)直接射到屏 E 上，另一部分经镜面 ML 反射后(以②表示)到达屏上. 反射光可看成是由虚光源 S_2 发出的，因此 S_1 和 S_2 出自同一光源，构成一实一虚的一对相干光源. 图中阴影的区域表示叠加的区域，这时，在屏幕上可以观察到明、暗相间的干涉条纹.

若把屏幕移到与劳埃德镜接触处 L 时，从 S_1、S_2 发出的光到达接触点 L 的路程相等，这时在 L 处似乎应出现明条纹，但实验结果显示在接触处出现的是一暗条纹. 这一事实说明，直接射到屏幕上的光与由镜面反射出来的光在 L 处的相位相反，即相位差为 π. 由于直射光的相位不会变化，所以只能认为光从空气射向玻璃发生反射时，反射光的相位跃变了 π. 理

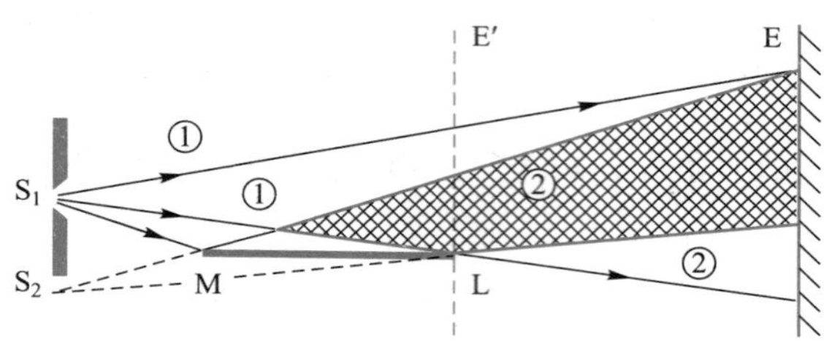

图 14.8 劳埃德镜实验

论和实验证明:当光从光疏介质(optically thinner medium),即折射率较小的介质,射向光密介质(optically denser medium),即折射率较大的介质,在界面反射时,在掠射(入射角接近90°)或正入射(入射角接近 0°)的情形下,反射光的相位较之入射光的相位发生 π 的突变,这相当于反射光较入射光多走或少走了半个波长的附加光程,因此又称为半波损失(half-wave loss).

例 14.1 以单色光照射到相距为 0.2 mm 的双缝上,双缝与屏幕的垂直距离为 1 m.

(1) 若第一级明条纹到同侧旁第四级明条纹间的距离为 7.5 mm,求单色光的波长;

(2) 若入射光的波长为 600 nm,求相邻两明条纹间的距离.

解 (1) 根据双缝干涉明条纹的条件

$$x=\pm k\frac{D}{a}\lambda \quad (k=0,1,2,\cdots)$$

把 $k=1$ 和 $k=4$ 代入上式,得

$$\Delta x=x_4-x_1=\frac{D}{a}(k_4-k_1)\lambda$$

或

$$\lambda=\frac{a}{D}\frac{\Delta x}{k_4-k_1}=\frac{0.2\times 7.5}{10^3\times(4-1)}\ \text{mm}$$
$$=5\times10^{-4}\ \text{mm}=500\ \text{nm}$$

(2) 当 $\lambda=600$ nm 时,相邻两明条纹间的距离为

$$\Delta x=\frac{D}{a}\lambda=\frac{10^3}{0.2}\times6\times10^{-4}\ \text{mm}=3.0\ \text{mm}$$

例 14.2 杨氏双缝实验装置中,光源波长 $\lambda=640$ nm,两缝间距 a 为 0.4 mm,光屏离狭缝距离为 50 cm.

(1) 求两个第三级明条纹之间的距离;

(2) 若屏上 P 点到中央明条纹中心的距离 x 为 0.1 cm,则从双缝发出的两束光传到屏上 P 点的相位差是多少?

解 (1) 根据双缝干涉明条纹位置公式

$$x=\pm k\frac{D}{a}\lambda \quad (k=0,1,2,\cdots)$$

则第三级明条纹位置为

$$x=\pm3\times\frac{50}{0.04}\times6.4\times10^{-5}\ \text{cm}$$

$$=\pm 24\times 10^{-2}\ \text{cm}=\pm 2.4\ \text{mm}$$

故两个第三级明条纹间距为

$$\Delta x=2\times 2.4\ \text{mm}=4.8\ \text{mm}$$

（2）两光束到达屏上 P 点的光程差为

$$r_2-r_1=\frac{a}{D}x=\frac{0.04}{50}\times 0.1\ \text{cm}=0.8\times 10^{-5}\ \text{cm}$$

再根据相位差与光程差的关系得

$$\Delta\varphi=\frac{2\pi}{\lambda}(r_2-r_1)=\frac{2\pi}{6.4\times 10^{-5}}\times 0.8\times 10^{-5}=\frac{\pi}{4}$$

例 14.3 在杨氏双缝实验中，波长为 λ 的单色光垂直入射到双缝，若在缝 S_2 与屏之间放置一厚度为 d、折射率为 n 的透明介质薄片，试问原来的零级明条纹将如何移动？如果观测到零级明条纹移到了原来的 k 级明条纹处，求该透明介质薄片的厚度 d.

解 如图 14.9 所示，放置了透明介质薄片后，从 S_1 和 S_2 到屏幕上观测点 P 的光程差为

$$\delta=(r_2-d+nd)-r_1=r_2-r_1+(n-1)d$$

对于零级明条纹，$\delta=0$，其位置应满足

$$r_2-r_1+(n-1)d=0$$

与原来零级明条纹位置满足的 $r_2-r_1=0$ 相比，在放置介质薄片后，零级明条纹应向下移.

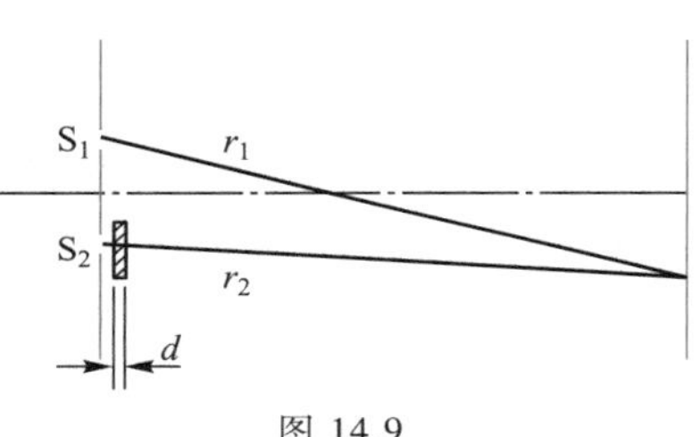

图 14.9

在没放介质薄片时，原来的 $-k$ 级明纹的位置满足 $r_2-r_1=-k\lambda$，按题意有

$$(n-1)d=k\lambda$$

由此可得介质薄片厚度

$$d=\frac{k\lambda}{n-1}$$

*14.2.3 空间相干性和时间相干性

空间相干性和时间相干性都着眼于光波场中各点是否相干的问题上. 从本质上看，空间相干性（spatial coherence）来源于扩展光源不同部分的非相干性；时间相干性（temporal coherence）来源于光源发光过程的时间断续性. 严格地说，空间相干性和时间相干性是不能绝对分开的. 这里之所以区分它们，主要是为了说明问题简便而已.

一、空间相干性

在杨氏双缝实验中，用普通缝光源照射双缝，当我们增加缝光源宽度时，干涉条纹明暗对比度将会下降，甚至完全消失，当干涉条纹的明暗对比度下降到零时，对应光源的宽度 b_0 称为光源相干的极限宽度. 下面推导光源相干的极限宽度的具体表达式.

根据杨氏双缝实验结果知，光源的横向移动，导致干涉图样的整体平移，而条纹间距不变. 因此我们可以用零级条纹的移动来代表整个条纹图样的移动.

如图 14.10 所示，为观察方便，我们特意把杨氏双缝实验装置的单缝画得大一些，设点光源 S_0 偏离对称轴向上运动到 S_A，光源移动距离为 s，再设零级条纹移动距离为 x，根据式

(14.8)知

$$r_2-r_1\approx\frac{a}{D}x$$

同理有

$$R_2-R_1\approx\frac{a}{R}s$$

以上两式相加

$$R_2-R_1+r_2-r_1\approx\frac{a}{R}s+\frac{a}{D}x \tag{14.14}$$

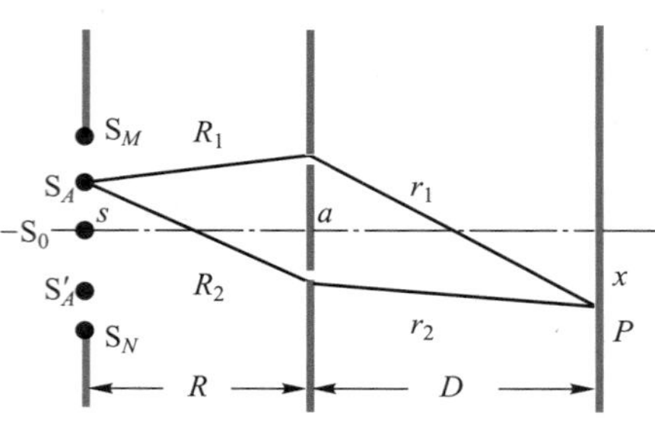

图 14.10 空间相干性

由于零级条纹光程差为零,即

$$(R_2+r_2)-(R_1+r_1)=0 \tag{14.15}$$

根据式(14.14)和式(14.15)有

$$|x|=\frac{D}{R}|s| \tag{14.16}$$

上式表示光源的移动与干涉图样的平移之间的距离关系. 由于扩展光源可视为许多不相干的点光源,每一点光源在屏幕上形成一套干涉条纹,它们彼此有一定的平移. 把光源平均分成两部分,在光源的上部分S_0S_M之间任取一个点源 S_A,设法在下半部分S_0S_N中找到一点源 S'_A,使点源 S_A 和点源 S'_A 各自产生的干涉图样刚好错开半个条纹间距 $\Delta x/2$,这样的一对点源 S_A 和 S'_A 的干涉图样全部抵消,若光源上半部分所有点源均能在下半部分找到与上述对应的点源,则光源边缘两点源在屏幕上的干涉图样一定错开一个条纹间距 Δx,此时对应的光源宽度即极限宽度 b_0. 换句话说,只有 S_M(作为上半部分最上面的点源)和 S_0(作为下半部分最上面的点源)各自产生的干涉图样刚好错开半个条纹间距 $\Delta x/2$,才能使光源上半部分所有点源均能在下半部分找到与之对应的点源,让干涉图样全部抵消.

综上所述,只要将式(14.16)中$|x|$换成 Δx,$|s|$换成 b_0,便可得到

$$b_0\frac{D}{R}=\Delta x$$

再由双缝干涉条纹间距公式 $\Delta x=D\lambda/a$ 得出

$$b_0=\frac{R}{a}\lambda \tag{14.17}$$

上式说明,只有光源宽度 $b<b_0=R\lambda/a$ 时才能形成比较清晰的干涉条纹. 当光源宽度和 R 值给定后,可以得到 $a<R\lambda/b$,即宽度为 b 的光源发出的波长为 λ 的光波,在距离为 R 处的波前上,横向距离 a 小于 $R\lambda/b$ 的 S_1 和 S_2 子波源之间才能相干. 波前上多大的横向范围内提取的两个子波源 S_1 和 S_2 满足相干性的问题,称为光场的空间相干性问题.

顺便指出,当光源宽度大于 b_0 时,屏幕上仍可得到具有一定明暗对比度的干涉条纹,且随光源宽度增加,明暗对比度的变化具有一定的周期性.

二、时间相干性

在杨氏双缝实验中,离屏幕中心较远处两侧条纹逐渐模糊,再远些干涉条纹就消失了,是什么因素限制了干涉条纹出现的范围呢?其根本原因在于光源发光的间断性. 如图 14.11

所示，由光源发出的一系列有限长度的断续波列，相继传到双缝被分为两束光（设到达双缝时光程相等），经过路径 r_1 和 r_2 传输到 P 点. 若 P 点离中心越远，则两束光的光程差 r_2-r_1 越大，当光程差大于波列长度 L 时，同一波列分出的两个相干的波列 a_1 和 a_2 不能相遇，光场中不能出现相干叠加的现象. 光波波列分割后的两分光束产生干涉效应所允许的最大光程差称为相干长度（coherence length），显然相干长度等于波列长度.

下面我们看看光波的波列长度与光的单色性有什么联系. 设光源发射中心波长为 λ 的单色光，其发光强度为按波长 λ 的分布情况如图 14.12 所示，我们把强度为 $I_0/2$ 处对应的波长间隔 $\Delta\lambda$ 称为谱线宽度（width of spectrum），有时也用频率间隔 $\Delta\nu$ 表示谱线宽度，二者关系可由 $\nu=c/\lambda$ 取微分得

$$\Delta\nu=\frac{c}{\lambda^2}\Delta\lambda \tag{14.18}$$

利用傅里叶积分可以证明，光源的谱线宽度 $\Delta\nu$ 和波列持续时间 $\Delta\tau_0$ 之间关系为

$$\Delta\nu=\frac{1}{\Delta\tau_0}$$

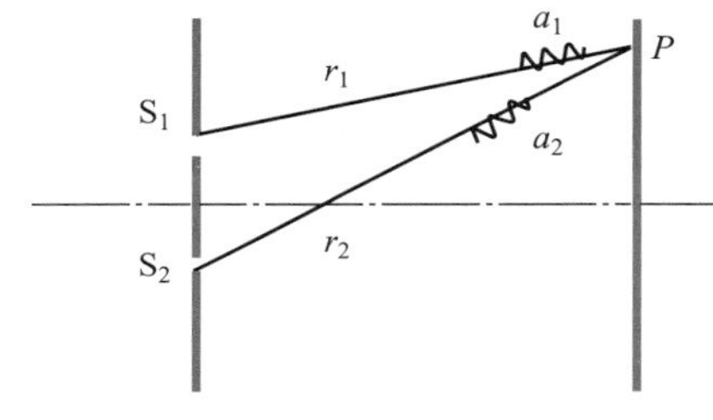

图 14.11 时间相干性

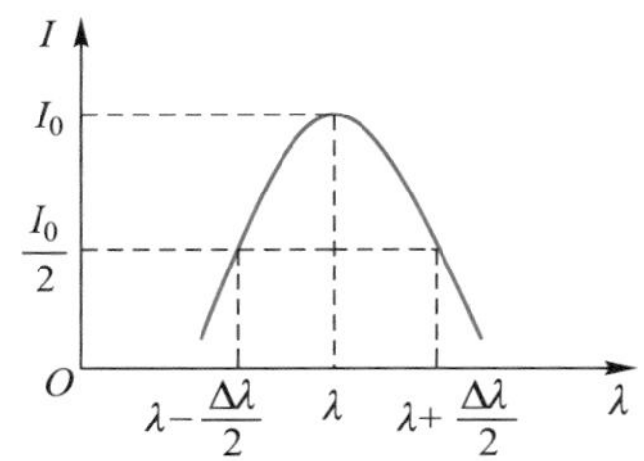

图 14.12 谱线宽度

设相干长度为 L_0，光的传播速度为 c，则

$$L_0=c\cdot\Delta\tau_0=\frac{c}{\Delta\nu} \tag{14.19}$$

根据式（14.18）和式（14.19）有

$$L_0=\frac{c}{\Delta\nu}=\frac{\lambda^2}{\Delta\lambda} \tag{14.20}$$

由此可见，光的时间相干性（L_0）和光的单色性（$\Delta\lambda$）是对光的同一性质的不同描述，只是表达的角度不同.

14.3 分振幅干涉

14.3.1 薄膜干涉

在日常生活中，我们常常看到水面上的油膜或肥皂泡等在日光照射下出现美丽的花纹，这些都是薄膜的干涉现象. 薄膜干涉（thin-film interference）是利用分振幅法获得相干光

的. 薄膜干涉原理在实际中的应用非常广泛,例如全反射膜、增透膜、干涉仪等都是利用薄膜干涉原理制成的. 下面应用光程差概念,讨论薄膜干涉问题.

如图 14.13 所示,在折射率为 n_1 的均匀介质中,放置一厚度为 e 的平行薄膜,其折射率为 n_2,且 $n_2>n_1$. 从光源上一点 S 发出波长为 λ 的一束光线,以入射角 i 投射到薄膜表面 A 点上后分为两部分:一部分在上表面反射成为光线①;另一部分折射进入薄膜内,在下表面反射后又折射进入 n_1 介质中,成为光线②. 显然,光线①和光线②是两条平行光线,经透镜 L 会聚于 P 点. 由于光线①和光线②是同一入射光的两部分,只是经历了不同的路径而有恒定的相位差,因此它们是相干光.

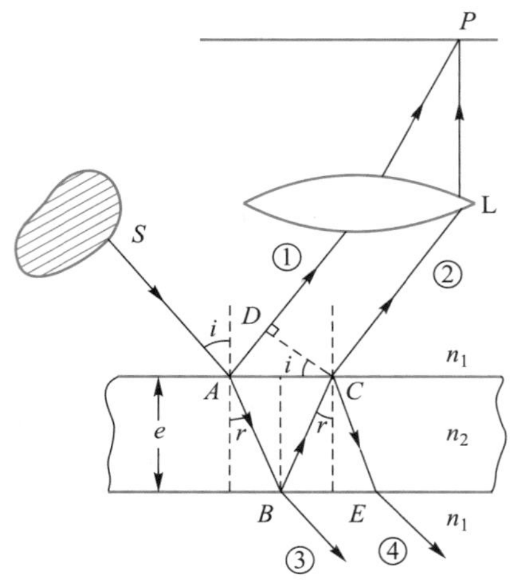

图 14.13 薄膜干涉

现在我们计算光线①和光线②的光程差. 为此由 C 点作光线①的垂线,垂足为 D. 由于透镜不产生附加的光程差,则 CP 和 DP 的光程相等,所以 A 点是产生光程差的"始点",而 CD 是产生光程差的"终线". 在此区间内,光线①的光程为$n_1 \cdot AD$;光线②的光程为 $n_2(AB+BC)$,它们的光程差为

$$\delta' = n_2(AB+BC) - n_1 \cdot AD$$

由图可知

$$AB = BC = \frac{e}{\cos r}$$

$$AD = AC \cdot \sin i = 2e\tan r\sin i$$

把以上两式代入光程差计算式得

$$\delta' = 2\frac{e}{\cos r}(n_2 - n_1\sin r\sin i)$$

根据折射定律 $n_1\sin i = n_2\sin r$,上式可写成

$$\delta' = \frac{2e}{\cos r}n_2(1-\sin^2 r) = 2n_2 e\sqrt{1-\sin^2 r}$$

$$= 2e\sqrt{n_2^2 - n_1^2\sin^2 i}$$

此外,由于讨论的是反射光,还必须考虑光由于半波损失而引起的附加光程差. 在图 14.13 所示的情况下,只有光线①发生半波损失,因此,光线①和光线②两相干光的总光程差为

$$\delta = 2e\sqrt{n_2^2 - n_1^2\sin^2 i} + \frac{\lambda}{2} \tag{14.21}$$

于是,薄膜反射光干涉的加强、减弱条件为

$$\delta=2e\sqrt{n_2^2-n_1^2\sin^2 i}+\frac{\lambda}{2}=\begin{cases}k\lambda & (k=1,2,\cdots)\quad 加强\\(2k+1)\dfrac{\lambda}{2} & (k=0,1,2,\cdots)\quad 减弱\end{cases}\tag{14.22}$$

上式表明，当 n_1、n_2、λ 一定时，对于厚度 e 均匀的膜，光程差取决于入射角 i. 凡以相同倾角 i 入射的光，经膜的上、下表面反射后产生的相干光束有相同的光程差，对应于同一条干涉条纹. 不同倾角的入射光，其反射光干涉将形成不同级次的干涉条纹. 这种干涉称为等倾干涉(equal inclination interference)，形成的条纹称为等倾干涉条纹. 等倾干涉条纹图样为一组内疏外密的明暗相间圆环.

若光线垂直照射(即 $i=0$)时

$$\delta=2n_2e+\frac{\lambda}{2}=\begin{cases}k\lambda & (k=1,2,\cdots)\quad 加强\\(2k+1)\dfrac{\lambda}{2} & (k=0,1,2,\cdots)\quad 减弱\end{cases}\tag{14.23}$$

薄膜透射光也有干涉现象. 在图 14.13 中，光线 AB 中有一部分直接从点 B 折射出，成为光线③，还有一部分经点 B 和点 C 两次反射后由点 E 折射出，成为光线④. 因此透射光的总光程差为

$$\delta=2e\sqrt{n_2^2-n_1^2\sin^2 i}$$

薄膜透射光干涉的加强、减弱条件为

$$\delta=2e\sqrt{n_2^2-n_1^2\sin^2 i}=\begin{cases}k\lambda & (k=0,1,2,\cdots)\quad 加强\\(2k+1)\dfrac{\lambda}{2} & (k=0,1,2,\cdots)\quad 减弱\end{cases}\tag{14.24}$$

比较式(14.22)和式(14.24)可看出，当反射光的干涉加强时，透射光的干涉将减弱；当反射光的干涉减弱时，透射光的干涉将加强，这是符合能量守恒定律的.

薄膜干涉原理在镀膜技术中的应用主要有两个方面：一方面是利用薄膜表面反射时，某些波长的光因干涉而减弱，以增加透射光的强度，这种薄膜称为增透膜；另一方面是利用薄膜表面反射时，某些波长的光因干涉而加强，以减少透射光的强度，这种薄膜称为增反膜.

例 14.4 空气中的水平肥皂膜厚度 $e=0.32\ \mu m$，折射率 $n_2=1.33$，当白光垂直照射时，肥皂膜呈现什么色彩？

解 由于空气的折射率 $n_1<n_2$，所以由肥皂膜上、下两表面反射形成的相干光的光程差为

$$\delta=2n_2e+\frac{\lambda}{2}$$

当反射光因干涉而加强时，则有

$$2n_2e+\frac{\lambda}{2}=k\lambda\quad (k=1,2,\cdots)$$

由上式得

$$\lambda=\frac{2n_2e}{k-\frac{1}{2}}$$

把 $n_2=1.33$, $e=0.32\ \mu m$ 代入，得到干涉加强的光波波长为

$$k=1,\quad \lambda_1=4n_2e=1\ 702\ nm$$

$$k=2,\quad \lambda_2=\frac{4}{3}n_2e=567\ nm$$

$$k=3,\quad \lambda_3=\frac{4}{5}n_2e=340\ nm$$

其中，波长 $\lambda_2=567$ nm 的绿光在可见光范围内，因此肥皂膜呈现绿色.

例 **14.5** 为了增加照相机镜头的透射光强度，往往在镜头上（$n_3=1.52$）镀一层 MgF_2 薄膜（$n_2=1.38$），使人眼和照相底片相对最敏感的 $\lambda=550$ nm 的光的反射最小，试求 MgF_2 薄膜的最小厚度？

解 由于 $n_1<n_2<n_3$，故 MgF_2 薄膜上、下表面反射光的光程差为

$$\delta=2n_2e$$

因为镀的是增透膜，所以薄膜上、下表面反射光的光程差应符合干涉减弱条件：

$$\delta=2n_2e=(2k+1)\frac{\lambda}{2}\quad (k=0,1,2,\cdots)$$

则有

$$e=\frac{2k+1}{4n_2}\lambda\quad (k=0,1,2,\cdots)$$

令 $k=0$，得最小厚度为

$$e_{\min}=\frac{\lambda}{4n_2}=\frac{5.5\times10^{-7}}{4\times1.38}\ m\approx1.00\times10^{-7}\ m$$

14.3.2 劈尖干涉

由薄膜反射光干涉的加强、减弱条件［式(14.22)］可见，当入射角 i 保持不变时，光程差仅与膜的厚度有关. 凡厚度相同的地方，光程差相同，从而对应于同一条干涉条纹. 这种干涉称为等厚干涉（equal thickness interference），形成的干涉条纹称为等厚干涉条纹. 等厚干涉条纹的形状取决于膜层厚薄不匀的分布情况. 在实验室中观察等厚干涉条纹的常见装置是空气劈尖（wedge-shaped film）和牛顿环（Newton's ring）.

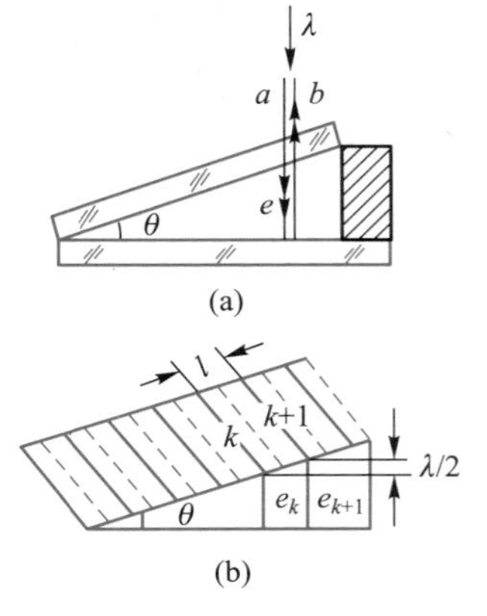

图 14.14 劈尖干涉

一、劈尖干涉条件

如图 14.14(a) 所示，两块平板玻璃一端接触，另一端夹一薄纸片，这样在两块玻璃板之间形成一劈尖状的空气薄膜，称为空气劈尖，简称劈尖. 两玻璃片接触处称为棱边，与棱边平行的线上劈尖的厚度相等. 两玻璃片的夹角称为劈尖

角，一般劈尖角很小. 当波长为 λ 的平行光垂直入射($i=0$)时，在空气劈尖上、下表面反射的光线 a 与 b 将发生干涉. 由于反射光 b 有半波损失，所以在劈尖厚度为 e 处，a 与 b 两条光线的光程差为

$$\delta=2n_2e+\frac{\lambda}{2}=\begin{cases}k\lambda & (k=1,2,3,\cdots) \quad 明条纹\\(2k+1)\dfrac{\lambda}{2} & (k=0,1,2,\cdots) \quad 暗条纹\end{cases} \tag{14.25}$$

对于空气劈尖，$n_2=1$，则上式变为

$$\delta=2e+\frac{\lambda}{2}=\begin{cases}k\lambda & (k=1,2,3,\cdots) \quad 明条纹\\(2k+1)\dfrac{\lambda}{2} & (k=0,1,2,\cdots) \quad 暗条纹\end{cases} \tag{14.26}$$

二、干涉条纹特征

从上式可以看出，凡是劈尖厚度相同处的光程差都相同，而对应同一条干涉条纹，因此，劈尖的干涉条纹是一系列平行于棱边的明暗相间的直条纹，这种与劈尖厚度相对应的干涉条纹，就是等厚干涉条纹.

在劈尖棱边处，由于 $e=0$，$\delta=\lambda/2$，所以形成一暗条纹，这是“相位 π 突变”的又一有力证据. 由式(14.26)可求得任意两相邻明条纹或暗条纹对应的空气劈尖厚度差为

$$\Delta e=e_{k+1}-e_k=[(k+1)-k]\frac{\lambda}{2}=\frac{\lambda}{2} \tag{14.27}$$

这表明空气劈尖相邻明条纹或暗条纹处的劈尖厚度差为入射光波长的一半.

若设相邻明条纹(或暗条纹)中心间的距离为 l，由图 14.14(b)有几何关系

$$l\sin\theta=e_{k+1}-e_k$$

于是可得

$$l=\frac{\lambda}{2\sin\theta}$$

通常劈尖角 θ 很小，故 $\sin\theta\approx\theta$，代入上式，则有

$$l=\frac{\lambda}{2\theta} \tag{14.28}$$

可见，劈尖干涉条纹是等间距的. 而且，劈尖角 θ 越小，条纹间距 l 越大，干涉条纹越疏；反之，θ 越大，则 l 越小，干涉条纹越密. 如果 θ 角过大，则条纹将密得无法分辨. 因此，干涉条纹只能在 θ 角很小的劈尖上看到. 利用劈尖干涉，若能测得相邻条纹间距离 l，便可以由式(14.28)求出入射光的波长 λ 或微小角度 θ. 工程上常利用这一原理测细丝直径和薄片厚度.

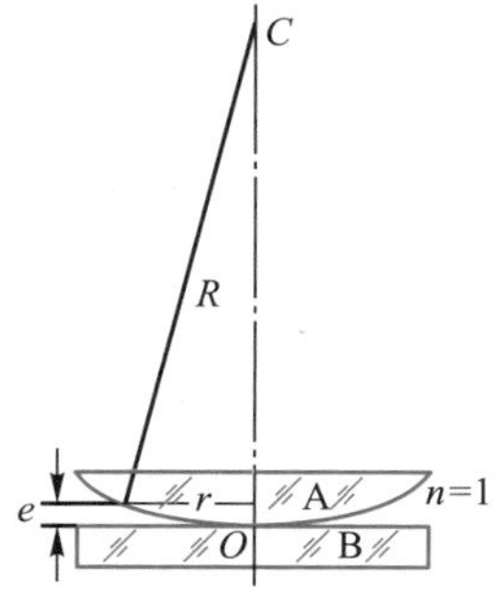

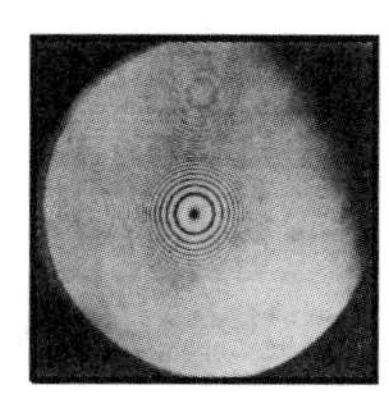

图 14.15 牛顿环干涉

14.3.3 牛顿环

将一个曲率半径很大的平凸透镜放在一个平整的玻璃板上，它们之间便形成一个环状的劈形空气薄层，如图 14.15 所示. 当单色平行光垂直照射平凸透镜时，可在透镜下表面观察到一组干

涉条纹. 这些干涉条纹是以接触点 O 为中心的明暗相间的同心圆环,称为牛顿环(Newton's ring).

牛顿环是由环形空气劈尖上、下表面反射的光发生干涉而形成的. 由于以接触点 O 为中心的任一圆周上,空气层的厚度相等,因此牛顿环也是一种等厚干涉条纹. 明、暗环处所对应的空气层厚度 e 应满足:

$$\delta=2e+\frac{\lambda}{2}=\begin{cases}k\lambda & (k=1,2,3,\cdots) \quad 明环\\(2k+1)\dfrac{\lambda}{2} & (k=0,1,2,\cdots) \quad 暗环\end{cases} \tag{14.29}$$

在接触点 O 处,$e=0$,$\delta=\lambda/2$,由于存在半波损失,所以形成一暗斑.

下面计算第 k 级干涉环的半径 r_k 与透镜曲率半径 R 的关系. 由图 14.15 中的几何关系,有

$$r_k^2=R^2-(R-e_k)^2=2Re_k-e_k^2$$

式中 e_k 是与半径 r_k 的干涉环相对应的空气层厚度. 由于 $R\gg e_k$,故 e_k^2 可以略去不计,于是得

$$e_k=\frac{r_k^2}{2R} \tag{14.30}$$

将这一结果代入式(14.29),可求得在反射光中的明环和暗环的半径分别为

$$明环 \quad r_k=\sqrt{\left(k-\frac{1}{2}\right)R\lambda} \quad (k=1,2,3,\cdots) \tag{14.31}$$

$$暗环 \quad r_k=\sqrt{kR\lambda} \quad (k=0,1,2,\cdots) \tag{14.32}$$

由上两式可知,与等间距的劈尖干涉条纹不同,牛顿环的干涉条纹随着级数 k 增大,干涉条纹变密. r_k 与 k 的平方根成正比,即

$$r_1:r_2:r_3:\cdots=1:\sqrt{2}:\sqrt{3}:\cdots$$

利用牛顿环可准确测定透镜的曲率半径,或已知透镜的曲率半径,测定单色光的波长. 在光学冷加工车间中经常利用牛顿环快速检测透镜表面曲率是否合格. 如果平整玻璃板是标准的光学平面,平凸透镜的曲率也满足标准球面的要求,牛顿环的干涉条纹是以 O 为对称中心的规则同心圆. 把加工透镜的牛顿环与标准件牛顿环进行比较,可由牛顿环的畸变处对工件进行再加工.

例 14.6 有一劈尖,折射率 $n=1.4$,劈尖夹角 $\theta=10^{-4}$ rad,在某一单色光的垂直照射下,测得两相邻明条纹间的距离为 $l=0.25$ cm. 试求:

(1) 此单色光在空气中的波长;

(2) 如果劈尖长为 $L=3.5$ cm,总共可出现的明条纹数和暗条纹数.

解 (1) 根据劈尖干涉相邻明(或暗)条纹间距公式

$$l=\frac{\lambda}{2n\sin\theta}$$

得

$$\lambda=2nl\sin\theta\approx 2nl\theta=2\times1.4\times0.25\times10^{-4}\ \text{cm}=700\ \text{nm}$$

(2) 在长为 3.5 cm 的劈尖上,可看到明条纹总数为

$$N=\frac{L}{l}=\frac{3.5}{0.25}=14$$

由于棱边 $e=0,\delta=\lambda/2$ 为暗纹，L 又被 l 整除，则 $L=3.5$ cm 处必为暗条纹，所以有 $N+1=15$ 条暗条纹，14 条明条纹.

例 14.7 在半导体元件生产中，为测定硅(Si)片上 SiO_2 薄膜的厚度，将该膜一端削成劈尖状，如图 14.16 所示. 已知 SiO_2 折射率 $n_2=1.46$，Si 的折射率 $n_3=3.42$. 若用波长 $\lambda=546.1$ nm的绿光照射，观察到 SiO_2 劈尖上出现 7 条暗纹，且第 7 条在斜坡的起点 M 处. 试问：

(1) SiO_2 薄膜的厚度是多少？

(2) 劈尖棱边 N 处是明条纹还是暗条纹？

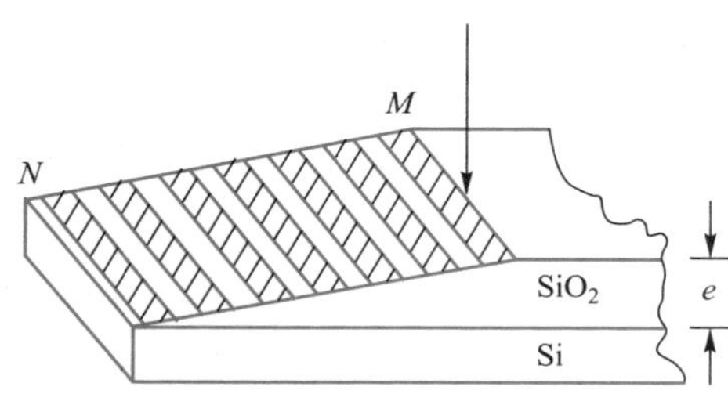

图 14.16 SiO_2 劈尖上的干涉条纹

解 (1) 两相干光为 SiO_2 劈尖上、下两表面的反射光，均有半波损失. 在这种情况下，计算光程差时，半波损失可以不计，于是，两反射光的光程差为

$$\delta=2n_2e$$

应用暗条纹公式得

$$2n_2e=(2k+1)\frac{\lambda}{2}\quad(k=0,1,2,\cdots)$$

由于 M 处为第 7 条暗条纹，对应于 $k=6$，所以有

$$e=\frac{13\lambda}{4n_2}=\frac{13\times546.1\times10^{-9}}{4\times1.46}\ \text{m}=1.22\times10^{-6}\ \text{m}$$

(2) 棱边 N 处，$e=0$，对应 $\delta=0$，则 N 处为明条纹.

例 14.8 一块平面玻璃板上滴上一滴油滴如图 14.17(a)所示，在单色光($\lambda=576$ nm)垂直照射下，从反射光中得到图 14.17(b)所示的干涉条纹，设油的折射率 $n_2=1.60$，玻璃的折射率 $n_3=1.50$，试问：

(1) 油滴的边缘处是明环还是暗环？

(2) 油膜的最大厚度是多少？

解 (1) 因 $n_1<n_2>n_3$，所以两条反射线 a 和 b 的光程差为

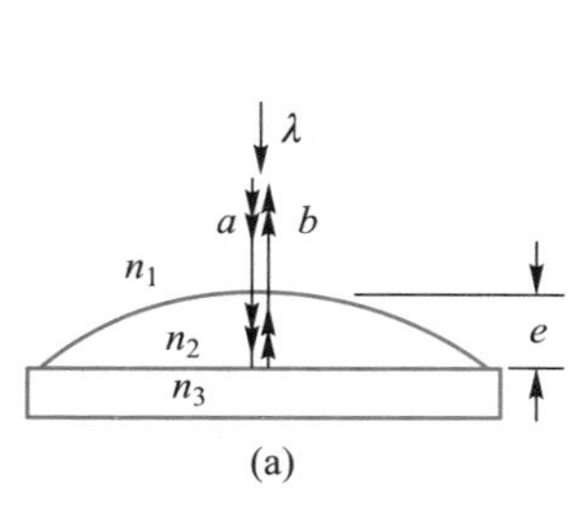

(a)

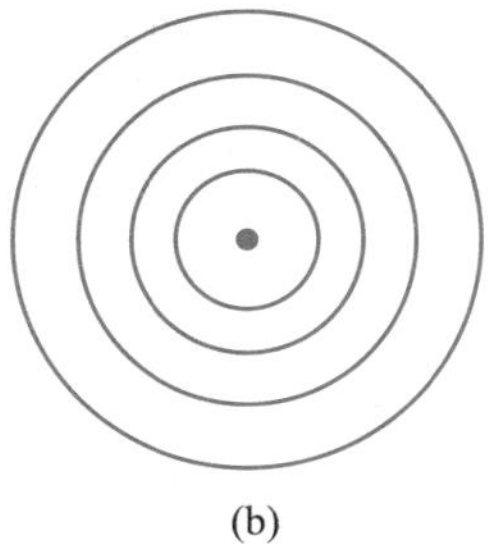
(b)

图 14.17

$$\delta=2n_2e+\frac{\lambda}{2}$$

当 $e=0$ 时,$\delta=\lambda/2$,因此油滴边缘(即交界处)为暗环.

(2) 由于最外面的暗环与 $k=0$ 对应,图 14.17(b)的中心处的暗点与 $k=4$ 对应,根据相干条件得

$$2n_2e+\frac{\lambda}{2}=(2k+1)\frac{\lambda}{2}$$

最大厚度为

$$e=\frac{k\lambda}{2n_2}=\frac{4\times5.760\times10^{-7}}{2\times1.6}\text{m}=7.2\times10^{-7}\text{ m}$$

例 14.9 用波长为 400 nm 的紫光进行牛顿环实验,观察到第 k 级暗环的半径为 4.0 mm,第k+5级暗环的半径为 6.0 mm. 求平凸透镜的曲率半径 R 和 k 的数值.

解 由 $r_k^2=kR\lambda$ 和 $r_{k+5}^2=(k+5)R\lambda$,得

$$r_{k+5}^2-r_k^2=5R\lambda$$

$$R=\frac{r_{k+5}^2-r_k^2}{5\lambda}=\frac{(6.0^2-4.0^2)\times10^{-6}}{5\times4\times10^{-7}}\text{ m}=10.0\text{ m}$$

$$k=\frac{r_k^2}{R\lambda}=\frac{4.0^2\times10^{-6}}{10.0\times4\times10^{-7}}=4$$

【科技博览】

显微干涉法是利用光波的干涉现象,以光波波长度量由于零件表面微观不平度而产生的光波干涉带弯曲程度的一种方法. 自从 1960 年激光器问世以来,已经出现了多种不同测量原理的光学测量方法,如光学探针和干涉显微镜等. 光学探针是把聚焦光束当作探针,利用不同的光学原理来检测被测表面形貌相对于聚焦光学系统的微小间距变化. 干涉显微镜是利用光波干涉原理来检测表面质量的仪器,具有表面信息直观和测量精度高等优点. 特别是近年来相移干涉技术在干涉显微镜中的应用,使其测量精度和速度都有了大幅度的提高,其分辨率已超过 0.1 nm,重复测量精度达到 0.01 nm.

Mirau 干涉显微镜光路原理如图 14.18 所示. 从光源发出的光束经过显微物镜后透过参考板,被分光板上的半透半反膜分成两路. 一路透过分光板后由被测面发射,经分光板和参考板后回到显微镜视场中. 另一路被分光板反射到镀在参考板表面上的小镜面上,从小镜面上反射回来的光束再次被分光板反射,然后穿过参考板到达显微镜视场,与第一路光束会合而发生干涉. Mirau 干涉显微镜的特点是只使用了一个显微物镜,由于物镜对参考光束和测量光束的影响相同,所以测量时不会引入附加的光程误差. 另外,参考光路和测量光路的工作条件接近,可以排除很多干扰因素.

1981 年,美国亚利桑那大学的博士研究生科利奥普洛斯(Koliopoulos)对 Mirau 干涉显微镜进行了改装,将显微镜中的参考板固定在一块筒状的压电陶瓷上,通过计算机控制压电陶瓷驱动参考板沿光轴方向匀速移动,使参考光与测量光之间的相位差随时间做线性变化,因此,干涉场上各点的干涉光强就在亮与暗之间做正弦变化. 由于被测表面上各点的微观高度差异,干涉场上相应点的干涉相位也有所不同. 利用 CCD 面阵探测干涉场上各点的光强,

再用计算机将各点的光强测量数据拟合为正弦函数,通过比较各点正弦函数间的相位关系,就可以获得被测表面形貌的高度分布数据.1986 年由 WYKO 公司生产出高精度的 TOPO 系统,该系统是目前世界上使用最广泛的一种表面形貌非接触测量系统,TOPO 系统的光学原理如图14.19所示.

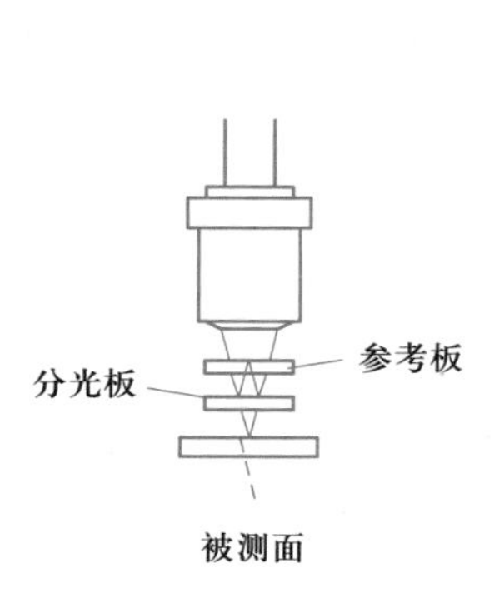

图 14.18 Mirau 干涉显微镜原理

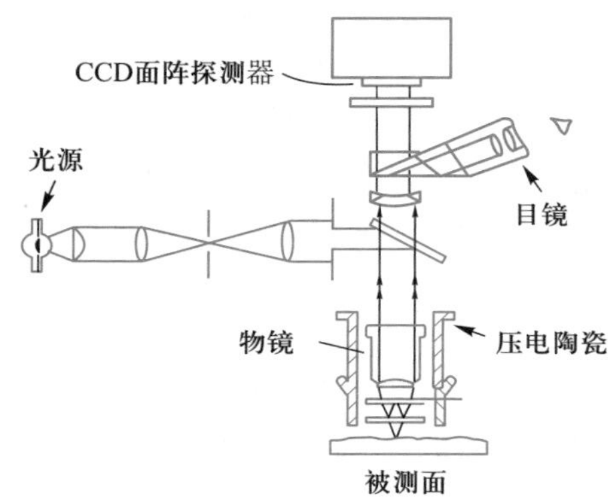

图 14.19 TOPO 系统光路原理图

*14.4 迈克耳孙干涉仪

迈克耳孙干涉仪(Michelson interferometer)是根据分振幅干涉原理,利用干涉条纹的位置取决于光程差并随光程差的改变而移动的现象制成的一种精密测量仪器. 它可精密地测量长度以及长度的微小变化等,是许多近代干涉仪的原型. 在科学技术中有着广泛的应用,在物理学发展史上也起着重要作用.

迈克耳孙干涉仪的基本结构如图 14.20 所示. M_1 和 M_2 是两块精细磨光的平面反射镜,M_1 是固定的,M_2 用螺旋控制,可进行微小移动. G_1 和 G_2 是两块材料相同、厚度均匀相等且平行的玻璃片. 在 G_1 的背面上镀有半透明的薄银层(图中用粗线标出),使照射在 G_1 上的光一半反射,一半透射. G_1、G_2 与 M_1、M_2 成 45°角.

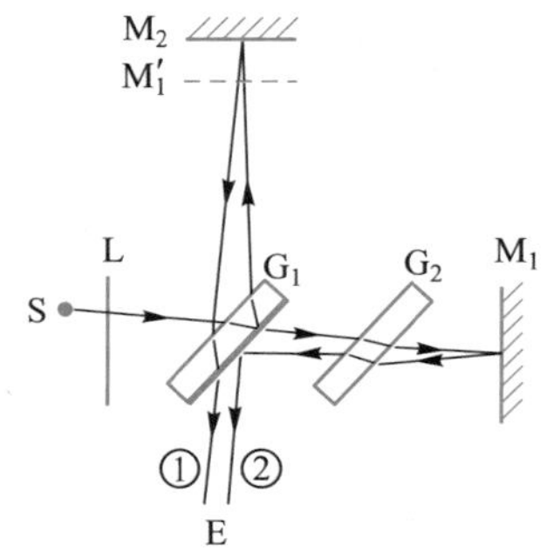

图 14.20 迈克耳孙干涉仪结构图

来自光源 S 的光线,经过透镜 L 后变成平行光线,射向 G_1. 折入 G_1 的光线,一部分由银层反射后从 G_1 折出射向 M_2,再经 M_2 反射回来后透过 G_1 向 E 方向传播而进入眼睛,记为①光. 另一部分透过银层,穿过 G_2 射向 M_1. 此光线经 M_1 反射回来后,再一次穿过 G_2 射向 G_1,由银层反射后也向 E 方向传播而进入眼睛,记为②光. 显然,到达 E 处的①光和②光是相干光,因此在 E 处可观察到干涉条纹. G_2 的作用是使②光同①光一样三次穿过玻璃片,从而避免二者之间有较大的光程差. 因此,一般称 G_2 为补偿玻璃.

图中 M_1' 为 M_1 经 G_1 所成的虚像，从 M_1 上反射的光，可看成是从虚像 M_1' 处发出来的，于是，在 M_2 和 M_1' 之间就形成了一个等效的空气膜. 这样，进入眼中的①光和②光可以视为等效空气膜两个表面 M_2 和 M_1' 上的反射光，因此在迈克耳孙干涉仪中所看到的干涉条纹应属于薄膜干涉条纹. 如果 M_1 与 M_2 不严格垂直，那么 M_2 与 M_1' 就不严格平行，于是它们之间的空气薄层就形成一个劈尖，这时在 E 处视场中可观察到一系列平行等距、明暗相间的等厚干涉条纹. 若 M_1 与 M_2 严格地相互垂直，则 M_1' 和 M_2 严格地相互平行，它们之间形成一等厚的空气层，在 E 处视场中观察到的干涉条纹是明暗交替环形的等倾干涉条纹.

若入射单色光波长为 λ，则每当 M_2 向前或向后移动 $\lambda/2$ 的距离，就可看到干涉条纹平移过一条. 如在视场中有 Δn 条干涉条纹移过，就可以算出 M_2 移动的距离为

$$\Delta d = \Delta n \frac{\lambda}{2} \tag{14.33}$$

由式(14.33)可见，如已知入射光的波长，利用上式就可以测定长度. 反之，若已知长度，则可用上式来测定光的波长. 迈克耳孙曾用自己的干涉仪测定了红镉线的波长，同时也用红镉线的波长作单位，表示出标准尺“米”的长度.

此外，迈克耳孙还用他的干涉仪来研究光谱线的精细结构，大大推动了原子物理学的发展. 利用这种干涉仪所做的著名的“迈克耳孙-莫雷实验”，它的结果是相对论的实验基础之一. 迈克耳孙因发明干涉仪和测定光速而获得 1907 年诺贝尔物理学奖.

【前沿进展】

光学相干层析术(optical coherence tomography，简称 OCT)是近年来迅速发展起来的一种成像技术，它集半导体激光技术、光学技术、超灵敏探测技术和计算机图像处理技术于一身，能够对包括人体在内的生物体进行无伤害的活体检测，获得生物组织内部微观结构的高分辨率截面图像.

它利用弱相干光干涉仪的基本原理，检测生物组织不同深度层面对入射弱相干光的背向反射或几次散射信号，通过扫描，可得到生物组织二维或三维结构图像.

OCT 系统一般由低相干光源(SLD 或超快激光器)和迈克耳孙光纤干涉仪组成. 目前 OCT 可探测深度由几个毫米到厘米量级，空间分辨率达到 1~10 μm.在体生物组织的微结构分析和疾病诊断等方面有重要应用.

【网络资源】

小结

光的干涉现象是指两列光波叠加时产生的光强在空间有一稳定分布的现象，这一现象要求相叠加的光是相干的. 普通光源发光时，其中各原子各自独立地发出振动方

向、频率以及初相互不相同的波列，这些光是非相干光. 用普通光源产生两束相干光，需要把原来同一束光分成两束. 方法有两种，即分波阵面法（如杨氏双缝实验）和分振幅法（如薄膜干涉）. 理解相干条件和获得相干光的方法是本章学习的重点.

决定两束相干光干涉相长或干涉相消的关键是两光在相遇点的光程差或相位差. 光由光疏介质射向光密介质而在分界面上反射时，发生半波损失，相当于相位突变 π，对应 $\frac{\lambda}{2}$ 的光程差. 掌握光程、光程差的概念及其计算方法、分析半波损失是本章学习的重点和难点.

杨氏双缝实验是用分波阵面法产生两个相干光源的典型实验. 干涉条纹是等间距的直条纹. 杨氏双缝干涉条纹的计算是本章的重点.

薄膜干涉的入射光在薄膜的上表面由于反射和折射而把入射光的振幅分成两部分. 在薄膜上下表面反射的两束光为相干光. 同一干涉条纹下面各处薄膜的厚度相等. 其中劈尖的等厚干涉条纹的计算是本章学习的重点.

迈克耳孙干涉仪利用分振幅法使两个相互垂直的平面镜形成一等效的空气薄膜.

附：本章的知识网络

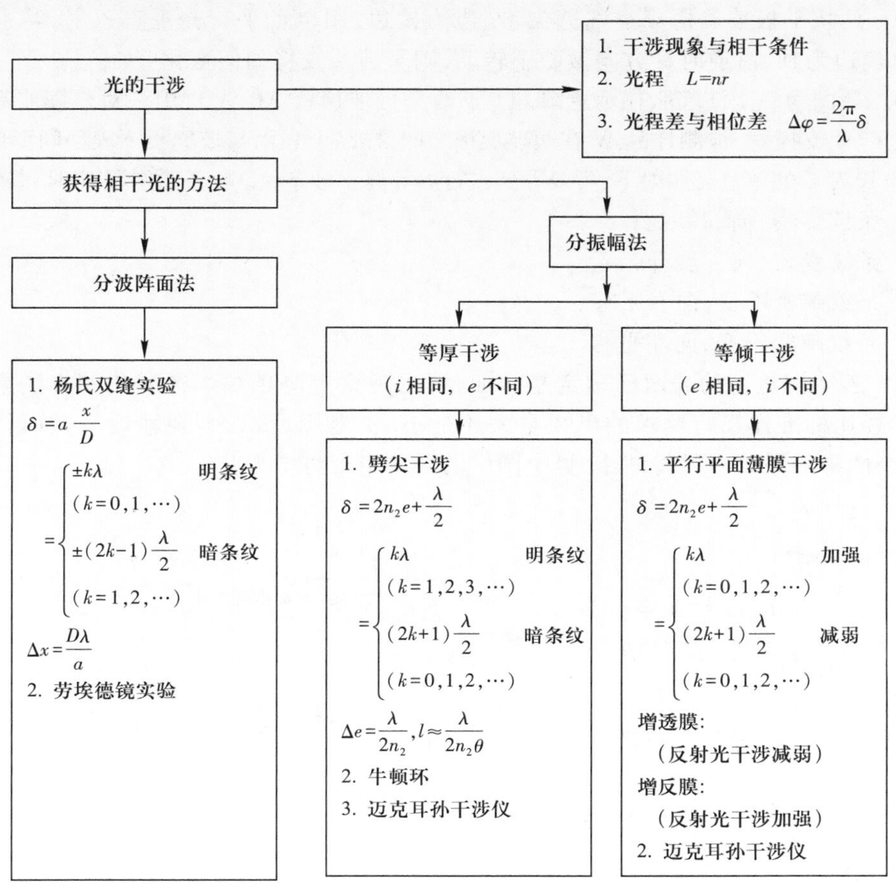

思 考 题

14.1 获得相干光的基本原则是什么？为什么要这样做？

14.2 在杨氏双缝实验中，进行如下调节时，屏幕上的干涉条纹将如何变化？试说明理由.

（1）整个装置的结构不变，全部浸入水中；

（2）光源沿平行于 S_1，S_2连线方向上、下微小移动；

（3）用一块透明的薄云母片盖住下面的一条缝.

14.3 什么是光程？在不同的均匀介质中，若单色光通过的光程相等时，其几何路程是否相同？其所需时间是否相同？在光程差与相位差的关系式 $\Delta\varphi=2\pi\delta/\lambda$ 中，光波的波长要用真空中波长，为什么？

14.4 两光波叠加区，最亮的地方 $I_{max}=4I_0$，此能量从哪里来？最暗的地方 $I_{min}=0$，能量又哪里去了？

14.5 两块平板玻璃构成空气劈尖，左边为棱边，用单色平行光垂直入射，若上面的平板玻璃以棱边为轴，沿逆时针方向做微小转动，则干涉条纹将如何变化？

14.6 题图为一干涉膨胀仪示意图，上、下两平行玻璃板 AB、A′B′用一对热膨胀系数极小的石英柱 C、C′支撑着，被测样品 W 在两玻璃板之间，样品上表面与玻璃板下表面间形成一空气劈尖，在波长为 λ 的单色光照射下，可以看到平行的等厚干涉条纹. 当 W 受热膨胀时，条纹将：

（A）条纹变密，向右靠拢；

（B）条纹变疏，向上展开；

（C）条纹疏密不变，向右平移；

（D）条纹疏密不变，向左平移.

14.7 若待测透镜的表面已确定是球面，可用观察等厚条纹半径变化的方法来确定透镜球面半径比标准样规所要求的半径是大还是小. 如题图所示，若轻轻地从上面往下按样规，则哪个图中的条纹半径将缩小，哪个图中的条纹半径将增大？

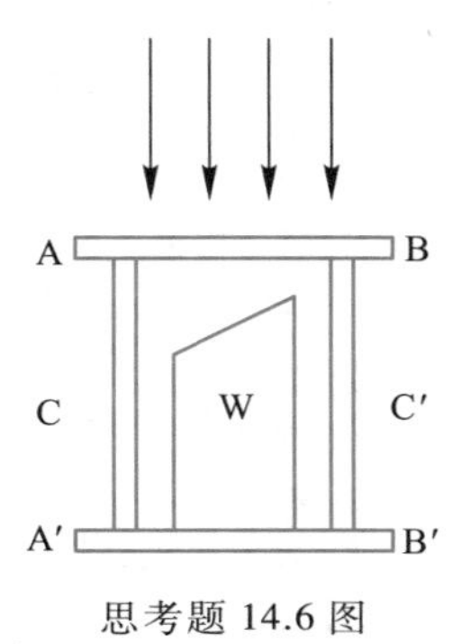

思考题 14.6 图

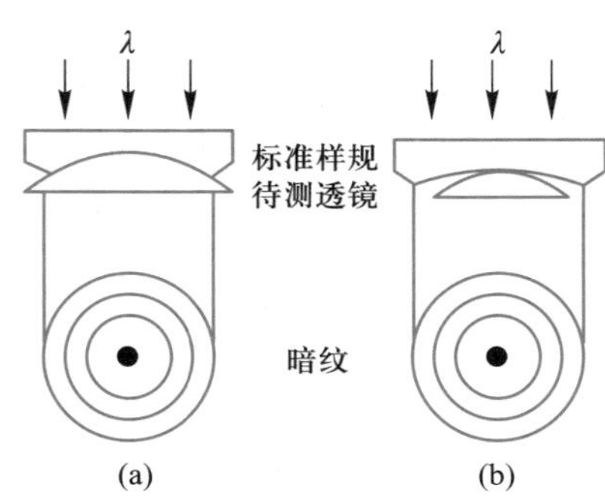

思考题 14.7 图

习　题

14.1　在杨氏双缝实验装置中，用一很薄的云母片($n=1.58$)覆盖其中的一条缝，结果使屏幕上的第7级明条纹恰好移到屏幕中央原零级明条纹的位置. 若入射光的波长为550 nm，求此云母片的厚度.

14.2　双缝干涉实验装置如题图所示，双缝与屏之间的距离 $D=120$ cm，两缝之间的距离 $d=0.50$ mm，用波长 $\lambda=500$ nm 的单色光垂直照射双缝.

(1) 求原点 O(零级明条纹所在处)上方的第5级明条纹的坐标 x；

(2) 如果用厚度 $l=1.0\times10^{-2}$ mm，折射率 $n=1.58$ 的透明薄膜覆盖在图中的 S_1 缝后面，求上述第5级明条纹的坐标 x'.

14.3　杨氏双缝实验中，如果测得双缝间距 $d=0.45$ mm，缝与屏的距离 $D=1.20$ m，条纹间距 $\Delta x=1.50$ mm. 求：

(1) 入射光波长 λ；

(2) 若将整个装置浸入水中，屏上原第3级明条纹处现变为第4级明条纹，水的折射率 n.

14.4　劳埃德镜干涉装置如题图所示，镜长30 cm，狭缝光源S在离镜左边20 cm的平面内，与镜面的垂直距离为2.0 mm，光源波长 $\lambda=7.2\times10^{-7}$ m，试求位于镜右边缘的屏幕E上第一条明条纹到镜边缘的距离.

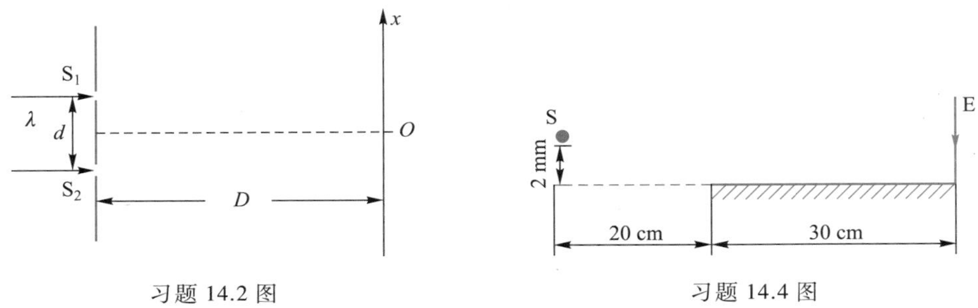

习题 14.2 图　　习题 14.4 图

14.5　一平面单色光波垂直照射在厚度均匀的薄油膜上，油膜覆盖在玻璃板上. 油的折射率为1.30，玻璃的折射率为1.50，若单色光的波长可由光源连续可调，可观察到500 nm与700 nm这两个波长的单色光在反射中消失. 试求油膜层的最小厚度.

14.6　一薄玻璃片，厚度为0.40 μm，折射率为1.50，置于空气中，用白光垂直照射，问在可见光的范围内，哪些波长的光在反射中加强，哪些波长的光在透射中加强？

14.7　用波长为 λ 的单色光垂直照射由两块平玻璃板构成的空气劈尖，已知劈尖角为 θ. 如果劈尖角变为 θ'，从劈棱数起的第4条明条纹位移值 Δx 是多少？

14.8　两块平板玻璃，一端接触，另一端用纸片隔开，形成空气劈尖. 用波长为 λ 的单色光垂直照射，观察透射光的干涉条纹.

(1) 设 A 点处空气薄膜厚度为 e,求发生干涉的两束透射光的光程差;

(2) 在劈尖顶点处,透射光的干涉条纹是明条纹还是暗条纹?

14.9 有一劈尖,折射率 $n=1.40$,劈尖角 $\theta=10^{-4}$ rad. 在某一单色光的垂直照射下,可测得两相邻明条纹之间的距离为 0.25 cm. 试求:

(1) 此单色光在空气中的波长;

(2) 如果劈尖长为 5 cm,劈尖上表面所形成的干涉条纹数目.

14.10 若用波长不同的光观察牛顿环,$\lambda_1=600$ nm,$\lambda_2=450$ nm,观察到用波长为 λ_1 的光时的第 k 个暗环与用波长为 λ_2 的光时的第 $k+1$ 个暗环重合,已知透镜的曲率半径是 190 cm. 求用波长为 λ_1 的光时第 k 个暗环的半径.

14.11 在牛顿环装置中的透镜与玻璃之间的空间充以液体时,第 10 个亮环直径由 $d_1=1.40\times10^{-2}$ m 变为 $d_2=1.27\times10^{-2}$ m,求液体的折射率.

14.12 利用迈克耳孙干涉仪可测量单色光的波长. 当 M_1 移动距离为 0.322 mm 时,观察到干涉条纹移动数为 1 024,求所用单色光的波长.

14.13 把折射率为 $n=1.632$ 的玻璃片放入迈克耳孙干涉仪的一条光路中,观察到有 150 条干涉条纹向一方移过. 若所用单色光的波长为 $\lambda=500$ nm. 求此玻璃片的厚度.

习题参考答案

第 15 章　光的衍射

光的衍射现象是光的波动性的又一重要特征. 光的衍射具有重要应用价值,光栅和 X 射线衍射技术已分别应用于光谱分析和物质结构的研究. 本章先介绍惠更斯-菲涅耳原理,然后讨论单缝和圆孔的夫琅禾费衍射、光栅衍射的特点和规律,以及 X 射线衍射和光学仪器的分辨本领,最后简要介绍全息照相.

通过本章学习,学生应当理解衍射现象和惠更斯-菲涅耳原理;理解用振幅矢量合成法分析夫琅禾费单缝衍射条纹分布规律的方法,能确定单缝衍射明、暗条纹的位置. 掌握光栅衍射公式,会确定光栅衍射谱线的位置;了解光学仪器的分辨本领;了解 X 射线衍射现象及布拉格公式.

15.1　光的衍射现象　惠更斯-菲涅耳原理

15.1.1　光的衍射现象

在第 11 章我们讲过,波能绕过障碍物继续传播的现象称为波的衍射. 如声波可以绕过墙壁,使人不见其影却能听其音;无线电波可以绕过高山、大厦传到千家万户;水波遇到障碍物的小孔时,小孔将成为新的波源,产生以小孔为中心的半圆形波继续向前传播. 可见,声波、无线电波、水波衍射现象比较显著,容易观察到. 然而在日常生活中看到的光通常是沿直线传播的,很少看到光的衍射(diffraction of light)现象. 这是因为只有障碍物的线度和波长可以相比拟时,衍射现象才明显. 可闻声波的波长可达几十米,无线电波波长可达几百米,而可见光的波长只有几百万分之一米,比普通障碍物的线度小得多,因此一般情况下,光的衍射现象不明显. 但当障碍物的线度小到和光的波长可相比拟时,就可以观察到光的衍射现象.

如图 15.1 所示,一束平行光通过一个宽度可以调节的狭缝 K 后,在其后的屏幕 E 上将呈现光斑. 若狭缝的宽度比波长大得多时,屏幕 E 上的光斑和狭缝完全一致,如图 15.1(a)所示,这时光可看成是沿直线传播的. 若缩小缝宽,使它可与光波波长相比拟时,在屏幕 E 上出现的光斑亮度虽然降低,但光斑范围反而增大,而且形成如图 15.1(b)所示的明暗相间的条纹,这就是光的衍射现象. 在光的衍射现象中,光不仅在“绕弯”传播,而且还能产生明暗相间的条纹. 我们称偏离原来方向传播的光为衍射光(diffracted light).

按照光源、障碍物(又称衍射物)和接收屏三者的相对距离不同可把光的衍射分为两类:

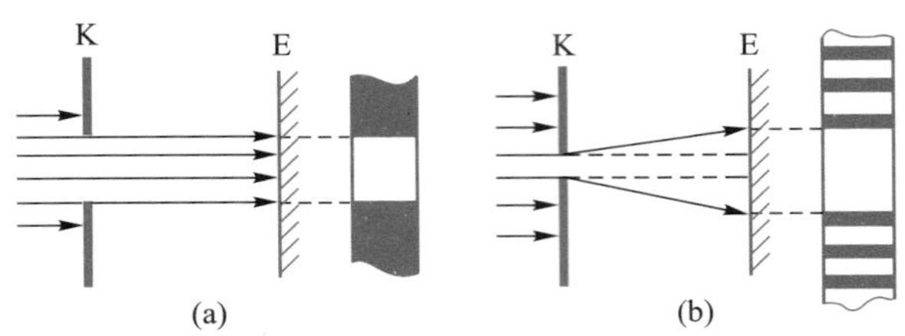

图 15.1 光通过狭缝

当光源和接收屏(或两者之一)与衍射物之间的距离有限时,这种衍射称为菲涅耳衍射(Fresnel diffraction)或近场衍射,如图 15.2(a)所示. 当光源和接收屏都距衍射物无限远时,这种入射光和衍射光都是平行光的衍射称为夫琅禾费衍射(Fraunhofer diffraction)或远场衍射,如图 15.2(b)所示. 由于夫琅禾费衍射在实际应用和理论上都十分重要,而且这类衍射的数学处理较菲涅耳衍射简单,所以,本章只讨论夫琅禾费衍射. 夫琅禾费衍射的条件,在实验室中可借助于两个会聚透镜来实现.

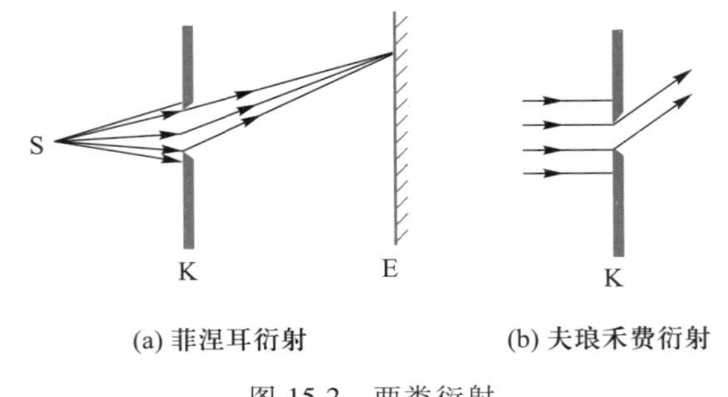

图 15.2 两类衍射

光的衍射理论对光学仪器的成像理论(包括像差),光学信息的传播、记录和处理以及色散元件(光栅)的制作等均有重要意义.

15.1.2 惠更斯-菲涅耳原理

惠更斯原理在第 11 章已做过介绍,该原理指出:介质中波动传到的各点,都可以视为发射子波的波源,其后的任一时刻,这些子波的包络就是新的波阵面. 利用惠更斯原理能够定性地解释衍射现象中光的传播方向问题,但不能解释光的衍射图样中的强度分布. 菲涅耳运用波的叠加和干涉原理,提出“子波相干叠加”的概念,补充、发展了惠更斯原理. 他提出:从同一波阵面上各点所发出的子波,经传播而在空间某点相遇时,将相互叠加而产生干涉现象. 这个发展了的惠更斯原理称为惠更斯-菲涅耳原理(Huygens-Fresnel principle). 它是研究衍射现象的理论基础.

根据惠更斯-菲涅耳原理,如果已知光波在某时刻的波阵面 S,就可计算出光波自 S 面传至给定点 P 的振幅和相位. 方法是把波阵面 S 分成许多小面元 $\mathrm{d}S$(图 15.3),每一面元都是一个子波源,把每一面元发出的子波在 P 点引起的光振动叠加起来,就可得到 P 点处的光振动. 菲涅耳假设,面元 $\mathrm{d}S$ 发出的子波在 P 点引起的光振动的振幅与面元 $\mathrm{d}S$ 的大小成正比,与面元到 P 点的距离 r 成反比;子波在 P 点引起的振幅还与夹角 φ($\mathrm{d}S$ 的法线方向单位矢量 $\boldsymbol{e}_n$ 与径矢 $\boldsymbol{r}$ 间的夹角)有关,φ 越大,振幅越小. 若取 $\mathrm{d}S$(即

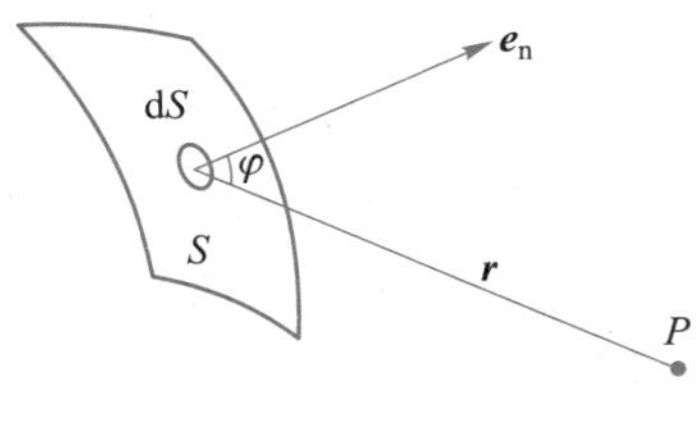

图 15.3 子波相干叠加

波阵面 S 上)的初相为零,则面元 dS 在 P 点引起的光振动可表示为

$$dE_P = CK(\varphi)\frac{dS}{r}\cos\left(\omega t - \frac{2\pi r}{\lambda}\right) \tag{15.1}$$

式中 C 是比例系数,$K(\varphi)$ 称为倾斜因子(inclination factor),它是随 φ 角的增大而减小的函数. 菲涅耳设想:$\varphi=0$ 时,$K(\varphi)$ 最大,可取为 1. $\varphi \geqslant \pi/2$ 时,$K(\varphi)=0$,因而子波振幅为零,表示子波不能向后传播. 基尔霍夫从电磁理论出发,得出

$$K(\varphi) = \frac{1}{2}(1+\cos\varphi) \tag{15.2}$$

整个波阵面 S 在 P 点引起的合光振动为

$$E_P = \int_S dE_P = C\int_S \frac{K(\varphi)}{r}\cos\left(\omega t - \frac{2\pi r}{\lambda}\right)dS \tag{15.3}$$

惠更斯-菲涅耳原理是研究衍射问题的理论基础. 利用这一原理处理衍射问题,在数学上就是一个积分运算问题. 一般情况下,这一积分计算是相当复杂的. 如果衍射接收区域不大,即衍射角 φ 比较小,倾斜因子 $K(\varphi)\approx 1$. 这时相当于认为每个子波在 P 点引起的光振动的振幅相同,P 点的合成振动视为振幅相同的子波在 P 点引起的光振动的合成,这时子波的差异仅仅在于在 P 点的相位不同. 于是,我们可以使用相对简单的振幅矢量法来研究衍射现象.

【经典回顾】

1817 年 3 月,法国科学院决定将衍射理论作为 1819 年数理科学的有奖征文竞赛项目. 5 人评审委员会中拉普拉斯、比奥和泊松是光的微粒说的支持者,盖吕萨克持中立态度,只阿拉果一人支持光的波动说. 在安培和阿拉果的鼓励和支持下,菲涅耳于 1818 年 4 月向法国科学院提交了应征论文. 这篇论文用严格的数学证明将惠更斯原理发展为后来所谓的惠更斯-菲涅耳原理,即进一步考虑了各个子波叠加时的相位关系. 论文的主体由惠更斯的包络面作图法同杨氏干涉原理结合而组成,建立了作图形式的衍射理论. 在论文中菲涅耳还用半波带法定量地计算了圆孔、圆板等形状的障碍物产生的衍射条纹. 支持光的微粒说的泊松发现了菲涅耳未注意的一个推论:如果在光束的传播路径上放置一不透明的圆板,由于光在圆板边缘的衍射,圆板阴影的中心应该有一亮斑. 这在当时,简直是不可思议的. 阿拉果立即用实验进行了验证,即阴影的中心的确出现了一个亮斑. 这个亮斑后来称为泊松亮斑. 菲涅耳本人也针对泊松提出的对圆孔的其他补充问题顺利地用实验给出了回答. 法国科学院一反初衷,决定将奖金授予菲涅耳. 由此,光的波动说取得了巨大胜利.

15.2 夫琅禾费单缝衍射

15.2.1 夫琅禾费单缝衍射的实验装置

宽度比长度小得多的矩形单一开口称为单缝. 实验时为了在有限的距离内实现夫琅禾费单缝衍射(single-slit diffraction),我们通常在单缝前后各放置一个透镜,如图 15.4 所示,光

源放在透镜 L_1 的焦点上，穿过透镜 L_1 的光线成为一束平行光. 平行光线垂直射到单缝后，将沿各个方向衍射，在某一特定的衍射角 φ（衍射光线与衍射屏法线的夹角）下，一束平行光线通过透镜 L_2 将会聚到它的焦面上，从而实现夫琅禾费单缝衍射.

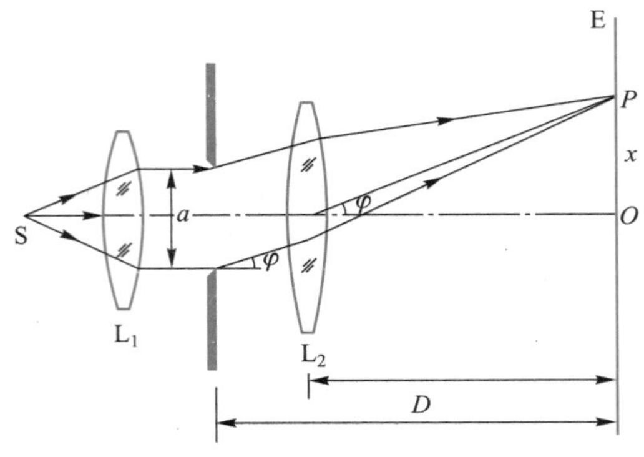

图 15.4 夫琅禾费单缝衍射实验装置示意图

如果 S 为一单色线光源，那么在屏幕上观察到的衍射图样为在一条亮而宽的中央明条纹两侧，对称分布着明、暗相间的直条纹. 为了研究单缝衍射条纹形成的条件及条纹特点，我们采用振幅矢量法来代替繁琐的积分运算.

15.2.2 单缝衍射强度

为了清楚起见，我们把夫琅禾费单缝衍射（以下简称单缝衍射）实验装置简化，如图 15.5 所示. AB 为单缝的截面，其宽度为 a. 按照惠更斯-菲涅耳原理，AB 上各点都可以视为新的子波源，它们发出的子波在空间某处相遇时产生相干叠加.

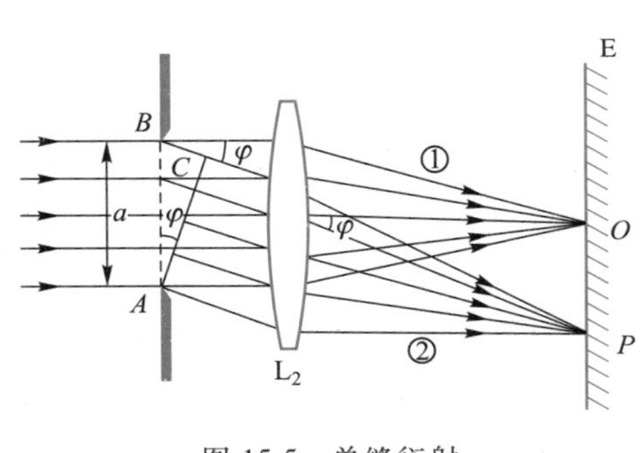

图 15.5 单缝衍射

首先考虑沿入射方向（$\varphi=0$）传播的一束平行光（图中光束①），它们从同一波阵面 AB 上各点发出时具有相同的相位，由于透镜不会产生附加的光程差，所以这些平行光经过透镜 L_2 后会聚至 O 点时仍有相同的相位，因而互相加强. 这样，在正对狭缝中心的 O 点处出现一条平行于狭缝的亮纹，称为中央明纹.

其次考虑沿衍射角 φ 传播的平行光（图中光束②），它们经过透镜会聚于屏幕上的 P 点，这束光中各子波射线到达 P 点时的光程并不相等，因而它们在 P 点的相位各不相同. 如果过 A 点作一平面 AC 与以 φ 角衍射的平行光相垂直，由于透镜的等光程性，波面 AB 上各点到 P 点的光程差，就等于波面 AB 到波面 AC 之间的光程差. 该光束中最大的光程差就是从单缝的 A、B 两端点发出的两条光线的光程差. 其大小为

$$\delta = BC = a\sin\varphi \tag{15.4}$$

对应的相位差是

$$2\alpha = \frac{2\pi}{\lambda}\delta = \frac{2\pi}{\lambda}a\sin\varphi \tag{15.5}$$

P 点处明或暗就取决于这个最大的光程差.

将通过单缝 AB 的波阵面沿着单缝长边方向分成 N 个等宽的微条子波波面，每一个微条子波在接收面上的 P 点产生一个振动，而且各个子波在 P 点产生的振动的振幅相同，任意

相邻微条子波在 P 点产生振动的相位差相同，都是

$$\frac{2\alpha}{N}=\frac{2\pi}{\lambda}\frac{a\sin\varphi}{N}$$

根据振幅矢量合成方法，单缝上所有子波在 P 点产生的合振动的振幅矢量是每个子波在该点振幅矢量的合成，如图 15.6 所示. 它是相位依次落后一个常量的 N 个子波振幅矢量的合成. 当 $N\to\infty$ 时，子波振幅矢量的依次衔接，形成一个圆周曲线. 设 C 点是圆心，R 是半径，A_0 是整个圆弧的弧长，A 是合成振幅的大小，从图 15.6 可以得出

$$A=2R\sin\alpha$$

$$A_0=2R\alpha$$

由此可得

$$A=A_0\frac{\sin\alpha}{\alpha}\tag{15.6}$$

而 P 点的光的强度是

$$I=A^2=I_0\frac{\sin^2\alpha}{\alpha^2}\tag{15.7}$$

式中，$I_0=A_0^2$，是沿入射方向从狭缝直接透射出来的光在接收屏幕的 O 点产生的强度；α 是从单缝两端处两微条子波到达 P 点的相位差的半值，由式(15.5)决定.

图 15.7 表示单缝衍射强度随衍射角 φ 的变化曲线. 我们来确定衍射强度极值的位置.

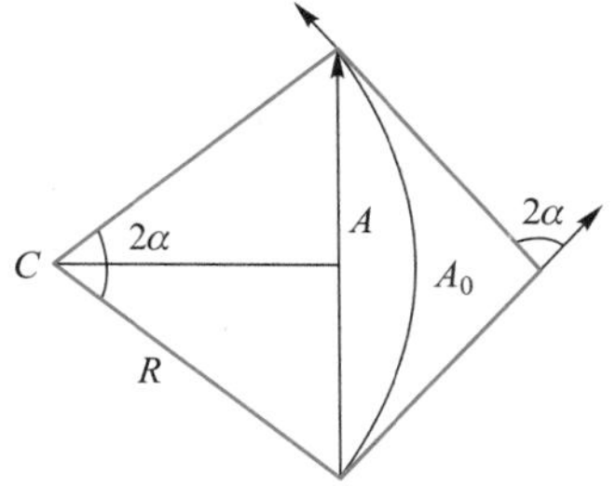

图 15.6 单缝子波振幅矢量合成

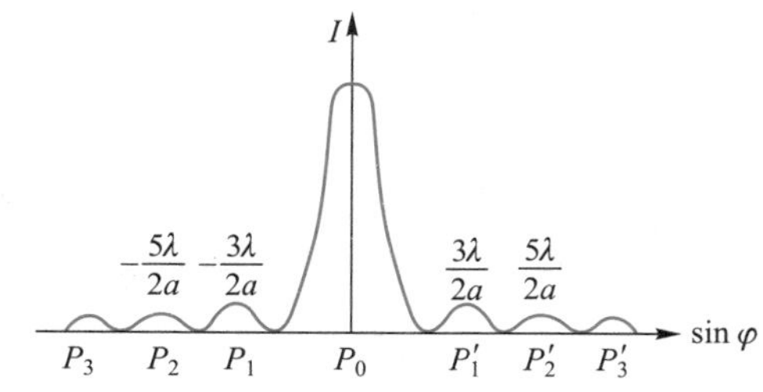

图 15.7 单缝衍射的强度分布

当 $\alpha=0$ 时，$I=I_0$. 在屏幕上 O 点有强度的最大值，一般称为中央极大值，也称为零级极大值.

当 $\alpha=\pm k\pi$，$k=1,2,3,\cdots$时，$I=0$. 这时对应各级极小值的情况，其位置满足

$$a\sin\varphi=\pm k\lambda\quad(k=1,2,3,\cdots)\tag{15.8}$$

式中 φ 角为暗纹中心角位置，对应于 $k=1,2,\cdots$的暗纹分别称为第 1 级暗纹、第 2 级暗纹等.

这时 BC 正好是 $\lambda/2$ 的整数倍，可以作若干个彼此相距 $\lambda/2$ 且平行于 AC 的平面，这些平面也就将单缝处波面 AB 分成相同数目的面积相等的部分，称为半波带(half-wave zone)，如图 15.8 所示. 从每个半波带发出的子波的强度，可以认为相等. 由于相邻两半波带对应点所发出的子波光线达到 P 点的光程差均为 $\lambda/2$，所以它们发生干涉而相消. 对于一给定的衍射角 φ，若 BC 恰好等于半波长的偶数倍，即单缝处波面 AB 恰好分割成偶数个半波带，因所有半波带的衍射光线将成对地一一对应相消，所以 P 点将出现暗纹.

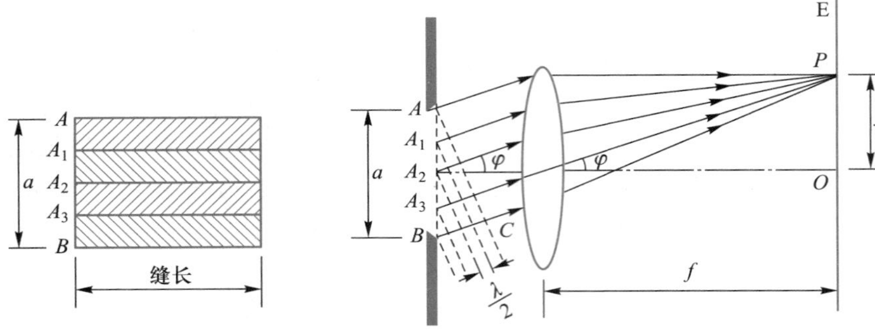

图 15.8 单缝的半波带

当 $\delta=a\sin\varphi=\pm(2k+1)\dfrac{\lambda}{2}(k=1,2,3,\cdots)$ 时,出现光的强度依次递减的最大值,称为次级最大值. 其位置满足

$$a\sin\varphi=\pm(2k+1)\frac{\lambda}{2}\quad(k=1,2,\cdots)\tag{15.9}$$

式中 φ 角为明纹中心角位置,对应于 $k=1,2,\cdots$ 的明纹分别称为第 1 级明纹,第 2 级明纹等.

这时 BC 恰好等于半波长的奇数倍,即单缝处波面 AB 恰好能分割成奇数个半波带,前面偶数个半波带对应子波光线彼此干涉相消,最后总还剩下一个半波带的子波没有被相消,结果在屏幕上 P 点处出现明纹.

严格地讲,式(15.9)只是次级极大值条件的近似结果,精确的结论要通过对式(15.7)求极值来确定. 可以导出满足的关系是

$$\alpha=\tan\alpha\tag{15.10}$$

这是一个超越方程,可以用图解法得出满足该方程的 α 值. 计算结果是

$$\alpha=\pm1.430\ 3\pi,\pm2.456\ 0\pi,\pm3.470\ 7\pi,\cdots$$

分别对应正负第 1 级明纹,第 2 级明纹,等等.

对于其他 α 值的情况,BC 不恰好等于半波长的整数倍,即单缝处波面 AB 不恰好分割成整数半波带,会聚点 P 的光强将介于明与暗之间.

综上所述,单缝衍射明暗纹的条件为

$$\delta=a\sin\varphi=\begin{cases}0 & \text{中央明纹}\\ \pm2k\dfrac{\lambda}{2} & \text{暗纹}\\ \pm(2k+1)\dfrac{\lambda}{2} & \text{明纹}\end{cases}\quad(k=1,2,3,\cdots)\tag{15.11}$$

值得注意的是,单缝衍射明暗纹的条件从形式上看刚好与干涉的情形相反,两者似乎有矛盾,其实干涉和衍射的本质都是波相干叠加的结果. 但是干涉是有限束光线的叠加,而衍射则是无限个子波彼此干涉的结果. 干涉的条件指的是任何两条光线的光程差为 $k\lambda$ 时,干涉加强. 而单缝衍射条件所指的是特定的单缝边缘两条光线(也就是所有子波中光程差最大

的两条光线)的光程差. 当它们相差 $k\lambda$ 时,单缝处波面可分为偶数个半波带,相邻两个半波带对应两条光线的光程差均为 $\lambda/2$. 按干涉条件彼此相消,结果为暗,这正是利用干涉的结论所得出的必然结果.

15.2.3 单缝衍射条纹特点

(1) 由上面讨论可以看出,单缝衍射条纹是一系列平行于狭缝的明暗相间的直条纹,它们对称地分布在中央明纹两侧;

(2) 明纹亮度不均匀,中央明纹最亮,其他各级明纹的亮度随着级数增高而逐步减弱,如图 15.7 所示. 这是由于明纹级数越高,对应的衍射角就越大,单缝处波面分成的半波带数目就越多,未被抵消的半波带面积也就越小,所以明纹的强度就越弱.

(3) 条纹宽度. 因为屏幕上的 P 点处在透镜 L_2 的焦面上,由图 15.4 可见,在衍射角很小时,$\sin\varphi\approx\varphi$,$\varphi$ 和透镜焦距 f 以及条纹在屏上距中心 O 的距离 x 之间的关系是 $x=\varphi f$,于是有

$$x=\begin{cases}\pm 2k\dfrac{f\lambda}{2a} & \text{暗纹}\\ \pm(2k+1)\dfrac{f\lambda}{2a} & \text{明纹}\end{cases}\quad(k=1,2,3,\cdots)\tag{15.12}$$

由上式可得第 1 级暗纹中心位置为

$$x_1=\pm\frac{f\lambda}{a}$$

所以中央明纹宽度(即两个第 1 级暗纹之间距离)为

$$l_0=2x_1=\frac{2f\lambda}{a}\tag{15.13}$$

其他各级明纹的宽度(即任意两相邻暗纹之间的距离)为

$$l=x_{k+1}-x_k=\frac{(k+1)f\lambda}{a}-\frac{kf\lambda}{a}=\frac{f\lambda}{a}\tag{15.14}$$

可见,中央明纹宽度为其他各级明纹宽度的两倍.

由式(15.14)看出,条纹间距与单缝宽度 a 成反比,单缝宽度越小,条纹间距就越大,衍射现象就越明显,这正反映了“限制”与“扩展”的辩证关系. 当 a 变大时,条纹相应变得狭窄而密集;当缝宽远较波长大(即 $a\gg\lambda$)时,则 $l\to 0$,条纹间距非常小,且各级衍射条纹都密集于中央明纹附近而分辨不清,于是在屏幕上只形成单缝的像,这时光便可视为直线传播,波动光学就转变为几何光学了. 当缝宽 a 一定时,入射光的波长 λ 越大,衍射角也越大. 因此,当白光照射时,中央是白亮纹,而其两侧则呈现出一系列由紫到红的彩色条纹.

例 15.1 用平行单色可见光垂直照射到宽度为 $a=0.5$ mm 的单缝上,在缝后放置一个焦距 $f=100$ cm 的透镜,则在焦面的屏幕上形成衍射条纹. 若在屏上离中央明纹中心距离为 15 mm 的 P 点处为一亮纹,试求:

(1) 入射光的波长;

(2) P 点处条纹的级数、该条纹对应的衍射角和狭缝波面可分成的半波带数目;

（3）中央明纹的宽度.

解 （1）根据单缝衍射明纹的位置公式

$$x=(2k+1)\frac{f\lambda}{2a}$$

则

$$\lambda=\frac{2ax}{(2k+1)f}$$

当 $k=1,2$ 时，有

$$\lambda_1=500\ \text{nm},\quad \lambda_2=300\ \text{nm}$$

可见光波长范围为 400～760 nm，$k\geqslant 2$ 时算得的波长不在可见光范围内，因此入射光波长一定是

$$\lambda=500\ \text{nm}$$

（2）P 点处明纹对应的级数为

$$k=1$$

所对应的衍射角为

$$a\sin\varphi=(2k+1)\frac{\lambda}{2}$$

$$\sin\varphi=\frac{3\lambda}{2a}=1.5\times10^{-3}$$

得

$$\varphi=1.5\times10^{-3}\ \text{rad}$$

狭缝处波面所分成的半波带数 N 与明纹对应级数 k 的关系为

$$N=2k+1$$

把 $k=1$ 代入，得

$$N=3$$

（3）中央明纹的宽度

$$l_0=\frac{2f\lambda}{a}=\frac{2\times1.0\times5\times10^{-7}}{0.5\times10^{-3}}\ \text{m}=2\times10^{-3}\ \text{m}=2\ \text{mm}$$

例 15.2 在单缝衍射实验中，波长为 λ 的单色光垂直射到宽为 10λ 的单缝上，在缝后放一焦距为 1 m 的凸透镜，在透镜的焦面上放一屏，求屏上最多可出现的明纹条数及缝处波面分成的半波带数目.

解 根据单缝衍射明纹公式

$$a\sin\varphi=(2k+1)\frac{\lambda}{2}$$

最高级数对应最大衍射角，即 $\varphi=90°$，代入上式得

$$2k+1=\frac{2a\sin 90°}{\lambda}=\frac{2\times10\lambda}{\lambda}=20$$

所以

$$k=9$$

根据单缝衍射条纹是以中央明纹为对称分布的特征，则呈现明纹条数为

$$2k+1=19$$

半波带数目为

$$N=2k+1=19$$

例 15.3 设有一单色平行光垂直照射到缝宽为 0.25 mm 的单缝上，在单缝后置一焦距为 0.25 m 的凸透镜以观察夫琅禾费单缝衍射，如屏上两个第 3 级暗纹间的距离为 3 mm，求入射光波长 λ.

解 根据单缝衍射暗纹位置公式

$$x=2k\cdot\frac{f\lambda}{2a}$$

得

$$\Delta x=2x=k\frac{2f\lambda}{a}$$

$$\lambda=\frac{\Delta x\cdot a}{2kf}=\frac{3\times10^{-3}\times0.25\times10^{-3}}{2\times3\times0.25}\ \mathrm{m}$$
$$=5.0\times10^{-7}\ \mathrm{m}=500\ \mathrm{nm}$$

15.3 夫琅禾费圆孔衍射 光学仪器的分辨本领

15.3.1 夫琅禾费圆孔衍射

在图 15.4 的夫琅禾费单缝衍射的实验装置中，若用一小圆孔代替单缝，用点光源代替线光源，在屏幕 E 上就可得到圆孔(circular)的夫琅禾费衍射图样，它的中心为一明亮的圆斑，称为艾里斑(Airy disk)，外围是明暗相间的圆环. 如图 15.9(a)所示.

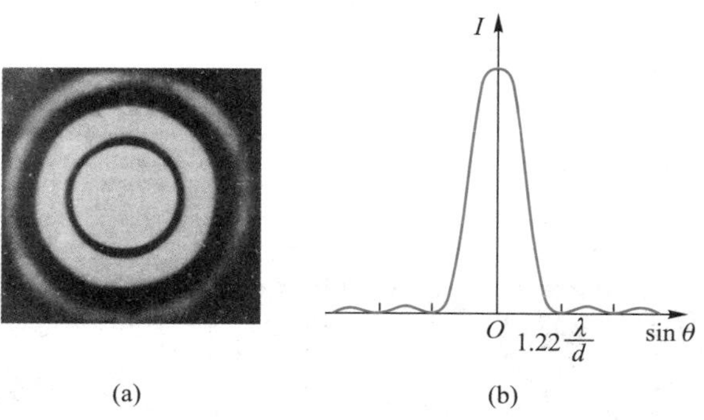

图 15.9 夫琅禾费圆孔衍射图样及强度分布

图 15.9(b)是夫琅禾费圆孔衍射的强度分布曲线. 理论计算表明，艾里斑大约集中了衍射光能量的 84%，第 1 级亮环和第 2 级亮环的强度分别是中央亮斑强度的 1.74% 和 0.41%，其余亮环的强度更弱. 艾里斑的大小由第 1 级暗环的角位置 θ_1 来衡量，由理论计算可知，它与圆孔直径 D、入射单色光波长 λ 满足关系式：

$$D\sin\theta_1=1.22\lambda \tag{15.15}$$

由于 θ_1 很小,有

$$\theta_1 \approx 1.22\frac{\lambda}{D} \tag{15.16}$$

式中的 θ_1 为艾里斑的半径对透镜 L_2 中心的张角,称艾里斑的半角宽度. 若透镜 L_2 的焦距为 f,则艾里斑的直径 d 为

$$d = 2\theta_1 f = 2.44\frac{\lambda}{D}f \tag{15.17}$$

由此可见,圆孔直径 D 越小,或光波波长 λ 越大,衍射现象就越明显. 当$\lambda/D \ll 1$时,衍射现象可忽略.

15.3.2 光学仪器的分辨本领

一般光学仪器中都有透镜,它的边框对光有限制作用,可看成一个圆孔. 由于光的衍射,透镜成的像并不是由理想的几何光学像点组成,而是由许多艾里斑组成. 若两个物点相距很近,它们通过透镜成的像斑将重叠起来以至分辨不清. 图 15.10 画的是两个等强度的非相干的物点,它们在像平面上形成的两个衍射图样(艾里斑)的情况. 其中图 15.10(a)表明两个艾里斑重叠在一起不能分辨;图 15.10(c)表明两个艾里斑能完全分开,即能分辨出是两个点. 那么在什么条件下,两个物点所成的像恰好能分辨呢? 为了建立一个较客观的标准,瑞利提出一个判据——瑞利判据(Rayleigh′s criterion):如果一个衍射图样的主极大正好与另一个衍射图样的第一级极小重合,就认为这两个像点(艾里斑)刚好能被分辨,如图 15.10(b)所示. 计算表明:满足瑞利判据时,两个艾里斑重叠区中心的光强约为每个艾里斑中心最亮处光强的 80%,一般人眼刚刚能够分辨光强的这种差别. 此时,两物点在透镜中心处的张角称为最小分辨角(angle of minimum resolution),用 $\delta\theta$ 表示. 最小分辨角的倒数称为分辨本领(resolving power)或分辨率(resolution),用 R 表示.

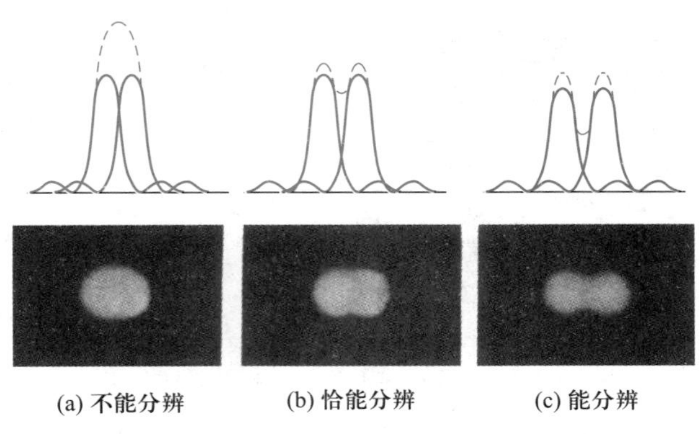

图 15.10 瑞利判据说明

以透镜为例,在满足瑞利判据的条件下,两个衍射极大,即两个像点之间的角距离正好等于艾里斑的角半径,如图 15.11 所示,最小分辨角为

$$\delta\theta = \theta_1 = 1.22\frac{\lambda}{D} \tag{15.18}$$

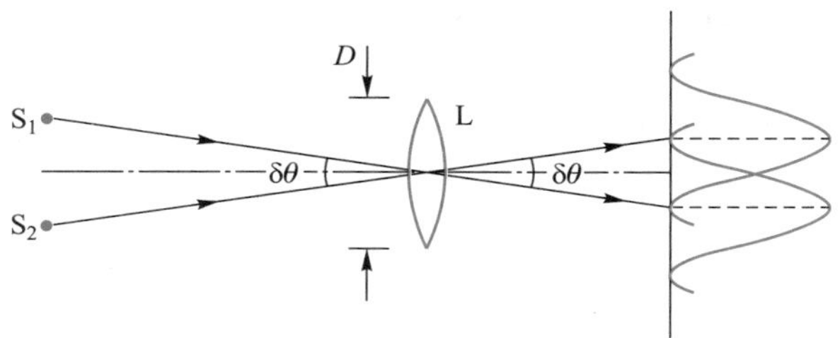

图 15.11 透镜最小分辨角

相应的分辨本领为

$$R=\frac{1}{\delta\theta}=\frac{D}{1.22\lambda} \tag{15.19}$$

上式表明,光学仪器的分辨本领的大小与仪器的孔径 D 和光波波长 λ 有关.

对于望远镜来说,增大其物镜的直径 D,可以增大其分辨本领. 目前科学家正在设计制造的巨型太空望远镜,其凹面物镜的直径长为 8 m. 1990 年发射的哈勃太空望远镜的凹面物镜的直径为 2.4 m,角分辨率约为 0.1″. 同样为了增大分辨本领,显微镜则需减小照射光的波长,如用紫外线. 紫外线显微镜的分辨本领比普通光学显微镜可提高一倍,但不能用眼直接观察,而要通过显微照相显示出像来. 利用电子的波动性制成的电子显微镜(波长约为 10^{-1} nm). 其分辨本领可提高几千倍,为研究分子、原子的结构提供了有力的工具.

例 15.4 在正常照明下,人眼瞳孔直径约为 3 mm,问人眼的最小分辨角是多大? 远处两根细丝之间的距离为 2.0 mm,问人离开细丝多远恰能分辨清楚?

解 以视觉感受最灵敏的绿光来讨论,波长 $\lambda=550$ nm. 根据式(15.18)求得人眼的最小分辨角为

$$\delta\theta=1.22\,\frac{\lambda}{D}=1.22\times\frac{550\times10^{-9}}{3\times10^{-3}}\ \text{rad}=2.24\times10^{-4}\ \text{rad}\approx1'$$

设人离开细丝的距离为 L,两根细丝间距离为 d,则两细丝对人眼的张角 θ 为

$$\theta=\frac{d}{L}$$

恰能分辨时应有

$$\theta=\delta\theta$$

所以

$$L=\frac{d}{\delta\theta}=\frac{2.0\times10^{-3}}{2.24\times10^{-4}}\ \text{m}\approx8.9\ \text{m}$$

如超过上述距离,则人眼不能分辨.

15.4 光栅衍射

在单缝衍射中,若缝较宽,明纹虽然较亮,但相邻明纹的间隔很小而不易分辨;若缝很

窄,间隔虽可加大,条纹分得很开,但明纹的亮度却显著减小. 在这两种情况下,都很难精确地测定条纹间距,因此用单缝衍射不能准确地测定光波波长. 为了提高测量精度,必须提供一种又亮又窄、间隔又很大的明纹. 然而,对单缝衍射来说,不能同时满足上述要求. 实验表明,光栅衍射可以做到这一点.

15.4.1 光栅

由大量等宽度等间距的平行狭缝构成的光学器件称为光栅(grating). 光栅分两大类:一类称为反射光栅,另一类称为透射光栅,如图 15.12 所示.

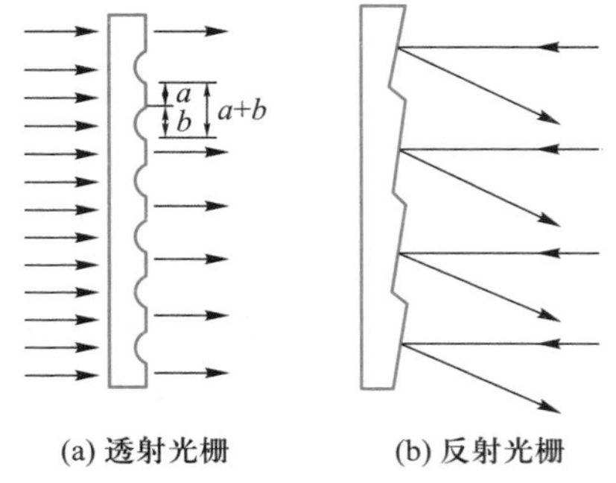

图 15.12 光栅(断面)

在光洁度很高的金属表面刻出一系列等间距的平行细槽,就做成了反射光栅,如图 15.12(b)所示. 在一块很平的玻璃上,用金刚石刀尖刻出一系列等距等宽的平行刻痕,如图 15.12(a)所示,每条刻痕处相当于毛玻璃,不透光,而两条刻痕间可以透光,相当于一个狭缝. 这样平行排列的大量等距等宽的狭缝就构成了平面透射光栅. 设透光的宽度为 a,不透光的宽度为 b,则 $(a+b)$ 称为光栅常量(grating constant). 一般光栅常量的数量级为 $10^{-5}\sim10^{-6}$ m. 实际光栅上每毫米内有几十条乃至上千条刻痕,一块 100 mm×100 mm 的光栅上可能刻 60 000~120 000 条刻痕. 这样的光栅是非常贵重的,它是近代物理实验中时常用到的一种重要光学元件,是一种分光装置,主要用来形成光谱. 本节讨论透射光栅衍射的基本规律.

图 15.13 表示平面透射光栅的一个截面. 平行光线垂直地照射在光栅上,在光栅的另一面置一透镜 L,并在 L 的焦面上放置一屏幕 E. 衍射光线经过透镜 L 后,聚焦于屏幕 E 上而呈现各级衍射条纹.

从图 15.14 可见,多缝衍射条纹的分布与单缝衍射的情况明显不同. 在单缝衍射条纹中,中央明纹宽度很大,其他各级明纹的宽度较小,且强度随级数增高而递减. 而在光栅衍射中,随狭缝数目的增多,明纹亮度增加而条纹变细,且互相分离得越开,在明纹之间形成大片暗区.

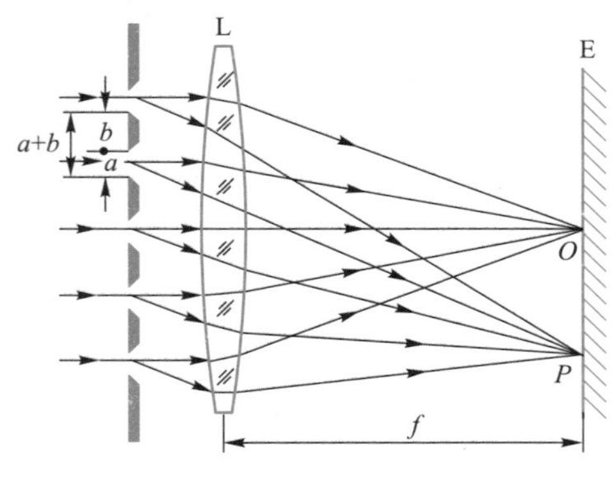

图 15.13 平面透射光栅截面示意图

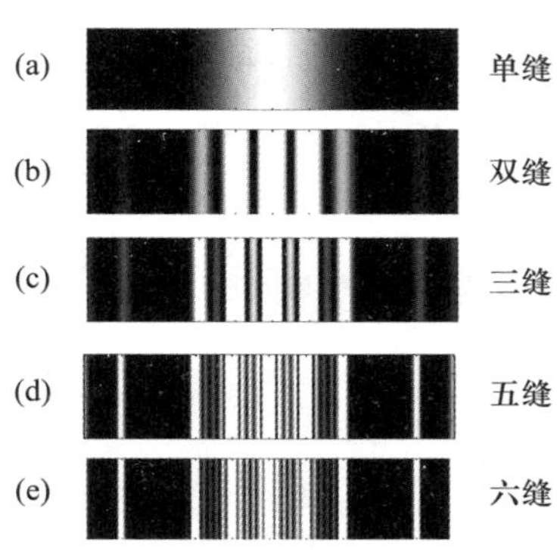

图 15.14 多缝衍射条纹

15.4.2 光栅衍射条纹的形成

对于光栅每一条透光缝来说，其相当于一个单缝，每一条透光缝发出的光本身会发生衍射，都将在屏幕上形成单缝衍射图样，但是光栅含有一系列平行透光缝，由于各缝发出的衍射光都是相干光，所以它们彼此之间还要发生干涉. 因此说，光栅每个缝的自身衍射和各缝之间的干涉共同决定了光通过光栅后的光强分布，即光栅衍射条纹是单缝衍射和多缝干涉的总效果. 下面就基于这一思想来讨论光栅衍射条纹满足的条件及特点.

首先考虑多缝干涉的影响. 如图 15.15 所示，设单色平行光垂直入射到有 N 条狭缝的光栅面上，这时可以认为各缝共形成 N 个间距均为 $(a+b)$ 的同相位的子波源，每个缝的光振动到达屏上 P 点的振幅矢量分别用 $\boldsymbol{A}_1$、$\boldsymbol{A}_2$、…、$\boldsymbol{A}_N$ 来表示. 由于各缝宽度相同，所以可以认为这些矢量大小相等（设为 A_1）. 子波源沿每一方向都发出频率相同、振幅相同的光波. 这些光波在 P 点叠加，形成多光束干涉. 在衍射角为 φ 时，它们经历的光程不同，相邻两缝发出的光束间的光程差是

$$\delta=(a+b)\sin\varphi \tag{15.20}$$

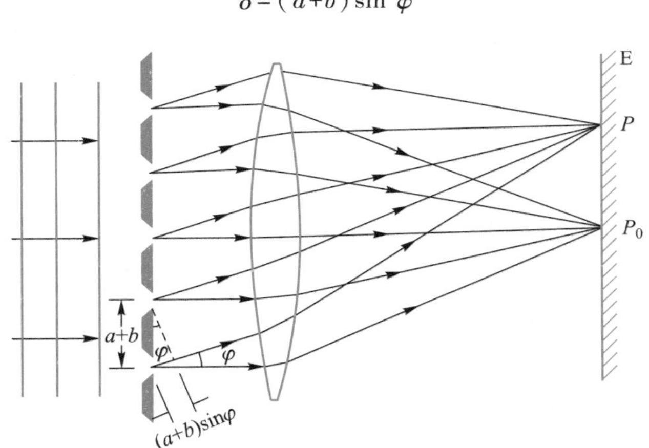

图 15.15 光栅的多光束干涉

对应的相位差是

$$2\beta=\frac{2\pi}{\lambda}\delta=\frac{2\pi}{\lambda}(a+b)\sin\varphi \tag{15.21}$$

P 点处明或暗就取决于这个相位差的数值.

根据振幅矢量合成方法，光栅上所有单缝在 P 点产生的振幅矢量是各个单缝在该点振幅矢量的合成，如图 15.16 所示. 它是相位依次落后一个常量 2β 的 N 个单缝振幅矢量的合成.

当 $N\to\infty$ 时，单缝振幅矢量的依次衔接，形成一个圆周曲线. 设 C 点是圆心，R 是半径，A_1 是每个缝在 P 点的振幅矢量的大小，A 是合成振幅矢量的大小. 从图 15.16 可以得出，这 N 个振幅矢量所对应的圆心角是 $2N\beta$，因此

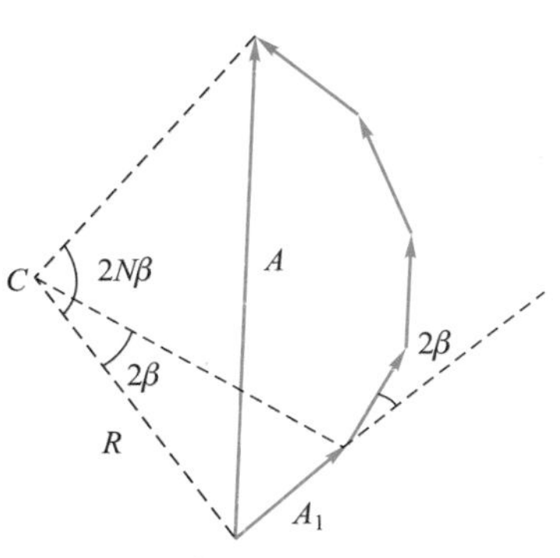

图 15.16 光栅振幅矢量合成

合成振幅矢量的大小是

$$A=2R\sin\ (N\beta)$$

而每个缝的振幅矢量大小 A_1 对应的圆心角是 2β,则

$$A_1=2R\sin\ \beta$$

上述两式合并,可得

$$A=A_1\frac{\sin\ (N\beta)}{\sin\ \beta} \tag{15.22}$$

所以,P 点的光强度是

$$I=A^2=I_1\frac{\sin^2(N\beta)}{\sin^2\beta} \tag{15.23}$$

式中,$I_1=A_1^2$ 是单个狭缝的光在接收屏幕的 P 点产生的强度;β 是相邻两缝子波到达 P 点的相位差的半值,由式(15.21)决定.

下面来分析光栅衍射条纹的分布.

(1) 主极大

若 2β 等于零或 2π 的整数倍,则 N 个缝的光束在 P 点干涉加强,合振动的振幅最大,等于 NA_1,如图 15.17(a)所示,产生明纹. 因此明纹的条件为

$$\frac{2\pi(a+b)\sin\ \varphi}{\lambda}=\pm2k\pi\quad(k=0,1,2,\cdots)$$

或者写成

$$(a+b)\sin\ \varphi=\pm k\lambda\quad(k=0,1,2,\cdots) \tag{15.24}$$

上式称为光栅方程(grating equation). 满足光栅方程的明纹又称为主极大(principal maximum).

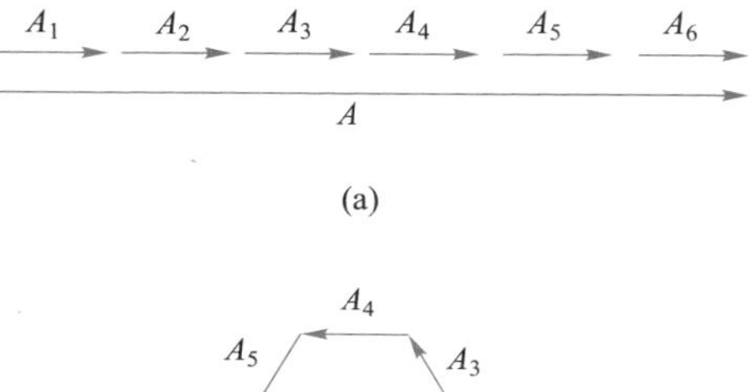

(a)

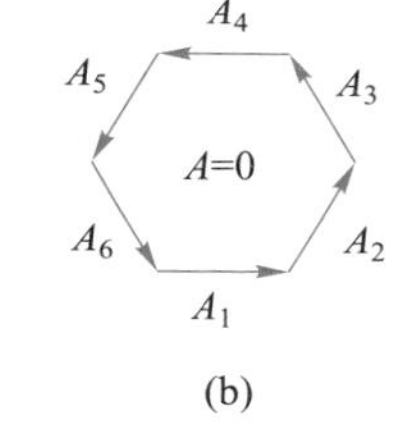

(b)

图 15.17 多缝光振动的合成

(2) 极小(暗纹)

如果在 P 点处光振动的合振幅等于零,将出现暗纹. 这时,各分振动的振幅矢量应组成一闭合多边形,如图 15.17(b)所示. 由式(15.23)可以看出,从相邻两缝发出的光束间的相位差满足:

$$N\cdot2\beta=\pm2k'\pi$$

或者写成

$$(a+b)\sin\ \varphi=\pm\frac{k'}{N}\lambda\quad(k'=1,2,3,\cdots) \tag{15.25}$$

此时出现暗纹. 故式(15.25)为产生暗纹的条件.

应该注意,式(15.25)中 k'取值应去掉 $k'=kN$ 的情况,因为这属于出现主极大的情况. k'应取如下数值:

$$k'=1,2,\cdots,N-1,N+1,N+2,\cdots,2N-1,2N+1,\cdots$$

可见在两个相邻的主极大之间有 $N-1$ 条暗纹.

（3）次极大

由于两相邻主极大之间有 $N-1$ 条暗纹，而两条暗纹之间应为明纹，所以两主极大间还有 $N-2$ 条明纹. 这些地方虽然光振动没有全部抵消，却是部分抵消的. 计算表明，这些明纹的强度仅为主极大的 4%，故称为次极大. 在实验中次极大几乎观察不到.

光栅的缝数很多，其结果是在两相邻主极大的明纹之间，布满了暗纹和较弱的次极大. 因此在主极大之间实际是一暗区，明纹分得很开，细窄而又明亮. 这样多光束干涉的结果就是：在几乎黑暗的背景上出现了一系列又细又亮的明纹. 这一结果的强度分布曲线如图 15.18(a)所示.

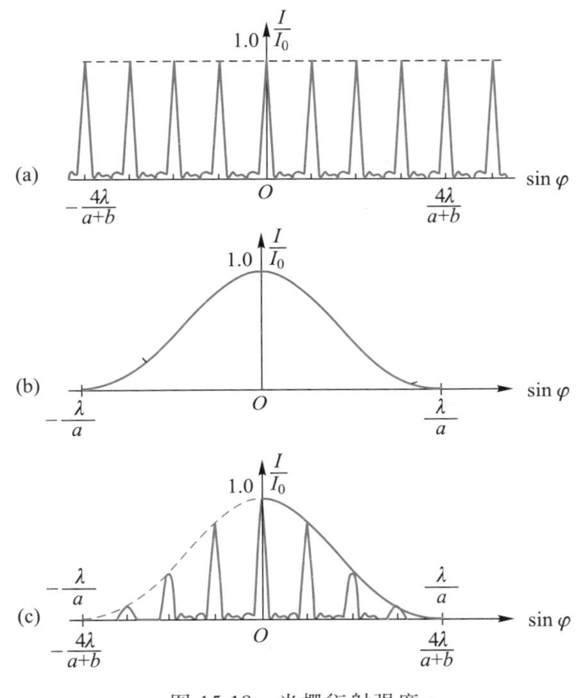

图 15.18 光栅衍射强度

其次考虑单缝衍射的影响. 在式(15.23)中，$I_1=A_1^2$，是单个狭缝的光在接收屏幕的 P 点产生的强度，其数值由式(15.7)决定，即

$$I=A^2=I_0\frac{\sin^2\alpha}{\alpha^2} \tag{15.26}$$

于是，P 点衍射强度是

$$I=I_0\frac{\sin^2\alpha}{\alpha^2}\frac{\sin^2(N\beta)}{\sin^2\beta} \tag{15.27}$$

式中，I_0 是满足 α 和 β 均为零时考察点的强度，即屏幕中心 O 点处的强度.

由于光栅的多光束干涉要受到单缝衍射强度分布的影响，或者说，各主极大要受到单缝衍射的调制作用，所以原先等强度的多光束干涉条纹强度将随单缝衍射条纹强度而变化，如图 15.18(c)所示. 这就是说，光栅衍射图样的强度分布是多光束干涉和单缝衍射的综合效果.

应当指出,如果某一衍射角 φ,既满足光栅方程

$$(a+b)\sin\varphi=k\lambda \quad (k=0,1,2,\cdots) \quad \text{明纹}$$

又满足单缝衍射暗纹条件

$$a\sin\varphi=k'\lambda \quad (k'=1,2,3,\cdots) \quad \text{暗纹}$$

那么,由于所有光强为零的叠加结果必为零,所以对应的第 k 级主极大的明纹不再出现,这种现象称为光栅的缺级(missing order)现象. 由上面二式可得缺级的级数为

$$k=\frac{a+b}{a}k' \quad (k'=1,2,3,\cdots) \tag{15.28}$$

例如,当 $a+b=3a$ 时,则 $k=3k'$,即 $k=3,6,9,\cdots$诸主极大缺级.

15.4.3 光栅光谱

根据光栅方程$(a+b)\sin\varphi=k\lambda$ 可知,若光栅常量$(a+b)$一定,则入射光波长不同,同一级 k 所对应的衍射角也就不同,波长小的衍射角小,波长大的衍射角大. 因此,如果是白光入射,则除了中央明纹仍为白亮纹外,其他各级明纹将按由紫到红的顺序依次分开排列,形成彩色光带,对称地排列在中央明纹两侧,这些彩色光带称为光栅光谱(grating spectrum). 随着级数的增大,相邻级之间的光谱将会发生重叠,如图 15.19 所示. 如果入射复色光中只含有若干个波长成分,则光栅光谱由若干条不同颜色的细亮谱线组成.

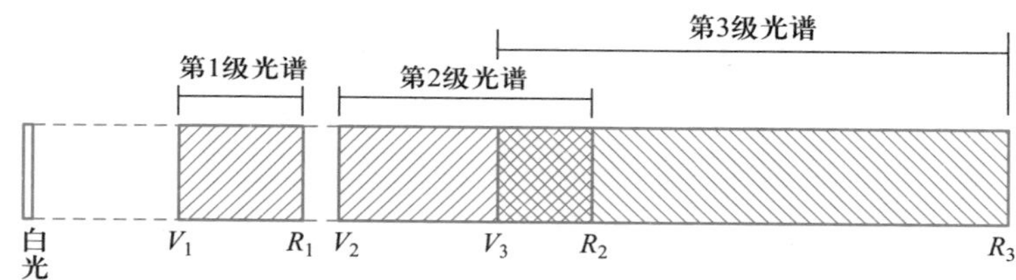

图 15.19 光栅光谱

光栅除了零级之外,其他各级可将光源中不同波长的光分开,这种性质称为色散(dispersion). 通常用色散本领(dispersion power)反映光栅使不同波长的谱线分开的能力. 设第 k 级光谱中波长差为 $\delta\lambda$ 的两条谱线分开的角距离(即角间隔)为 $\delta\varphi$,则角色散本领(angular dispersion power)的定义为

$$D=\frac{\delta\varphi}{\delta\lambda}$$

即角色散本领等于单位波长差的两条谱线分开的角距离. 对光栅方程$(a+b)\sin\varphi=k\lambda$,两边求微分可得

$$(a+b)\cos\varphi\delta\varphi=k\delta\lambda$$

于是得光栅的角色散本领为

$$D=\frac{k}{(a+b)\cos\varphi} \tag{15.29}$$

设光栅后面聚焦物镜的焦距为 f,第 k 级光谱中波长差为 $\delta\lambda$ 的两条谱线在屏幕上的距离为 δl,有 $\delta l=f\delta\varphi$,则光栅的线色散本领为

$$D_l=\frac{\delta l}{\delta\lambda}=\frac{kf}{(a+b)\cos\varphi} \tag{15.30}$$

上面结果表明，光栅的色散本领与级次 k 成正比，k 越大，色散本领越大，而 $k=0$，色散本领等于零，不同波长的零级谱重合在一起；另外光栅的色散本领与光栅常量成反比，因而性能优良的光栅其光栅常量一般都很小. 但色散本领与缝数 N 无关.

原子、分子发出的光谱与它们的结构有关，每种原子都发射特定的光谱，光谱线的强度与物质中该原子的含量有关. 光栅作为分光仪器，可根据实验测定光谱线的波长和光谱线的强度，确定发光物质的成分及其含量，在物质结构研究中起着重要的作用.

例 15.5 波长为 500 nm 及 520 nm 的光照射于光栅常量为 0.002 cm 的光栅上. 在光栅后面用焦距为 2 m 的透镜把光线会聚在屏上. 求这两种光线的第 1 级谱线的距离.

解 根据光栅方程 $(a+b)\sin\varphi=k\lambda$，得

$$\sin\varphi=\frac{k\lambda}{a+b}$$

第 1 级谱线，$k=1$，因此有

$$\sin\varphi_1=\frac{\lambda}{a+b}$$

设 x 为谱线位置与中央明纹间的距离，f 为透镜焦距，则 $x=f\tan\varphi$. 因此对第 1 级谱线有

$$x_1=f\tan\varphi_1$$

本题中，由于 φ 角不大，故有 $\sin\varphi\approx\tan\varphi$. 于是，第 1 级的两谱线间的距离为

$$\begin{aligned}\Delta x&=x_1-x_1'=f\tan\varphi_1-f\tan\varphi_1'=\frac{f}{a+b}(\lambda-\lambda')\\&=\frac{200}{0.002}(5.2\times10^{-5}-5.0\times10^{-5})\ \text{cm}\\&=0.2\ \text{cm}=2\ \text{mm}\end{aligned}$$

例 15.6 用波长为 589.3 nm 的钠黄光垂直照射在每毫米有 500 条刻痕的光栅上，在光栅后放一焦距为 $f=20$ cm 的凸透镜，试求：

(1) 第 1 级与第 3 级条纹的距离；

(2) 最多能看到几条明纹；

(3) 若光线以 30°角斜入射，最多看到第几级条纹.

解 (1) 光栅常量为

$$a+b=\frac{L}{N}=\frac{1\times10^{-3}}{500}\ \text{m}=2\times10^{-6}\ \text{m}$$

根据光栅方程

$$(a+b)\sin\varphi=k\lambda$$

得

$$k=1,\quad \sin\varphi_1=\frac{\lambda}{a+b}\approx0.294\ 7,\quad \varphi_1\approx17.14^\circ$$

$$k=3,\quad \sin\varphi_3=\frac{3\lambda}{a+b}\approx0.884\ 0,\quad \varphi_3\approx62.12^\circ$$

又因 $x=f\tan\varphi$，所以第 1 级与第 3 级条纹之间的距离为

$$\Delta x=x_3-x_1=f(\tan\varphi_3-\tan\varphi_1)=0.2\times(1.89-0.31)\ \text{m}=0.316\ \text{m}$$

（2）由光栅方程可得

$$k=\frac{a+b}{\lambda}\sin\varphi$$

由上式可见，k 的可能最大值相应于 $\sin 90^\circ=1$，因此 k 的最大值为

$$k=\frac{a+b}{\lambda}=\frac{2\times10^{-6}}{5.893\times10^{-7}}\approx3.4$$

因为 k 只能取小于 3.4 的整数，故最多只能看到中央明纹两侧 3 级明纹，加上中央明纹，共可看到 7 条明纹.

（3）图 15.20 表示入射光线与光栅面的法线成 θ 角，由图可知，1、2 两条光线的光程差除 BC 外，还有入射前的光程差 AB，因此，总光程差是

$$\begin{aligned}\delta&=AB+BC\\&=(a+b)\sin\theta+(a+b)\sin\varphi\\&=(a+b)(\sin\theta+\sin\varphi)\end{aligned}$$

这时光栅方程应为

$$(a+b)(\sin\theta+\sin\varphi)=k\lambda\quad(k=0,1,2,\cdots)\tag{15.31}$$

当入射光线与衍射光线在光栅面法线两侧时，1、2 两光线的总光程差为 $AB-BC$，在上式中，φ 相应取负值.

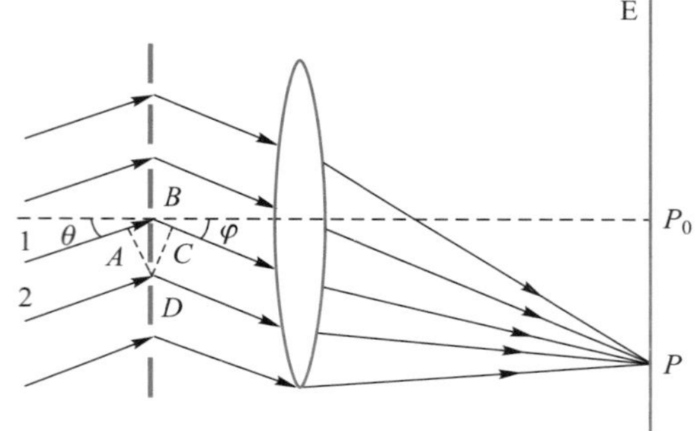

图 15.20　斜入射时光程差计算用图

按题意 $\theta=30^\circ$，这时，k 的可能的最大值相应于 $\varphi=90^\circ$，即 $\sin\varphi=1$，因此

$$k=\frac{(a+b)(\sin\theta+\sin\varphi)}{\lambda}=\frac{2\times10^{-6}(\sin30^\circ+1)}{5.893\times10^{-7}}\approx5.09$$

最多可看到第 5 级明纹.

例 15.7　用白光垂直照射在每厘米中有 6 500 条刻线的平面透射光栅上，求第 3 级光谱的张角.

解　光栅常量为

$$a+b=\frac{L}{N}=\frac{1.0\times10^{-2}}{6\ 500}\ \text{m}$$

设第 3 级（$k=3$）紫光和红光条纹的衍射角分别为 φ_1 和 φ_2，根据光栅方程 $(a+b)\sin\varphi=k\lambda$，有

$$\sin\varphi_1=\frac{k\lambda_1}{a+b}=\frac{3\times4.0\times10^{-7}\times6\ 500}{1.0\times10^{-2}}=0.78$$

得

$$\varphi_1=51.26^\circ$$

又

$$\sin\varphi_2=\frac{k\lambda_2}{a+b}=\frac{3\times7.6\times10^{-7}\times6\ 500}{1.0\times10^{-2}}=1.48$$

这说明不存在第 3 级的红光明纹，即第 3 级光谱只能出现一部分光谱. 这一部分光谱张角为

$$\Delta\varphi = 90.0° - 51.26° = 38.74°$$

设这时第 3 级光谱所能出现的波长为 λ'（其对应的衍射角 $\varphi' = 90°$），有

$$\lambda' = \frac{(a+b)\sin\varphi}{k} = \frac{(a+b)\sin 90°}{k} = \frac{a+b}{3}$$

$$= \frac{1.0\times10^{-2}}{6\ 500\times3}\ \mathrm{m} = 5.13\times10^{-7}\ \mathrm{m} = 513\ \mathrm{nm}$$

即 λ' 光为绿光. 可见第 3 级光谱只能出现紫、蓝、青、绿等色的光，波长比 513 nm 长的黄、橙、红等色的光则看不到.

例 **15.8** 用波长 $\lambda = 600$ nm 的单色平行光垂直照射透光缝宽 $a = 1.5\times10^{-6}$ m 的光栅，测得在衍射角 $\varphi = \arcsin 0.2$ 方向出现第 2 级明纹，求在 $-90° < \varphi < 90°$ 范围内，实际上呈现的全部明纹级数.

解 根据光栅方程

$$(a+b)\sin\varphi = k\lambda$$

有

$$a+b = \frac{k\lambda}{\sin\varphi} = \frac{2\times6\times10^{-7}}{0.2}\ \mathrm{m} = 6\times10^{-6}\ \mathrm{m}$$

又因

$$k = \frac{a+b}{a}k' = \frac{6\times10^{-6}}{1.5\times10^{-6}}k' = 4k'$$

故 $k = \pm4, \pm8, \pm12, \cdots$ 各明纹缺级.

最高级数为

$$k_{\mathrm{m}} = \frac{(a+b)\sin 90°}{\lambda} = \frac{a+b}{\lambda} = \frac{6\times10^{-6}}{6\times10^{-7}} = 10$$

因此在 $-90° < \varphi < 90°$ 范围内，实际呈现的全部明纹级数为：$k = 0, \pm1, \pm2, \pm3, \pm5, \pm6, \pm7, \pm9$.

【科技博览】

100 多年前，德国人阿贝（E.Abbe）在蔡司工厂研究显微镜设计方案时，首先提出空间频率、空间频谱及二次衍射成像的概念. 他提出：透镜成像可以分为两步，第一步是物的夫琅禾费衍射，其衍射图样出现在透镜 L 的焦面 Σ_{F} 上. 第二步，把透镜焦面 Σ_{F} 上的衍射图样看成一组相干波波源，它们的衍射波在像平面 Σ_{t} 上的相干叠加就形成了物的像.

图 15.21 是阿贝成像原理的示意图. 受透镜 L 孔径的限制，物的高空间频率成分不能通过

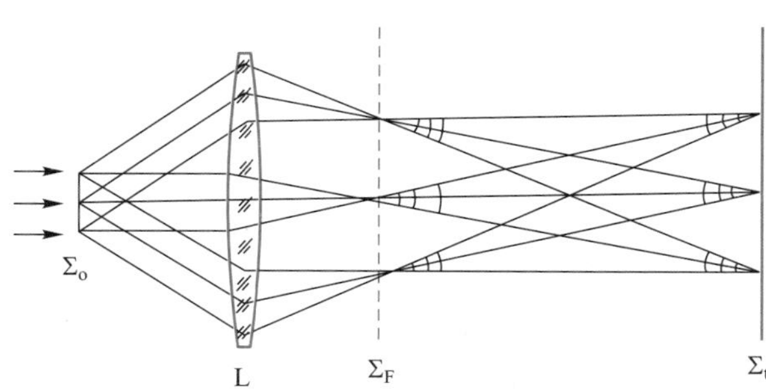

图 15.21 阿贝成像原理示意图

透镜,到达像平面的光波信息缺少该成分而影响了像的清晰度. 只有当透镜的孔径足够大,容许更多高空间频率信息到达像平面,才能获得较清晰的像,这与通常的衍射理论相一致.

从傅里叶光学看来,阿贝的二次衍射成像概念的第一次衍射是透镜对物做空间傅里叶变换,它把物的各种空间频率和相应的强度一一展现在它的焦面上. 一般情况下,物体透过率的分布不是简单的空间周期函数,它们具有复杂的空间频谱,故透镜焦面上的衍射图样也是极复杂的. 第二次衍射是指空间频谱的衍射波在像平面上的相干叠加. 如果在第二次衍射中,物体的全部空间频谱都参与相干叠加成像,则像面与物面完全相似. 如果在展现物的空间频谱的透镜焦面上插入某种光学元件(称为空间滤波器),使某些空间频率成分被滤掉或被改变,则像平面上的像就会被改动,这就是空间滤波和光信息处理的基本思想.

光信息处理是通过空间滤波器来实现的. 所谓空间滤波器是指在图 15.21 中透镜的焦面上放置的某种光学元件,用来改造或选取所需要的信息,实现光信息处理. 例如用一片纸板做成中心透光的板,如图 15.22(a)所示,这就是低通滤波器,它只允许零频或极低频成分的光通过. 把低频挡住,只允许高频光通过的高通滤波器如图 15.22(b)所示. 还可做成方向滤波器如图 15.22(c)所示,它可把图片(如人造地球卫星所摄的地质图片)中某一方向的线条去掉,或只保留某一方向的线条.

图 15.22 几种不同的空间滤波器

空间滤波在图片处理、假彩色合成、保密文件的编码和解码等方面有广泛应用.

*15.5 X 射线的衍射 布拉格公式

15.5.1 X 射线

德国物理学家伦琴(W.Röntgen)在 1895 年发现,当高速电子撞击到固体上时会产生一种新的射线,称为 X 射线(X-ray),又称伦琴射线(Röntgen ray).

图 15.23 所示的是一种产生 X 射线的真空管. K 是发射电子的热阴极,A 是由铜或钨、钼等金属材料制成的阳极,称为靶,也叫对阴极. 两极间加数万伏的高电压,阴极发射的电子在如此强电场的作用下加速,获得巨大的动能,这些高速电子轰击靶时,就产生了 X 射线.

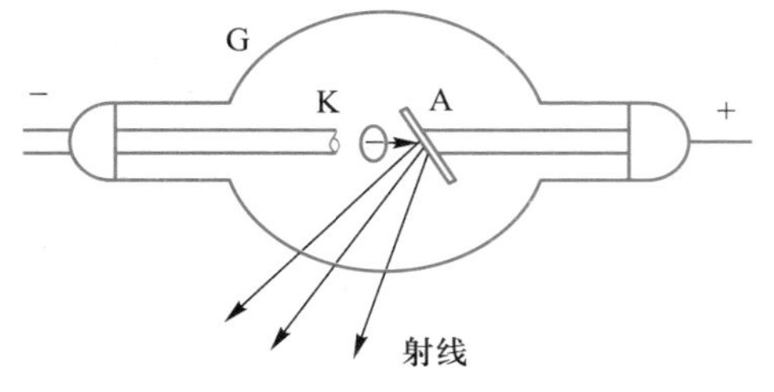

图 15.23 X 射线管

这种射线具有一些奇特的性质，如眼睛看不见却能使照相底片感光，能使空气电离. 但在电磁场中又不能发生偏转，且穿透力很强等. 因为当时人们对它的本质尚不清楚. 故称它为 X 射线. 直到 1906 年，实验才证实它是一种波长很短的电磁波，波长在 0.01～10 nm 范围内. X 射线既然是一种电磁波，也应该有干涉和衍射现象. 但用普通光栅却观察不到 X 射线的衍射现象，这是由于通常的光栅常量量级为 10^{-6}～10^{-5} m，比 X 射线波长大得多. 如果要把光栅常量减小到十分之几个纳米，目前刻制这样的光栅，又受到技术上的限制.

15.5.2 劳厄实验

1912 年德国物理学家劳厄(M. von Laue)指出，天然晶体中原子是有规则地排列的，相邻原子间距离约为十分之几个纳米，与 X 射线波长同数量级. 因此，天然晶体是一种适合 X 射线衍射的光栅常量很小的三维光栅. 劳厄用一束 X 射线通过铅板上的小孔照射到晶体上，如图 15.24 所示，结果在照相底片上发现按一定规则分布的斑点，这些斑点称为劳厄斑(Laue spot). 图 15.25 为晶体的劳厄衍射图样(Laue diffraction pattern). 从而证实了 X 射线的波动性.

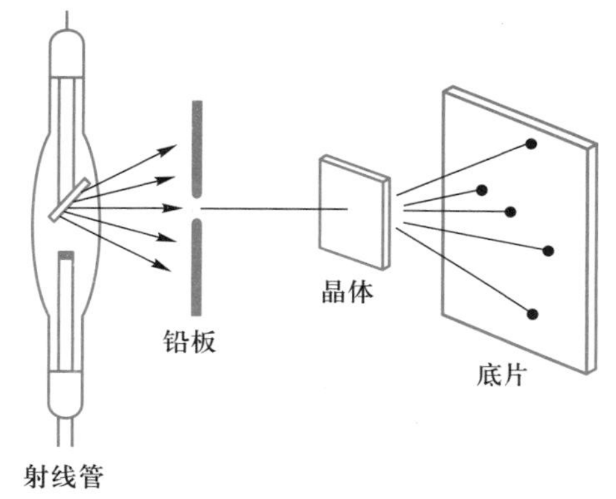

图 15.24 劳厄实验装置

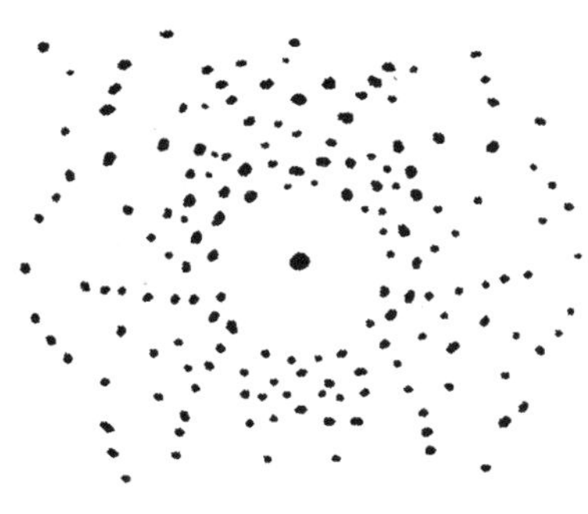
图 15.25 劳厄斑

15.5.3 布拉格公式

1913 年，英国物理学家布拉格父子提出了另一种研究 X 射线的衍射方法，这种方法把三维光栅作为一系列平面反射光栅处理，使问题大为简化.

他们把晶体看成由一系列彼此相互平行的原子层构成，这些原子层称为晶面，相邻原子层之间的距离 d 称为晶格常数(lattice constant)，如图 15.26 所示，图中小圆点表示晶体点阵中的原子(或离子).

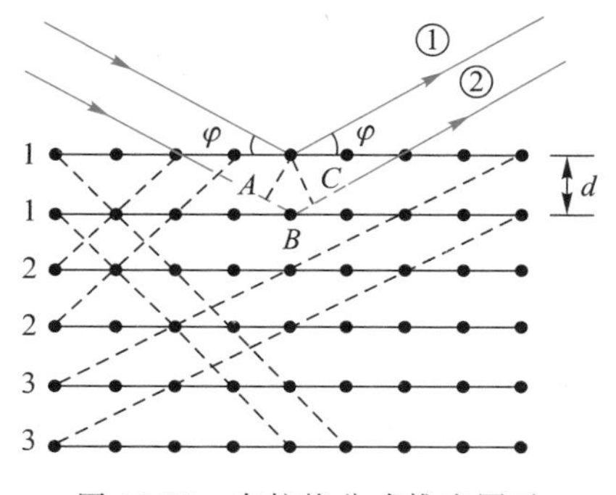

图 15.26 布拉格公式推出图示

当一束平行的 X 射线以掠射角 φ(入射线与晶面间夹角)投射到晶体上时，按惠更斯原理，晶面上每一原子(或离子)就成为子波源，向各个方向发出散射光波. 实验表明，只有满足反射定律的散射光波才能相互干涉而加强. 由于 X 射线能透入晶体内，所以两相邻平面沿反射方向的散射光①、②之间的光程差为 $\delta = AB + BC = 2d\sin\varphi$，只有当光程差为波长 λ 的整数倍，即

$$2d\sin\varphi = k\lambda \quad (k=1,2,\cdots) \tag{15.32}$$

时，从各晶面上沿反射方向的散射光将相互加强，形成亮点. 上式就是著名的布拉格公式(Bragg formula).

应该指出，同一晶体中包含许多不同取向的晶面族(如图 15.26 所示的 11、22、33、… 晶面族). 当 X 射线照射到晶体表面上时，对于不同的晶面族，掠射角 φ 不同，晶面间距 d 也不同. 凡是满足式(15.32)的，都能在相应的反射方向得到加强，形成不同的斑点，这就解释了劳厄斑产生的原因.

由布拉格公式可知，若已知 X 射线的波长 λ，并由实验测定出现最大强度的掠射角 φ，就可确定晶格常数 d，由此研究晶体结构，进而了解材料性能；反之，若已知晶格常数 d，并测出掠射角 φ 就可以算出金属靶原子发射出的 X 射线(即入射 X 射线)的波长，通过研究 X 射线光谱，进而了解原子结构. X 射线晶体结构分析和 X 射线光谱分析在现代科学研究和工程技术上有着重要应用.

* 15.6 全息照相

15.6.1 全息照相

人们之所以能够看到物体，并能识别物体的颜色、明暗、形状和远近等，是物体上的各点发出的光(或反射的光)的频率、振幅和相位等光信息引起视觉的结果. 普通照相是通过透镜把物成像于感光胶片上，而感光胶片(底片)只对振幅敏感. 因此普通照相底片所记录的仅是物体光波的强度(或振幅). 彩色照相底片还记录了物体光波的波长信息，但却都没能把物体光波的相位信息记录下来. 因此，普通照相得到的只是二维的平面图像，从照片上看到的景物缺乏立体感.

全息照相(holograph)则利用光的干涉和衍射原理，将物体各点发出的光波的全部信息，包括振幅和相位记录下来，并且在一定的条件下使原物体发出的光波重现出来，因而能观察到原物体的逼真的立体图像.

全息照相是英国物理学家伽博(D.Gabor)在 1948 年提出的，由于需要使用相干性好的强光源，直到 1960 年激光器问世以后，全息技术才得到迅速发展，现在它已发展成为科学技术的一个新领域. 伽博也因此而获得 1971 年的诺贝尔物理学奖.

和普通照相比较，全息照相的基本原理、拍摄和观察方法都不相同.

15.6.2 全息照相原理

全息照相没有利用透镜成像原理，而是利用了波的干涉和衍射的规律. 全息照相分为两步：记录和再现.

一、全息记录

因为感光底片只对光强即光振幅有响应，为了记录物体光波相位信息，必须把它转换为强度分布，这就需要用特殊的方法来拍摄. 图 15.27 是全息记录的实验装置简图. 从激光器射出的激光束被分束器分为两束，其中一束经扩束透镜和反射镜直接照射到感光底片上，称为参考光；另一束经扩束透镜和反射镜射到被摄物体上，再经物体反射（或透射）到感光底片上，称为物光. 参考光和物光相干叠加，在感光底片上形成干涉条纹. 感光底片上所记录下来的这种干涉条纹图样，称为全息图（hologram）.

根据干涉原理，干涉亮纹处的强度 $I_{\max}=(A_1+A_2)^2$，式中 A_1 和 A_2 是两相干光束的振幅，干涉暗纹处的强度 $I_{\min}=|A_1-A_2|^2$，则干涉条纹对比度为

$$r=\frac{I_{\max}-I_{\min}}{I_{\max}+I_{\min}}=\frac{2A_1A_2}{A_1^2+A_2^2}$$

可见干涉条纹对比度含有物光振幅的信息，是物光振幅分布的反映（是相对参考光比较的）.

物体的形状和位置与物体光波的相位信息密切相关，而干涉条纹的走向、疏密和形状由物体的形状和位置所决定，因此，干涉条纹的走向、疏密和形状中含有物光波的相位信息. 例如在图 15.28 中考虑物体上的某一物点 O 发的光和参考光（设平行垂直入射）在底片上形成干涉条纹. 设 a、b 为某相邻两条暗纹所在处，距 O 点距离为 r. 要形成暗纹，在 a、b 两处的物光和参考光都必须反相. 由于参考光在 a、b 两处是同相的，所以到达 a、b 两处的物光的光程差必然相差 λ. 由图示几何关系可知

$$\sin\theta\mathrm{d}x=\lambda$$

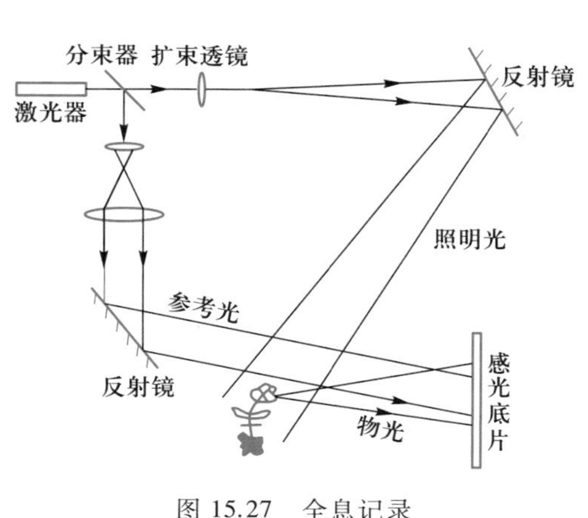

图 15.27 全息记录

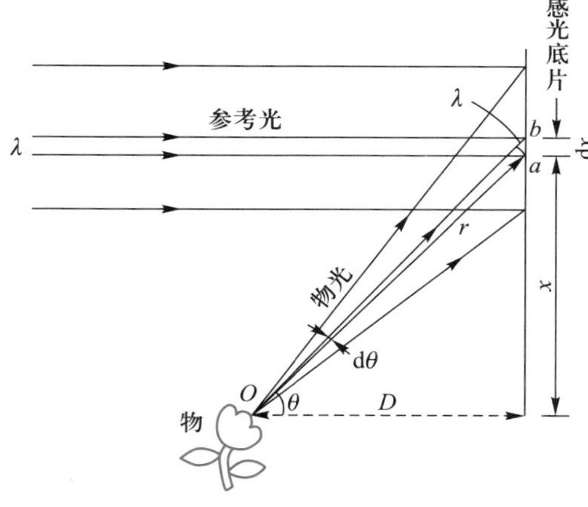

图 15.28

由此得

$$\mathrm{d}x=\frac{\lambda}{\sin\theta}=\frac{\lambda r}{x}$$

上式表明，来自物体上不同物点（θ 或 r 不同）的光波在底片上同一处与参考光形成的干涉条纹的间距不同. 整个底片上形成的干涉条纹实际上是物体上各物点发出的物光与参考光所形成的干涉条纹的叠加. 由此可见，底片上各处干涉条纹的疏密（以及条纹的走向）含有物

光波相位的信息，是物光波相位分布的反映.

曝光后的底片经显影、定影后就得到全息照片. 全息照片就是一张干涉图样图，和普通照片不同，它并不直接显示物体的形象，但正是这些干涉条纹记录了物体光波的全部信息.

由于全息照相的记录依据是光的干涉原理，它要求参考光和物光彼此都是相干的，所以通常都采用具有很高时间相干性和空间相干性的激光光源.

二、全息再现

全息再现的过程是一个衍射过程. 为了观察全息照片上记录的物像，需要用一束与参考光的波长和传播方向完全相同的光束照射全息照片，如图 15.29 所示. 布满干涉条纹的全息照片相当于一块复杂的光栅，照明光通过它时会产生衍射，产生互相分离的三束衍射光. 其中的一束是直射光，这是全息光栅的 0 级衍射波，称为晕轮光. 第二束为+1 级衍射波，它就是重现的物光波，它包含了原物光波的振幅和相位分布信息. 因此，当人眼对着此光束接收时，透过全息照片在原物的位置上会看到一个和原物完全一样的完整的虚像. 由于该衍射波是发散的，所以观察者看到的是立体的虚像. 这时，全息照片就如同一个窗口，当人们从不同角度观察时，就能看到原物不同侧面的影像，原来被遮住的地方也可在另一角度看到它. 第三束是物光波的共轭波，它是会聚波，在与原物对称的位置上形成原物的实像，通常有较大的像差. 这是全息光栅的−1 级衍射波.

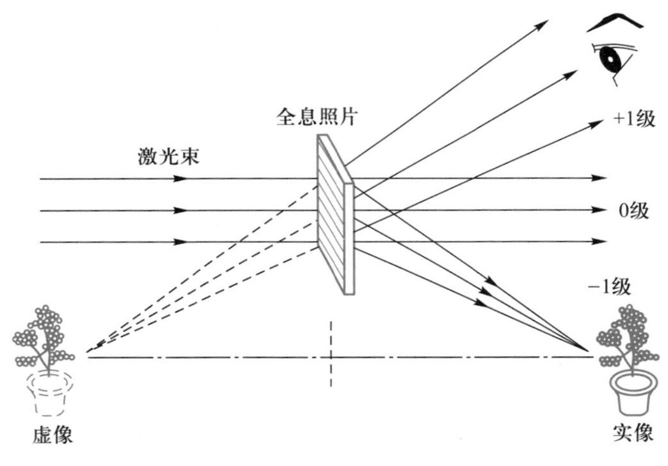

图 15.29 全息再现

另外，由于拍摄照片时，物体上每一点发出的物光波在整个底片上各处都和参考光发生干涉，所以在底片上各处都有该点物光波的记录，即使用全息照片的碎片也可重现整个物体的立体像.

15.6.3 全息照相的应用

全息照相具有一系列不同于普通照相的独特优点，它在许多领域得到广泛应用. 下面仅简单地列举几方面的应用.

（1）全息显微摄影

利用全息照相可以进行显微放大. 理论研究表明，再现像的横向放大率与再现波长 λ_2 和记录波长 λ_1 之比相关，波长之比 λ_2/λ_1 增大时像的横向放大率增大. 只要用较短波长的相干光进行记录，而用长波再现，就可以得到放大的再现像，放大率可高达几千倍.

全息照相再现像的立体感很强，可以应用到电影或电视的拍摄中去. 人们可以在全息图的后面看到动态的立体影像，成为立体电影和立体电视.

（2）全息干涉计量

全息干涉计量是全息照相技术目前应用最广泛的领域之一. 一般光学干涉计量只能测量形状比较简单、表面光洁度很高的零部件. 而全息干涉计量却能对任意形状、任意表面状况的物体进行测量，特别是对物体所发生的某些瞬变的细微物理过程进行精密测控. 如果一物体的形状随时间发生变化，利用二次曝光或连续曝光全息图可以将物体的变化状况记录在同一张全息照片上. 再现时就得到两个或多个相互重叠的像，这两个或多个像的再现光彼此叠加将发生干涉. 根据干涉条纹的分布就可以确定物体形变的大小. 利用这一技术，可对物体的微小形变、微小振动、高速运动、容器内的爆炸过程以及风洞实验中导弹外形的变化等进行研究.

（3）全息信息存储

全息信息存储是一种大容量、高密度的储存方法，它主要利用全息照相具有多次记录性，可在一张全息照片上重复记录许多物体的全息图，能利用角度选择性依次读出不同信息的特点.

把文字、图片或其他资料制成透光片作为物，用宽平行光束照明，经透镜与细参考光束在底片上重合，制成全息图. 再现时，直接用细光束沿原参考光方向照射全息图，即可在屏上获得清晰的再现实像. 目前已制成的全息存储器，可在 1 cm^2 的胶片上存有 10^7 个信息，比磁存储器或集成半导体存储器高几个数量级. 全息存储器具有可靠性高，记录与再现快的优点，是目前正在大力发展的几种存储器之一.

除光学全息外，人们还发展了红外、微波、超声全息技术，这些全息技术在军事侦察或监视上具有重要意义. 如对可见光不透明的物体，往往对超声波"透明"，因而超声全息技术可用于水下侦察和监视，也可用于医疗透视以及工业无损探伤等.

【网络资源】

小　结

本章首先介绍了惠更斯–菲涅耳原理，它是惠更斯的"子波假设"与菲涅耳的"子波相干"思想的结合，它揭示了衍射现象的实质是受到障碍物限制的波阵面上的各个子波源发出的无数多列子波的相互干涉.

夫琅禾费单缝衍射可用振幅矢量法或半波带法分析. 夫琅禾费单缝衍射条纹是一组平行于狭缝的直条纹,中央明纹强度最大,其余明纹的强度随级次的增加而减小,中央明纹的宽度是其余明纹宽度的两倍. 理解分析夫琅禾费单缝衍射条纹分布规律的方法,确定夫琅禾费单缝衍射条纹的位置和分析缝宽及波长对衍射条纹分布的影响是本章学习的重点.

大量的平行透光缝紧密排列构成光栅. 光栅衍射是在单缝衍射的基础上的多光束干涉. 平行单色光入射光栅,形成在黑暗的背景上细窄明亮的谱线. 缝数越多,谱线越细越亮. 谱线(主极大)的角位置由光栅方程决定. 谱线的强度还受单缝衍射的调制,有时有主极大缺级现象. 掌握光栅方程,确定光栅衍射谱线的位置,分析光栅常量及波长对光栅衍射谱线分布的影响是本章学习的重点. 对缺级现象的理解是本章的难点.

光的衍射现象使光学仪器的分辨本领受到一定限制. X 射线衍射是分析晶体结构的常用方法.

附:本章的知识网络

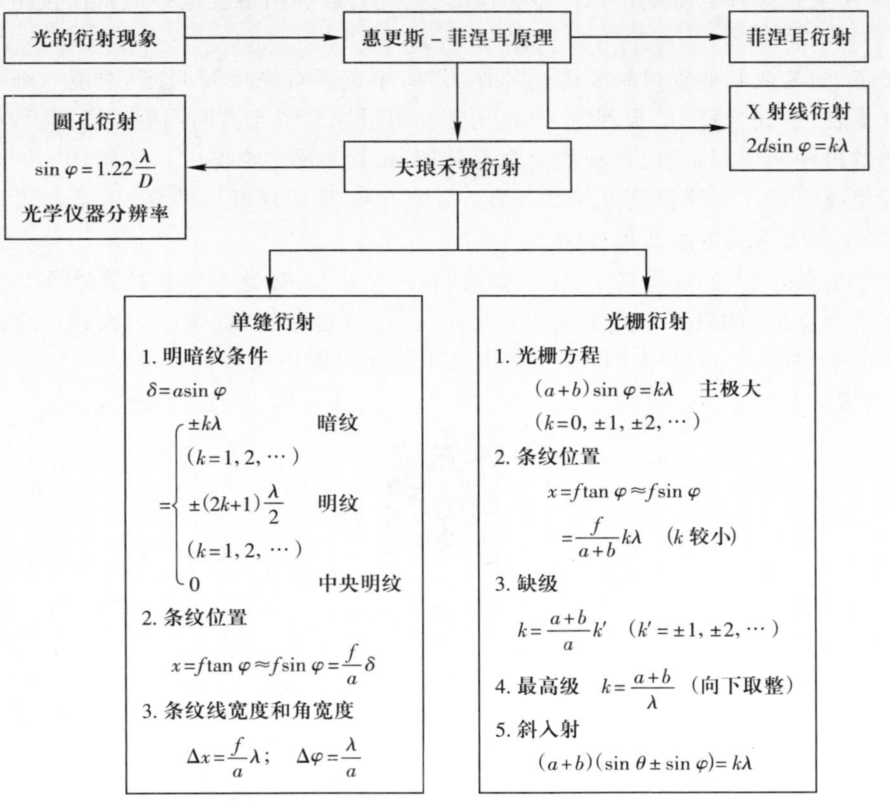

思考题

15.1 衍射的本质是什么？衍射和干涉有什么联系和区别？

15.2 什么叫半波带？单缝衍射中怎样划分半波带？对应于单缝衍射第 3 级明纹和第 4 级暗纹，单缝处波面各可分成几个半波带？

15.3 在单缝衍射中，为什么衍射角 φ 越大(级数越大)的那些明纹的亮度越小？

15.4 单缝衍射暗纹条件与双缝干涉明纹的条件在形式上类似，两者是否矛盾？怎样解释？

15.5 在夫琅禾费单缝衍射实验中，试讨论下列情况衍射图样的变化：

(1) 狭缝变窄；

(2) 入射光的波长增大；

(3) 单缝在垂直于透镜光轴方向上下平移；

(4) 光源 S 在垂直于透镜光轴方向上下平移；

(5) 单缝沿透镜光轴向观察屏平移.

15.6 孔径相同的微波望远镜和光学望远镜相比较，哪个分辨本领大？为什么？

15.7 若以白光垂直入射光栅，不同波长的光将会有不同的衍射角. 问：

(1) 零级明纹能否分开不同波长的光？

(2) 在可见光中哪种颜色的光衍射角最大？不同波长的光的分开程度与什么因素有关？

习题

15.1 用波长 $\lambda=632.8$ nm 的平行光垂直照射单缝，缝宽 $a=0.15$ mm，缝后用凸透镜把衍射光会聚在焦面上，测得第 2 级与第 3 级暗纹之间的距离为 1.7 mm，求此透镜的焦距.

15.2 一单色平行光垂直照射一单缝，若其第 3 级明纹位置正好与 600 nm 的单色平行光的第 2 级明纹位置重合，求前一种单色光的波长.

15.3 单缝宽 0.10 mm，透镜焦距为 50 cm，用 $\lambda=500$ nm 的绿光垂直照射单缝，问：

(1) 位于透镜焦面处的屏幕上的中央明纹的宽度和半角宽度各为多少？

(2) 若把此装置浸入水中($n=1.33$)，中央明纹的半角宽度又为多少？

15.4 用橙黄色的平行光垂直照射一宽为 $a=0.60$ mm 的单缝，缝后凸透镜的焦距 $f=40.0$ cm，观察屏幕上形成的衍射条纹，若屏上离中央明纹的中心 1.40 mm 的 P 点处为一明纹，求：

(1) 入射光的波长；

(2) P 点处条纹的级数；

(3) 从 P 点看，对该光波而言，狭缝处的波面可分成的半波带数目.

15.5 波长范围在 450~650 nm 之间的复色平行光垂直照射在每厘米有 5000 条刻线的光栅上，屏幕放在透镜的焦面处，屏上第 2 级光谱各色光在屏上所占范围的宽度为 35.1 cm. 求透镜焦距 f.

15.6 波长为 500 nm 的平行单色光垂直照射到每毫米有 200 条刻线的光栅上，光栅后的透镜焦距为 60 cm. 求：

(1) 屏幕上的中央明纹与第 1 级明纹的间距；

(2) 当光线与光栅法线成 30°斜入射时，中央明纹的位移.

15.7 用一束具有两种波长的平行光垂直入射在光栅上，$\lambda_1=600$ nm，$\lambda_2=400$ nm，发现距中央明纹 5 cm 处波长为 λ_1 的光的第 k 级主级大和波长为 λ_2 的光的第 $(k+1)$ 级主级大相重合，放置在光栅与屏之间的透镜焦距 $f=50$ cm，试求：

(1) 上述 k 值；

(2) 光栅常量 d.

15.8 用波长为 $\lambda=0.59\ \mu$m 的平行光照射一块每毫米有 500 条狭缝的光栅，光栅的狭缝宽度 $a=1\times10^{-3}$ mm. 试问：

(1) 平行光垂直入射时，最多能观察到第几级光谱线？实际能观察到几条光谱线？

(2) 平行光与光栅法线成 $\theta=30°$ 入射时，最多能观察到第几级光谱线？

15.9 一光栅在正入射条件下，考察波长范围 400~760 nm 的白光的光栅光谱，试证明第 1、第 2 级光谱不发生重叠，并求出第 2、第 3 级光谱的重叠范围.

15.10 一双缝，两缝间距为 0.1 mm，每缝宽为 0.02 mm，用波长为 480 nm 的平行单色光垂直入射双缝，双缝后放一焦距为 50 cm 的透镜. 试求：

(1) 透镜焦面上单缝衍射中央明纹的宽度；

(2) 单缝衍射的中央明纹包迹内的双缝衍射明纹数目.

15.11 直径为 2 mm 的氦氖激光束射向月球表面，其波长为 632.8 nm. 已知月球和地面的距离为 3.84×10^5 km.

(1) 试求在月球上得到的光斑直径；

(2) 如果经扩束器扩展成直径为 2 m 的激光束，则月球上得到的光斑直径将为多大？在激光测距仪中，通常采用激光扩束器，这是为什么？

15.12 已知入射的 X 射线束含有 0.095~0.130 nm 的各种波长的 X 射线，晶体的晶格常数为 0.275 nm，当 X 射线以 45°角入射到晶体时，对哪些波长的 X 射线能产生强反射？

习题参考答案

第 16 章　光的偏振

光的干涉和衍射现象揭示了光的波动性,但不能确定光是横波还是纵波,光的偏振(polarization)现象进一步证实了光的横波性,它们有力地证明了光的电磁理论的正确性. 本章主要讨论偏振光的概念、特性,偏振光的获得和检验的方法,偏振光的干涉及其应用.

通过本章讨论,学生应理解自然光和偏振光的概念,掌握马吕斯定律及布儒斯特定律;理解线偏振光的获得方法和检验方法,了解双折射的概念和偏振光的干涉现象.

16.1　自然光和偏振光

在波动学中,我们通常把传播方向与振动方向垂直的波称为横波;把传播方向与振动方向一致的波称为纵波. 为便于理解,我们先来考察一机械波. 如图 16.1 所示,如果质点的振动方向与缝长垂直,则横波不能通过狭缝;如果质点的振动方向与缝长平行,则横波可以通过狭缝. 但对于纵波,不论缝的方向如何,都可以通过. 由此可见,透射波的振幅随缝的方向不同而变化是由波的横向性引起的. 理论和实验都已证明,光波具有上述的横向性.

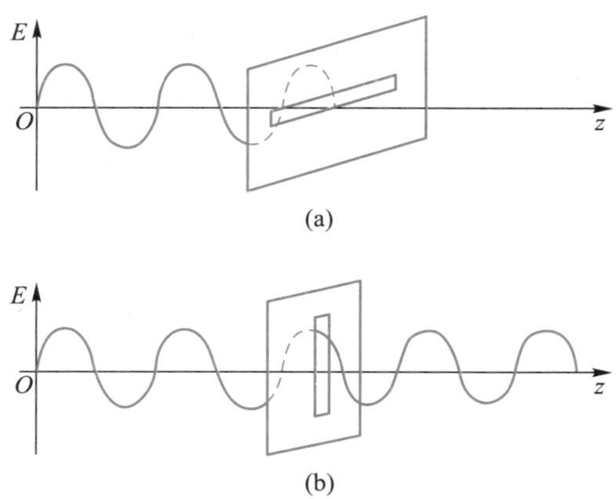

图 16.1　机械横波与狭缝方向

由于光波是横波,所以光矢量 $\boldsymbol{E}$ 总是与光的传播方向垂直. 在与传播方向垂直的平面内,光矢量可能有各种不同的振动状态,称为光的偏振态. 根据偏振态的性质,可以将光区分为:自然光、部分偏振光、线偏振光、椭圆偏振光和圆偏振光.

16.1.1 自然光

一个原子或分子在某一瞬间发出的光本来是有确定振动方向的光波列，但是普通光源中大量的原子或分子发光是一个瞬息万变、无序间歇的随机过程，因此各个波列的光矢量可以分布在一切可能的方位. 平均来看，光矢量对于光的传播方向呈轴对称均匀分布，没有任何一个方位比其他方位更占优势，这种光称为自然光(natural light)，如图16.2(a)所示.

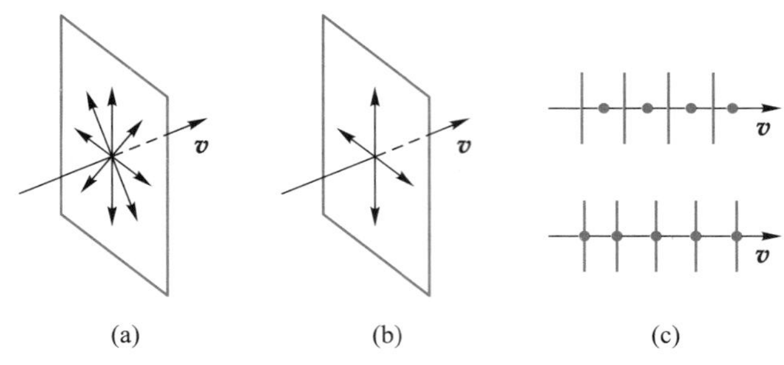

(a) (b) (c)

图16.2 自然光及其图示法

由于任一方向的光振动均可分解为两个相互垂直方向的振动，故所有不同方向的光振动在这两个方向的分量的时间总平均值应彼此相等. 因此，自然光可以用任意两个相互垂直的光振动来表示，这两个光振动的振幅相同，但无固定的相位关系. 如图16.2(b)所示. 需要指出，由于这两个垂直的分矢量之间没有恒定的相位差，所以不能再合成一个光振动.

图16.2(c)所示是自然光的表示方法，短线和点分别表示平行于纸面和垂直于纸面的光振动. 短线和点等距分布，表示这两个光振动振幅相等，各具有自然光的总能量的一半.

16.1.2 部分偏振光

自然光在传播过程中，由于外界的某种作用，造成各个振动方向上的强度不等，使某一方向的振动比其他方向占优势，这种光称为部分偏振光(partially polarized light)，如图16.3(a)所示. 部分偏振光的偏振性介于线偏振光和自然光之间，可视为自然光和线偏振光的混合.

部分偏振光也可以用两个相互垂直的，彼此相位无关的光振动来代替，但与自然光不同，这两个互相垂直的光振动的强度不等. 如图16.3(b)所示.

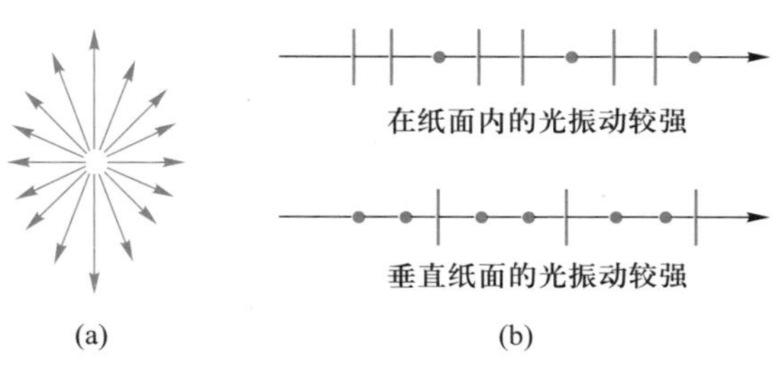

(a) (b)

图16.3 部分偏振光及其表示法

16.1.3 偏振光

振动方向具有一定规则的光波是偏振光(polarized light). 一般包括线偏振光、椭圆偏振光、圆偏振光.

一、线偏振光

自然光经过某些物质反射、折射、吸收后,可能成为光矢量只沿一个固定的方向振动的光,这种光称为线偏振光(linear polarized light). 光矢量的振动方向与光的传播方向构成的平面称为线偏振光的振动面,如图 16.4(a)所示,线偏振光的振动面是固定不动的,光矢量始终在振动面内振动,因此线偏振光也叫平面偏振光.

图 16.4(b)所示是线偏振光的表示方法,图中短线表示光振动平行于纸面,点表示光振动垂直于纸面.

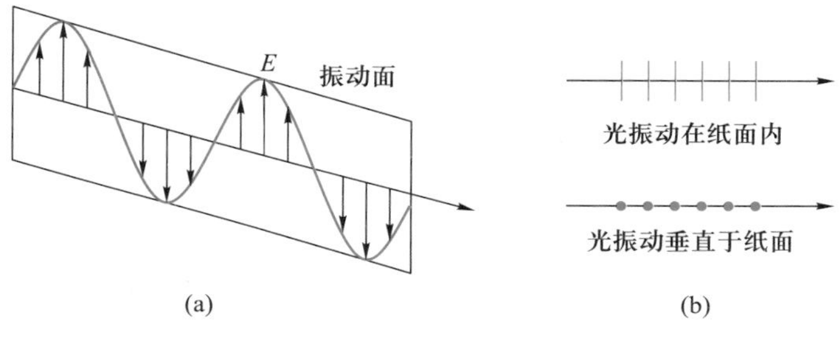

图 16.4 线偏振光及其图示法

二、椭圆偏振光和圆偏振光

光矢量 **E** 按一定频率旋转,其矢端轨迹为圆的称为圆偏振光(circular polarized light),为椭圆的称为椭圆偏振光(elliptical polarized light),如图 16.5 所示.

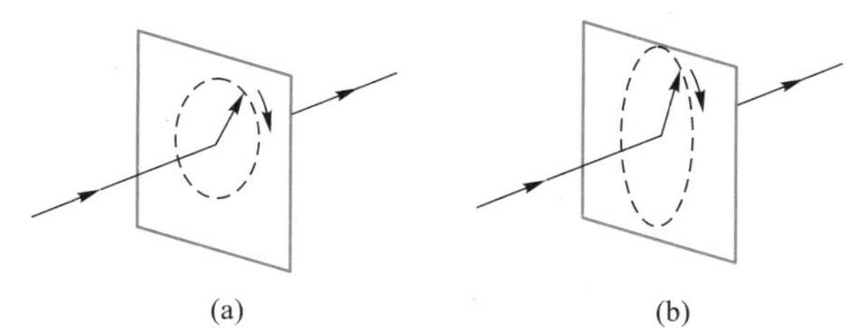

图 16.5 圆偏振光和椭圆偏振光示意图

在讨论简谐运动的合成时我们已经知道,两个频率相同、相互垂直的简谐运动,当它们的相位差不等于 0 或 $\pm\pi$ 时,其合成运动的轨迹为一椭圆. 因此椭圆偏振光或圆偏振光可以视为两个相互垂直的线偏振光的合成. 这两个相互垂直的线偏振光可表示为

$$E_x = A_1\cos\omega t,\quad E_y = A_2\cos(\omega t+\varphi)$$

式中 $\varphi\neq 0,\pm\pi$. 分析表明:当 $\sin\varphi>0$ 时,迎着光的传播方向观察,光矢量端点沿顺时针方向旋转,这种光称为右旋椭圆偏振光. 当 $\sin\varphi<0$ 时,迎着光的传播方向观察,光矢量的端点沿逆时针方向旋转,这种光称为左旋椭圆偏振光. 当 $\varphi=0,\pm\pi$ 时,椭圆偏振光退化为线偏振光.

在上式中，如果 $A_1=A_2$，则当 $\varphi=\pi/2$ 时，对应于右旋圆偏振光；当 $\varphi=-\pi/2$ 时，对应于左旋圆偏振光.

应当注意，用两个相互垂直的光振动表示椭圆偏振光或圆偏振光时，这两个分振动是有确定的相位关系的.

16.2 偏振片的起偏和检偏 马吕斯定律

16.2.1 偏振片

自然光通过某些晶体时(例如天然的电气石晶体)，晶体对两个相互垂直的特定方向的光振动吸收的程度不同，图 16.6 所示是一块电气石晶体，它能强烈地吸收某一方向的光振动，而对与之垂直的另一方向的光振动几乎不吸收. 这样，没有被吸收的光振动透过晶体就形成了线偏振光. 具有这种性质的晶体称为二向色性(dichroism)晶体.

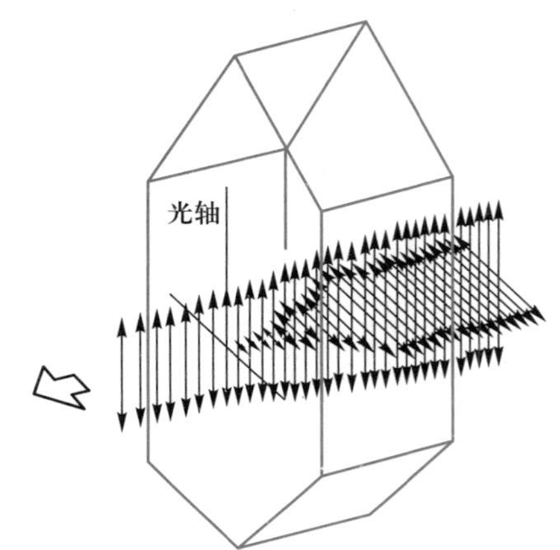

图 16.6 电气石晶体的二向色性

把具有二向色性的晶体(例如硫酸碘奎宁)的细微晶粒涂在聚氯乙烯膜上，并沿某一方向拉伸薄膜，使细微晶粒沿拉伸方向整齐排列，然后将薄膜夹在两玻璃片之间，便制成了偏振片(polaroid sheet). 为了便于说明，也便于使用，我们在所用的偏振片上标出记号“↕”表明该偏振片允许通过的光振动方向，这个方向称为偏振化方向，也叫透光轴. 这种人造偏振片现在已被广泛应用.

16.2.2 起偏和检偏 马吕斯定律

从自然光获得偏振光的过程叫起偏. 最简单的起偏方法是让自然光通过一块偏振片 M，其透过的光就成为线偏振光，如图 16.7(a)所示，这块偏振片叫起偏器(polarizer). 图中另一

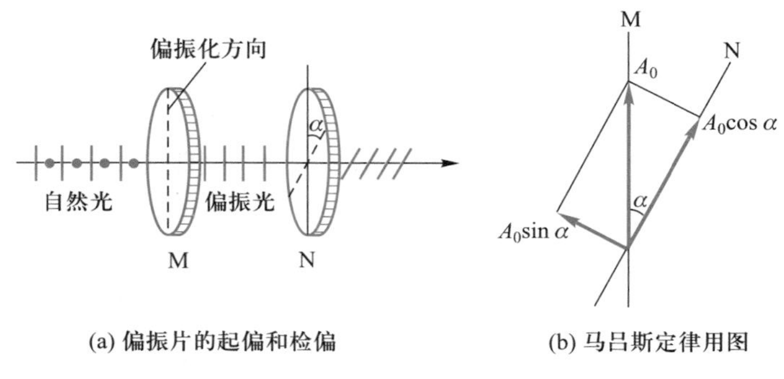

(a) 偏振片的起偏和检偏 (b) 马吕斯定律用图

图 16.7

块偏振片 N 是用来检验偏振光的装置,称为检偏器(polarization analyzer). 如果检偏器 N 的偏振化方向与起偏器 M 的偏振化方向相同,则透过 N 的光强最大. 如果把 N 转过 90°,则透射光强为零. 如果检偏器 N 与起偏器 M 的偏振化方向的夹角为任意角度,透射光强为多少呢? 下面讨论这个问题.

图 16.7(b)表示,自然光通过起偏器 M 后变成一束线偏振光,设振幅为 A_0,其振动方向与检偏器 N 的偏振化方向的夹角为 α. 把 A_0 分解为两个互相垂直的分量 $A_0\cos\alpha$ 和 $A_0\sin\alpha$,其中 $A_0\cos\alpha$ 分量与检偏器 N 的偏振化方向平行,该分量可以通过 N,而 $A_0\sin\alpha$ 分量振动方向与偏振化方向垂直,该分量不能通过 N. 若入射到检偏器 N 上的线偏振光强度为 I_0,出射的光强为 I,由于光强与振幅平方成正比,则有

$$\frac{I}{I_0}=\frac{(A_0\cos\alpha)^2}{A_0^2}=\cos^2\alpha$$

或者写成

$$I=I_0\cos^2\alpha \tag{16.1}$$

上式为马吕斯定律(Malus′ law)的数学表达式.

马吕斯定律表明:若 $\alpha=0$,则 $I=I_0$,透射光强最大;若 $\alpha=\pi/2$,则 $I=0$,透射光强为零;若 $0<\alpha<\pi/2$,则 I 介于 0 和 I_0 之间. 因而,当转动检偏器 N 时,随着 α 角的增加,就会看到透射光强发生周期性变化,并且存在光强为零的位置,利用这一点就可以检验入射光是否为线偏振光.

例 16.1 从起偏器 M 获得的线偏振光,强度为 I_0,入射到检偏器 N 上. 要使透射光的强度降低为原来的 1/4,问检偏器与起偏器两者偏振化方向之间的夹角应为多少?

解 根据题意,由马吕斯定律得

$$I=I_0\cos^2\alpha=\frac{1}{4}I_0$$

于是有

$$\cos^2\alpha=\frac{I}{I_0}=\frac{1}{4},\quad \cos\alpha=\pm\frac{1}{2}$$

所以

$$\alpha=\pm60°,\pm120°$$

例 16.2 将两块偏振片安装成起偏器和检偏器. 在它们的偏振化方向成 $\alpha_1=30°$角时,观测一束单色自然光. 又在 $\alpha_2=60°$角时,观测另一束单色自然光. 设两次所测得的透射光强度相等,求两束光的强度之比.

解 令 I_1 和 I_2 分别为两束自然光的强度,透过起偏器后,光的强度分别为 $I_1/2$ 和 $I_2/2$. 按马吕斯定律,在先后观测两光束时,透过检偏器的光的强度分别是

$$I_1'=\frac{I_1}{2}\cos^2\alpha_1,\quad I_2'=\frac{I_2}{2}\cos^2\alpha_2$$

按题意

$$I_1'=I_2'$$

于是

$$\frac{I_1}{2}\cos^2\alpha_1=\frac{I_2}{2}\cos^2\alpha_2$$

所以

$$\frac{I_1}{I_2}=\frac{\cos^2\alpha_2}{\cos^2\alpha_1}=\frac{\cos^2 60°}{\cos^2 30°}=\frac{\frac{1}{4}}{\frac{3}{4}}=\frac{1}{3}$$

例 16.3 一束光强为 I_0 的自然光通过两块偏振化方向正交的偏振片 M 与 N. 如果在 M 与 N 之间平行地插入另一块偏振片 C,设 C 与 M 偏振化方向夹角为 θ.（1）透过偏振片 N 后的光强为多少?（2）定性画出光强随 θ 变化的函数曲线,并指出转动一周,通过的光强出现几次极大和极小值.

解 （1）如图 16.8 所示,光强为 I_0 的自然光通过偏振片 M 后变为线偏振光,其强度为 $I_0/2$,根据马吕斯定律,通过偏振片 C 的光强为

$$I_C = \frac{I_0}{2}\cos^2\theta$$

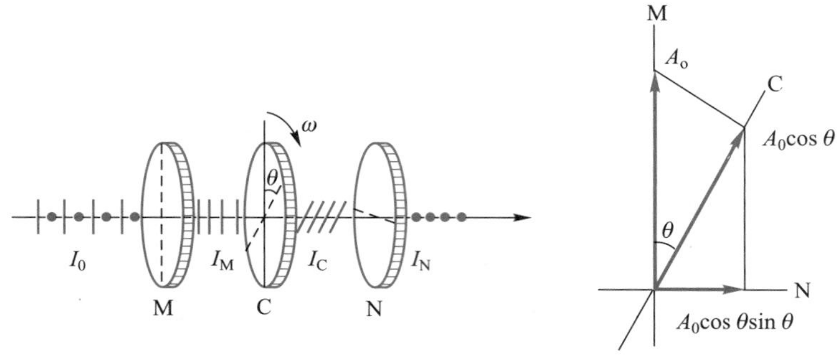

图 16.8

通过 N 的光强为

$$I_N = I_C\cos^2(90° - \theta) = \frac{I_0}{2}\cos^2\theta\sin^2\theta$$

即

$$I_N = \frac{1}{8}I_0\sin^2 2\theta$$

其函数曲线如图 16.9 所示.

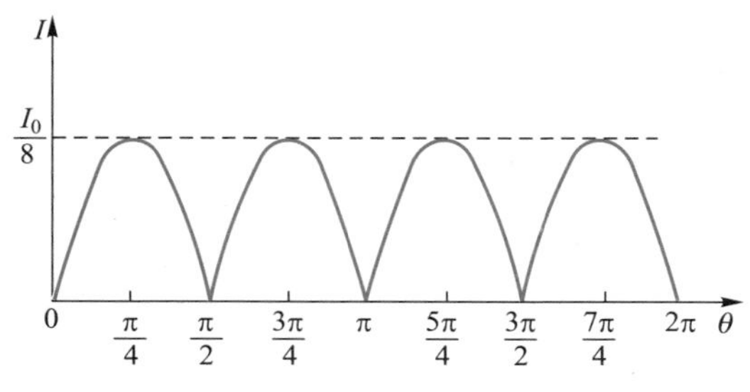

图 16.9 光强变化

（2）由图可见,偏振片 C 转一周,通过 N 的光强出现 4 次极大值,4 次极小值.

16.3 反射光和折射光的偏振 布儒斯特定律

16.3.1 反射起偏 布儒斯特定律

实验表明,自然光在两种各向同性介质的分界面上反射和折射时,反射光和折射光都成为部分偏振光,不过反射光中垂直于入射面的振动(简称垂直振动)较强;而折射光中平行于入射面的振动(简称平行振动)较强. 如图 16.10 所示.

1812 年,布儒斯特(D. Brewster)在实验中发现:反射光的偏振化程度与入射角有关. 当入射角等于某一特定值 i_0 时,反射光是光振动垂直于入射面的线偏振光,如图 16.11 所示. 这个特定的入射角 i_0 称为起偏振角(polarizing angle),或称为布儒斯特角(Brewster's angle).

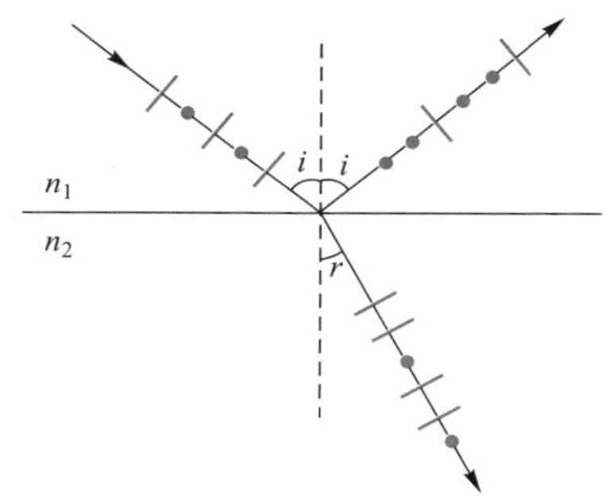

图 16.10 自然光反射和折射后产生部分偏振光

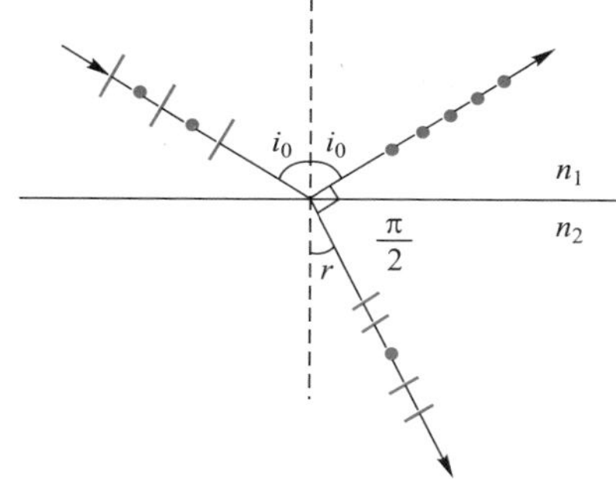

图 16.11 起偏振角

实验还发现,当自然光以起偏振角入射时,其反射光和折射光的传播方向相互垂直,即

$$i_0+r=90^\circ$$

根据折射定律,有

$$n_1\sin\ i_0=n_2\sin\ r=n_2\cos\ i_0$$

于是得

$$\tan\ i_0=\frac{n_2}{n_1}=n_{21} \tag{16.2}$$

式中,$n_{21}=n_2/n_1$ 为介质 2 对介质 1 的相对折射率. 式(16.2)称为布儒斯特定律(Brewster's law).

实验还表明,无论入射角怎样改变,折射光都不会成为线偏振光.

16.3.2 折射起偏 玻璃片堆

自然光以起偏振角入射到两种介质界面时,反射光为线偏振光,但其强度只是入射光强度的很小一部分,光强很弱. 而折射光是以平行振动成分为主的部分偏振光. 为了增加反射光的强度和折射光的偏振化程度,实验中可采用玻璃片堆,它由多片平行玻璃片叠合在一起构成.

为了分析玻璃片堆产生线偏振光的原理,我们先讨论光通过一片玻璃片的情况,如图 16.12 所示,一束光以布儒斯特角 i_0 入射,上表面反射的是线偏振光,只含有垂直振动成分. 折射角 r 是下表面的入射角,而下表面的折射角恰是 i_0,光线透出后不改变方向,仍与上表面的入射光平行. 又因为

$$i_0+r=90°$$

由折射定律得

$$n_2\sin\ r=n_1\sin\ i_0=n_1\sin(90°-r)=n_1\cos\ r$$

所以

$$\tan\ r=\frac{n_1}{n_2}=n_{12}$$

因此下表面的入射角也是布儒斯特角,其反射光也只有垂直振动成分,折射光中垂直分量进一步减少.

当自然光连续通过许多平行玻璃片(玻璃片堆)时,经过多次反射和折射,最后透过的光中,垂直分量几乎被反射掉,剩下的也几乎是平行分量的线偏振光,如图 16.13 所示. 玻璃片越多,透射光的偏振化程度越高. 如果不考虑吸收,最后透过的平行分量与反射的垂直分量光强各占入射自然光光强的一半.

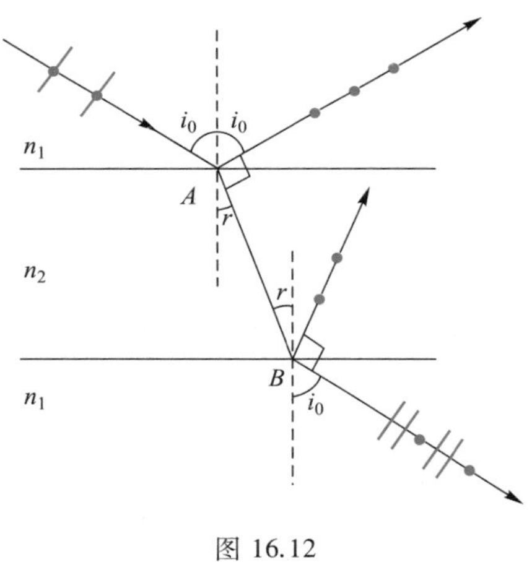

图 16.12

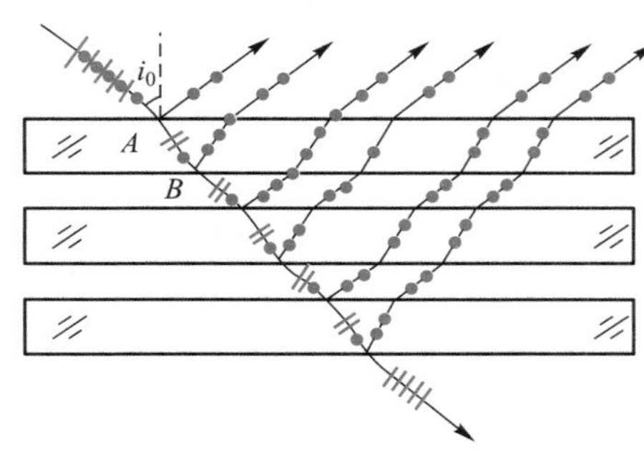

图 16.13 玻璃片堆产生线偏振光

*16.4 光的双折射 尼科耳棱镜

16.4.1 光的双折射现象

一束自然光线在两种各向同性介质的分界面上折射时,遵守折射定律,这时只有一束折射光线,且在入射面中传播,方向由下式决定:

$$\frac{\sin\ i}{\sin\ r}=\frac{n_2}{n_1}=n_{21}$$

但是，当一束自然光射入各向异性晶体时，例如光线进入方解石晶体（即 $CaCO_3$ 的天然晶体）后，会分成两束折射光线，如图 16.14（b）所示，它们沿不同方向折射，称为双折射（double refraction）现象．因此，通过方解石观察物体时，就能看到物体的像会成为双重的像，如图 16.14（a）所示．除立方系晶体（如 NaCl）外，光线进入一般晶体时，都将产生双折射现象．

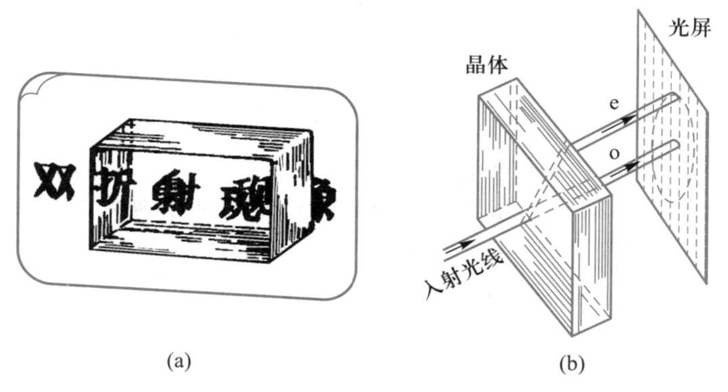

(a) (b)

图 16.14 方解石的双折射现象

实验证明，由双折射产生的两束折射光，性质很不同．对于方解石这样的晶体，其中一束折射光完全遵循折射定律，位于入射面内，入射角 i 和折射角 r 满足

$$\frac{\sin i}{\sin r}=\frac{n_2}{n_1}=n_{21}$$

折射率 n_{21} 是常数，与 i、r 无关，这束光称为寻常光线（ordinary light），用 o 表示，简称 o 光；另一束折射光不满足折射定律，即当入射角 i 改变时，有

$$\frac{\sin i}{\sin r}\neq 常数$$

且该折射光线一般也不在入射面内，这束光称为非常光线（extra-ordinary light），用 e 表示，简称 e 光．当入射光垂直于晶体表面入射（$i=0$）时，寻常光线沿原方向前进，而非常光线一般不沿原方向前进，如图 16.14（b）所示．这时如果旋转方解石晶体，将发现 o 光不动，而 e 光却随着晶体旋转而绕 o 光转动起来．

实验发现，在晶体内，存在着特殊方向，当光在晶体中沿这个方向传播时不发生双折射，这个特殊方向称为晶体的光轴（optic axis）．

方解石的天然结构形式是平行六面体，每个表面都是平行四边形，它的锐角约为 78°，钝角约为 102°，如图 16.15 所示．从其三个钝角相会合的顶点（图中 A 点或 B 点）引出一条直线，并使它与三个相邻棱边成等角，这一直线方向就是方解石晶体的光轴方向，即沿着这一方向传播时，o 光和 e 光的折射率相同，传播速度相等．这里必须强调：光轴是晶体内部的一个特定方向，而不限于一条特定直线．因此在晶体内任何一条与上述光轴方向平行的直线都是晶体的光轴．

方解石、石英、红宝石等晶体只有一个光轴方向，它们称为单轴晶体（uniaxial crystal）．而自然界中大多数晶体，如云母、硫黄、蓝宝石等都有两个光轴方向，它们称为双轴晶体

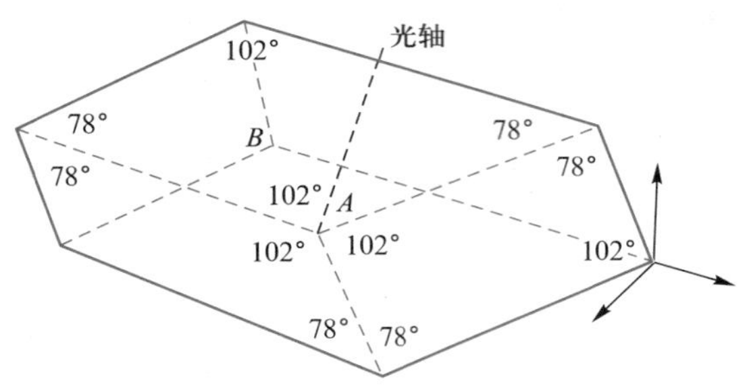

图 16.15 方解石晶体

(biaxial crystal). 下面只讨论单轴晶体的情况.

晶体中任一光线的传播方向和光轴方向构成的平面称为该光线的主平面(principal plane). o 光和光轴构成的平面就是 o 光的主平面,同样,e 光和光轴构成的平面,就是 e 光的主平面.

实验表明,o 光和 e 光都是线偏振光,一束自然光进入各向异性晶体发生双折射即可得到线偏振光. 实验还发现,o 光的振动方向恒垂直于其主平面,而 e 光的振动即在其主平面内. 一般情况下,o 光和 e 光的主平面间有一不大的夹角,因而 o 光和 e 光的振动面不完全垂直. 但在特殊情况下,即当晶体的光轴在入射面内时,o 光和 e 光以及它们的主平面都与入射面重合,这时两者光矢量的振动方向相互垂直,如图 16.16 所示. 我们重点讨论这种情况.

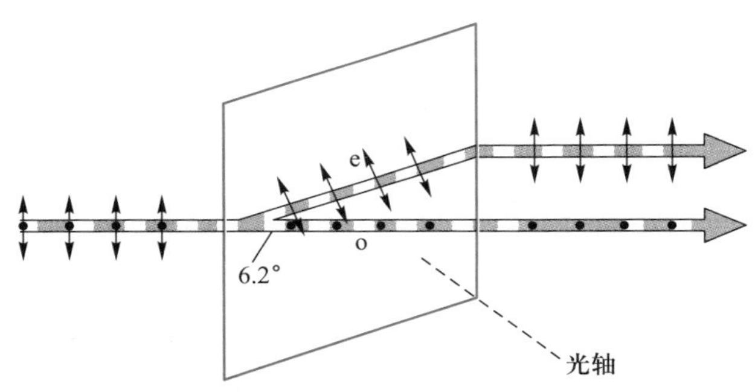

图 16.16 自然光通过方解石时,o 光和 e 光的偏振情形

产生双折射的原因是 o 光和 e 光在各向异性晶体中的传播速率不同(故折射率不同). o 光在晶体中沿各个方向的传播速率相同,在晶体中任一点所引起的子波波面是一球面. 而 e 光在晶体中沿不同方向的传播速率不同,在晶体中同一点所引起的子波波面是以光轴为轴的旋转椭球面,如图 16.17 所示. 在光轴方向上,o 光和 e 光的速率相等,上述两子波波面相切;在垂直于光轴的方向上,两光线传播速率相差最大. o 光的传播速率用 v_o 表示,折射率用 n_o 表示. e 光在垂直于光轴方向上的传播速率用 v_e 表示,折射率用 n_e 表示,则有 $n_o=c/v_o$,$n_e=c/v_e$. n_o 和 n_e 称为晶体的主折射率

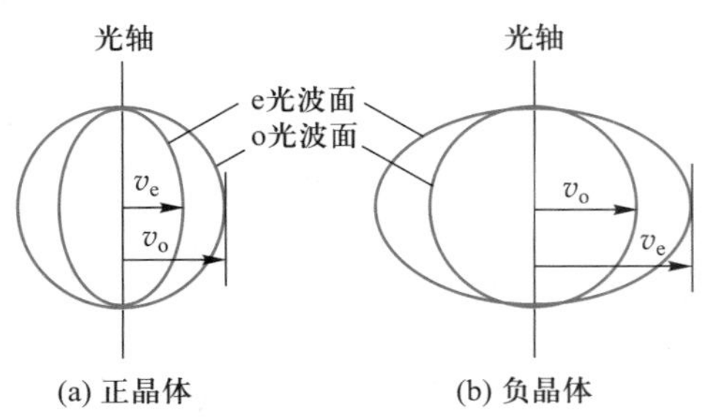

图 16.17 正晶体和负晶体的子波波面

(principal refractive index),它们是晶体的两个重要光学参量. e 光在晶体内其他方向上的折射率介于 n_o 与 n_e 之间.

有些晶体 $v_o>v_e$,亦即 $n_o<n_e$,称为正晶体(positive crystal),如石英等. 另外有些晶体,$v_o<v_e$,即 $n_o>n_e$,称为负晶体(negative crystal),如方解石等.

下面以方解石晶体(单轴负晶体)为例,根据惠更斯原理用作图法解释双折射现象.

在图 16.18(a)中,平行光斜入射晶体表面,晶体的光轴与晶面斜交. AC 为入射波的一个波面. 当入射波由 C 传到 D 时,自 A 点已向晶体内发出球面和椭球面形状的两个子波波面,两者相切于光轴上的 G 点. 从 D 点作平面 DE 和 DF 分别与球面和椭球面相切. 则 DE 为 o 光在晶体内的新波面,DF 为 e 光的新波面. 引 AE 和 AF 两条线,就分别得到 o 光和 e 光在晶体中传播的方向. 由图可见,o 光和 e 光在晶体内的波线不重合,产生了双折射现象. 这里,e 光的传播方向与波面并不垂直.

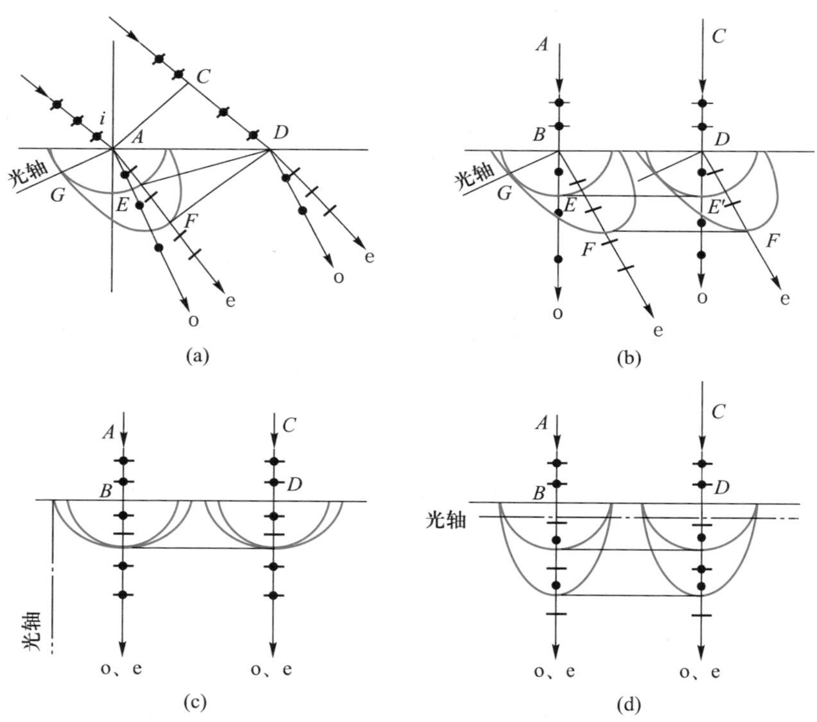

图 16.18 用惠更斯原理解释双折射现象

在图 16.18(b)中,平行光垂直入射晶体表面,晶体的光轴与晶面斜交. 自波面上任意两点 B 和 D 分别向晶体内发出球形和椭球形两个子波波面,两波面相切于光轴上的 G 点. 作 EE'和 FF'分别与上述两子波波面相切,就得到 o 光和 e 光在晶体内新的波面. 引 BE 和 BF 两线,就分别得到 o 光和 e 光在晶体内传播的方向. 由图可见,o 光沿原来的方向前进,而 e 光并不沿原方向前进.

在图 16.18(c)中,平行光垂直入射晶体表面,晶体的光轴垂直于晶面. 这时,因 e 光和 o 光沿光轴传播的速率相等,故球形和椭球形的波面在光轴上相切,即两波面重合,此时两光的波线相重合，不产生双折射.

在图 16.18(d) 中，平行光垂直入射晶体表面，晶体的光轴与晶面平行. 在这种情况下，o 光和 e 光的波线仍重合，两光线不分开. 但是两者的传播速率不同，因此 e 光和 o 光的波面不重合而具有相位差.

16.4.2 尼科耳棱镜

除了前面提到的偏振片、玻璃片堆外，利用晶体双折射现象也可以由自然光获得偏振光. o 光和 e 光都是线偏振光，只要设法将它们分开或除去一束，就可以制成性能良好的偏振元件. 尼科耳棱镜(Nicol prism)就是利用这个原理获得线偏振光的.

图 16.19 是尼科耳棱镜的示意图. 它是由两块按一定要求磨研的方解石棱镜 *ABD* 和 *ACD* 用加拿大树胶黏合而成的，*QQ'* 为光轴方向. 当自然光平行于棱 *AC* 入射到端面 *AB* 后，由双折射产生 o 光和 e 光. o 光约以 76° 的入射角射向加拿大树胶层. 已知加拿大树胶的折射率 $n=1.550$，较之方解石对 o 光的折射率 $n_o=1.658$ 为小，且入射角 $i=76°$ 已超过临界角(约为 69°15′)，o 光将发生全反射不能穿过加拿大树胶层，全反射的光线被棱镜涂黑的侧面所吸收. 在这种情况下 e 光因折射率 $n_e=1.486$ 小于加拿大树胶的折射率，所以不会发生全反射，而能穿过加拿大树胶层从棱镜右端面射出. 射出的线偏振光的振动方向在棱镜的主截面(*ABCD* 平面)内.

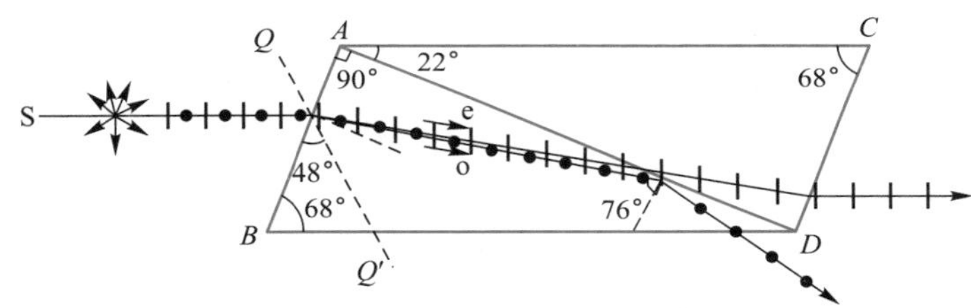

图 16.19 尼科耳棱镜示意图

尼科耳棱镜既可作为起偏器又可作为检偏器.

16.4.3 波片

表面与光轴平行的晶体薄片称为波片(wave plate)，波片通常是用方解石或石英等单轴晶体按需要的厚度切割而成的. 由图 16.18(d) 可知，平行光垂直入射晶面的情况下，从波片射出的 e 光和 o 光虽然没有分开，但两者有一定的相位差. 设波片的厚度为 d，e 光和 o 光的折射率分别为 n_e 和 n_o，则两光束从波片射出后的相位差为

$$\Delta\varphi=\frac{2\pi}{\lambda}(n_o-n_e)d \tag{16.3}$$

由此可见，改变波片的厚度 d，可以获得两光束之间的不同相位差.

若波片的厚度 d 使 o 光和 e 光产生 $\frac{\pi}{2}$ 的相位差，即

$$\Delta\varphi=\frac{2\pi}{\lambda}(n_o-n_e)d=\frac{\pi}{2}$$

相应光程差

$$\delta=(n_o-n_e)d=\frac{\lambda}{4}$$

这时波片厚度

$$d=\frac{\lambda}{4(n_o-n_e)} \tag{16.4}$$

此波片称为该波长的 1/4 波片(quarter-wave plate).

对于线偏振光,由于它可以分解为分别沿 o 光、e 光方向,相位相同的两个线振动,经过 1/4 波片后,这两个振动相位差为 π/2,因此多数情形下出射的是椭圆偏振光,在特殊情形下也可能是圆偏振光或线偏振光.

若波片的厚度 d 使 o 光和 e 光产生的相位差是

$$\Delta\varphi=\frac{2\pi}{\lambda}(n_o-n_e)d=\pi$$

即

$$\delta=(n_o-n_e)d=\frac{\lambda}{2}$$

则

$$d=\frac{\lambda}{2(n_o-n_e)} \tag{16.5}$$

此波片称为该波长的半波片(half-wave plate).

*16.5 偏振光的干涉

16.5.1 偏振光的干涉

如图 16.20 所示,Ⅰ、Ⅱ为两个偏振化方向正交的偏振片,C 为光轴平行于晶体表面的双折射晶体. 一束单色的自然光经起偏器Ⅰ成为线偏振光,再垂直射入晶体表面,成为两束偏振光(o 光和 e 光). 由于它们振动方向相互垂直,所以不会发生干涉. 若把它们再射入检偏器Ⅱ,就得到在偏振化方向上振动的两束相干光. 视场明或暗取决于晶体的厚度,如果晶片

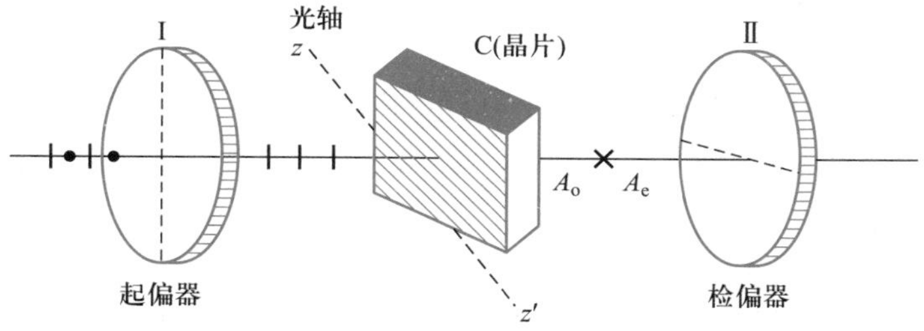

图 16.20 偏振光的干涉

C 的厚度不均匀,在视场中就能看到明暗的干涉条纹. 若改为白光照射,就可看到彩色条纹. 这种现象称为偏振光的干涉.

在图 16.21 中,直线 M 和 N 代表两正交偏振片的偏振化方向,zz'代表晶体的光轴方向,设 θ 为线偏振光振动方向与晶体光轴方向的夹角,A 为入射到晶面上的光振幅. 线偏振光垂直射入晶体,分解为在沿光轴方向振动的 e 光和垂直于光轴方向振动的 o 光,其振幅分别为

$$A_e = A\cos\theta$$

$$A_o = A\sin\theta$$

两束光在晶体内沿垂直于光轴方向传播时,虽然 o 光和 e 光的传播方向一致,但它们的折射率不同,传播速度也不同,因而通过晶片后,o 光与 e 光之间有相位差

$$\Delta\varphi = \frac{2\pi}{\lambda}(n_o - n_e)d$$

式中 n_o 是 o 光的折射率,n_e 是 e 光的折射率,d 是晶片厚度,λ 是单色光波长.

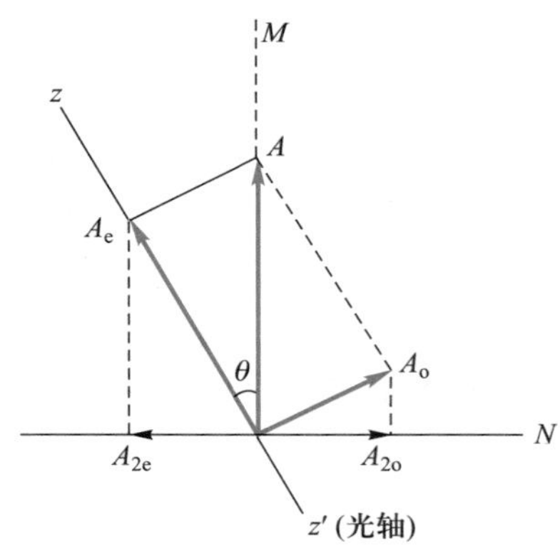

图 16.21 两相干偏振光振幅的确定(M 垂直 N)

这两束光通过检偏器Ⅱ,只允许与偏振化方向 N 相同的分量通过,如图 16.21 所示. 其通过的分量的振幅分别为

$$A_{2e} = A_e\sin\theta = A\sin\theta\cos\theta$$

$$A_{2o} = A_o\cos\theta = A\sin\theta\cos\theta$$

由此可见,这两束光是由同一线偏振光所产生的同振幅、同频率,且在同一直线上振动的相干光. 由于 A_{2e} 与 A_{2o} 对应的光振动方向相反,产生附加相位差 π,所以这两束相干光的总相位差 $\Delta\varphi$ 为晶片厚度引起的相位差与附加相位差之和,即

$$\Delta\varphi = \frac{2\pi}{\lambda}(n_o - n_e)d + \pi \tag{16.6}$$

两偏振片Ⅰ、Ⅱ正交时的干涉加强和减弱的条件为

$$\Delta\varphi = \begin{cases} 2k\pi & \text{加强} \\ (2k+1)\pi & \text{减弱} \end{cases} \quad (k=0,1,2,\cdots) \tag{16.7}$$

如果采用白光照射,那么一定厚度的晶片对于不同波长的光引起的相位差不同,某些波长符合干涉加强,而另一些波长又符合干涉相消,视场中将出现一定的色彩,这种现象称为色偏振.

若两个偏振片Ⅰ、Ⅱ的偏振化方向平行,则由图 16.22 可见,通过检偏器Ⅱ后,两束光的振幅分别为

$$A_{2e} = A_e\cos\theta = A\cos^2\theta$$

$$A_{2o} = A_o\sin\theta = A\sin^2\theta$$

由图可见,A_{2e} 与 A_{2o} 对应的光振动方向相同,没有引起附加的相位差,其总相位差就等于晶片厚度引起的相位

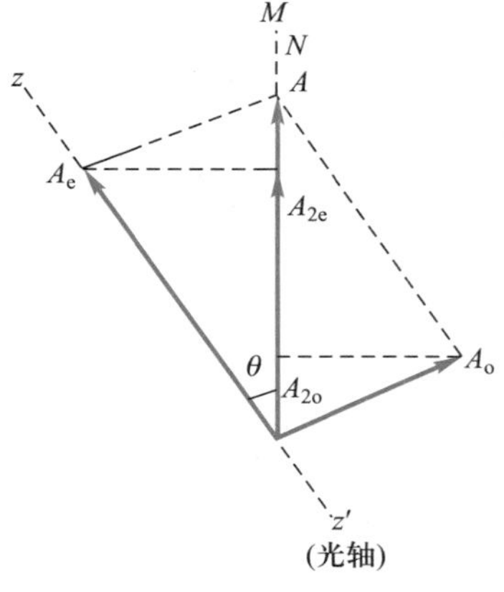

图 16.22 两相干偏振光振幅的确定(M 平行 N)

差，即

$$\Delta\varphi=\frac{2\pi}{\lambda}(n_o-n_e)d=\begin{cases}2k\pi & \text{加强}\\(2k+1)\pi & \text{减弱}\end{cases}\quad(k=0,1,2,\cdots)\tag{16.8}$$

由于 $A_{2e}\neq A_{2o}$，所以满足干涉相消条件时，其合振幅 $A=|A_{2e}-A_{2o}|\neq 0$，视场中光强最小但不为零. 只有当 $\theta=45°$ 时，才有 $A_{2o}=A_{2e}$，干涉相消的结果为合振幅 $A=0$，视场中光强才为零.

在上面的讨论中，晶片的厚度是均匀的，用单色光入射，当干涉加强时，检偏器Ⅱ后面视场为亮场；当干涉相消时，Ⅱ后面是暗场. 如果晶片厚度不均匀，例如做成如图 16.23 所示的劈尖形，视场中将出现明暗相间的等厚干涉条纹.

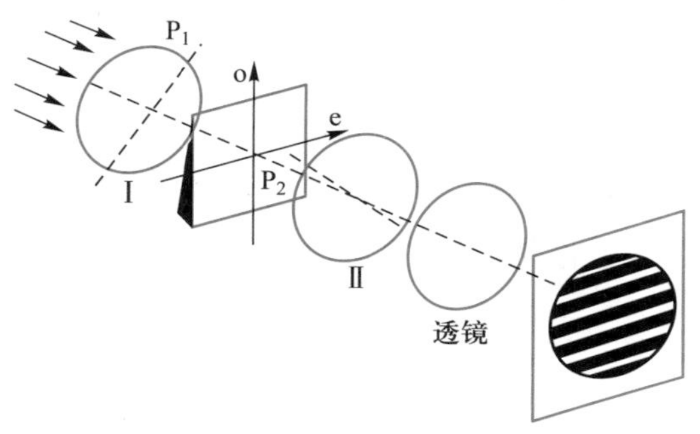

图 16.23

当在图 16.23 的装置中用白光照射时，各种波长的光干涉条纹不一致，在某种颜色的光出现暗纹的地方就会显示它的互补色彩，这样，视场中将出现彩色条纹.

偏振光干涉有很多应用，例如在偏光显微镜中，应用偏振光干涉分析判断矿物的种类和性质. 偏振光干涉也是检验双折射现象最灵敏的方法.

16.5.2 人为双折射现象

某些各向同性介质在一定的外界条件（或人为条件）下会变成各向异性介质，产生双折射现象，称为人为双折射现象.

一、光弹效应

原来透明的各向同性的介质在机械力的作用下，显示出光学上的各向异性，这种现象称为光弹效应（photoelastic effect）.

晶体的双折射与晶体的各向异性密切相关，非晶体物质例如玻璃、塑料等，在外力作用下变形时，会失去各向同性的特征而具有各向异性的性质，因而能呈现双折射现象. 如图 16.24 所示，把一块塑料板放在两个正交的偏振片之间，当塑料板受到竖直方向的压缩或拉伸时，其性质就和以竖直方向为轴的单轴晶体相仿. 这时垂直入射的偏振光在塑料板内分解为 o 光和 e 光，两光线的传播方向一致，但速度不等，即折射率不等. 实验证明，n_o 和 n_e 之间的关系为

$$n_o-n_e=kp\tag{16.9}$$

式中 k 是由非晶体材料的性质决定的比例系数，p 是压强. 不仅如此，这两条光线穿过偏振片Ⅱ之后，将进行干涉，出现干涉的色彩和条纹，而且应力越集中的地方，各向异性越强，干涉条纹越细密. 这就是图 16.24 的装置中观察到的现象. 光测弹性仪就是利用这种原理来检查

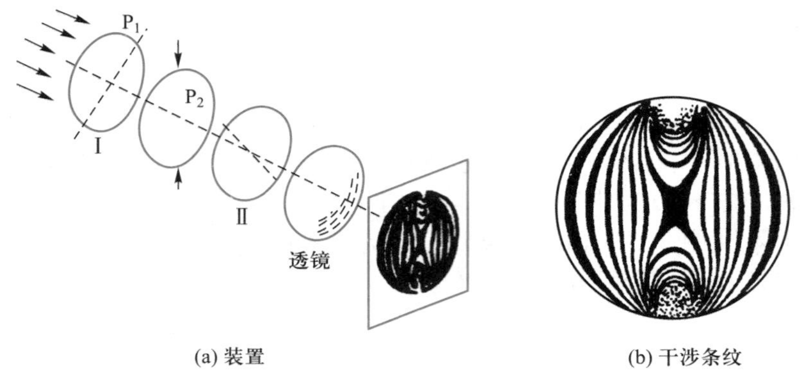

图 16.24 光弹效应

应力分布的仪器,它有很广泛的实际应用. 例如为了设计机械零件、桥梁或水坝,可用透明塑料板模拟它们的形状,并根据实际情况按比例地加上应力,然后用光测弹性仪显示出其中的应力分布来.

二、电光效应

在外加电场的作用下,可使某些各向同性的透明介质变成各向异性介质,从而产生双折射,这种现象称为电光效应(electro-optic effect).

(1) 克尔效应

如图 16.25 所示,在一个有平行玻璃窗的小盒内封着一对平行板电极,盒内充有硝基苯($C_6H_5NO_2$)的液体. 将此盒(称克尔盒)放于两正交的偏振片之间,电极间电场方向与两偏振片的偏振化方向均成 45°角. 电极间不加电压时,没有光射出这对正交的偏振片,这表明盒内液体没有双折射效应. 当两极板间加上适当大小的强电场(约 10^4 V/cm)时,就有光线透过这个光学系统. 这表明,盒内液体在强电场作用下变成了双折射物质,它把进来的线偏振光分解成 o 光和 e 光,并以不同的速率通过液体,使它们之间产生附加相位差. 这种现象称为克尔效应(Kerr effect),是英国物理学家克尔(J. Kerr)在 1875 年发现的.

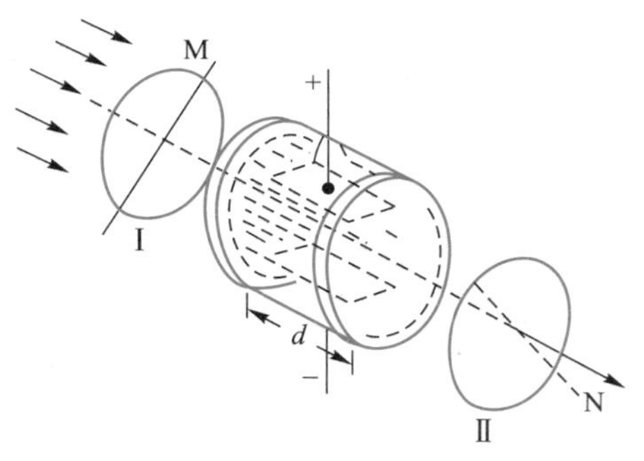

图 16.25 克尔效应

实验表明,电场 $\boldsymbol{E}$ 的方向相当于光轴方向,o 光和 e 光折射率之差正比于电场强度 E 的平方,即

$$n_o - n_e = kE^2 \tag{16.10}$$

式中 k 为克尔常量,它与液体的种类有关. 波长为 λ 的光通过厚度为 d 的液体后,o 光与 e 光的相位差为

$$\Delta\varphi = \frac{2\pi}{\lambda}(n_o - n_e)d = \frac{2\pi}{\lambda}kE^2 d \tag{16.11}$$

若平行板电极间距离为 D,所加电压为 U,则因 $E=U/D$,故有

$$\Delta\varphi=\frac{2\pi}{\lambda}\frac{kd}{D^2}U^2 \tag{16.12}$$

当外加电压 U 变化时,$\Delta\varphi$ 随之变化,从而使透过 N 的光强也随之变化. 因而,利用克尔效应可对偏振光进行调制. 克尔效应产生和消失所需时间极短,约 10^{-9} s. 因此利用克尔效应可以制成速度极快的光开关. 这种高速光开关已被广泛地应用于高速摄影、激光通信、电视、传真等设备中.

(2) 泡克耳斯效应

近年来,随着激光技术的迅速发展,对电光开关、电光调制的要求越来越广泛、越来越高. 克尔盒逐渐为某些具有电光效应的晶体(一般都是压电晶体)所代替,其中最典型的是 KDP 晶体. 它的化学成分是磷酸二氢钾(KH_2PO_4),这种晶体在自由状态下是单轴晶体,但在电场的作用下变成双轴晶体,沿原来光轴的方向产生附加的双折射效应. 这种效应与克尔效应不同,其折射率之差 n_o-n_e 与电场强度 E 成正比. 这种效应叫泡克耳斯效应(Pockels effect),是德国物理学家泡克耳斯(Pockels)在 1893 年首先提出的. 利用泡克耳斯效应制成的器件的主要优点是工作电压较低,且是线性的. KDP 晶体的响应时间很短,通常小于 10 ns,它的调制频率高达 2.5×10^{10} Hz. 已经被用作超高速快门、激光器的 Q 开关以及从直流到 3×10^{10} Hz 的光调制器,应用到许多电光系统中,例如数据处理和显示技术.

【前沿进展】

非线性光学研究介质在强光作用下产生的非线性响应及其应用. 激光出现之前,光学基本上是研究弱光束在介质中的传播,决定介质光学性质的折射率或极化率是与光强无关的常量,介质的极化强度与光波的电场强度成正比,光波叠加时遵从线性叠加原理. 在上述条件下研究光学问题称为线性光学. 对很强的激光,例如当光波的电场强度可与原子内的电场强度(10^{11} V/m)相比拟时,光与介质的相互作用将出现非线性效应,反映介质响应的物理量(如极化强度等)不仅与电场强度 E 的一次方有关,而且取决于 E 的更高次方,从而导致线性光学中不明显的许多新现象. 包括:

(1) 高次谐波. 弱光进入介质后频率保持不变. 强光进入介质后,由于介质的非线性效应,除原来的频率 ω 外,还将出现频率为 $2\omega,3\omega,\cdots$ 的高次谐波. 1961 年,美国物理学家首次在实验上观察到二次谐波. 他们把红宝石激光器发出的 3 000 W 红色(波长 694.3 nm)激光脉冲聚焦到石英晶片上,观察到了波长为 347.15 nm 的紫外二次谐波. 非线性介质的这种倍频效应在激光技术中有重要应用.

(2) 光学混频. 与电子学中非线性器件可产生混频一样,介质的非线性效应可产生光学混频. 当两束频率为 ω_1 和 $\omega_2(\omega_1>\omega_2)$ 的激光同时射入介质时,如果只考虑二次项,则将产生频率为 $\omega_1+\omega_2$ 的和频项和频率为 $\omega_1-\omega_2$ 的差频项. 利用光学混频可制作光学参量振荡器,这是一种可在很宽范围内调谐的类似激光器的光源,可以发射从红外线到紫外线的相干辐射.

(3) 受激拉曼散射. 普通光源产生的拉曼散射是自发拉曼散射,散射光是不相干的. 当入射光束用很强的激光束时,激光辐射与物质分子的强烈作用,使散射过程具有受激发射的性质,称为受激拉曼散射. 所产生的拉曼散射光具有很高的空间相干性和时间相干性,其强度也比自发拉曼散射光强得多. 利用受激拉曼散射可获得多种新波长的相干辐射,并为深入

研究强光与物质相互作用的规律提供了新手段.

(4) 自聚焦. 介质在强光作用下折射率将随光强的增加而增加. 激光光束的强度具有高斯分布,光强在中央轴处最大,并向外围递减,轴线附近也就有较大的折射率,光束将向轴线自动会聚,直至光束达到一细丝极限(直径约 5×10^{-6} m),并在这细丝范围内产生全反射,就像光在光学纤维内传播一样.

研究非线性光学对在更广的波段范围内获得相干辐射、光谱学的发展以及物质结构的分析和探讨等都有重要意义. 常用的非线性光学晶体有磷酸二氢钾(KDP, KH_2PO_4)、磷酸二氢铵($ADP, NH_4H_2PO_4$)、磷酸二氘钾($DKDP, KD_2PO_4$)等,近年来人们又研制出非线性系数更大的新材料,如铌酸锂($LiNbO_3$)和铌酸钡钠($Ba_2NaNb_5O_{15}$)等.

* 16.6 旋光现象

1811 年法国物理学家阿拉果(D. F. J. Arago)发现,线偏振光通过某些透明物质时,它的振动面将以光的传播方向为轴线旋转一定的角度,这种现象称为旋光现象. 能够使振动面旋转的物质称为旋光物质. 石英等晶体以及糖溶液、松节油等液体都是旋光性(optical activity)较强的物质. 实验表明,振动面旋转的角度取决于旋光物质的性质、厚度或浓度以及入射光的波长. 旋光现象有助于了解物质结构的信息,对旋光现象的研究在光学、生物学和化学中都有十分重要的意义.

图 16.26 所示的是旋光现象的观察装置. M、N 两个偏振片的偏振化方向正交,单色平行光通过时,屏上呈现消光. 若把光轴与晶面垂直的石英晶片置于两正交的偏振片之间,此时屏上视场由暗变亮;若 N 转过一定的角度,视场又呈现消光. 这一现象表明,线偏振光通过石英晶片以后,振动面发生了旋转. 实验证明,线偏振光的振动面转过的角度 ψ 与光在该物质中通过的距离 d 成正比,即

$$\psi=\alpha d \tag{16.13}$$

比例系数 α 称为物质的旋光率(rotatory power),它与旋光物质的性质及入射光的波长有关. 不同波长的光旋转的角度不同,如图 16.27 所示. 1 mm 厚的石英晶片,可使波长 589 nm 的线偏振光转过 21.75°,而波长 404.7 nm 的线偏振光则转过 48.95°,257.5 nm 的光则转过 143°,波长越短转过角度越大. 旋光率随波长变化的现象称为旋光色散.

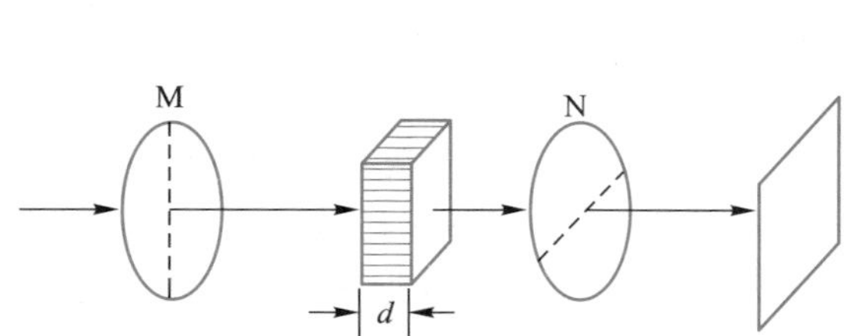

图 16.26 观察旋光现象的实验简图

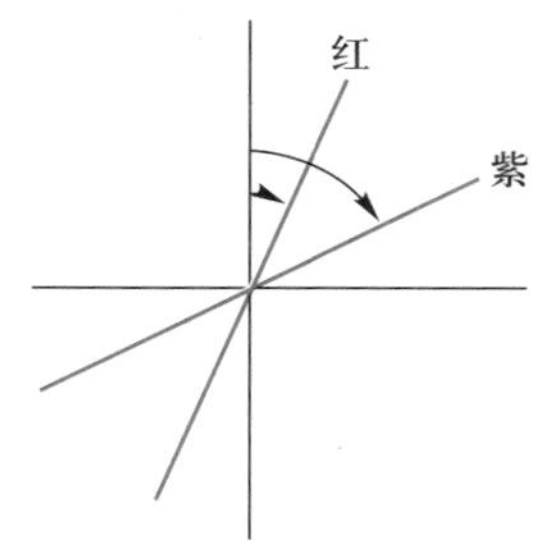

图 16.27 旋光色散

实验还发现，不同的旋光物质可使线偏振光的振动面向不同的方向旋转．当迎着光线观察时，使振动面顺时针旋转的物质称为右旋光物质，逆时针旋转的物质称为左旋光物质．自然界中存在的石英虽然分子式都是 SiO_2，但是它们的分子排列不同，具有右旋和左旋两种类型，它们的分子排列结构是成镜像排列的．

对于糖溶液和松节油等液体，其振动面的旋转角度可用下式表示

$$\psi=\alpha c d \tag{16.14}$$

式中 α 和 d 的意义同上，c 是旋光物质的浓度．可见，当一定波长的线偏振光通过一定厚度的旋光性溶液后，其旋转角与液体的浓度成正比．液体的旋光本领随浓度而变，这个事实对测定溶液中含糖量特别重要，例如用来测定尿中或者糖浆中的糖分．

目前还发现许多生物物质、有机物质也具有旋光性，而且也有左右两种旋光异构体．例如，自然界和人体的葡萄糖是右旋光物质，构成蛋白质的氨基酸是左旋光物质，而青霉素则含有一定成分的右旋氨基酸．这些都是生物物理学乃至生命现象研究的课题．

用人为方法也可以产生旋光效应．1845 年法拉第发现，线偏振光通过某些原来不具有旋光性的物质时，如果沿光传播方向加上磁场，光的振动面会发生旋转，这种现象称为磁致旋光（magneto-optical rotation）或法拉第效应（Faraday effect）．这个发现在物理学发展史上有着重要意义，它首次揭示了光现象与电磁现象之间的联系．

与自然旋光不同，在磁致旋光中振动面的旋转方向只取决于磁场方向，与光的传播方向无关．如果使光束往返通过磁致旋光物质，就能使旋转角度增加一倍．而在自然旋光效应中，振动面的旋转方向是与传播方向有关的．

磁光效应在科技领域中有着广泛的应用．例如制成磁光调制器；利用磁致旋光方向与光的传播方向无关的特性，可以制成单通光闸，它只允许光从一个方向通过而不能从反方向通过．它们都是现代光通信技术中广泛使用的重要器件．

【网络资源】

小　结

光是横波，有自然光、部分偏振光、线偏振光、椭圆偏振光和圆偏振光五种偏振态．理解自然光和线偏振光的概念，理解线偏振光的获得方法和检验方法是本章学习的重点．

利用晶体的“二向色性”制成的偏振片只允许某一方向的光振动通过，和这一方向垂直的光振动完全被吸收．偏振片可作起偏器，也可作检偏器．线偏振光通过检偏器后的透射光强由马吕斯定律决定．

自然光在两种介质分界面反射时,反射光是部分偏振光,当入射角满足布儒斯特定律时,反射光为线偏振光,其光振动方向与入射面垂直,此时折射光线与反射光线相互垂直.理解马吕斯定律和布儒斯特定律是本章学习的重点.

一束自然光射入某些晶体时,会分成两束,o光和e光都是线偏振光,而且两者光振动方向一般相互垂直.利用惠更斯原理作图,可确定o光和e光的方向.光在晶体中的双折射现象是本章学习的重点和难点.

利用晶片和检偏器可以使偏振光分成振动方向相同、相位差恒定的相干光而发生干涉.了解波片的作用和偏振光干涉现象及原理是本章的难点.

附:本章的知识网络

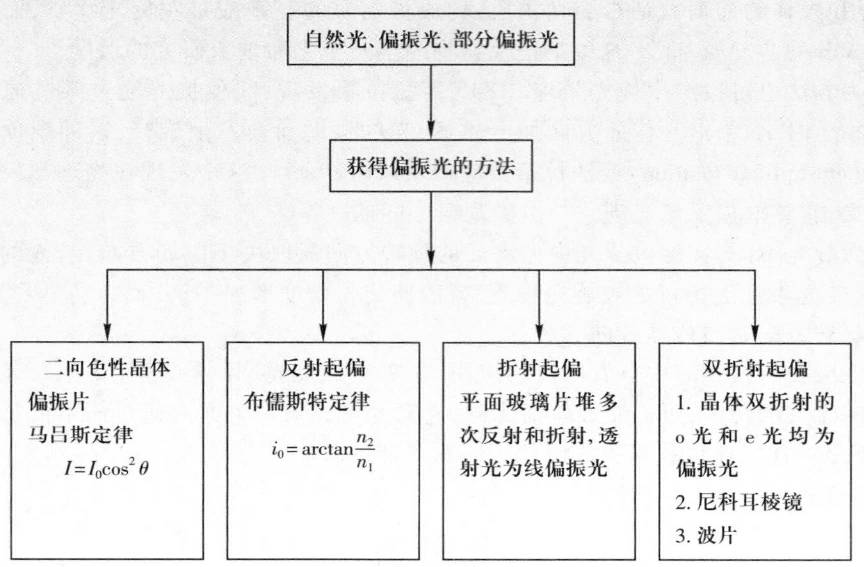

思 考 题

16.1 自然光是否一定不是单色光?线偏振光是否一定是单色光?

16.2 用偏振片怎样来区分自然光、部分偏振光和线偏振光?

16.3 仅用检偏器观察一束光时,光强有一最大但无消光位置.在检偏器前加一个1/4波片,使其光轴与上述强度为最大的位置平行.通过检偏器观察时有一消光位置,这束光是(　　).

A. 部分偏振光　　B. 圆偏振光

C. 线偏振光　　D. 椭圆偏振光

16.4 一束光入射到两种透明介质的分界面上时,发现只有透射光而无反射光,试说明这束光是怎样入射的？其偏振状态如何？

16.5 在单轴晶体中，e 光是否总是以 c/n_e 的速率传播？在哪个方向光以 c/n_o 的速率传播？

16.6 是否只有自然光入射晶体时才能产生 o 光和 e 光？

习题

16.1 使自然光通过两个偏振化方向夹角为 60° 的偏振片时，透射光强为 I_1，今在这两个偏振片之间再插入一偏振片，它的偏振化方向与前两个偏振片均成 30°，问此时透射光强 I 与 I_1 之比为多少？

16.2 一束光是自然光和线偏振光的混合光，让它垂直通过一偏振片. 若以此入射光束为轴旋转偏振片，测得透射光强最大值是最小值的 5 倍，那么入射光束中自然光与线偏振光的光强比值为多少？

16.3 两个偏振片 P_1 和 P_2 叠在一起，由强度相同的自然光和线偏振光混合而成的光束垂直入射在偏振片上. 已知穿过 P_1 后的透射光强为入射光强的 1/2；连续穿过 P_1 和 P_2 后的透射光强为入射光强的 1/4. 问：

(1) 若不考虑 P_1 和 P_2 对可透射分量的反射和吸收，入射光中线偏振光的光矢量振动方向与 P_1 的偏振化方向夹角 θ 为多大？P_1 和 P_2 的偏振化方向间的夹角 α 为多大？

(2) 若考虑每个偏振光对透射光的吸收率为 5%，且透射光强与入射光强之比仍不变，此时 θ 和 α 应为多大？

16.4 两个正交的偏振片之间插入另一偏振片，并以角速度 ω 旋转，以光强稳定的自然光入射，证明透射光被调制，且调制频率为转动频率的 4 倍.

16.5 一束自然光从空气入射到折射率为 1.40 的液体表面上，其反射光是完全偏振光. 试求：

(1) 入射角；

(2) 折射角.

16.6 某种透明介质对于空气的临界角（指反射情况）等于 45°，光从空气射向此介质时的布儒斯特角是多少？

16.7 有一平面玻璃板放在水中，板面与水面夹角为 θ（见题图）. 设水和玻璃的折射率分别为 1.333 和 1.681. 欲使图中水面和玻璃板面的反射光都是完全偏振光，θ 角应为多大？

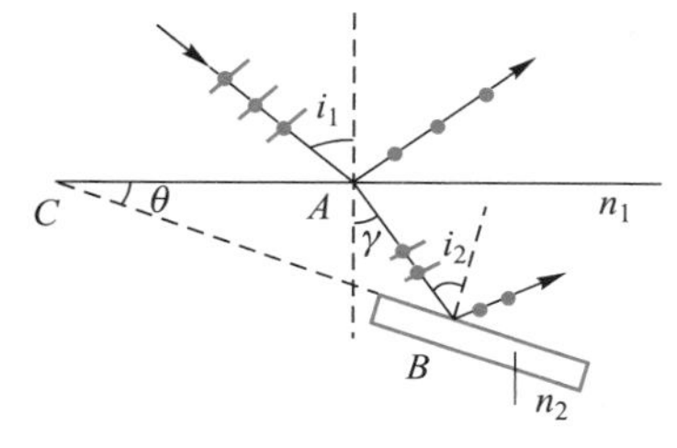

习题 16.7 图

16.8 一方解石晶片的表面与其光轴平行，放在偏振化方向相互正交的偏振片之间，晶片的光轴与偏振片的偏振化方向成 45°. 试问：

(1) 要使 $\lambda = 500$ nm 的光不能透过检偏器，晶片的厚度至少多大？

（2）若两偏振片的偏振化方向平行，要使 $\lambda=500\ \text{nm}$ 的光不能透过检偏器，晶片的厚度又为多少？已知晶片的 $n_o=1.658$，$n_e=1.486$.

习题参考答案

第17章　相对论基础

经典物理学曾经取得过辉煌成就，然而在迈克耳孙的以太漂移实验中却显露出危机. “以太”怎么可能既被带动又不被带动呢？解决这个难题的人，是一代科学巨匠爱因斯坦(A. Einstein). 1905年9月，他的一篇题为《论运动物体的电动力学》的论文发表在德国《物理年鉴》上，文章从麦克斯韦电磁场理论应用到运动物体上所产生的矛盾入手，以新的时空观代替旧的时空观，建立起可以与光速相比较的高速物体运动规律，提出了举世闻名的狭义相对论(special relativity). 爱因斯坦以同时的相对性这一点为突破口，建立了全新的时间和空间理论. 这一理论仅适用于惯性系，将力学和电磁学统一起来. 在许多科学家还无法接受狭义相对论的时候，爱因斯坦又开始将相对性原理推广到非惯性系中，并于1913年提出广义相对论(general relativity)的基本原理，按照这些原理，爱因斯坦在1916年建立了广义相对论，把狭义相对论从惯性系推广到非惯性系，并把引力含在其中，建立起引力场理论.

本章将阐述相对论的实验基础、基本原理、时空观和一些主要结论. 根据爱因斯坦的两个基本假设导出洛伦兹坐标变换和速度变换，并在洛伦兹变换的基础上讨论狭义相对论的时空观，然后讨论相对论动力学问题，包括相对论质量、能量、动量及它们之间的相互关系. 最后介绍广义相对论的一些基本理论.

通过本章的学习，学生要理解相对论的基本原理，掌握洛伦兹坐标变换和速度变换，理解相对论的时空观. 理解狭义相对论力学的质速关系、质能关系、能量与动量的关系，并能用来分析计算有关的问题. 了解光的多普勒效应、引力场方程、广义相对论的预言及实验验证.

17.1　迈克耳孙-莫雷实验与狭义相对论的基本假设

*17.1.1　迈克耳孙-莫雷实验

一、绝对参考系的提出

如前所述，任何物理规律都是相对一定的参考系表述的. 牛顿力学规律遵从伽利略相对性原理，在各个惯性系中的表述是相同的. 当表征电磁规律的麦克斯韦方程组建立以后，人们自然会问：麦克斯韦方程组是否在各个惯性系中都成立？也就是说，麦克斯韦方程组的数学表述是否在各个惯性系中都具有相同的形式？

由麦克斯韦方程组得到电磁波的波动方程，确定电磁波在真空中的传播速度 $c=3.0\times 10^8$ m/s，这是一个常量，与传播方向无关. 若这个结论在惯性系 S 中是正确的，那么由伽利略速度变换，在相对 S 系做匀速直线运动的惯性系 S′中，真空中的光速不可能在各个方向都是常量 c. 因此，若伽利略变换正确，则麦克斯韦方程组在不同的惯性系中就将有不同的数学形式. 表征经典时空观的伽利略变换在当时被认为是不容置疑的，许多著名的物理学家都倾向于电磁规律不遵从相对性原理，麦克斯韦方程组只在一个特殊的惯性系中成立. 这个由电磁现象确定的特殊参考系，历史上称为绝对参考系（absolute reference frame）. 由于当时物理学家认为电磁波和机械波一样，是在弹性介质中传播的，这种传播电磁波的弹性介质就是所谓绝对静止的“以太（Ether）”，它充满整个宇宙空间. 所以，人们很自然地将绝对参考系与以太联系起来，绝对静止的以太就成为绝对参考系的物质体现. 从而，对于电磁规律来说，各个惯性系不再是平等的，以太参考系具有绝对的地位.

这个绝对参考系是否存在？如果存在的话，我们赖以生存的地球相对于以太的速度是多少？由于力学规律遵从相对性原理，所以我们不能借助力学实验来检测. 但是，倘若电磁规律确实不遵从相对性原理，就可以通过电磁实验（如测量光速实验）来实现这一目的. 科学家们设计了许多精巧的实验来探寻绝对参考系的存在，其中最著名的就是迈克耳孙-莫雷实验.

二、迈克耳孙-莫雷实验

1887 年，迈克耳孙（A. A. Michelson）和莫雷（E. W. Morley）合作，完成了一个具有特别重要意义的实验，即迈克耳孙-莫雷实验，以确定地球相对以太的运动.

如图 17.1 所示，从单色光源 S 发出的光束到达半镀镜 P 后分为两束，一束透射至反射镜 M_1 折回，又在 P 处反射并到达望远镜 T，另一束在 P 处反射后到达反射镜 M_2 后折回至 P，透射后亦到达 T. 两束光重新相遇时会发生干涉现象，出现明暗的干涉条纹. 如果光程差发生变化，则将出现干涉条纹的移动.

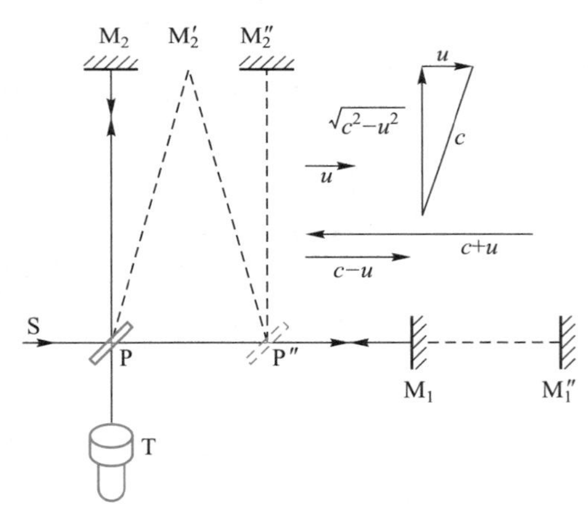

图 17.1 迈克耳孙-莫雷实验

在实验中，首先将迈克耳孙干涉仪的 PM_1 臂沿地球公转运动的方向放置，PM_2 臂与该方向垂直，两臂长度均为 l. 假设作为恒星的太阳相对于以太静止，则光源和干涉仪相对于以太沿 PM_1 臂的方向以地球公转速率 u 运动. 根据伽利略变换，光沿 PM_1 臂往返一次的时间为

$$t_1=\frac{l}{c-u}+\frac{l}{c+u}=\frac{2l}{c}\frac{1}{1-\dfrac{u^2}{c^2}}\approx\frac{2l}{c}\left(1+\frac{u^2}{c^2}\right)$$

由于地球的运动，所以相对于以太来说，往返于 P 与 M_2 间光束的路径为 $PM_2'P''$，所需的时间为

$$t_2=\frac{2l}{\sqrt{c^2-u^2}}=\frac{2l}{c\sqrt{1-\dfrac{u^2}{c^2}}}\approx\frac{2l}{c}\left(1+\frac{u^2}{2c^2}\right)$$

于是,由于光源和干涉仪的运动引起光在两臂传播的时间差为

$$\Delta t=t_1-t_2=\frac{lu^2}{c^3}$$

如将图 17.1 的装置顺时针转动 45°,由于两臂对称,上述时间差将消失,即时间差改变了 lu^2/c^3. 若再继续转动 45°,时间差将继续改变该数值,换句话说,时间差的总改变量为

$$2\Delta t=\frac{2lu^2}{c^3}$$

时间差的改变意味着两束光在重新相遇处光程差的改变,并引起干涉条纹的移动. 移动的条纹数为

$$\Delta N=\frac{c2\Delta t}{\lambda}=\frac{2lu^2}{\lambda c^2}$$

式中,λ 为所用单色光的波长.

迈克耳孙和莫雷在实验中用多次反射的方法使有效臂长 $l=11\ \text{m}$,光波波长 $\lambda=5.9\times10^{-7}\ \text{m}$. 若取地球相对以太的速度 $u\approx3\times10^4\ \text{m}\cdot\text{s}^{-1}$,则预期应有约 0.37 个条纹移动,但实验结果是 $\Delta N<0.01$. 这个实验重复做过多次,测量精度也不断提高,但总是一次比一次更加接近于零的结果. 迈克耳孙-莫雷实验否定了绝对参考系的存在. 迈克耳孙由于这方面的贡献,荣获 1907 年诺贝尔物理学奖.

17.1.2　狭义相对论的基本假设

迈克耳孙-莫雷实验否定了绝对参考系的存在,同时表明光速与光源和测量者的相对运动无关,亦即与参考系无关. 爱因斯坦在前人工作的基础上,分析了经典力学与电磁学现象之间的矛盾,于 1905 年在《论运动物体的电动力学》的著名论文中提出了狭义相对论的两个基本假设.

一、狭义相对性原理

物理学定律在所有惯性系中都是相同的. 或者说:所有的惯性系都是等价的,不存在绝对参考系.

狭义相对性原理(principle of special relativity)概括了地球上和天文上的力学、电磁学和光学实验事实,将经典力学范围内的相对性原理推广到电动力学和整个物理学. 对此,爱因斯坦说:"经典力学在相当大的程度上是真理,因为经典力学对天体的实际运动的描述所达到的精确度简直是惊人的. 因此,在力学领域中应用相对性原理必然达到很高的准确度. 一个具有如此广泛的普遍性的原理,在物理现象的一个领域中的有效性具有这样高的准确度,而在另一个领域中居然会无效,这从先验的观点来看是不大可能的."

按照狭义相对性原理,电磁规律对于各个惯性系都成立,根本不存在绝对参考系. 因此,任何引进关于绝对参考系和构成绝对参考系的物质的概念都是多余的. 电磁场本身就是一种物质,而不是另外某种介质的运动形态,电磁波是电磁场这种物质的一种运动形式,而并不是所谓的以太介质的机械振动的一种传播方式.

二、光速不变原理

在一切惯性系中,光在真空中沿各个方向的传播速率都是 c,跟光源与观测者的相对速

度无关.

若肯定麦克斯韦方程组是正确的物理定律并符合相对性原理,这就表明在一切惯性系中光速的数值等于同一个定值 c. 所以,光速不变原理(principle of constancy of light velocity)正是保证整个麦克斯韦方程组本身符合相对性原理的先决条件.

按照光速不变原理,我们会看到一幅与传统观念截然不同的物理图像. 如图 17.2 所示,设 S′系相对 S 系以等速 $\boldsymbol{u}$ 沿 x 轴运动,两系原点重合时,在原点 O、O'处发出一光脉冲信号. 在 S 系看来,这是一个以 O 为中心,以光速 c 向四周传播的球面波,波阵面为球面Ⅰ;而在 S′系看来,这个光信号是以 O'为中心,以光速 c 向四周传播的球面波,其波阵面是球面Ⅱ. 可见,同一球面光波在不同参考系中有不同的中心和波阵面. 这在传统的绝对时空观念下是不可理解的,但事实却是如此.

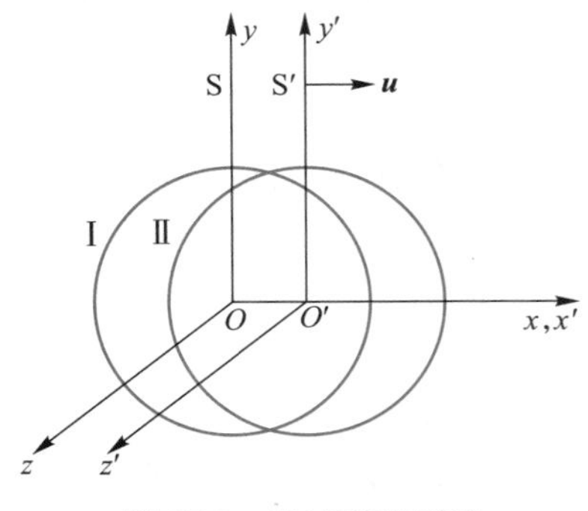

图 17.2 光速不变原理

【前沿进展】

近年来,许多检验相对论基本假设的实验进一步证实相对论两条基本假设的正确性. 1958 年,科学家利用受激辐射微波放大技术得到,地球绝对运动速率的上限小于 30 m/s. 1970 年,科学家利用穆斯保尔效应更精确地得出这个速率的上限小于 0.05 m/s. 实验给出的地球绝对运动速率都远小于地球的公转速率. 人们利用激光技术以更高的精确度重做了迈克耳孙-莫雷实验,其结果仍然否定了地球的绝对运动. 关于光速不变原理的实验检验方面,1963 年,实验证实了运动的正负电子对(正负电子的质心速率约 $0.5c$)湮灭时放出的两个 γ 光子的速率,与静止的正负电子对湮灭时放出的两个 γ 光子的速率相同. 1966 年,科学家在高能加速器上用质子轰击靶子产生高能 π^0 介子,π^0 介子又很快衰变为 γ 光子,这时作为光源的 π^0 介子的飞行速度高达 $0.999\ 75c$,测量 π^0 介子衰变产生的 γ 光子走过 31 m 路程所用的时间,结果得到 γ 光子的速率 $c'=(2.997\ 9\pm0.000\ 4)\times10^8$ m/s. 通常假定 $c'=c\pm kv$,c 是静止光源发射的光速,c'是运动光源发射的光速,$\pm v$ 为沿光的传播方向光源相对于观测者的速率,k 为某一参数,光速不变原理要求 $k=0$. 上述观测数据表明 $k\leqslant(0\pm13)\times10^{-5}$,这与通常用静止光源测得的光速值在实验精确度($10^{-4}$)以内是相等的. 最近又报道,从双星观测的数据得到 $k\leqslant2\times10^{-9}$. 这些结果都很精确地证实了光速跟光源与观测者的相对速度无关.

17.2 洛伦兹变换

17.2.1 洛伦兹坐标变换

基于以上论述,伽利略变换显然是和光速不变原理不相容的. 因此,我们需要建立两惯性系之间的新的时空坐标变换关系. 该变换关系应当满足两个条件:① 满足光速不变原理和狭义相对性原理这两条基本假设;② 当物体运动速率远小于真空中光速时,应能还原为伽利略变换.

设惯性系 S 和 S′,x、x'轴重合,y、y'轴和 z、z'轴相互平行;S′以匀速 u 沿 x 轴相对于 S 运动;S、S′中的观测者以同样的“钟”和“尺”来计量时间和距离,而且都以 S、S′重合的那一瞬间作为计时的零点. 根据狭义相对性原理,在 S 系中一个沿x 轴做匀速直线运动的物体,在 S′系观察也应做匀速直线运动. 因此,同一事件在 S 系和 S′系中的时空坐标(x,y,z,t)和(x',y',z',t')之间应满足如下的线性变换关系:

$$\begin{cases}x'=a_{11}x+a_{12}t\\y'=y\\z'=z\\t'=a_{21}x+a_{22}t\end{cases}\tag{17.1}$$

式中,a_{11},a_{12},a_{21},a_{22}均为待定常量.

在 S′系中,坐标原点 O'的坐标恒为零:$x'=0$,而从 S 系测量 O'的坐标为 $x=ut$,代入式(17.1)中,有

$$0=a_{11}ut+a_{12}t \quad 或 \quad u=-\frac{a_{12}}{a_{11}}$$

因此,式(17.1)可写为

$$\begin{cases}x'=a_{11}(x-ut)\\y'=y\\z'=z\\t'=a_{21}x+a_{22}t\end{cases}\tag{17.2}$$

假设在 $t=t'=0$ 时,在原点 O、O'的重合处发出一闪光,由于光速不变,在 S 系和 S′系中,此闪光的波阵面方程都是球面方程:

$$x^2+y^2+z^2=c^2t^2\tag{17.3}$$

$$x'^2+y'^2+z'^2=c^2t'^2\tag{17.4}$$

把式(17.2)代入式(17.4)中,即得

$$(a_{11}^2-c^2a_{21}^2)x^2+y^2+z^2-2(a_{11}^2u+a_{21}a_{22}c^2)xt-(c^2a_{22}^2-u^2a_{11}^2)t^2=0\tag{17.5}$$

由式(17.5)和式(17.3)相比较得

$$\begin{cases}a_{11}^2-c^2a_{21}^2=1\\a_{11}^2u+a_{21}a_{22}c^2=0\\c^2a_{22}^2-u^2a_{11}^2=c^2\end{cases}$$

从上式解得

$$a_{11}=a_{22}=\gamma,\quad a_{21}=-\gamma\frac{\beta}{c}$$

其中

$$\gamma=\frac{1}{\sqrt{1-\beta^2}},\quad \beta=\frac{u}{c}\tag{17.6}$$

最后得到

$$\begin{cases} x'=\gamma(x-ut) \\ y'=y \\ z'=z \\ t'=\gamma\left(t-\dfrac{u}{c^2}x\right) \end{cases} \tag{17.7}$$

上式称为洛伦兹坐标变换(Lorentz coordinate transformation).

若已知事件在 S′系中的时空坐标为(x',y',z',t'),该事件在 S 系中的时空坐标如何确定?根据相对性原理,S 系和 S′系是完全等价的,从 S 系到 S′系的变换应该与从 S′系到 S 系的变换具有相同形式. 若 S′系相对于 S 系的运动速度为 u(沿 x 轴方向),则 S 系相对于 S′系的速度为$-u$. 因此只要把式(17.7)中的 u 改为$-u$,即得逆变换式

$$\begin{cases} x=\gamma(x'+ut') \\ y=y' \\ z=z' \\ t=\gamma\left(t'+\dfrac{u}{c^2}x'\right) \end{cases} \tag{17.8}$$

当 S 系和 S′系间的相对速度 $u \ll c$ 时,$\beta\approx0$,$\gamma\approx1$,洛伦兹变换(Lorentz transformation)还原为伽利略变换,可见伽利略变换只是相对运动速度远小于光速时洛伦兹变换的近似形式.

利用洛伦兹变换,可以更加明确地表述相对性原理:当按洛伦兹变换从一个惯性系变到另一个惯性系时,各种物理规律的形式不变. 这种性质称为“协变”. 相对性原理要求:普遍的自然定律对于洛伦兹变换应该是协变的.

例 **17.1** 在图 17.3 中,闪光从 O 点发出. 在 S 系上观察,光信号于 1 s 之后同时被 P_1 和 P_2 接收到. 设 S′系相对于 S 系的运动速度为 $0.8c$,求 P_1 和 P_2 接收到信号时在 S′系上的时刻和位置.

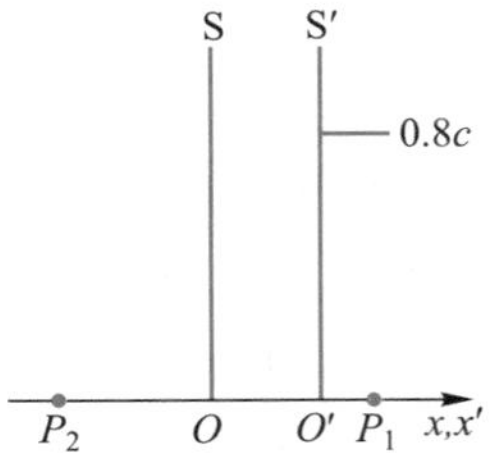

图 17.3

解 P_1 接收到信号在 S 系上的时空坐标为$(c,0,0,1)$. 在 S′系上观察这事件时,由洛伦兹变换得

$$\begin{cases} x'=\dfrac{x-ut}{\sqrt{1-\dfrac{u^2}{c^2}}}=\dfrac{c-u}{\sqrt{1-\dfrac{u^2}{c^2}}}=\dfrac{c}{3} \\ y'=0 \\ z'=0 \\ t'=\dfrac{t-\dfrac{u}{c^2}x}{\sqrt{1-\dfrac{u^2}{c^2}}}=\dfrac{1}{3} \end{cases}$$

即 P_1 接收到信号时在 S′系上的时空坐标为$(c/3,0,0,1/3)$. P_2 接收到信号时在 S 系上的时空坐标为$(-c,0,0,1)$. 同理,由洛伦兹变换可得该事件在 S′系上的时空坐标为$(-3c,0,0,3)$.

例 17.2 一宇宙飞船沿 x 轴方向离开地球(S 系),以速率 $u=0.80c$ 航行,宇航员推算出在自己的参考系中(S′系),在时刻 $t'=-6.0\times10^{8}$ s,$x'=1.80\times10^{17}$ m,$y'=1.20\times10^{17}$ m,$z'=0$ 处有一超新星爆发.

(1) 试求在 S 系中该超新星爆发事件的时空坐标;

(2) 在何时刻(S′系中)超新星的光到达飞船?

(3) 假定宇航员在看到超新星时立即向地球发报,在什么时刻(S 系中)地球上的观察者收到此报告?

(4) 在什么时刻(S 系中)地球上的观察者看到该超新星?

解 (1) 由洛伦兹变换得

$$x=\frac{x'+ut}{\sqrt{1-\left(\frac{u}{c}\right)^{2}}}=\frac{1.8\times10^{17}+0.8\times3\times10^{8}\times(-6.0)\times10^{8}}{\sqrt{1-\left(\frac{0.8c}{c}\right)^{2}}}\text{ m}=6.0\times10^{16}\text{ m}$$

$$y=y'=1.20\times10^{17}\text{ m},\quad z=z'=0$$

$$t=\frac{t'+\frac{ux'}{c^{2}}}{\sqrt{1-\frac{u^{2}}{c^{2}}}}=\frac{-6.0\times10^{8}+\frac{0.8c\times1.8\times10^{17}}{c^{2}}}{\sqrt{1-\left(\frac{0.8c}{c}\right)^{2}}}\text{ s}=-2.0\times10^{8}\text{ s}$$

(2) 超新星的光到达飞船,需行走$\sqrt{x'^{2}+y'^{2}+z'^{2}}$的距离. 其到达飞船的时刻(设为 t_1')为

$$t_1'=t'+\frac{\sqrt{x'^{2}+y'^{2}+z'^{2}}}{c}=-6.0\times10^{8}\text{ s}+\frac{\sqrt{(1.8\times10^{17})^{2}+(1.2\times10^{17})^{2}}}{3\times10^{8}}\text{ s}=1.2\times10^{8}\text{ s}$$

(3) 由洛伦兹变换可以求出宇航员发报的时刻 t_1(S 系中)是

$$t_1=\frac{t_1'+\frac{u}{c^{2}}x'_1}{\sqrt{1-\left(\frac{u}{c}\right)^{2}}}=\frac{t_1'}{\sqrt{1-\left(\frac{u}{c}\right)^{2}}}=\frac{1.2\times10^{8}}{\sqrt{1-\left(\frac{0.8c}{c}\right)^{2}}}\text{ s}=2.0\times10^{8}\text{ s}$$

在地球上的观察者收到此电信号的时刻 t_2 是

$$t_2=t_1+\frac{x_1}{c}=t_1+\frac{ut_1}{c}=2.0\times10^{8}\text{ s}+1.6\times10^{8}\text{ s}=3.6\times10^{8}\text{ s}$$

(4) 地球上的观察者看到超新星的时刻亦就是超新星的光到达地球的时刻,设该时刻为 t_0(S 系中),则

$$t_0=t+\frac{\sqrt{x^{2}+y^{2}+z^{2}}}{c}=-2.0\times10^{8}\text{ s}+\frac{\sqrt{(6.0\times10^{16})^{2}+(1.2\times10^{17})^{2}}}{3\times10^{8}}\text{ s}=2.47\times10^{8}\text{ s}$$

17.2.2 洛伦兹速度变换

由洛伦兹坐标变换可以导出各惯性系之间的速度变换. 设(x,y,z,t)和(x',y',z',t')分别表示同一运动质点在 S 系和 S′系中的时空坐标,(v_x,v_y,v_z)和(v_x',v_y',v_z')分别表示该质点

在 S 系和 S′系中的速度. 由洛伦兹坐标变换式,两边取微分得

$$dx'=\frac{dx-u dt}{\sqrt{1-\frac{u^2}{c^2}}},\quad dy'=dy,\quad dz'=dz,\quad dt'=\frac{dt-\frac{u}{c^2}dx}{\sqrt{1-\frac{u^2}{c^2}}}$$

于是

$$v_x'=\frac{dx'}{dt'}=\frac{v_x-u}{1-\frac{uv_x}{c^2}},\quad v_y'=\frac{dy'}{dt'}=\frac{v_y\sqrt{1-\frac{u^2}{c^2}}}{1-\frac{uv_x}{c^2}},\quad v_z'=\frac{dz'}{dt'}=\frac{v_z\sqrt{1-\frac{u^2}{c^2}}}{1-\frac{uv_x}{c^2}} \tag{17.9}$$

式(17.9)是从 S 系到 S′系的速度变换式,称为洛伦兹速度变换式(Lorentz velocity transformation).

在式(17.9)中将有撇的量与无撇的量交换,并用$-u$代替 u,得

$$v_x=\frac{v_x'+u}{1+\frac{uv_x'}{c^2}},\quad v_y=\frac{v_y'\sqrt{1-\frac{u^2}{c^2}}}{1+\frac{uv_x'}{c^2}},\quad v_z=\frac{v_z'\sqrt{1-\frac{u^2}{c^2}}}{1+\frac{uv_x'}{c^2}} \tag{17.10}$$

式(17.10)是从 S′系到 S 系的速度变换式.

现在,我们利用相对论的速度变换式来考虑一个极限情况. 对于光在真空中的传播,设 $v_x'=c$,此时有

$$v_x=\frac{c+u}{1+\frac{uc}{c^2}}=c$$

即在 S′系中光速是 c,在 S 系中光速也是 c,这正是光速不变原理的体现.

若 S′系和 S 系间的相对速度远小于光速,即 $u/c\ll1$,而且质点的运动速度远小于光速,则 $v_x/c\ll1$ 或 $v_x'/c\ll1$,上述相对论速度变换关系又重新回到经典的伽利略速度变换关系.

【经典回顾】

1851 年斐索(A. Fizeau)的实验,被引用作为洛伦兹速度变换式的物理根据. 斐索让一束光线通过装有流动液体的管子,并沿着液体流动的正、反方向测定光速,借助于测量干涉条纹的位置,他准确地测定了光速.

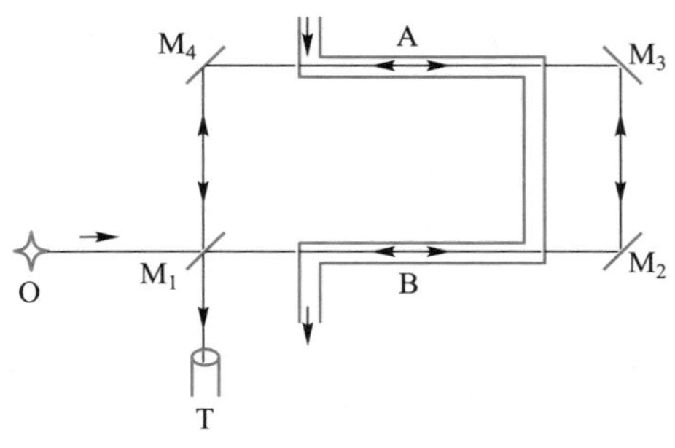

图 17.4 斐索实验

实验装置如图 17.4 所示. 在两个平行管 A 和 B 内有水流过,且水流方向相反. 自光源 O 发出的光到达半镀银镜 M_1 后分为两束:一束透过 M_1 并经 M_2、M_3 和 M_4 反射后,透过 M_1 向外射出;另一束经 M_4、M_3、M_2 和 M_1 反射后向外射出. 这两束光一束顺水传播,另一束逆水传播,

两束出射光相遇,光屏上可观察到干涉图样. 通过管内水由静止到以速度 u 流动,可以观察到干涉条纹的移动. 实验表明,光速确实与水的流动速度有关. 斐索测量出平行于水流方向光的速度为

$$v=\frac{c}{n}+u\left(1-\frac{1}{n^2}\right)$$

式中,n 为水的折射率,c 为真空中光速. 根据洛伦兹速度变换式,如果$\frac{c}{n}$是相对于水静止的观测者测出的光在水中的速度,u 是水相对于实验室观测者的速度,那么,相对于实验室观测者光的速度为

$$v=\frac{v'+u}{1+\left(v'\frac{u}{c^2}\right)}=\frac{\left(\frac{c}{n}\right)+u}{1+\left(\frac{u}{cn}\right)}\approx\frac{c}{n}+u\left(1-\frac{1}{n^2}\right)$$

与斐索实验得到的结果符合得很好.

例 17.3 若两个电子沿着相反的方向飞离一个放射性样品时,每个电子相对于样品的速度为 $0.67c$,那么,两个电子的相对速度应该等于多少?

解 把一个电子视为 S 系,样品视为 S′系,另一个电子视为物体,这样,物体相对于 S 系的速度就是两个电子的相对速度.

已知:$v_x'=0.67c$, $v_y=v_z=0$, $u=0.67c$. 所以

$$v_x=\frac{v_x'+u}{1+\frac{uv_x'}{c^2}}=\frac{0.67c+0.67c}{1+\left(\frac{0.67c}{c}\right)^2}=0.92c,\quad v_y=v_z=0$$

可见,电子间相对速度小于 c.

17.3 狭义相对论的时空观

洛伦兹变换包含丰富的物理内涵,是狭义相对论时空观的集中体现. 从洛伦兹变换出发,可以推断出许多奇特的现象,它们最初是作为爱因斯坦理论上的预言提出来的,今天已被大量的实验所证实.

17.3.1 同时的相对性

设事件 E_1 和 E_2 在 S 系中的时空坐标分别为(x_1,y_1,z_1,t_1)和(x_2,y_2,z_2,t_2),而在 S′系中的时空坐标分别为(x_1',y_1',z_1',t_1')和(x_2',y_2',z_2',t_2'),由洛伦兹变换得到

$$t_2'-t_1'=\gamma\left[(t_2-t_1)-\frac{u}{c^2}(x_2-x_1)\right] \tag{17.11}$$

上式表明:

(1) 若 $t_2=t_1$, $x_2=x_1$,则 $t_2'=t_1'$. 如果这两个事件在 S 系中不仅同时而且在同一地点发

生,则这两个事件在 S′系中也是同时发生的.

(2) 若 $t_2=t_1$,$x_2\neq x_1$,则 $t_2'\neq t_1'$. 如果这两个事件在 S 系中同时但并不在同一地点发生,则这两个事件在 S′系中并不是同时发生,这种现象称为同时的相对性(relativity of simultaneity).

(3) 两事件 E_1、E_2 的时间先后次序,即时序也可以是相对的. 但现实生活中由因果关系相联系的两个事件的时序是绝对的,不可能随参考系的变换而颠倒. 比如,先有发射子弹(因)才有中靶(果);先有出生(因),后有死亡(果).

设 x_1 和 t_1 是子弹发射的地点和时刻,x_2 和 t_2 是靶的地点和子弹中靶的时刻,显然 $t_2>t_1$. 在 S′系中要因果规律不发生颠倒,必须有 $t_2'>t_1'$,这就要求

$$\gamma\left[(t_2-t_1)-\frac{u}{c^2}(x_2-x_1)\right]>0$$

因为 $\gamma>0$,$t_2-t_1>0$,所以

$$c^2>u\frac{x_2-x_1}{t_2-t_1}$$

其中,$v=(x_2-x_1)/(t_2-t_1)$是子弹的速度. 上式表明:当 $v<c$,$u<c$ 时,可以保证具有因果关系的两事件的时序不被颠倒.

爱因斯坦说:"在相对论中,速度 c 具有极限速度的意义,任何实在的物体既不能达到也不能超出这个速度." 在这种前提下,相对论时空观完全符合因果规律的要求.

17.3.2 运动时钟变慢

一、运动时钟变慢

现在考察运动的钟和静止的钟计时速率是否一样,即钟的计时速率是否会随它运动状况的不同而发生变化. 为此进行如图 17.5 所示实验. 在 S 系中 x 轴上放置校准的时钟 C_1 和 C_2,它们的读数总保持相同.

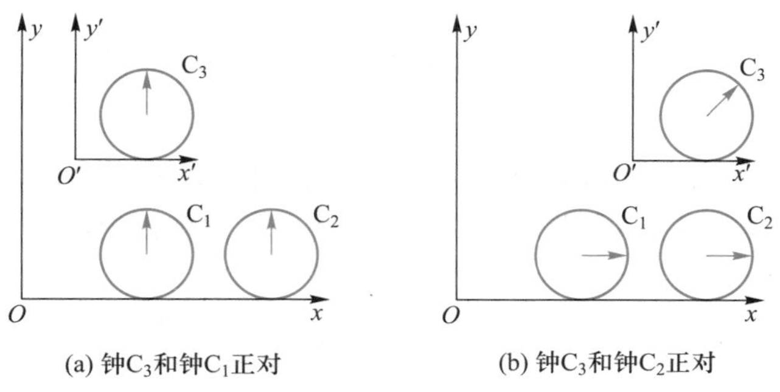

图 17.5 运动时钟变慢

S′系以速率 u 沿 x 轴相对于 S 系做匀速运动,在其中放置一时钟 C_3,设时钟 C_3 和 C_1 恰好正对时称为事件 E_1,经过某时间间隔后时钟 C_3 与时钟 C_2 正对时称为事件 E_2. 用$(x_1,0,0,t_1)$和$(x_2,0,0,t_2)$分别表示事件 E_1 和 E_2 在 S 系中的时空坐标,用$(x_1',0,0,t_1')$和$(x_2',0,0,t_2')$分别表示这两个事件在 S′系的时空坐标. 根据洛伦兹变换有

$$t_1=\gamma\left(t_1'+\frac{u}{c^2}x_1'\right),\quad t_2=\gamma\left(t_2'+\frac{u}{c^2}x_2'\right)$$

因为钟 C_3 在 S′中是静止的，所以 $x_1'=x_2'$. 两式相减得

$$t_2-t_1=\gamma(t_2'-t_1') \quad 或 \quad \Delta t=\gamma\Delta t' \tag{17.12}$$

由于 $\gamma>1$，所以 $\Delta t>\Delta t'$. 因此 S 系中的观察者得出结论：从事件 E_1 到事件 E_2，动钟 C_3 的指针刻度改变 $\Delta t'$，而静钟 C_1 和 C_2 指针刻度改变了 Δt，运动时钟变慢了，这种现象称为时间延缓(time dilation)，也称为运动时钟变慢. 人们通常将某一参考系中同一地点先后发生的两个事件之间的时间间隔，称为固有时(proper time). 显然，在不同惯性系所观测的两个事件的时间间隔中，固有时最短.

时间延缓效应也是相对的，S 系认为静止在 S′系中的时钟走慢了，S′系也认为静止在 S 系中的时钟走慢了. 或许有人会问：图 17.5 不是表明，在 S′系看来，运动的钟 C_1 和 C_2 并不是延缓了而是加快了吗？事实上图 17.5 仅仅是 S 系中的观察者所观察到的图像，S 系的观察者认为钟 C_1 和 C_2 是校准好了的，而 S′系的观察者认为钟 C_1 和 C_2 是没校准好的，当钟 C_3 和 C_1 重合时，钟 C_2 的读数原来就是大于钟 C_1 的读数的.

时间延缓效应能在不同惯性系中自有结论，也能自圆其说，一般说来，不必要寻找客观的统一标准. 然而，有的问题却比较麻烦，“孪生子佯谬”(twin paradox)就属于这类问题. 设有一对孪生兄弟甲和乙，出生后甲留在地球，乙被送上高速航行的火箭参加星际旅行. 若干年后，乙返回地球，究竟甲和乙谁更年轻些？对于这一问题，在历史上某一段时间曾经发生激烈争论. 产生佯谬的原因是乙返回过程中有变速运动，其间所选参考系为非惯性系. 可以肯定的是按照狭义相对论能够得到结论：乙比甲年轻. 应用广义相对论会得到同样结论. 根据广义相对论(后面会讲到)，非惯性系里的钟要比惯性系里的钟走得慢. 换句话说，非惯性系里的时间流逝要比惯性系里的慢. 因此，参加星际旅行的乙要比地面的甲年轻. 近些年来，人们通过飞机运载原子钟环绕地球飞行实验已证实了广义相对论的这一结论.

二、光的多普勒效应

在机械波中，如果波源和观察者之间有相对运动，那么观察者接收到的频率和波源的频率就不相同了，这是机械波的多普勒效应. 相对运动区别为波源运动、接收器静止和波源静止、接收器运动两种基本情况，由波源、介质、接收器三者间状态决定. 对于光波来说，从相对论的观点看来，以太作为具有弹性的传播光波介质的观点是不存在的，因而在两种情况之间不应有任何差别.

如图 17.6 所示，光源 B 放置在惯性系 S′中的坐标原点 O' 处，接收器 A 放置在惯性系 S 中的坐标原点 O 处，S′系相对于 S 系以速度 $\boldsymbol{v}$ 运动，也就是说，光源 B 和接收器 A 之间的相对速度为 $\boldsymbol{v}$. A 钟和 B 钟分别放置在 S 系和 S′系中. 在接收器和光源重合，即 $t_A=t_B=0$ 时，S′系中的光源 B 发出一脉冲信号.

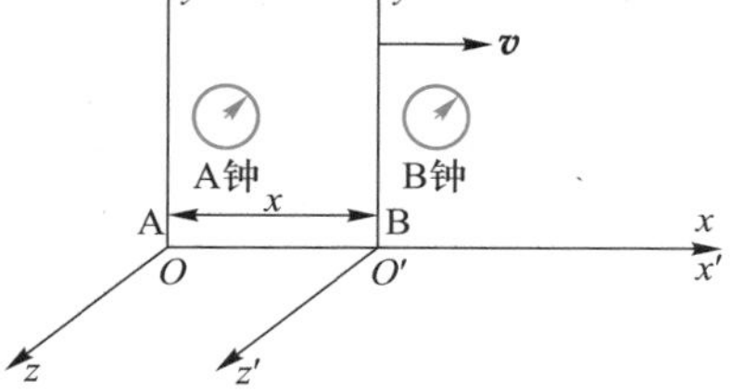

图 17.6 光的多普勒效应推导

在 S′系测得两连续光脉冲的时间间隔为 Δt_B，则在 S 系测得两连续光脉冲的时间间隔应为

$$\Delta t_{A1}=\gamma\Delta t_B$$

光信号从光源 B 传到接收器 A，需时间 $\Delta t_{A2}=x/c$，其中 $x=v\Delta t_{A1}$ 为光脉冲在 Δt_{A2} 时间间隔内经过的距离. 则接收器 A 测得的时间间隔为

$$\Delta t_A=\Delta t_{A1}+\Delta t_{A2}=\gamma\Delta t_B+\frac{x}{c}=\gamma\Delta t_B+\frac{v}{c}\Delta t_{A1}$$

$$=\gamma\Delta t_B+\gamma\frac{v}{c}\Delta t_B=\gamma\left(1+\frac{v}{c}\right)\Delta t_B$$

即

$$\Delta t_A=\gamma(1+\beta)\Delta t_B=\left(\frac{1+\beta}{1-\beta}\right)^{\frac{1}{2}}\Delta t_B$$

结果 S 系 A 钟测得的时间间隔 Δt_A 比 S′系 B 钟测得的时间间隔 Δt_B 要长. 显然，Δt_A 和 Δt_B 分别是接收器接收到的光信号的周期和光源发出的光信号的周期，若以 ν_A 和 ν_B 分别表示接收频率和发射频率，则有

$$\nu_A=\left(\frac{1-\beta}{1+\beta}\right)^{\frac{1}{2}}\nu_B \tag{17.13}$$

若光源向着接收器运动，则有

$$\nu_A=\left(\frac{1+\beta}{1-\beta}\right)^{\frac{1}{2}}\nu_B \tag{17.14}$$

因此当光源与观察者之间有相对运动时，观察者接收到的光的频率与光源的频率不同. 当光源与接收器相远离时，接收器测得光的频率要小于光的固有频率——红移现象. 当光源与接收器接近时，接收器测得光的频率要大于光的固有频率——蓝移现象.

17.3.3 运动的杆缩短

现在讨论杆的长度是否随其运动状态而变化. 设 S′系中有静止的杆 A_1A_2 沿 x'轴平行放置. 如图 17.7 所示，杆的两个端点 A_1、A_2 在 S′系中的坐标分别为 x_1'和 x_2'，设 $x_2'>x_1'$，每个端点的坐标可在任何时刻读取，S′系中的观测者测得杆长为

$$\Delta x'=x_2'-x_1'$$

这样测得的长度称为静止长度或固有长度（proper length）.

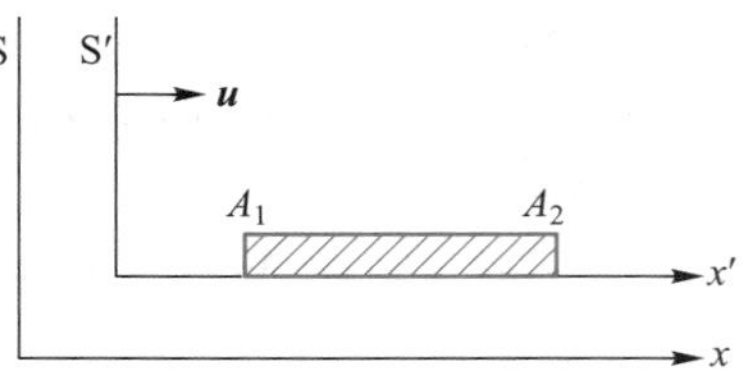

图 17.7 运动的杆缩短

在 S 系看来，杆是以速度 $\boldsymbol{u}$ 沿 x 轴运动的. 为了测量杆的长度，必须同时测出 A_1、A_2 在 S 系中的坐标 x_1 和 x_2. 杆的运动长度为

$$\Delta x=x_2-x_1$$

根据洛伦兹变换

$$x_1'=\gamma(x_1-ut)$$
$$x_2'=\gamma(x_2-ut)$$

两式相减，于是

$$\Delta x'=\gamma\Delta x$$

用 l_0 和 l 分别表示杆的固有长度 $\Delta x'$ 和运动长度 Δx，则有

$$l_0=\gamma l \quad 或 \quad l=l_0\sqrt{1-\frac{u^2}{c^2}} \tag{17.15}$$

在 S 系来看，运动的杆在运动方向上缩短了，这就是长度收缩(length contraction).

如果杆是平行于 y 轴或 z 轴放置的，但仍沿 x 轴运动，由洛伦兹变换可以证明，杆的长度将不收缩. 所以运动物体只沿运动方向按收缩因子 $1/\gamma$ 收缩. 在一切惯性系中，在对物体为静止的惯性系里测得的长度最长，即固有长度最长.

时间延缓和长度收缩是相关的. 例如宇宙射线中含有许多能量极高的 μ 子，这些 μ 子是在距离海平面 10~20 km 的大气层顶端产生的. 静止 μ 子的平均寿命只有 2.2×10^{-6} s，如果不是由于相对论效应，这些 μ 子即使以光速 c 运动，在它们的平均寿命内，也只能飞行 660 m. 但实际上很大一部分 μ 子都能穿透大气层到达底部. 地面上的参考系把这种现象描述为运动 μ 子寿命延长效应. 但在固结于 μ 子上的参考系看来，它的寿命并没有延长，而是相对于它做高速运动的大气层的厚度缩小了，因此 μ 子可以在其寿命内飞越大气层.

综上所述，狭义相对论时空观有以下几个要点：其一，时间、空间是和物质运动的状况相关的. 因此，"同时性""时间间隔""长度"都是相对的，它们的量度跟惯性参考系的选择有关；其二，时间和空间是密切相关的，不存在绝对的时间和空间；其三，时间和空间是客观的，一切涉及长度的空间尺度都因运动而收缩，一切涉及时间的过程(如分子的振动、粒子的寿命、生命过程等)都因运动而膨胀，这是时空的性质，而不是观测者主观意志的结果.

例 17.4　火箭相对于地面以 $u=0.6c$(c 为真空中光速)的匀速度向上飞离地面. 在火箭发射 $\Delta t'=10$ s 后(火箭上的钟)，该火箭向地面发射一导弹. 其速度相对于地面为 $u_1=0.3c$. 问火箭发射后多长时间导弹到达地面(地面上的钟)？计算时假设地面不动.

解　按地面上的钟，导弹发射的时间是在火箭发射后

$$\Delta t_1=\frac{\Delta t'}{\sqrt{1-\frac{u^2}{c^2}}}=12.5\ \text{s}$$

这段时间火箭相对地面飞行距离是 $s=u\Delta t_1$，则导弹飞到地面的时间是

$$\Delta t_2=\frac{s}{u_1}=25\ \text{s}$$

那么从火箭发射后到导弹到达地面的时间是

$$\Delta t=\Delta t_1+\Delta t_2=37.5\ \text{s}$$

例 17.5　(1) 一长杆在车厢中静止，杆与车厢前进的方向平行，在车厢中测得杆长为 1.0 m. 车厢以 41.7 $\text{m}\cdot\text{s}^{-1}$ 的速度行驶，求在地面上测得的杆长. (2) 设火箭相对于日心-恒星坐标系的速度为 $u=0.8c$，火箭中静止放置长度为 1.0 m 的杆，杆与火箭航行方向平行. 求在日心-恒星坐标系中测得的杆长.

解　(1) 地面上测得的杆长为

$$l=l_0\sqrt{1-\frac{u^2}{c^2}}=\sqrt{1-\left(\frac{41.7}{3.0\times10^8}\right)^2}\ \mathrm{m}\approx(1-9.7\times10^{-15})\ \mathrm{m}$$

结果表明,杆长的相对论长度收缩效应微乎其微.

(2) 在日心-恒星坐标系中测得杆长为

$$l=l_0\sqrt{1-\frac{u^2}{c^2}}=\sqrt{1-\left(\frac{0.8c}{c}\right)^2}\ \mathrm{m}=0.6\ \mathrm{m}$$

相对论长度收缩的效应非常明显,如仍沿用伽利略变换会引起过大的误差. 本题结果表明,在未来的恒星际航行中,经典力学应让位于相对论力学.

例 17.6 地球上的观测者发现,一艘以速率 $0.60c$ 向东航行的宇宙飞船将在 5 s 后同一个以 $0.8c$ 的速率向西飞行的彗星相撞,问:

(1) 飞船中的人看彗星以多大速率向他接近?

(2) 按飞船中的钟,还有多少时间可用来改变航向?

解 (1) 选地面为 S 系,宇宙飞船为 S′系,则 S′系相对 S 系的速度为 $u=0.6c$,彗星相对 S 系的速度 $v_x=-0.8c$,则由洛伦兹速度变换得,彗星相对 S′系的速度为

$$v_x'=\frac{v_x-u}{1-\dfrac{uv_x}{c^2}}=\frac{-0.8c-0.6c}{1+\dfrac{0.8c\times0.6c}{c^2}}=-0.95c$$

即飞船中的人测得彗星以 $0.95c$ 的速度向自己运动,运动方向与彗星运动方向一致.

(2) 在 S 系观察,飞船在 $\Delta t=5$ s 后与彗星相撞;而 S′系观察,飞船将在时间 $\Delta t'$后与彗星相撞,根据时间延缓的关系得

$$\Delta t'=\Delta t\sqrt{1-\frac{u^2}{c^2}}=5\ \mathrm{s}\times\sqrt{1-0.6^2}=4\ \mathrm{s}$$

故从飞船上来看,为避免与彗星相撞,它有 4 s 的时间来改变航向.

17.4 相对论质点动力学方程

在经典力学中,根据牛顿第二定律,质点在持续的外力作用下速度将不断增大,并终究会超过光速,这是相对论所不容许的. 因此,必须修改经典动力学方程,使它符合相对论原理. 当然,修改后的方程在低速情况下应能重新回归经典力学.

17.4.1 质量和速度的关系

在经典力学中,动量定义为 $\boldsymbol{p}=m\boldsymbol{v}$,其中质量 m 与运动速度无关,是不变量. 如果仍采用上述动量定义,那么动量守恒定律在洛伦兹变换下不是对一切惯性系都成立的,这是不符合相对性原理的,因此必须重新定义质量和动量,使动量守恒定律在洛伦兹变换下对一切惯性系都成立. 下面通过一个特例进行讨论,并给出质量和速度的关系.

如图 17.8 所示,有两个惯性系 S 和 S′,以速度 $\boldsymbol{u}$ 相对运动. 在 S′系中有两个完全相同的

粒子 A 和 B,沿 x'轴相向运动,它们相对于 S′系的速度分别为 $\boldsymbol{v}'_A=\boldsymbol{u}$ 和 $\boldsymbol{v}'_B=-\boldsymbol{u}$. 两粒子发生非弹性碰撞后形成一复合体. 按动量守恒定律,该复合体相对于 S′的速度为零. 从 S 系观察,碰撞前两个粒子的速度分别为

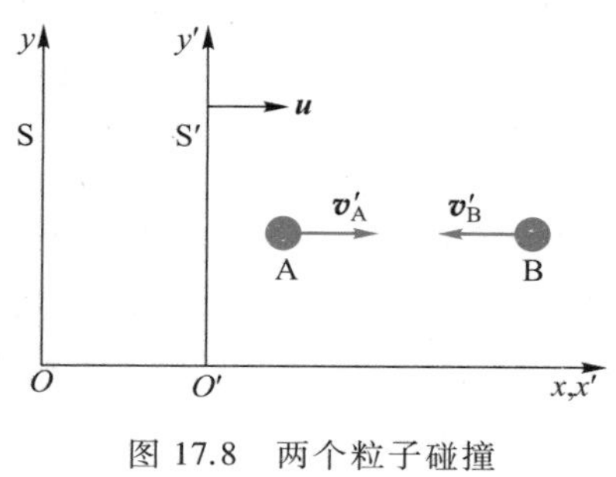

图 17.8 两个粒子碰撞

$$v_A=\frac{v'_A+u}{1+\frac{uv'_A}{c^2}}=\frac{2u}{1+\frac{u^2}{c^2}}$$

$$v_B=\frac{v'_B+u}{1+\frac{uv'_B}{c^2}}=0 \tag{17.16}$$

碰撞后,复合体的速度为

$$v_{AB}=u$$

如果按经典的观点,认为质量为常量,设 $m_A=m_B=m$,显然有

$$mv_A+mv_B\neq 2mv_{AB}$$

在 S 系中考察,碰撞前后的动量不再守恒,这肯定是不对的. 速度变换是正确的,问题出在认为质量不变. 现设质量与速度有关,用 m_0 表示粒子静止质量,m 表示粒子运动质量,$m_{合}$表示复合体的质量. 根据质量守恒和动量守恒定律,应有

$$m+m_0=m_{合},\quad mv_A=m_{合}u$$

消去 $m_{合}$,得

$$m=\frac{um_0}{v_A-u} \tag{17.17}$$

由式(17.16)得

$$u=\frac{c^2}{v_A}\left(1-\sqrt{1-\frac{v_A^2}{c^2}}\right)$$

代入式(17.17),略去 v_A 的下标,则有

$$m=\frac{m_0}{\sqrt{1-\frac{v^2}{c^2}}} \tag{17.18}$$

上式称为相对论质速关系(mass-velocity relation). m 称为相对论质量(relativistic mass),简称质量.

1907 年贝斯特梅耶(Bestemeyer)以及 1909 年布赛尔(Bucherer)在他们关于电子质量随速度改变而改变的研究工作中,通过实验证实了相对论质速关系的正确性. 当前,由于高能加速器的发展,相关实验可以把电子加速至其质量为静止质量的几万倍,更加证实了相对论理论的正确性.

【科技博览】

回旋加速器(图 17.9)是由两个置于磁场内的中空的金属半圆柱(D 形盒)组成的,磁场与 D 形盒平面相互垂直. 在 D 形盒间引入频率为 ω_0 的交变电压. 在 D 形盒之间的间隙内,

充以带电粒子(离子)源,在间隙的电场作用下,粒子受到加速,进入 D 形盒,粒子在磁场作用下做圆周运动,运行半周的时间为

$$T=\frac{\pi m}{qB}$$

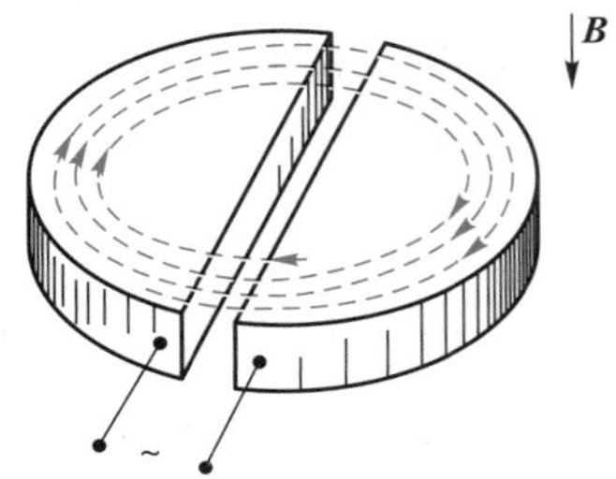

图 17.9 回旋加速器

在 D 形盒内,粒子转动的角频率 $\omega=\pi/T$ 与交变电场频率 ω_0 相等时,粒子在回旋加速器内得到加速. 从原理上讲,只要能够不断地增大磁铁的半径,或增大磁场的强度,我们就能够不受限制地提高回旋加速器的能量水平. 事实上,情况远非如此. 带电粒子在 D 形盒内的旋转周期与粒子的质量 m 成正比,如果质量不变,则周期和频率均保持恒定. 但实际上物体的质量都会随着它的速度 v 而增加. 当 v 接近于光速 c 时,m 就明显地发生变化. 这时旋转一圈所需要的时间就比原来的周期稍长一些. 可是加速电场依然如故,它们之间不再合拍,加速电场不能再有效地对粒子进行加速. 回旋加速器遇到的这个问题(又称为相对论效应)限制了其能量水平的继续提高.

回旋加速器所遇到的困难并非不能克服. 一种方法是故意把磁场强度做得不均匀,从而抵消掉相对论效应的影响. 由于粒子的回旋周期不但与其质量成正比,还与磁场强度成反比,如果我们同时按比例地增强磁场的话,那么这两个因素(相对论效应、磁场)的影响就会恰好抵消. 目前,这种加速器的水平已达几亿电子伏. 另一种方法是采用"稳相加速器",其结构与普通的回旋加速器很相似,主要的区别是调变加速器电场的变化频率以适应回旋加速器的逐渐变慢. 这种加速器的工作是脉冲式的,每隔一定的时间输出一批粒子. 粒子回旋的轨道半径逐渐由小到大,而回旋加速器的磁极本身必须是个实心的圆柱,极为笨重. 比如一台 6.8×10^8 eV 的稳相加速器,磁体直径为 6 m,磁铁的质量即达 7.2×10^6 kg. 用回旋加速的办法提高能量从经济上考虑难以接受. 针对回旋加速器的这个特点,人们对它动了一次大手术——挖掉了磁铁的中心部分. 于是圆柱变成了圆环,质量陡然减少. 只不过粒子可不能再沿着钟表发条形的轨道回旋了,它们从一开始就被送进半径固定的环形磁跑道加速. 当然,为了能够自始至终地把粒子约束在这条固定的跑道上,随着粒子速度的增快,磁场亦要按照同样的步伐增强. 这就是同步加速器的基本特征. 这样一来,我们看到,不考虑相对论动力学的特征,就不可能正确地设计出在现代核物理学中起着极为重要作用的带电粒子加速器.

17.4.2 相对论动力学基本方程

由于质量随速度而改变,所以在相对论中,动量定义为

$$\boldsymbol{p}=m\boldsymbol{v}=\frac{m_0\boldsymbol{v}}{\sqrt{1-\frac{v^2}{c^2}}} \tag{17.19}$$

可以证明,利用这样的动量表示式,在洛伦兹变换下,能使动量守恒定律在所有的惯性参考系中都保持形式不变. 当 $v\ll c$ 时,上式就化为经典力学的动量定义.

于是,与相对论中的质量和动量相对应,相对论动力学的基本方程可以写成

$$F=\frac{\mathrm{d}}{\mathrm{d}t}(m\boldsymbol{v})=\frac{\mathrm{d}}{\mathrm{d}t}\left(\frac{m_0\boldsymbol{v}}{\sqrt{1-\frac{v^2}{c^2}}}\right) \tag{17.20}$$

上式表明，物体在恒力作用下，加速度并不恒定. 因质量 m 随速度 v 增大而增大，在恒力作用下，加速度就要不断减小. 当速度 $v\to\infty$ 时，$m\to\infty$，无论物体受到多大的力，加速度 $a\to 0$，这样就保证了物体速度不会因外力的持续作用而超过真空中的光速.

17.5 相对论能量

17.5.1 相对论能量

经典力学认为，质量为 m_0，速度为 v 的物体，其动能 $E_k=m_0v^2/2$. 但是按照相对论，质量随运动速度而变，因此物体动能的表达式也相应有所变化. 下面我们来导出狭义相对论的动能表达式.

设物体自静止开始沿 x 轴做直线运动，依据动能定理，物体的动能是

$$E_k=\int_{x_0}^{x}F\mathrm{d}x=\int_{x_0}^{x}\frac{\mathrm{d}}{\mathrm{d}t}(mv)\,\mathrm{d}x$$

而

$$\frac{\mathrm{d}}{\mathrm{d}t}(mv)\,\mathrm{d}x=mv\mathrm{d}v+v^2\mathrm{d}m$$

又，由相对论质速关系式，$m=m_0\Big/\sqrt{1-v^2/c^2}$ 得

$$m^2c^2-m^2v^2=m_0^2c^2$$

两边取微分，并注意到 c 和 m_0 是常量，则有

$$2mc^2\mathrm{d}m-2m^2v\mathrm{d}v-2v^2m\mathrm{d}m=0$$

整理后，得

$$mv\mathrm{d}v+v^2\mathrm{d}m=c^2\mathrm{d}m$$

所以

$$E_k=\int_{m_0}^{m}c^2\mathrm{d}m=mc^2-m_0c^2$$

即

$$E_k=mc^2-m_0c^2=\left(\frac{1}{\sqrt{1-\frac{v^2}{c^2}}}-1\right)m_0c^2 \tag{17.21}$$

这就是相对论动能(relativistic kinetic energy)的表示式.

用二项式定理,将 $1/\sqrt{1-v^2/c^2}$ 展开并代入式(17.21),得出

$$E_k=\left(1+\frac{1}{2}\frac{v^2}{c^2}+\frac{3}{8}\frac{v^4}{c^4}+\cdots-1\right)mv^2=\frac{1}{2}m_0v^2+\frac{3}{8}m_0\frac{v^4}{c^2}+\cdots$$

可见相对论动能表示中除了 $m_0v^2/2$ 项外,还有无限多项. 在高速情况下,特别是 $v/c\approx1$ 时,其他无限多项的贡献非常重要. 当 $v\ll c$ 时,其他各项都可忽略,这时,$E_k=m_0v^2/2$,又回到经典力学动能表达式.

对于式(17.21),爱因斯坦称 m_0c^2 为物体静能(rest energy),mc^2 为物体相对论总能量. 现在用 E 表示物体的总能量,则

$$E=mc^2=\frac{m_0c^2}{\sqrt{1-\frac{v^2}{c^2}}}\tag{17.22}$$

上式是相对论质能关系(relativistic mass-energy relation). 质量反映物体的惯性,也反映通过引力与其他物体相互作用表现出来的性质. 能量则反映物体的运动状态. 按传统的见解,质量和能量这两个物理量的属性是独立的、截然不同的. 在相对论中,质量和能量之间存在如上式所示的关系,这清楚地说明了质量和能量之间存在着固定的、内在的关系. 质能关系的发现,是相对论力学最重要的成就,在经典物理学中,没有和它相当的关系.

对式(17.22)两端取增量,就得到

$$\Delta E=(\Delta m)c^2\tag{17.23}$$

这是质能关系的另一种表述形式,它表明物体吸收或放出能量时,必伴随以质量的增加或减少. 这里,ΔE 不仅可以表示机械能的改变,也可以代表因物体吸热或放热、吸收或辐射光子等所引起的能量变化. 需要注意的是,在物质反应或转化过程中,物质的存在形式发生变化,运动的形式也发生变化,但不是说物质转化为能量.

* 17.5.2 能量和动量关系

在相对论力学中,质量和速度的关系为

$$m=\frac{m_0}{\sqrt{1-\frac{v^2}{c^2}}}$$

把等式两端平方再分别乘以 c^2,整理得

$$m^2c^4=m_0c^4+c^2m^2v^2$$

因为 $mc^2=E$,$m_0c^2=E_0$,$m^2v^2=p^2$,所以

$$E^2=E_0^2+c^2p^2\tag{17.24}$$

这就是相对论能量-动量关系(relativistic energy momentum relation).

在非相对论情况下,$v\ll c$,这时相对论中关于质量、动量和能量的公式可写成如下形式:

$$m\approx m_0,\quad \boldsymbol{p}\approx m_0\boldsymbol{v}$$

$$E_k\approx\frac{1}{2}m_0v^2,\quad E\approx m_0c^2+\frac{1}{2}m_0v^2$$

从上述结果可以看出，在非相对论情况下，动能和静能之比为

$$\frac{E_k}{E_0}=\frac{1}{2}\frac{v^2}{c^2}\ll 1$$

这说明，在非相对论情况下，物体的静能比其动能要大得多.

另一种极限是极端相对论情况，即 $v\approx c$ 的情况. 这时有

$$E\gg E_0,\quad m\gg m_0$$

$$p\approx\frac{E}{c},\quad E_k\approx E$$

可见在极端相对论情况下，物体的静能要比动能小得多. 对于静止质量为零的粒子（如光子、中微子等），有

$$\begin{aligned}&m_0=0,\quad v=c\\&E_k=E,\quad E=pc\end{aligned}\tag{17.25}$$

例 17.7 证明：

（1）一个粒子的动量 p 与它的动能 E_k 和静止质量 m_0 之间的关系为 $pc=\sqrt{E_k^2+2E_km_0c^2}$.

（2）在经典力学中，一个具有牛顿动能 E_k 和动量 p 的粒子的速度为 $v=\mathrm{d}E_k/\mathrm{d}p$.

（3）相对论粒子的速度由 $\mathrm{d}E/\mathrm{d}p$ 给出，其中 E 是总能量.

解 （1）由相对论动能定理和能量-动量关系得

$$E^2=(E_0+E_k)^2$$

$$p^2c^2+E_0^2=E_0^2+2E_0E_k+E_k^2$$

整理得

$$pc=\sqrt{E_k^2+2E_kE_0}=\sqrt{E_k^2+2E_km_0c^2}$$

（2）由经典力学动能的定义得

$$E_k=\frac{1}{2}mv^2=\frac{p^2}{2m}$$

$$\frac{\mathrm{d}E_k}{\mathrm{d}p}=\frac{p}{m}=v$$

（3）由相对论能量-动量关系得

$$E^2=p^2c^2+m_0^2c^4$$

微分得

$$2E\mathrm{d}E=2c^2p\mathrm{d}p$$

$$\frac{\mathrm{d}E}{\mathrm{d}p}=\frac{c^2p}{E}=\frac{p}{m}=v$$

例 17.8 一个静止质量为 m_0、动能为 $5m_0c^2$ 的粒子与另一个静止质量也为 m_0 的静止粒子发生完全非弹性碰撞. 碰撞后的复合粒子的静止质量为 M_0，并以速度 v 运动. 试求：

（1）碰撞前系统的总动量；

（2）碰撞前系统的总能量；

（3）复合粒子的速度 v；

（4）静止质量 M_0 和 m_0 之间的关系.

解 (1) 运动粒子的总能量与动量之间的关系为

$$E^2=(pc)^2+(m_0c^2)^2$$

碰撞前运动粒子的动量为

$$p=\frac{1}{c}\sqrt{E^2-m_0^2c^4}=\frac{1}{c}\sqrt{(5m_0c^2+m_0c^2)^2-m_0^2c^4}=\sqrt{35}\,m_0c$$

(2) 碰撞前系统的总能量 E_T 是两个粒子总能量的和,即

$$E_T=6m_0c^2+m_0c^2=7m_0c^2$$

(3) 碰撞后,复合粒子的动量和能量分别为 p_T 和 E_T,运动质量为 M,则

$$E_T=7m_0c^2=Mc^2$$

$$p_T=\sqrt{35}\,m_0c=Mv$$

解联立方程得

$$v=\frac{\sqrt{35}}{7}c=0.85c$$

(4) 由相对论能量-动量关系,有

$$M_0^2c^4=E_T^2-p_T^2c^2$$

解之得

$$M_0=\sqrt{14}\,m_0$$

注意:$M_0\neq 2m_0$,因此静止质量是不守恒的,入射粒子的部分动能转化成了最终复合粒子的质量.

例 17.9 氘核由一个中子与一个质子所组成. 它们的质量分别是

氘核 $m_D=3.343\ 65\times10^{-27}$ kg

质子 $m_p=1.672\ 65\times10^{-27}$ kg

中子 $m_n=1.674\ 96\times10^{-27}$ kg

求氘核的结合能.

解

$$\begin{aligned}\Delta E&=\Delta mc^2=(m_p+m_n-m_D)c^2\\&=3.96\times10^{-30}\times(3\times10^8)^2\ \text{J}=3.564\times10^{-13}\ \text{J}\end{aligned}$$

人们早就发现在核的裂变过程中,有些重核(如^{235}U)分裂成两个质量相近的核,静止质量会减少. 这个例题表明,在核的聚变过程中,即轻原子核相遇聚合成较重的原子核的过程,静止质量减少得更多. 在这两种情况下都会有大量能量释放. 原子弹、原子能发电等是裂变反应的应用,而太阳及其他恒星放出的巨大能量主要来自聚变反应.(太阳每秒释放出 3.8×10^{26} J 的能量,并且如此无休止地辐射能量已有 5×10^9 年!)氢弹也应用了聚变反应. 有人预测 21 世纪,受控核聚变将对人类所需求的能源做出有意义的贡献.

*17.6 广义相对论基础

狭义相对论将力学和电磁学统一起来,将时间和空间统一起来,带来了时空观念的根本变革. 然而狭义相对论尚存在一些理论上的疑难:其一,万有引力定律的表述是超距作用的,它与狭义相对论相抵触,狭义相对论不能处理涉及引力的问题,因此需要发展相对

论的引力理论,将引力问题纳入相对论;其二,狭义相对论肯定惯性系的特殊地位,然而它却无法确定惯性系,惯性系概念存在着逻辑循环.爱因斯坦思考了这些问题,提出了广义相对论.

17.6.1 广义相对论的基本原理

一、等效原理

(1) 惯性质量与引力质量

根据牛顿第二定律

$$\boldsymbol{F}=m_{\mathrm{i}}\boldsymbol{a}$$

上式中引入了描述物体动力学性质的惯性质量 m_{i}. 同样,在万有引力定律

$$F=\frac{Gmm_{\mathrm{g}}}{r^2}$$

中引入了描述物体引力性质的引力质量 m_{g}.

从概念上讲,惯性质量和引力质量是本质上不同的物理量,逻辑上没有联系,惯性质量度量物体惯性的大小,引力质量度量物体间相互吸引的能力.但是,如果在实验上能证明两者量值之比对一切物体都相同,那么实用上就可以把它们当成同一个量来对待.这称为惯性质量和引力质量的等同性.

根据牛顿第二定律和万有引力定律很容易得到,地球上的物体自由落体加速度为

$$g=\frac{Gm_{\mathrm{E}}}{R^2}\frac{m_{\mathrm{g}}}{m_{\mathrm{i}}}$$

其中,m_{g}、m_{i} 分别为该物体的引力质量和惯性质量,G 为引力常量,m_{E} 为地球的质量,R 为地球的半径.

近代许多高度精密的实验证实,在同一地点一切物体下落的加速度 g 都相同,从而证明引力质量与惯性质量之比,与物体的大小、种类无关,只要选取适当的单位,引力质量与惯性质量在数值上就相等.

历史上,第一个明确地检验惯性质量与引力质量等同性的是牛顿,他使用两个同形状的等长的单摆,得到摆的周期与摆锤的材料无关,从而证明惯性质量与引力质量之比与材料无关.牛顿单摆实验的精度为 $m_{\mathrm{g}}/m_{\mathrm{i}}=1+o(10^{-3})$. 更精确的质量等价实验是厄特沃什(R.V. Eötvös)做的扭摆实验,实验精度为 $m_{\mathrm{g}}/m_{\mathrm{i}}=1+o(10^{-8})$. 20 世纪 60 年代,狄克(R.H.Dicke)等人改进了厄特沃什实验,把精度提高到 $m_{\mathrm{g}}/m_{\mathrm{i}}=1+o(10^{-11})$.

(2) 等效原理

爱因斯坦讨论了一个假想实验:设有一密封舱,舱内观察者看不到舱外的情形.若把舱放在地面上,舱内观察者会看到舱内物体以加速度 g 自由落向舱底.若密封舱在没有引力场的太空中以加速度 g 向上运动,舱内观察者也会看到自由物体以加速度 g 落向舱底.按照牛顿力学,前者是引力效应,后者是惯性力效应.由于引力正比于引力质量,而惯性力正比于惯性质量,如果这两种质量是严格相等的,那么舱内观察者就不可能通过任何力学实验区分引力的效果和惯性力的效果,这种引力和惯性力的等效性称为弱等效原理.

如果进一步假定任何物理实验——力学的、电磁的和其他的实验，都不能区分密封舱是引力场中的惯性系还是不受引力的加速参考系，即不能区分是引力还是惯性力的效果，那么也就是说，这两个参考系不仅对力学过程是等效的，而且对一切物理过程也是等效的，这就是强等效原理. 强等效原理的要点是，认为引力和惯性力在物理效果上完全没有区别，或者说，一个均匀的引力场与一个加速参考系完全等价.

（3）局域惯性系

现在，将惯性系定义为，狭义相对论所确立的物理规律在其中全部有效的参考系. 一般地说，有引力场的参考系都不是惯性系，而只有消除引力场的参考系才是惯性参考系. 引力场强度的大小和方向一般因地而异，不可能找到一个惯性系使它的惯性力处处与引力抵消. 但是，在引力场空间任何一个局部的小区域内，可以把引力场看成均匀的，从而找到一个相对于它做加速运动的参考系，在其中引力刚好与惯性力相消. 这种在局部范围内消去引力场的参考系，称为局域惯性系（local inertial system）. 在引力场作用下自由下落的实验室参考系就是一个局域惯性系. 近年来人们把等效原理（equivalence principle）更准确地表述为：在任何引力场中的某一时空点，人们总能建立一个自由下落的局域惯性系，在这一参考系中狭义相对论所确立的物理规律全部有效.

二、广义相对性原理

爱因斯坦认为，没有什么理由把加速参考系排斥在相对性原理之外，因为根据惯性力和引力等效原理，可以把加速参考系看成静止的（参考系中存在着一引力场），这个静止的参考系与其他各惯性系相比，应该没有什么太特殊的地方. 从而提出了广义相对论的另一个基本原理——广义相对性原理（principie of general relativity）：物理定律在一切参考系中都具有相同的形式，或者说物理规律的表述都相同，即它们在任意坐标变换下都具有协变性.

等效原理是广义相对性原理成立的必要前提，但广义相对性原理并不是等效原理的推论. 等效原理指出，引力场中任意点都可以引入局域惯性系，局域惯性系内狭义相对论成立，也就是一切不涉及引力和惯性力的物理规律成立；广义相对性原理则指出，物理规律在此局域惯性系和该处的其他任意参考系中表述都相同，或者说表述物理定律的方程在坐标变换下形式不变. 这些任意参考系包括加速参考系，也就包括引力场. 这样通过坐标变换就可以把无引力的狭义相对论的物理定律转换到引力场中去，引力场的影响体现在坐标变换关系上.

17.6.2 相对论中的引力理论

一、空间度规

为了容易理解，首先从二维平面谈起. 在平面上欧几里得几何学是成立的，例如“两点之间，直线最短”“三角形的三个内角和是180°”等. 在平面上建立笛卡儿直角坐标系 Oxy，则平面内任意两点 $P_1(x_1,y_1)$、$P_2(x_2,y_2)$ 间的长度 s 的平方由下式确定：

$$s^2=(x_2-x_1)^2+(y_2-y_1)^2$$

当 P_1、P_2 无限靠近时，则两点间无限小的间隔 $\mathrm{d}s$ 由下式确定：

$$\mathrm{d}s^2=\mathrm{d}x^2+\mathrm{d}y^2$$

显然,在笛卡儿直角坐标系中,ds^2可表示为两个坐标微分的平方和.但是,有的空间不能用笛卡儿直角坐标系来描述,例如二维球面,在二维球面上只能引入曲线坐标系,如图 17.10 所示.在地球表面上可引用经度 φ,纬度 θ 为坐标,这时可以把球面上两个无限邻近点间的间隔表示为

$$ds^2=R^2\sin^2\theta d\varphi^2+R^2 d\theta^2$$

这里 R 为地球的半径.显然,现在 ds^2已经不是坐标微分的平方和形式了,例如 $d\varphi^2$前面出现了与 θ 有关的系数.

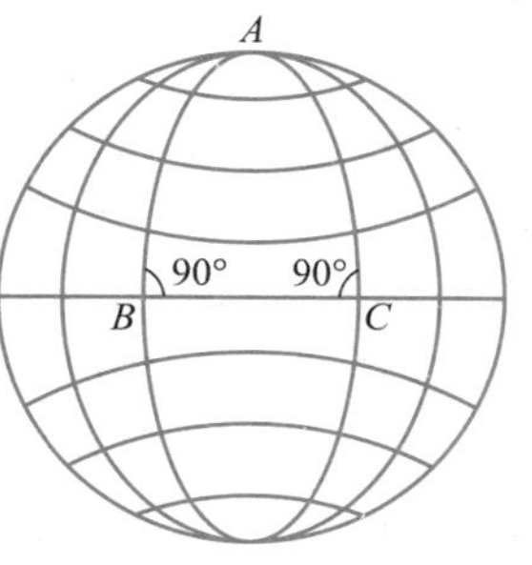

图 17.10 二维球面

有趣的是,二维球面上的几何学是很独特的.在球面上,两点间的短程线则是大圆弧(通过球心的平面与球面切出的弧),所谓短程线就是空间中两点之间的最短连线.例如,在一个球面(二维曲面)情况下,这些最短连线就是大圆弧.三条短程线围成一个球面三角形,它的三个内角和一般大于 180°.例如,图 17.10 中所画的一个由赤道和二条经线围成的三角形 ABC,其三个内角和大于 180°.

我们可以在二维曲面上取高斯坐标,即任意的曲线坐标 u_1、u_2,这时 ds^2一般地表示为

$$ds^2=g_{11}du_1^2+2g_{12}du_1du_2+g_{22}du_2^2$$

这就是黎曼度规,式中 g_{11}、g_{12}、g_{22}是高斯坐标 u_1、u_2 的函数,这些函数的形式与曲面的性质和高斯坐标的选择有关.但是,不管选择什么样的高斯坐标,两点间的距离 ds 的平方 ds^2 总是坐标微分的一般齐次二次式,这样的二维空间就是所谓黎曼二维"空间".事实上,曲面的几何性质可由 $g_{ik}(u_1,u_2)$得到,称 g_{ik}为度规项,它们的数值规定黎曼度规的形式.

上述讨论可由二维空间推广到任意的 n 维超曲面或 n 维空间.注意,这里的"空间"二字,一般说来,已不再是通常的现实空间,只是借用了几何学中的术语.此时高斯坐标为 $u_1,u_2,\cdots,u_n$,在这空间里任意两个无限邻近点间的间隔表示为

$$ds^2=\sum_{i=1}^{n}\sum_{k=1}^{n}g_{ik}du_idu_k \tag{17.26}$$

式中,$g_{ik}(i=1,2,\cdots,n;k=1,2,\cdots,n)$是 $u_1,u_2,\cdots,u_n$的函数,这时的空间叫 n 维黎曼空间,遵从黎曼几何学,这些系数 g_{ik}组成所谓的度规张量.这里引入的度规张量 g_{ik}是坐标的函数,即在 n 维空间各点的度规张量一般是不同的,这种随位置改变的度规,在几何学中称为黎曼度规.

现实空间的欧几里得几何学是黎曼几何学的特例.例如,在二维情况下,若式(7.26)中

$$g_{11}=g_{22}=1,\quad g_{12}=g_{21}=0$$

则 ds^2表示为

$$ds^2=du_1^2+du_2^2$$

这正是欧几里得空间笛卡儿直角坐标系应有的形式.

二、引力场中时空度规的一般形式

在狭义相对论中,若将通常的时间 t 改变为光时 ct,作为四维时空坐标(x,y,z,ict)的一维,就可形成四维时空空间,称为闵可夫斯基空间(Minkowski space).在闵可夫斯基空间里,一个事件对应一个点,称为一个时空点(space-time point)或世界点,质点运动时将在其中留

下一条踪迹曲线,称为质点运动的世界线(world line). 两个无限邻近的世界点间的间隔 $\mathrm{d}s$ 的平方是

$$\mathrm{d}s^2=\mathrm{d}x^2+\mathrm{d}y^2+\mathrm{d}z^2-c^2\mathrm{d}t^2$$

由洛伦兹变换可以证得:在闵可夫斯基空间连续区内,在所有惯性参考系里 $\mathrm{d}s^2$ 都是一样的.

当 $\mathrm{d}x=\mathrm{d}y=\mathrm{d}z=0$ 时,$\mathrm{d}s^2=-c^2\mathrm{d}t^2$,此时 $\mathrm{d}t$ 就是固有时,也叫原时,用 $\mathrm{d}\tau$ 表示. 由于时空间隔 $\mathrm{d}s^2$ 具有不变性,所以

$$\mathrm{d}s^2=-c^2\mathrm{d}\tau^2=\mathrm{d}x^2+\mathrm{d}y^2+\mathrm{d}z^2-c^2\mathrm{d}t^2$$

如果变换到非惯性参考系,那么容易证明:$\mathrm{d}s^2$ 将不再是四个坐标微分的平方和. 考虑以匀速率旋转的圆盘 K′. 设圆盘绕 z 轴相对某惯性系 K 以角速率 ω 转动,如图 17.11 所示,则有

$$x=x'\cos\omega t-y'\sin\omega t$$

$$y=x'\sin\omega t+y'\cos\omega t$$

$$z=z'$$

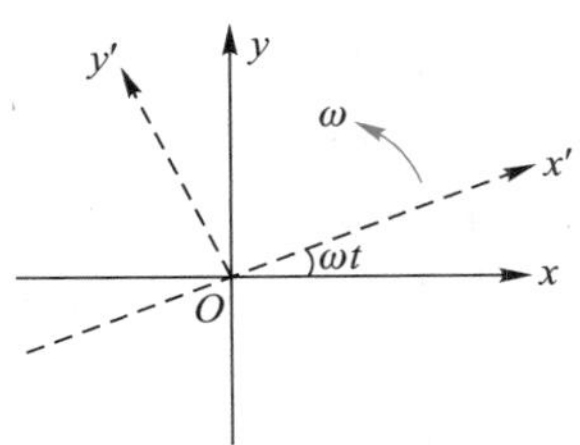

图 17.11 坐标旋转变换

把上式微分代入 $\mathrm{d}s^2$ 的表示式中,简化可得

$$\mathrm{d}s^2=\mathrm{d}x'^2+\mathrm{d}y'^2+\mathrm{d}z'^2-[c^2-\omega^2(x'^2+y'^2)]\mathrm{d}t^2-2\omega y'\mathrm{d}x'\mathrm{d}t+2\omega x'\mathrm{d}y'\mathrm{d}t$$

由此可见,在非惯性系 K′中,间隔的平方不再是坐标微分平方之和,而是普遍形式的二次齐次式. 一般的可写为

$$\mathrm{d}s^2=\sum_{i=1}^{4}\sum_{k=1}^{4}g_{ik}\mathrm{d}x_i\mathrm{d}x_k$$

其中度规张量 g_{ik} 是空间坐标 x_1、x_2、x_3 和时间坐标 $x_4=\mathrm{i}ct$ 的函数,四维坐标 x_1、x_2、x_3、x_4 是曲线坐标.

按照等效原理,非惯性参考系与一引力场等价,因此可以得出结论:引力场引起空间时间度规改变,而这个改变可由 g_{ik} 各量所决定,这正是引力场引起时空弯曲的数学表述.

三、引力场方程

引力场导致时间空间度规的改变,实质上可以认为就是时间空间的度规性质和运动物质有不可分割的联系. 也就是说,空间和时间的几何特性取决于物质的分布及其运动;而物质在引力场中的运动,反过来又要受空间和时间的几何特性所制约. 时空不再是脱离物质的一个空虚的框架. 由于能量和动量是物质运动的量的度量,所以可以把空间曲率和物质运动的能量和动量联系起来,从而得到引力场方程:

$$R_{\mu\nu}-\frac{1}{2}g_{\mu\nu}R=-\frac{8\pi G}{c^4}T_{\mu\nu} \tag{17.27}$$

式中,$R_{\mu\nu}$ 为黎曼曲率张量,$R=g_{\mu\nu}R_{\mu\nu}$ 为空间标量曲率,$g_{\mu\nu}$ 为时空度规张量(metric tensor),$T_{\mu\nu}$ 为物质(包括电磁场在内)能量动量张量(energy-momentum tensor),G 为引力常量,c 为真空中光速. 这个方程反映了引力场的状态和变化,是由物质的分布及其运动所决定的,它实际上就是经过相对论改正后的万有引力定律的一种形式.

狭义相对论发现了空间、时间与物质运动有联系,广义相对论则进一步把时间、空间与物质、运动联系了起来,时间空间不再是一个空虚的框架,离开了物质的时间和空间将变得

没有意义，从此几何学建立在物理学的基础之上. 纯数学的几何学公理与现实世界的联系重新被发现，这是广义相对论的功绩之一.

17.6.3 广义相对论的时空性质

一、广义相对论的时空性质

爱因斯坦建立引力场方程后，施瓦西(K. Schwarzschild)便于1916年对球对称分布的引力场源进行分析，获得了第一个引力场方程的严格解析解. 在施瓦西坐标(ct,r,θ,φ)中解引力场方程，可得物质外部真空区域的施瓦西外部解度规张量为

$$g_{\mu\nu}=\begin{bmatrix} -\left(1-\dfrac{2Gm}{c^2r}\right) & 0 & 0 & 0 \\ 0 & \left(1-\dfrac{2Gm}{c^2r}\right)^{-1} & 0 & 0 \\ 0 & 0 & r^2 & 0 \\ 0 & 0 & 0 & r^2\sin^2\theta \end{bmatrix}$$

相应的时空间隔为

$$\mathrm{d}s^2=-c^2\mathrm{d}\tau^2=-\left(1-\frac{2Gm}{c^2r}\right)c^2\mathrm{d}t^2+\left(1-\frac{2Gm}{c^2r}\right)^{-1}\mathrm{d}r^2+r^2(\mathrm{d}\theta^2+\sin^2\theta\mathrm{d}\varphi^2) \tag{17.28}$$

其中，$\mathrm{d}\tau$表示固有时，m是引力源的质量，r是考察点与引力源中心的坐标距离.

由式(17.28)，我们得出广义相对论的时空性质.

(1) 当离引力源很远，即$r\to\infty$时，引力场不存在，式(17.28)变为

$$\mathrm{d}s^2=-c^2\mathrm{d}\tau^2=-c^2\mathrm{d}t^2+\mathrm{d}r^2+r^2(\mathrm{d}\theta^2+\sin^2\theta\mathrm{d}\varphi^2) \tag{17.29}$$

上式是闵可夫斯基时空在坐标(ct,r,θ,φ)下的间隔表达式，描述时间和空间统一的四维平直时空. 在平直时空中可以建立单一的坐标系，该坐标系有全局统一的时间、空间测量基准，相当于不受引力场影响的钟和尺，称为刚性的坐标钟和坐标尺，用坐标钟和坐标尺测得的时间和距离称为坐标时和坐标距离，在平直时空中坐标时和固有时及坐标距离和真实距离并无区别.

(2) 当引力场不可忽略时，式(17.28)与式(17.29)不同，它描写的四维时空将偏离平直时空，偏离的程度与引力源的质量m和到引力源的距离r有关，m越大，偏离越甚，r越大，偏离越小，这种偏离称为时空弯曲. 弯曲时空中尽管不再有全局统一的时间、空间测量基准，但是仍然可以用上述的刚性坐标钟和坐标尺作为比较标准. 当把固有时和真实距离折算成坐标时和坐标距离时就会自然地得出引力时延、空间弯曲的结论.

(3) 在施瓦西场中固定某一空间点，即r,θ,φ取为常量，由式(17.28)得

$$\mathrm{d}\tau=\sqrt{1-\frac{2Gm}{c^2r}}\,\mathrm{d}t \tag{17.30}$$

这是广义相对论时间间隔表达式. 显然，时间间隔在引力场中比在平直时空中变短了，即固有时(静止在引力场中某点的标准钟所测量的时间间隔)小于坐标时，表示自然事物的时间过程，在引力场中变慢了，称为引力时延或引力场中的钟变慢.

(4) 在式(17.28)中取 t 为常量,得到间隔表示为

$$ds^2=dl^2=\left(1-\frac{2Gm}{c^2r}\right)^{-1}dr^2+r^2(d\theta^2+\sin^2\theta d\varphi^2)$$

dl 表示在任一空间点附近,任意方向上的真实距离元(也称线元). 它与欧几里得三维空间线元 $dl'^2=dr^2+r^2(d\theta^2+\sin^2\theta d\varphi^2)$ 比较,两者显然是不同的.

在 r=常量的空间球面上,$dl^2=r^2(d\theta^2+\sin^2\theta d\varphi^2)$,也就是说,等 r 面上的几何与三维欧氏空间中的球面几何是一样的. 在球面上即垂直于径向方向的标准尺(微分尺)不受引力场的影响.

当 θ、φ 取为常量时,无限小的径向距离为

$$dl=\left(1-\frac{2Gm}{c^2r}\right)^{-\frac{1}{2}}dr \tag{17.31}$$

$dl>dr$,表示沿径向的长度被拉长了,这是施瓦西场中空间弯曲的具体表现. r 不能理解为场点到引力源中心的距离,而是场点的径向坐标值,dr 值为径向微小的坐标距离或无穷远处的真实距离元. 因为,引力场中用各处标准尺测得的沿径向的真实距离比无引力场时的真实距离大,所以引力场中的标准尺比坐标尺短,这是空间弯曲带来的一种效应.

(5) 施瓦西半径与黑洞

在广义相对论中,任何质量为 m 的物体都存在一个最小观测半径. 当度规项 $g_{11}=-\left(1-\frac{2Gm}{c^2r}\right)=0$ 时,$r=r_s=\frac{2Gm}{c^2}$,r_s 称为施瓦西半径. 在 $r=r_s$ 处,由于 $g_{22}=\infty$,根据式(17.31),径向长度将变得无穷大,所以任何物质越过以 r_s 为半径的球面向外发射所需要的时间都是无限长,因此无法获得 r_s 内部的直接观测信息. 换句话说,质量为 m 的物质可被观测的最小限度是 $r_s=\frac{2Gm}{c^2}$. 所以我们把 r_s 称为物质的最小观测半径. 把 $r>r_s$ 的区域定义为实空间,而对于 $r<r_s$ 的区域,由于不可能获得直接的观测数据,而只能靠它的巨大引力场使人感知它的存在,故定义该区域为虚空间,也就是人们通常说的“黑洞”.

二、广义相对论的实验验证

(1) 光频引力红移

由式(17.30)可以定量讨论施瓦西场中引力对时间过程的影响. 设施瓦西场中 A 处发生某自然过程,其固有时间隔为 $\Delta\tau_A$,则对应的坐标时间隔为

$$\Delta t=\left(1-\frac{2Gm}{c^2r_A}\right)^{-\frac{1}{2}}\Delta\tau_A$$

由于 Δt 的长短在施瓦西场是一致的,所以 Δt 在 B 处对应的固有时间隔为

$$\Delta\tau_B=\left(1-\frac{2Gm}{c^2r_B}\right)^{\frac{1}{2}}\Delta t=\left[\left(1-\frac{2Gm}{c^2r_B}\right)\Big/\left(1-\frac{2Gm}{c^2r_A}\right)\right]^{\frac{1}{2}}\Delta\tau_A$$

这就是 B 处静止观测者用该处标准钟测量的 A 处发生的自然过程的时间间隔. 在弱场条件下,$\frac{2Gm}{c^2r}\ll1$,于是有

$$\Delta\tau_{\mathrm{B}} \approx \left[1+\frac{Gm}{c^2}\left(\frac{1}{r_{\mathrm{A}}}-\frac{1}{r_{\mathrm{B}}}\right)\right]\Delta\tau_{\mathrm{A}}$$

设 A 处发光固有周期为 T_0,频率为 ν_0,则 B 处测量的周期和频率分别为

$$T_{\mathrm{B}} \approx \left[1+\frac{Gm}{c^2}\left(\frac{1}{r_{\mathrm{A}}}-\frac{1}{r_{\mathrm{B}}}\right)\right] T_{\mathrm{A}}$$

$$\nu_{\mathrm{A}} \approx \left[1+\frac{Gm}{c^2}\left(\frac{1}{r_{\mathrm{A}}}-\frac{1}{r_{\mathrm{B}}}\right)\right] \nu_{\mathrm{B}}$$

定义相对频移为

$$Z=\frac{\nu_{\mathrm{A}}-\nu_{\mathrm{B}}}{\nu_{\mathrm{B}}} \approx \frac{Gm}{c^2}\left(\frac{1}{r_{\mathrm{B}}}-\frac{1}{r_{\mathrm{A}}}\right)$$

考虑在地球上观测太阳光谱线由于太阳引力场产生的引力红移. 太阳质量 $m_{\odot}=1.98\times 10^{30}$ kg,太阳半径 $r_{\mathrm{A}}=R=6.95\times10^{8}$ m,设 $r_{\mathrm{B}}\approx\infty$,则得相对引力频移为

$$Z=-\frac{\mathrm{G}m_{\odot}}{c^2R}=-2.12\times10^{-6}$$

$Z<0$ 表示红移. 1961 年科学家观测到太阳光谱中的钠(波长为 5.896×10^{-7} m)谱线的引力红移,结果与理论偏离小于 5%,1971 年观测了太阳光谱中的钾(波长为 7.699×10^{-7} m)谱线的引力红移,结果与理论偏离小于 6%.

(2) 光线引力偏折

在闵可夫斯基空间(平直空间)里,对于光线的世界线,我们知道时空间隔 $\mathrm{d}s^2=0$,因为光的传播速度等于 c,即光线具有零间隔. 在有引力场存在的弯曲空间里,光线的时空间隔仍然为零. 这样,在太阳引力场中,由施瓦西度规,就可求出光的短程线方程,再加上零间隔条件,便可得到光线的几何图像——一条弯向太阳的曲线,即光在引力场中传播时,光线会弯曲. 由于严格的推导比较繁琐,所以这里直接给出结果. 光线掠过太阳的偏折角为

$$\delta=\frac{4\mathrm{G}m_{\odot}}{c^2R}=1.75''$$

光线的偏折角包括两部分:弯曲的三维空间的短程线偏离原来平直空间的直线 0.875″,以及光线偏离三维空间短程线 0.875″.

由引力场中的时延和尺缩效应,若光在固有时 $\mathrm{d}\tau$ 内传播固有长度 $\mathrm{d}l$,则无穷远处观测者观测到的速度为

$$v=\frac{\mathrm{d}r}{\mathrm{d}t}=\frac{\mathrm{d}l\sqrt{1-\dfrac{2Gm}{c^2r}}}{\mathrm{d}\tau\Big/\sqrt{1-\dfrac{2Gm}{c^2r}}}=c\left(1-\frac{2Gm}{c^2r}\right)$$

由此式可以看出,光的传播速度随着 r 减小而减小,即随着引力的增强而减慢. 因此光线在掠过引力场源时会发生偏折,这一点类似于通过不同介质时光线会发生偏折.

由于阳光异常强烈,所以可见光在太阳附近的偏折只能在日全食时观察到. 1919 年,

英国皇家学会和英国皇家天文学会的两支观测队分赴西非几内亚湾的普林西比岛和巴西的索布拉尔两地进行日全食观测，光线偏折的测量结果分别为 $1.98''\pm0.16''$ 和 $1.61''\pm0.40''$，测量结果与理论值相符. 迄今为止，人们已经观测了几百颗恒星的光线，基本上都与广义相对论相符.

除了上述两项检验之外，还有水星近日点反常进动、雷达回波延迟、引力波也都得到实验验证，广义相对论成为基础可靠的物理理论.

【网络资源】

小　结

本章首先讨论了迈克耳孙-莫雷实验. 迈克耳孙-莫雷实验的目标是探测地球在以太中的运动，迈克耳孙-莫雷实验的重要性在于，它证明了假如以太存在的话，它具有不可探测效应，即迈克耳孙-莫雷实验否定了以太（绝对参考系）的存在. 这一实验客观上支持相对论理论，但它不是促使爱因斯坦提出狭义相对论理论的动因. 理解这一实验是掌握狭义相对论的第一步.

爱因斯坦提出的两条基本原理是狭义相对论的理论基础，由两条基本原理推证出来的洛伦兹变换是狭义相对论时空理论的核心，它表明时间和空间相互关联，时空坐标均取决于运动速度，从而建立了相对论时空观，即必须将物质运动、时间、空间作为一个完整的客观事实加以认识. 理解或掌握狭义相对论两条基本原理、洛伦兹变换和相对论时空观是本章学习的重点和难点.

在相对论力学中，要建立与洛伦兹变换相匹配的动量守恒定律必须重新定义质量和动量，使物体的质量同运动速度相关联，保证物体在持续力的作用下，速度的大小不会超过真空中的光速，即满足光速不变原理. 相对论动力学的几个主要结论：质速关系、能量和动量关系、相对论能量、相对论动能是本章学习的又一重点.

相对论力学和经典力学并不是对立的，经典力学是相对论力学在 $v\ll c$ 极限情况下的逼近. 在这种意义说，狭义相对论不是经典力学的终结，而是经典力学的发展，在解决低速物体运动问题时仍需经典力学理论.

狭义相对论的主要不足是，没有将引力纳入理论框架中，因此不能处理引力问题，而且将惯性系看成优越的参考系，爱因斯坦的广义相对论解决了这些问题. 了解广义相对论的基本原理及广义相对论的引力理论，对于正确认识物质、运动、时间、空间及其相互关系，对于理解物理前沿问题大有益处.

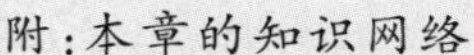

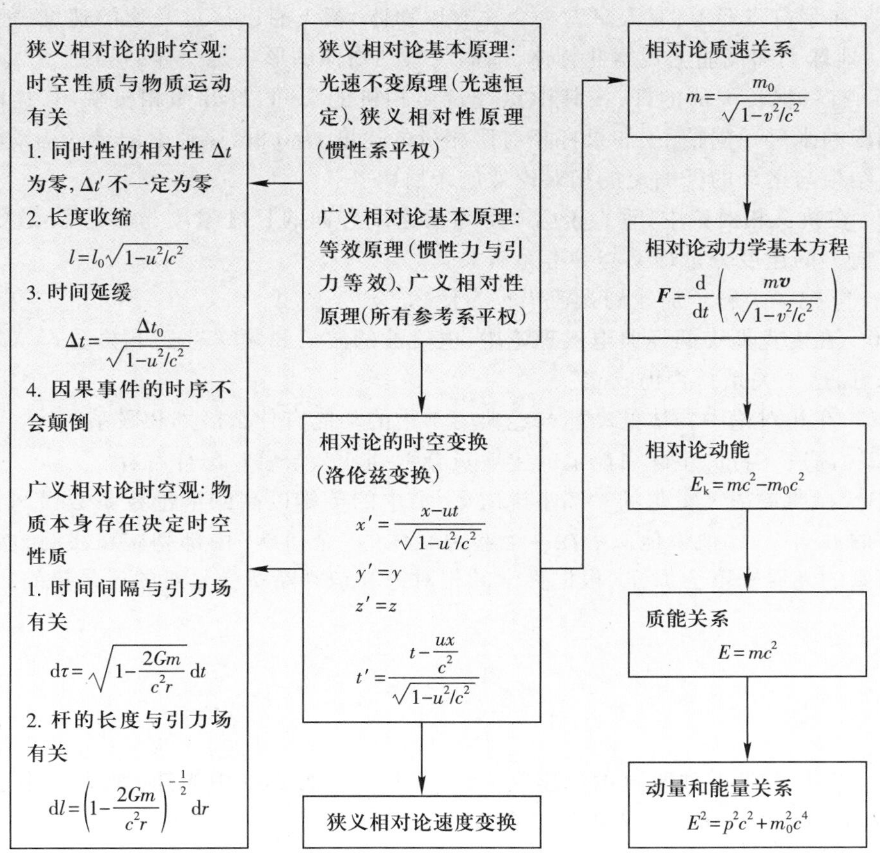

思　考　题

17.1　什么是力学相对性原理？在一个参考系里做力学实验能否测出这个参考系相对于惯性系的速度？

17.2　同时的相对性是什么意思？为什么会有这种相对性？如果光速无限大,是否还会有同时的相对性？

17.3　如果 A、B 是惯性系 S′中互为因果关系的两个事件(A 是 B 的原因,先于 B 发生). 试问:能否找到一个惯性系,在该系中测得 B 先于 A 发生,出现时间顺序颠倒的现象？

17.4　“若两个事件在某一惯性系中为同时异地事件,则在其他惯性系中必定不是同时发生的.”如何解释这句话？“只有在一个惯性系中同时同地发生的事件,在另一惯性系中才是同时同地发生的.”这句话对吗？

17.5 长度的量度和同时性有什么关系？为什么长度量度与参考系有关？长度收缩效应是否因为棒的长度受到实际压缩？

17.6 在宇宙飞船上，有人拿着一个立方形物体，若飞船以接近光速的速度背离地球飞行，分别从地球上和飞船上观察此物体，他们观察到物体的形状是一样的吗？

17.7 有一根长 1 m 的杆，在其中点经过照相机的瞬间，打开照相机快门，连同一根静止的有刻度的米尺一同拍下，如果杆相对照相机的速度 $v=0.8c$，照片上记录的运动杆长度该是多少？结果与运动的杆缩短的相对论效应矛盾吗？

17.8 在狭义相对论中，垂直于两个参考系速度方向的长度量度与参考系无关，而为什么在此方向上的速度分量却又与参考系有关？

17.9 能把一个粒子加速到光速吗？为什么？

17.10 在麦克斯韦的经典电磁理论中，电磁波的波长和频率有如下关系 $c=\lambda\nu$. 从狭义相对论来看，这个关系是否仍成立？

17.11 在相对论中物体的动能与经典力学中的动能有什么区别和联系？

17.12 高速飞行的星际飞船上的宇航员会看到什么景象？怎样解释？

17.13 在弗雷德·霍尔的一部小说末尾，书中的英雄以高的洛伦兹系数沿与银河系平面成直角的方向飞去，他说他似乎在一个蓝边红体的“金鱼碗”内部朝碗口飞行，费曼却说，来自银河系的光看来不会那样. 根据你学的相对论知识判断费曼是对的还是错的？

习 题

17.1 一个人在相对地面飞行速度 $v=0.999\,8c$（c 为真空中光速）的火箭中生活了 50 年，在地面上的观察者测到此人生活了多长时间？

17.2 载有激光武器的汽车以 u 匀速运动时，在前方 l' 远处发现了一枚导弹. 测定导弹飞行的方向正是汽车前进的方向，其速度为 v'，并同时朝导弹发射一激光脉冲. 设汽车为 S′ 系，地面为 S 系，并以汽车发射激光脉冲作为时空始点，问：

（1）在 S 系中激光脉冲何时何地击中导弹？

（2）从发射激光脉冲到击中导弹这段时间内，导弹在 S 系中运动的距离是多少？

17.3 一宇宙飞船相对于地以 $0.8c$（c 表示真空中光速）的速度飞行. 一光脉冲从船尾传到船头，飞船上的观察者测得飞船长为 90 m，地球上的观察者测得光脉冲从船尾发出和到达船头两事件的空间间隔为多少？

17.4 一发射台向东西两侧距离均为 L_0 的两个接收站 E 和 W 发射信号. 今有一飞机以匀速度 v 沿发射台与两接收站的连线由西向东飞行，试问在飞机上测得两接收站接收到发射台同一信号的时间间隔是多少？

17.5 一列高速火车以速度 u 驶过车站时，停在站台上的观察者观察到固定在站台上相距 1 m 的两只机械手在车厢上同时划出两个痕迹，则车厢上的观察者测出的这两个痕迹之间的距离应为多少？

17.6 在惯性系 K 中，相距 $x=5\times10^{6}$ m 的两个地方发生两事件，时间间隔 $t=10^{-2}$ s；而

在相对于 K 系沿 x 轴正方向匀速运动的 K′系中观测到这两事件却是同时发生的. 试计算在 K′系中发生这两事件的地点间的距离 x'是多少?

17.7　K 系与 K′系是坐标轴相互平行的两个惯性系,K′系相对于 K 系沿 x 轴正方向匀速运动. 一根刚性尺静止在 K′系中,与 x'轴成 30°角. 今在 K 系中观察得该尺与 x 轴成 45°角,则 K′系相对于 K 系的速度 u 是多少?

17.8　一装有无线电发射和接收装置的飞船,正以速度 $v=3c/5$ 飞离地球,当宇航员发射一个无线电信号后并经地球反射,40 s 后飞船才收到返回信号,试问:

(1) 当信号被地球反射时刻,从飞船上测量地球离飞船有多远?

(2) 当飞船接收到地球反射信号时,从地球上测量,飞船离地球有多远?

17.9　半人马座 α 星是距离太阳系最近的恒星,它距离地球 $s=4.3\times10^{16}$ m. 设有一宇宙飞船自地球飞到半人马座 α 星,若宇宙飞船相对于地球的速度为 $v=0.999c$,按地球上的时钟计算要多少年时间? 如以飞船上的时钟计算,所需时间又为多少年?

17.10　一隧道长为 L,宽为 d,高为 h. 设想一列车以极高的速度 v 沿隧道长度方向通过隧道,若从列车上观察,问:

(1) 隧道的尺寸如何?

(2) 设列车的长度为 l_0,它全部通过隧道的时间是多少?

17.11　在 6 000 m 的高空,产生一个速度为 $v=0.998c$(c 为真空中的光速)的 π 介子飞向地球,静止 π 介子的平均寿命约为 $\tau_0=2\times10^{-6}$ s,试论证此 π 介子有无可能到达地面.

17.12　一体积为 V_0,质量为 m_0立方体沿其一棱的方向相对于观察者 A 以速度 v 运动. 问:观察者 A 测得其密度是多少?

17.13　地球上的观察者发现,一艘以速度 $0.60c$ 向东航行的宇宙飞船将在 5 s 后同一个以 $0.8c$ 的速度向西飞行的彗星相撞,问:

(1) 飞船中的人看彗星以多大速度向他接近?

(2) 按飞船中的钟,还有多少时间可用来改变航向?

17.14　已知 μ 子的静止能量为 105.7 MeV,平均寿命为 2.2×10^{-8} s. 试问动能为 150 MeV 的 μ 子的速度 v 是多少? 平均寿命 τ 是多少?

17.15　设高速运动的介子的能量为 $E=3\ 000$ MeV,而在其静止时能量为 $E_0=100$ MeV,若这种介子的固有寿命是 $\tau_0=2\times10^{-6}$ s,求它运动的距离(真空中光速 $c\approx3\times10^8\ \mathrm{m\cdot s^{-1}}$).

17.16　大麦哲伦星云中超新星 1987A 爆发时发出大量中微子. 以 m_0表示中微子的静质量,以 E 表示其能量($E\gg m_0c^2$). 已知大麦哲伦星云离地球的距离为 d(约 1.6×10^5 l.y.),求中微子发出后达到地球所用的时间.

17.17　一质量为 m_0静止粒子,如原子核或原子,受到一能量为 E 的光子的撞击,粒子将光子能量全部吸收,求此合并系统的速度(反冲速度)及其静止质量.

17.18　观察者甲以 $0.8c$ 的速度(c 为真空中的光速)相对于静止的观察者乙运动,甲携带一质量为 1 kg 的物体,求:

(1) 甲测得此物体的总能量;

(2) 乙测得此物体的总能量.

17.19 某一宇宙射线中的介子的动能 $E_k=7m_0c^2$，其中 m_0 是介子的静止质量. 试求在实验室中观察到它的寿命是它的固有寿命的多少倍.

17.20 在参考系 S 中，有两个静止质量都是 m_0 的粒子 A 和 B，分别以速度 v 沿同一直线相向运动，相碰后合在一起成为一个粒子，则其静止质量 m_0' 的值为多少？

17.21 两个质点 A 和 B，静止质量均为 m_0. 质点 A 静止，质点 B 的动能为 $6m_0c^2$，设 A、B 两质点相撞并结合成为一个复合质点，求复合质点的静止质量.

习题参考答案

第 18 章　波粒二象性

19 世纪末，由于科学和实验技术的发展，使人们的认识从宏观领域深入到微观领域，从而发现了一系列经典理论无法解释的现象，其中具有代表性的是黑体辐射、光电效应和康普顿效应及原子的线光谱. 普朗克、爱因斯坦在光的波动性的基础上恢复了光的粒子性质，与光有关的黑体辐射、光电效应、康普顿效应等问题就得到了圆满的解释；德布罗意提出实物粒子也具有波动性质，为阐明原子的线光谱的玻尔原子理论奠定了基础.

通过本章的学习，学生应了解热辐射的基本概念，理解普朗克能量子假说及对黑体辐射规律描述的公式；了解光电效应和康普顿效应，理解爱因斯坦的光子假说及对光电相互作用规律描述的公式；了解原子的结构和原子光谱的特点，理解玻尔假说及对原子结构描述的公式；理解德布罗意关于物质波的假设和不确定关系.

18.1　热辐射　普朗克能量子假说

18.1.1　热辐射

任何宏观物体都以电磁波的形式向外辐射能量，此能量称为辐射能. 在一般温度下，物体主要辐射出波长较长的不可见光，因此我们看不到它们在发光. 当把物体逐渐加热时，辐射能中短波成分越来越多，达到一定温度时，我们会看到物体发光，而且随着温度的升高，颜色由红变白，当温度很高时则变为青白色. 这说明，物体在一定时间内辐射能量的多少以及辐射能按波长的分布与温度密切相关，这种与温度有关的辐射称为热辐射（heat radiation）.

所有物体在向外辐射能量的同时，也在从周围环境吸收能量. 当物体因辐射而消耗的能量恰好等于从外界吸收的能量时，该物体的热辐射过程达到平衡. 这时物体有确定的温度，这种热辐射称为平衡热辐射（equilibrium heat radiation）. 本节所讨论的只限于平衡热辐射.

实验表明，在一定温度和时间内，从物体表面的一定面积上发生的辐射能是按波长分布的. 在单位时间内，从单位面积发射出来的波长在 $\lambda \sim \lambda + \mathrm{d}\lambda$ 范围内的辐射能 $\mathrm{d}E(\lambda)$ 应当与 $\mathrm{d}\lambda$ 成正比，即

$$\mathrm{d}E(\lambda) = e\mathrm{d}\lambda$$

式中，e 是比例系数. 实验表明，e 与温度 T、波长 λ 有关，一般可以写成

$$e(\lambda,T)=\frac{\mathrm{d}E(\lambda)}{\mathrm{d}\lambda} \tag{18.1}$$

可见,$e(\lambda,T)$是指从物体表面单位面积所发射的波长在 λ 附近的单位波长间隔的辐射功率,称为单色辐出度(spectral radiant emittance). $e(\lambda,T)$的单位是 $\mathrm{W}\cdot\mathrm{m}^{-2}$.

如果用 $E(T)$表示温度为 T 时,在单位时间内包括所有辐射波长的辐射能量,称为辐射出射度(radiant exitance). 则 $E(T)$和 $e(\lambda,T)$的关系为

$$E(T)=\int_0^{\infty} e(\lambda,T)\,\mathrm{d}\lambda \tag{18.2}$$

对给定物体,$E(T)$仅仅是温度的函数. 一般与物体种类和表面性质(如粗糙程度)有关.

任一物体向周围放出辐射能的同时,也吸收周围物体发射的辐射能. 为了描写物体的吸收能力,引入"吸收比(absorptance)"的概念. 当辐射能入射到某不透明的物体的表面时,一部分能量被吸收,另一部分能量从表面反射,吸收的能量和入射总能量的比值,称为这物体的吸收比. 物体的吸收比也是随物体的温度和入射辐射能的波长而改变,我们用 $\alpha(\lambda,T)$表示物体在温度 T 时,对于波长在 $\lambda\sim\lambda+\mathrm{d}\lambda$ 范围内辐射能的单色吸收比.

1859 年,德国物理学家基尔霍夫(G. R. Kirchhoff)根据对放在一个封闭容器内的几个物体处于热平衡时(如图 18.1 所示),各物体在单位时间内放出的热量等于吸收的热量这一实验结果,得出如下结论:"在相同的温度下,同一波长的单色辐出度与单色吸收比之比对于所有物体都是相同的,是一个取决于波长和温度的函数."如果这一函数用 $e_0(\lambda,T)$表示,则有

$$\frac{e(\lambda,T)}{\alpha(\lambda,T)}=e_0(\lambda,T) \tag{18.3}$$

式中,$e_0(\lambda,T)$是一个与物体性质无关的普适函数,因而确定这个函数的具体形式是一件极其重要的事情.

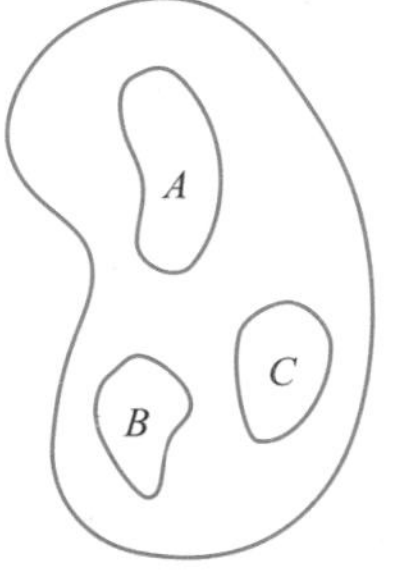

图 18.1 热平衡

基尔霍夫定理(Kirchhoff law)表明,在 λ、T 一定时,$e_0(\lambda,T)$是确定值,$e(\lambda,T)$正比于 $\alpha(\lambda,T)$,即良好的吸收体必然是良好的发射体. 图 18.2 所示的照片显示出,物体吸收强的地方[图 18.2(a)发黑处]发射能力也强[图 18.2(b)明亮处].

(a) 室温下的反射光照片

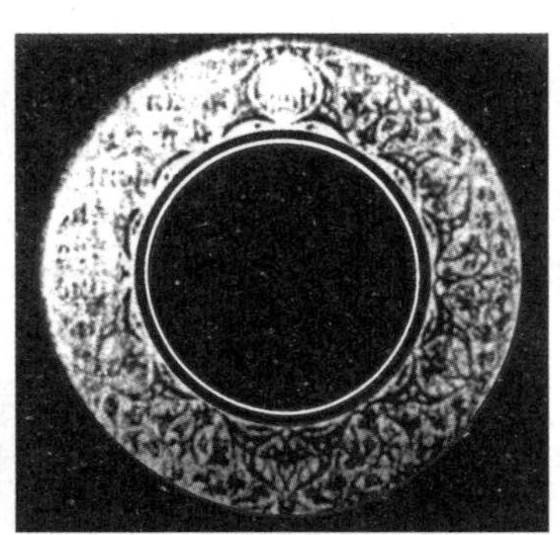
(b) 1 100 K下的自身辐射光照片

图 18.2 一个黑白花纹盘子的两张照片

18.1.2 黑体辐射的实验规律

物体的吸收比随物体的温度和入射辐射的波长而变,对于各种不同物体,特别是不同情况的表面,吸收比的数值也是不同的. 如果某物体在任何温度下对任何波长的入射辐射能的吸收比都等于 1,这种物体称为绝对黑体,简称黑体(black-body).对于黑体有

$$\alpha_0(\lambda,T)=1$$

$\alpha_0(\lambda,T)$是黑体的吸收比. 显然,基尔霍夫定理中的普适函数 $e_0(\lambda,T)$是黑体的单色辐出度.

在自然界中,真正的黑体是不存在的,即使吸收系数最大的煤烟和黑色珐琅质,对太阳光的吸收系数也不超过 99%. 但在实验室中,我们可以用下面方法制成黑体模型. 如图 18.3 所示,取一不透明的封闭空腔,在空腔壁上开一小孔. 当外界辐射进入小孔后,将在腔内进行多次反射,每反射一次,空腔内表面要吸收一部分能量,经多次反射后,外界射入的能量几乎被完全吸收,能够再由小孔穿出空腔外的辐射实际上已接近零了. 因此,可将小孔视为黑体. 均匀地将腔壁加热以提高它的温度,腔壁将向腔内发射热辐射,其中一部分将从小孔射出,这些由小孔射出的辐射波谱也就表征了黑体辐射的特点.

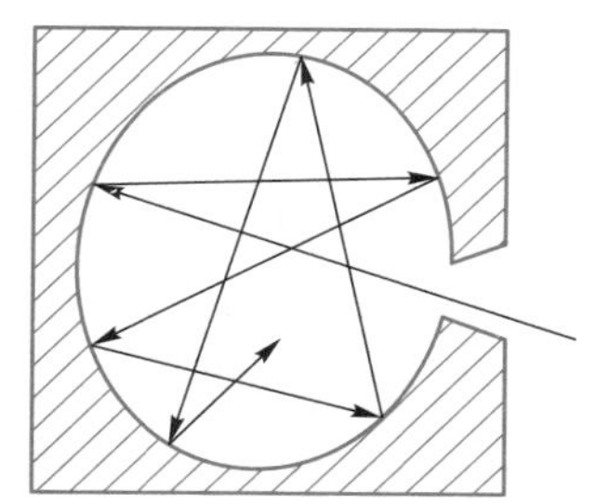

图 18.3 黑体

利用黑体的模型(开有小孔的空腔),可用实验方法测定黑体的单色辐出度,实验装置如图 18.4 所示. 从黑体 A 的小孔中发出的辐射(例如 A 为一陶瓷圆筒空腔,内部装有电阻丝,通电后可将腔壁加热到所需的温度,辐射由筒一端的小孔射出),经过透镜 L_1 和平行光管 B_1 成为平行光束而入射在棱镜 P 上. 由于不同波长的射线在棱镜内产生的偏向角不同,所以光束通过棱镜后取不同的方向. 如果平行光管 B_2 对准某一方向,则在这一方向上具有一定波长的辐射线将聚焦在热电偶 C 上,于是可以测出这一波长的辐射的功率(即单位时间内入射在热电偶上的能量). 调节平行光管 B_2 的方向,即可相应测出不同波长的辐射的功率. 图 18.5 给出了实验测定的黑体单色辐出度 $e_0(\lambda,T)$ 与波长 λ 和温度 T 的关系曲线.

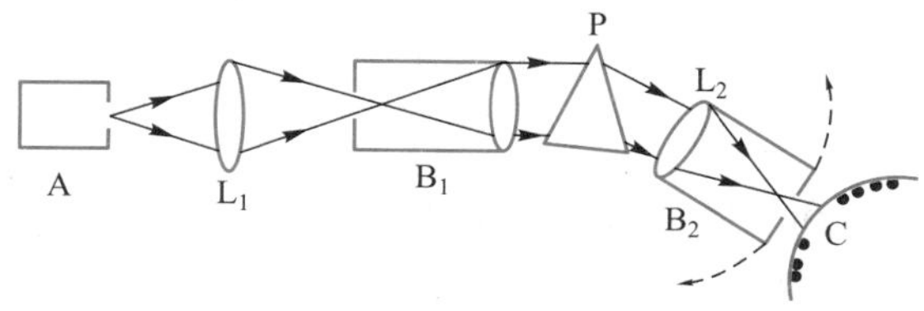

图 18.4 实验装置

根据实验曲线,可以得到关于黑体辐射(black-body radiation)的两条普遍规律:

(1) 斯特藩-玻耳兹曼定律

黑体的辐射出射度 E_0 和热力学温度 T 的四次方成正比,即

$$E_0(T)=\sigma T^4 \tag{18.4}$$

式中,σ 称为斯特藩-玻耳兹曼常量(Stefan-Boltzmann constant),其值为 $\sigma=5.67\times 10^{-8}\ \mathrm{W\cdot m^{-2}\cdot K^{-4}}$. 上式称为斯特藩-玻耳兹曼定律(Stefan-Boltzmann law).

(2) 维恩位移定律

由图 18.5 可见,每一曲线都有一个峰值,即在一定温度下,有一波长对应着最大的单色辐出度,这一波长称峰值波长,用 λ_m 表示. 热力学温度 T 越高,λ_m 值越小,两者的关系为

$$T\lambda_m = b \tag{18.5}$$

其中 $b=2.898\times10^{-3}$ m · K. 上式称为维恩位移定律(Wien's displacement law).

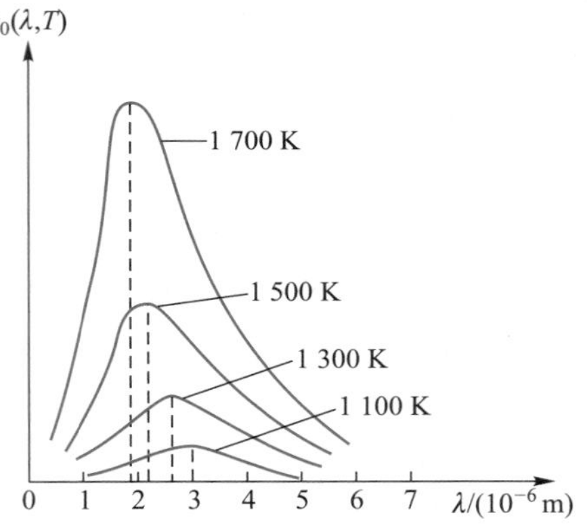

图 18.5 黑体单色辐出度曲线

热辐射的规律在现代科学技术上的应用很广泛,它是测量高温、遥感、红外追踪等技术的物理基础. 例如,在冶炼技术中,常在冶炼炉上开一小孔,小孔可近似地视为黑体,通过测定它的辐射出射度 E_0,进而可以算出炉温 T.

例 18.1 太阳最大单色辐出度的波长 $\lambda_m=4.70\times10^{-7}$ m,求太阳表面的温度.

解 假定太阳是黑体,根据维恩位移定律 $T\lambda_m=b$,得

$$T=\frac{b}{\lambda_m}=\frac{2.898\times10^{-3}\ \text{m}\cdot\text{K}}{4.70\times10^{-7}\ \text{m}}=6.17\times10^{3}\ \text{K}$$

例 18.2 在天文学中常用斯特藩-玻耳兹曼定律来确定恒星的半径. 已知某恒星到达地球的每单位面积上的辐射功率为 1.2×10^{-8} W · m^{-2},恒星离地球 4.3×10^{17} m,表面温度为 5 200 K,若恒星的辐射与黑体相似,试求该恒星的半径.

解 设恒星的半径为 R,则恒星总辐射功率为 $4\pi R^2\sigma T^4$. 依题意

$$4\pi R^2\sigma T^4=4\pi(4.3\times10^{17})^2\times1.2\times10^{-8}\ \text{W}$$

由此可得

$$R=\frac{4.3\times10^{17}\times\sqrt{1.2}\times10^{-4}}{\sqrt{5.67}\times10^{-4}\times5\ 200^2}\ \text{m}=7.3\times10^{9}\ \text{m}$$

该恒星的半径比太阳约大 10 倍.

18.1.3 普朗克能量子假说

图 18.5 表示了 e_0 与 λ 和 T 的关系,它是黑体辐射的实验结果,剩下的问题是如何从理论上找出符合实验结果的函数式 $e_0(\lambda,T)$. 许多物理学家企图从已有的经典理论出发,导出与整个辐射曲线吻合的理论公式,但都只获得了有限的成功. 具有代表性的工作是由维恩以及瑞利和金斯完成的.

1896 年,维恩(W.Wien)从热力学出发,加上气体动理论的假设,得到了黑体辐射的能量分布

$$e_0(\lambda,T)=c_1\lambda^{-5}\mathrm{e}^{-\frac{c_2}{\lambda T}} \tag{18.6}$$

式中 c_1、c_2 是由实验确定的常量. 维恩公式只在波长较短、温度较低时才与实验结果相符,在长波区则出现明显的偏差,$e_0(\lambda,T)$ 的值低于实验值(见图 18.6).

瑞利(L. Rayleigh)和金斯(H. J. Jeans)于1900年把统计物理学中的能量按自由度均分原理应用于辐射,导出下面的理论公式

$$e_0(\lambda, T)=2\pi c\frac{kT}{\lambda^4} \tag{18.7}$$

式中 c 为光速,k 为玻耳兹曼常量,此式称为瑞利-金斯公式,它在波长很长和温度较高时与实验结果相符,但在短波段则与实验结果完全不符,特别当波长很短时,e_0 将趋于无穷(见图18.6). 经典理论与实验结果在短波段的这一严重分歧,物理学史上称为“紫外灾难”.

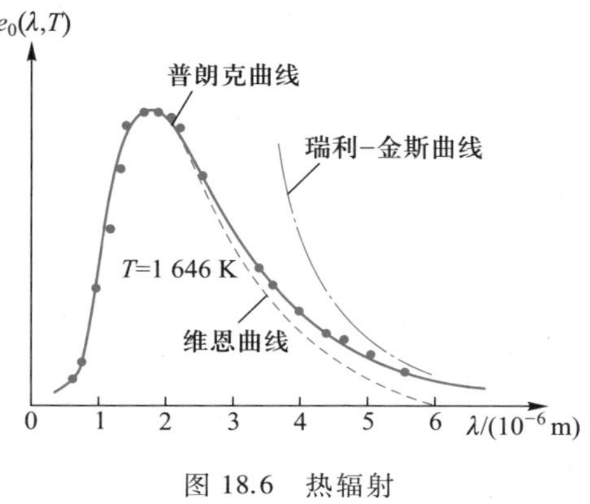

图 18.6 热辐射

用经典理论解释黑体辐射问题已到了山穷水尽的困境,要开创柳暗花明的新局面,必须突破经典理论框架的束缚,寻找新的规律,建立新的理论. 第一个这样做的人就是德国物理学家普朗克(M.Planck).

鉴于已有的经典理论不能完美无缺地解释黑体热辐射规律,普朗克对此问题重新进行了仔细的、有条不紊的研究. 他发现,如果采用一个与经典观念迥然不同的新概念,问题就可迎刃而解. 这一概念就是他在1900年发表的能量子假说. 普朗克假设:辐射物质中具有带电的线性谐振子(如分子、原子的振动可视作线性谐振子),由于带电的关系,线性谐振子能够和周围的电磁场交换能量,这些谐振子与经典物理学中所说的不同,它们只能处于某些特殊状态,在这些状态中,相应的能量是某一最小能量 ε 的整数倍,ε 称为能量子(quantum of energy),即

$$\varepsilon, 2\varepsilon, 3\varepsilon, \cdots, n\varepsilon, \cdots \quad n\text{ 为正整数}$$

对频率为 ν 的谐振子来说,最小能量为

$$\varepsilon=h\nu$$

式中,h 称为普朗克常量(Planck constant),量值为 $h=6.63\times10^{-34}$ J · s.在辐射或吸收能量时,谐振子只能从这些状态之一跃迁到其他的一个状态.

普朗克从上述假设出发,用统计理论导出了如下黑体辐射公式:

$$e_0(\lambda, T)=2\pi hc^2\lambda^{-5}\frac{1}{e^{\frac{hc}{\lambda kT}}-1} \tag{18.8}$$

这就是著名的普朗克辐射公式(Planck's radiation formula). 这个公式与实验符合得很好,如图18.6所示. 维恩公式和瑞利-金斯公式只不过是普朗克辐射公式在特殊情况下的近似.

当波长很短、温度较低时,$hc/\lambda kT\gg1$,因此式(18.8)可写为

$$e_0(\lambda, T)=2\pi hc^2\lambda^{-5}\frac{1}{e^{\frac{hc}{\lambda kT}}}$$

令 $c_1=2\pi hc^2$,$c_2=hc/k$,上式化为

$$e_0(\lambda, T)=c_1\lambda^{-5}e^{-\frac{c_2}{\lambda T}}$$

这就是维恩公式.

当波长很长、温度较高时，$hc/\lambda kT \ll 1$，此时

$$e^{\frac{hc}{\lambda kT}} = 1 + \frac{hc}{\lambda kT} + \frac{1}{2}\left(\frac{hc}{\lambda kT}\right)^2 + \cdots$$

略去高次项，代入式(18.8)中，得

$$e_0(\lambda, T) = 2\pi hc^2\lambda^{-5}\frac{1}{1+\frac{hc}{\lambda kT}-1} = 2\pi ck\lambda^{-4}T$$

这就是瑞利-金斯公式.

从普朗克辐射公式还可导出斯特藩-玻耳兹曼定律和维恩位移定律.

普朗克的成功完全在于引入“能量子”这一新思想，“量子”英文为“quantum”，意思是“一份一份的”，能量子就是说能量是一份一份的，这意味着光波(即辐射)在和物质作用时，表现出粒子性，即光被吸收或被发射时，是一份一份的能量颗粒. 这种物理量的不连续变化，称为物理量的量子化(quantization). 普朗克的能量量子化假说不仅能解释黑体辐射的规律，而且具有深刻和普遍的意义，它第一次向人们揭示了微观运动规律的基本特征. 在这之前，人们都认为一切物理量都是连续变化的，由宏观过渡到微观只不过是物理量的数量变化而已，并认为宏观现象所遵从的规律可一成不变地适用于微观领域. 正是普朗克假说第一次冲击了这种传统观念，从而开创了物理学的新领域——量子理论.

【科技博览】

红外探测技术在军事侦察、刑事侦查、安全防范等领域的应用越来越广泛. 在探测技术中，所谓“被动”是指探测仪器本身不发出任何形式的能量和信号，只是靠接收自然界的能量、能量变化或信号完成探测目的. 被动红外探测技术就是其中的一种.

任何一个物体，在任何温度下都要发射各种波长的电磁波. 这种由于物体中的分子、原子受到热激发而发射电磁辐射的现象，称为热辐射. 自然界中绝大多数物体辐射的电磁波波长都在红外范围内. 如人体、小动物、车辆等都时时刻刻产生红外辐射. 根据红外辐射产生的机理以及红外辐射在大气中的传播特性等，通常将整个红外辐射分为三个波段，即近红外、中红外和远红外，它们的波长范围分别是 0.75~3 μm、3~25 μm、25~1 000 μm. 近红外光谱和中红外光谱来自原子、分子的振动和分子的转动，远红外光谱主要来自分子的振动和转动.

不同波段的红外辐射在大气传播时受到的吸收和散射情况不同. 我们将在大气中传播时衰减很小的红外辐射波段称为“大气窗口”. 图 18.7 给出了 1~15 μm 的红外辐射光谱通过一海里距离后的透射比，即通过一海里距离后，剩余辐射功率与原辐射功率的比值.

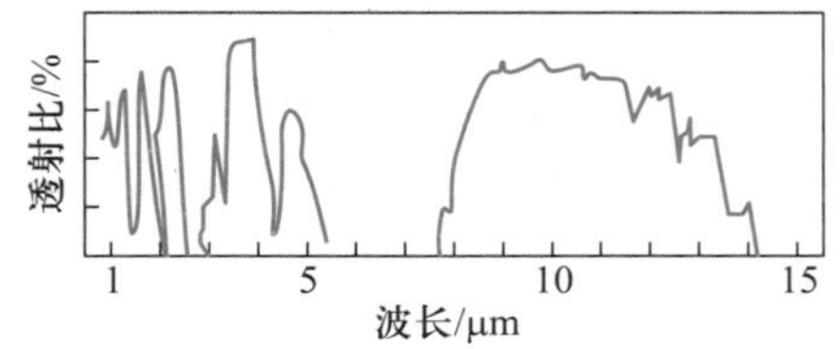

图 18.7 红外辐射透射比

由图 18.7 可以看出，能透过大气传播的红外辐射大体上分为三个波段：1~2.5 μm、3~5 μm、8~14 μm，或者说有三个红外大气窗口. 人体的红外辐射光谱恰好处于第三个红外大气窗口，正是如此，红外探测技术才得以广泛应用.

被动红外探测技术就是入侵者在所防范区内移动时，引起该区域内红外辐射的变化，经

光学系统汇聚在热释电元件上,从而有电压信号输出,经放大、处理进入报警系统. 一旦有入侵者进入防范区域,报警器立即以声信号或光信号报警,告知监视人员. 该技术在安全防范领域已广泛应用,对预防犯罪、保护人民生命财产等方面,发挥了重要作用.

18.2 光电效应 爱因斯坦光子假说

18.2.1 光电效应

1887 年赫兹发现当光照射到金属表面时,金属中的电子吸收光的能量,可以逸出金属表面. 这一现象称为光电效应(photoelectric effect).

如图 18.8 所示,在一抽成高真空度的容器内,装有阴极 K 和阳极 A. 阴极 K 为金属板,当单色光通过石英窗口照射到阴极 K 上时,阴极便释放出电子,这些电子称为光电子(photoelectron). 如果在 A、K 两端加上电压 $U(U=U_A-U_K)$,则光电子在加速电场作用下,向阳极 A 运动而形成电流,这种电流称为光电流(photocurrent).

在入射光强度与频率不变的条件下,当两极间的电压 U 改变时,光电流 I 的大小将发生变化. 其实验曲线如图 18.9 所示. 当加速电压 U 增加到一定值时,光电流达到饱和值 I_m,此时从阴极逸出的光电子全部都被收集到阳极 A,I_m 称为饱和电流. 设光电流达到饱和时,单位时间内从阴极 K 逸出的光电子数为 N,电子电荷量的绝对值为 e,则 $I_m=Ne$.

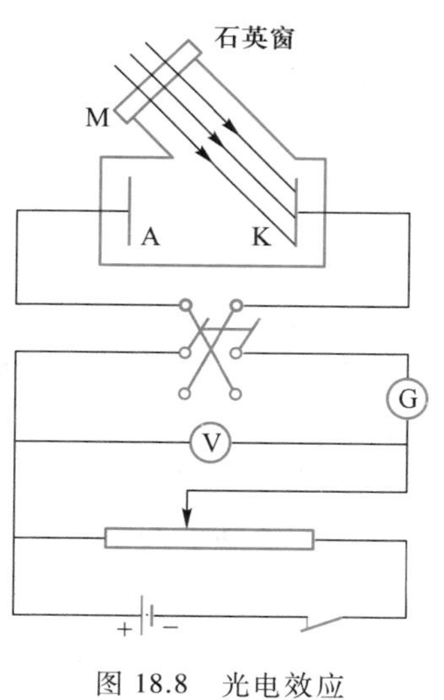

图 18.8 光电效应

I
I_m
U_a O U

图 18.9 截止电压

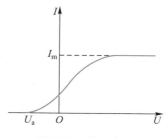

从图 18.9 还可以看出,电压 U 降低时,电子速度变慢,阳极收集电子的数目减少,即光电流 I 减小. 但当 U 降到零,甚至进一步为反向电压时,光电流仍不为零,这表明逸出的光电子具有足够的初动能来克服电场的阻力而到达阳极. 只有当反向电压达到某一数值 U_a 时,光电流 I 才降为零,这一电压称为截止电压(cutoff voltage). 这表明从阳极逸出电子的最大

初动能为 $e|U_a|$,即

$$\frac{1}{2}mv_m^2 = e|U_a| \tag{18.9}$$

如果改变入射光的光强和频率,则所得的曲线有所改变. 实验发现,光电效应有如下规律:

(1) 饱和电流 I_m,与入射光的光强成正比. 或者说,单位时间内自金属表面逸出的光电子数与入射光的光强成正比,如图 18.10 所示.

(2) 截止电压与入射光的光强无关,只与入射光的频率有关,$|U_a|$随频率 ν 的增大而线性的增加,如图 18.11 所示. 这表明光电子的最大初动能随入射光的频率线性增加,而与入射光的光强无关.

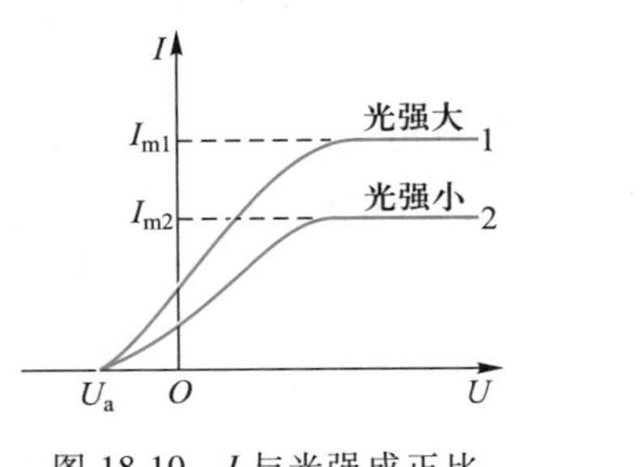

图 18.10 I 与光强成正比

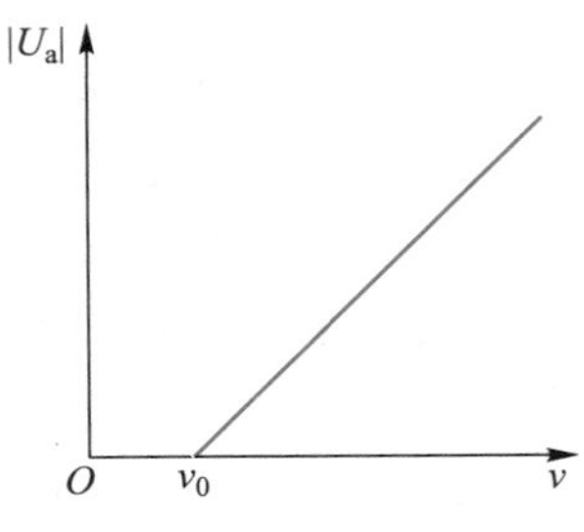

图 18.11 截止频率

(3) 对于一定的金属,存在着一个极限频率 ν_0,当入射光的频率低于 ν_0 时,无论光有多强,照射时间有多长,都不产生光电效应. ν_0 称为红限(red-limit)或截止频率(cutoff frequency).

(4) 当入射光的频率大于红限时,不管光强如何,一经照射就立刻产生光电子,时间的滞后不超过 10^{-9} s.

18.2.2 爱因斯坦光子假说

按照光的波动说,光以波动形式在空间传播,其辐射能取决于光的强度. 在光的照射下,金属中的电子将在光的电场作用下做受迫振动,光波强度越大,光电场越大,电子受迫振动所受的外力越大,吸收的光能越多,因而逸出时光电子的动能应随光强增大而增大. 无论光波频率如何,只要光的强度足够大,电子就能吸收足够多的能量而逸出金属表面,不应存在极限频率. 显然这些结论与实验事实相矛盾.

此外,研究一下光电效应与照射时间的关系,更可看出光的波动说的不足. 按照光的波动说,辐射能是连续分布在被照射的空间并以光速传播的,金属中的电子从光波中吸收能量时,必须积累到一定的量值,才能逸出金属表面,即需要一段积累能量的时间. 入射光越弱,这段积累能量所需的时间越长. 实验表明,对有代表性的金属来说,把电子束缚在金属内的能量至少是几个电子伏. 按经典的算法,如果光强低到 10^{-10} W · m^{-2},那就至少要过几百个小时之后才会有光电子逸出,这与实验结果相矛盾.

为了解释光电效应,1905 年爱因斯坦把普朗克能量子思想引申,发展为光子的概念. 他假定光不仅在吸收、辐射时是以能量子的微粒形式出现,而且在传播中也是以光速 c 运动的微粒,这种微粒称为光量子,简称光子(photon). 每个光子的能量为

$$E = h\nu \tag{18.10}$$

式中，h 为普朗克常量，ν 为光的频率.

按照光子假设，当光入射到金属表面时，一个光子把它的能量 $h\nu$ 全部交与电子，一部分能量用于克服电子的结合能 W，剩余的能量转化为电子的动能 $mv^2/2$，电子便以速度 v 从金属表面逸出. 根据能量守恒定律得

$$h\nu = \frac{1}{2}mv^2 + W$$

金属中不同电子的结合能是不同的，其中最小的结合能称为逸出功(work function). 于是上式又可写成

$$h\nu = \frac{1}{2}mv_{\mathrm{m}}^2 + W_{\mathrm{m}} \tag{18.11}$$

式中，v_{m} 是逸出电子的最大速度，W_{m} 是逸出功. 式(18.11)称为光电效应方程(photoelectric equation).

光子理论成功地解释了光电效应的实验规律：

(1) 入射光的强度取决于单位时间内通过单位面积的光子数，光强越大，则包含能量为 $h\nu$ 的光子数就越多，从而打出来的光电子数就越多，这些光电子全部到达阳极 A 时，便形成饱和电流. 因此饱和电流与入射光的强度成正比.

(2) 式(18.11)表明光电子的最大初动能是随着入射光的频率线性增加的，与光强无关.

(3) 当 $\nu \leqslant W_{\mathrm{m}}/h = \nu_0$ 时，$v_{\mathrm{m}}^2 \leqslant 0$，因此不能产生光电子，说明存在红限.

(4) 当光照射金属时，一个光子的全部能量将一次性地被一个电子所吸收，不需要积累能量的时间.

爱因斯坦的光子概念，不仅解释了光电效应问题，而且对于光的本性也做了更深入的揭示. 既然光子的能量为 $h\nu$，那么按照相对论的质能关系 $E = mc^2$，光子应具有质量

$$m = \frac{h\nu}{c^2} \tag{18.12}$$

因为光子以速度 c 运动，所以光子也具有动量

$$p = mc = \frac{h}{\lambda} \tag{18.13}$$

上述二式把描写粒子特性的能量 E、动量 p 和描写波动特性的频率 ν、波长 λ 统一于其中. 这说明光既具有波动性又具有粒子性，即具有波粒二象性.

例 18.3 小灯泡所耗的功率为 $P = 1\ \mathrm{W}$，设这个功率均匀地向周围辐射出去，平均波长为 $\lambda = 5.0\times10^{-7}\ \mathrm{m}$. 试求在距离 $d = 10\ \mathrm{km}$ 处，在垂直于光线的面积 $S = 1\ \mathrm{cm}^2$ 上，每秒所通过的光子数.

解 由题意，在所考虑的面积 S 上，每秒所通过的能量为

$$P_S = P\,\frac{S}{4\pi d^2}$$

因为 $P_S=nh\nu=nh\dfrac{c}{\lambda}$,$n$ 为每秒通过 S 面积的光子数,所以

$$n=\frac{P\lambda S}{4\pi hcd^2}=\frac{1\times1\times10^{-4}\times5.0\times10^{-7}}{4\times3.14\times10^{8}\times6.63\times10^{-34}\times3.0\times10^{8}}\approx2.0\times10^{5}$$

即每秒约有 2×10^5 个光子通过.

例 **18.4** 光电管的阴极是使用逸出功为 $W_m=2.2$ eV 的金属制成,今用一单色光照射此光电管,阴极发射出光电子,测得截止电压为 $|U_a|=5.0$ V. 试求:(1) 光电管阴极金属的光电效应红限波长;(2) 入射光波长.

解 (1) 由 $W_m=h\nu_0=\dfrac{hc}{\lambda_0}$得

$$\lambda_0=\frac{hc}{W_m}\approx5.65\times10^{-7}\ \text{m}$$

(2) 由$\dfrac{1}{2}mv_m^2=e|U_a|$和 $h\nu=\dfrac{hc}{\lambda}=\dfrac{1}{2}mv_m^2+W_m$ 得

$$\lambda=\frac{hc}{e|U_a|+W_m}\approx1.73\times10^{-7}\ \text{m}$$

光电效应的应用极为广泛. 应用光电效应的原理可制成真空管. 最简单的真空管,如图 18.12 所示,是一个抽空的玻璃小球,内表面上涂有感光层. 用于不同波谱范围的真空管,其感光层是用不同红限的物质(例如银、钾、锌等)制成的,这感光层便是阴极 K,阳极一般做成圆环形,用电池组 B 使阳极和阴极间保持一恒定电压. 当光照射阴极 K 时,电路中有电流通过. 饱和电流与入射光功率有严格的比例关系. 这种真空管的灵敏度很高,可用于记录和测量光通量,或用于光信号、电视、有声电影和自动控制等所需要的装置中.

当光照很微弱时,光电管所产生的电流很小,不易探测. 常用光电倍增管使光电流放大. 光电倍增管是一种真空光敏器件,它由一个光电阴极、若干倍增极和阳极三部分组成,如图 18.13 所示. 通常用 4~14 个倍增极,各倍增极均加上电压,阴极电位最低,从阴极开始,各个倍增极 E_1、E_2、E_3、E_4(或更多)电位依次升高,阳极 A 电位最高. 当光照射到阴极上时,阴极发射一些光电子,这些光电子在电场的作用下加速,并以高速打在第一倍增极 E_1 上,使 E_1 发射二次电子,比原光电子增加几倍. 这倍增电子经电场加速后打在 E_2 上,E_2 发射更多的二次倍增电子. 如此逐级倍增,到达阳极 A 的光电子数比由 K 发出的光电子数高出几个

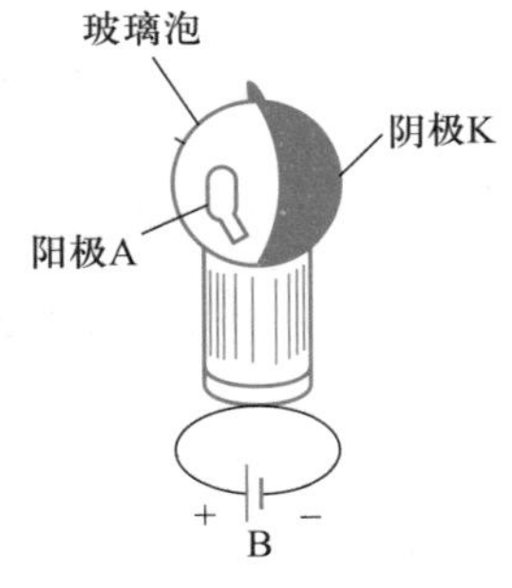

图 18.12 真空管

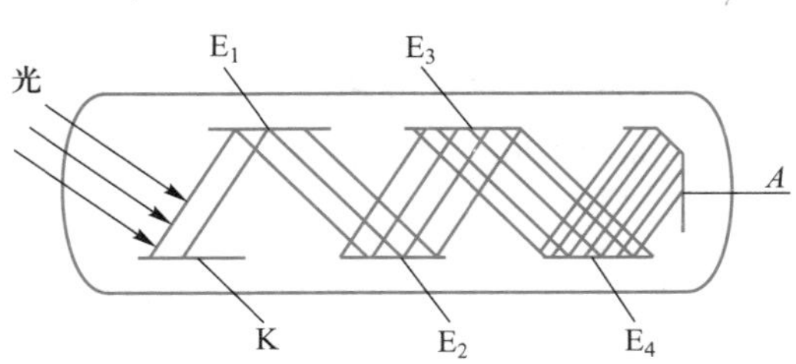

图 18.13 光电倍增管

数量级. 因此光电倍增管是一种将微弱光信号转换为电信号的光传感器,它在科学研究、工程技术、天文和军事方面都有重要的应用.

上述的光电效应都发生在金属的表面层上,光电子逸出表面层外,在空间形成运流电流,所以称为外光电效应. 光也可深入到物体的内部,例如晶体或半导体在光的照射下,内部的原子要释放出电子,但这些电子仍留在物体内部,可使物质的导电性增加,这种现象称为内光电效应. 它的应用更为广泛,光敏电阻、碲镉汞(HgCdTe)红外探测器、硅光电池、硒光电池、光电二极管、光电三极管等等,都是应用内光电效应原理制成的,这里就不详细介绍了.

【科技博览】

我们知道,电视系统实质是一个光-电-光的转换过程. 而摄像部分只需要完成光-电转换. 完成这个转换的核心是摄像管,其理论基础是光电效应原理.

自从 1933 年首次研制出光电摄像管以来. 曾经相继出现过许多不同类型的电视摄像管. 例如:超光电像管、超正析管和光电导摄管(也称视像管). 它的发展过程主要是围绕着不断提高其光电转换灵敏度和分解力等质量指标进行的. 利用光电子发射效应的外光电效应摄像管,或利用内光电效应的光电导摄管,其靶由光敏半导体材料制成. 内光电效应的光电转换效率高于外光电效应,因而有利于提高摄像管的灵敏度.

自从 20 世纪 50 年代出现光电导摄像管以后,人们把目光都投放到对靶的光敏半导体的材料研制上. 20 世纪 60 年代相继出现了性能优良的氧化铅管、硒砷碲管、硅靶管,目前这方面发展方兴未艾,今后将出现更完美的摄像管.

此外,随着半导体技术和集成电路的发展. 20 世纪 70 年代出现了电荷耦合器件(英文简称 CCD),它是利用金属氧化物半导体集成的面阵型光充电摄像器件. 不利用电子束扫描取出图像电信号,而是利用面阵中像素间的载流子的转移,逐次取出图像信号. CCD 的出现大大缩小了电视摄像机尺寸,CCD 有广阔的使用天地.

18.2.3 康普顿效应

1923 年,美国物理学家康普顿(A. H. Compton)在研究 X 射线散射时发现,散射线中除有与入射线波长相同的成分外,还出现波长大于入射线波长的成分. 这种现象称为康普顿散射(Compton scattering),也叫康普顿效应(Compton effect). 康普顿效应有力地证明了光子假说.

康普顿效应实验装置如图 18.14 所示. R 为 X 射线源,A 为散射物,B_1 和 B_2 为光阑系统,晶体 C 和游离室 D 构成光谱仪. 穿过光阑的散射 X 射线的波长可由光谱仪测定. 调节 A 和 R 的位置,可使不同方向的散射线通过光阑系统而进入光谱仪.实验结果指出:(1) 散射

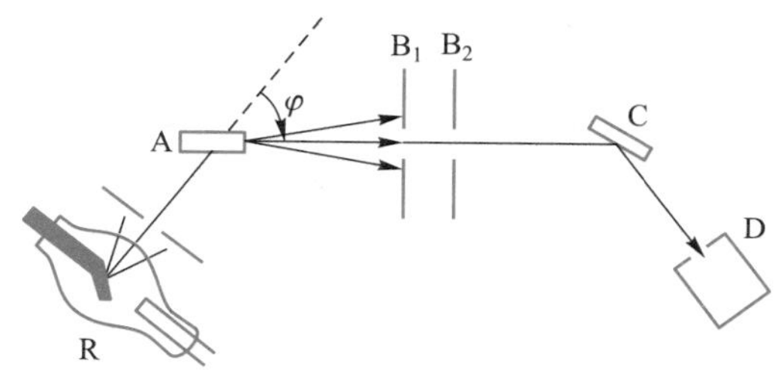

图 18.14 实验装置

线中有两种成分,一种是与入射线的波长相同的散射线,称为不变线,另一种是比入射线波长更长的散射线,称为变线;(2) 波长偏移 $\Delta\lambda=\lambda-\lambda_0$ 随散射角 φ 的增加而增加,而与散射物质无关;(3) 对不同的散射物质,在同一散射角时,不变线的强度随散射物质的原子序数增加而增加,变线的强度则随原子序数增加而减小.

按照经典电磁理论,当 X 射线入射到散射物质上时,物质内原子中的电子将在 X 射线的电场作用下做受迫振动,其振动频率应该和入射 X 射线的频率一致,因此只能辐射与入射线同频率的不变线,而对散射线中出现的变线就不能解释.

根据光子理论,X 射线是大量运动着的光子流,当光子通过物质时将与物质中电子相互作用,发生弹性碰撞. 当光子与散射物质中的自由电子或束缚较弱的电子发生碰撞时,将部分能量转移给电子,频率降低,这就产生了变线. 当光子与被原子束缚较紧的电子相碰撞时,相当于与整个原子碰撞,光子能量没有损失,这就形成了不变线. 另外,随着散射物质原子序数的增加,原子中有更多的电子和原子核有较强的结合,可以近似地视为自由电子的只是最外层的几个,在电子总数中相对地减少了,因此变线的强度减小,而不变线的强度增加.

由于散射物中存在许多束缚不紧的电子,它们在原子中的束缚能比 X 射线光子的能量小得多,故可略去而看成自由电子. 同样,电子热运动的能量比 X 射线光子的能量也小得多,也可认为电子是静止的. 考虑入射光子的能量很大(约为 10^4 eV),碰撞后反冲电子速度可能很大,应该按照相对论力学来处理. 如图 18.15 所示,频率为 ν_0 的光子沿 x 轴方向入射与静止的自由电子发生弹性碰撞. 碰撞前,光子的能量为 $h\nu_0$,动量大小为 $h/\lambda_0=h\nu_0/c$,电子的能量为 m_0c^2(m_0 为电子的静止质量),动量为 0;碰撞后,散射光子的能量为 $h\nu$,动量大小为 $h/\lambda=h\nu/c$,反冲电子的能量为 mc^2(m 为电子的运动质量),动量大小为 mv.

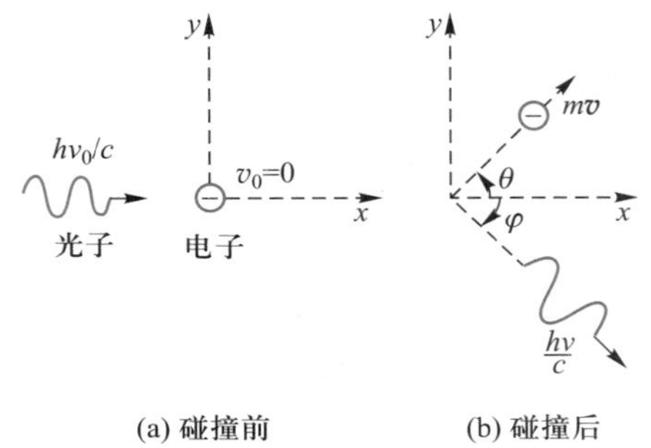

图 18.15 光子与自由电子碰撞

根据能量守恒定律,有

$$m_0c^2+h\nu_0=mc^2+h\nu \tag{18.14}$$

根据动量守恒定律,分别得出 x,y 轴方向的分量守恒关系式

$$\frac{h\nu_0}{c}=\frac{h\nu}{c}\cos\varphi+mv\cos\theta \tag{18.15}$$

$$0=-\frac{h\nu}{c}\sin\varphi+mv\sin\theta \tag{18.16}$$

将式(18.15)平方后,并利用式(18.16)消去 θ,得

$$m^2v^2c^2=h^2\nu_0^2+h^2\nu^2-2h^2\nu_0\nu\cos\varphi$$

将式(18.14)平方减去上式,得

$$m^2c^2\left(1-\frac{v^2}{c^2}\right)=m_0^2c^4-2h^2\nu\nu_0(1-\cos\varphi)+2m_0c^2h(\nu_0-\nu)$$

利用 $m=m_0/\sqrt{1-v^2/c^2}$,将上式化简,最后得出

$$\lambda-\lambda_0=\frac{h}{m_0c}(1-\cos\varphi) \tag{18.17}$$

上式称为康普顿散射公式. 式中 $h/(m_0c)$ 具有长度的量纲,称为电子的康普顿波长(Compton wavelength),以 λ_c 表示,经计算得出 $\lambda_c=0.024\ 3\times10^{-10}$ m. 上式给出的结果与实验完全相符.

应该说明,由式(18.17)可以看出,波长偏移和电子康普顿波长 λ_c 同数量级. 因此,只有选用波长很短的光(如 X 射线、γ 射线)入射时,才能在散射光中分辨出 λ_0 和 λ,观察到康普顿效应. 若用波长较长的光(如可见光)入射,则 λ_0 和 λ 十分接近而无法分辨,因此观察不到这个效应.

康普顿效应的发现进一步揭示了光的粒子性. 康普顿效应的理论解释和实验结果的一致,直接证实了光子具有一定的质量、能量和动量,再一次验证了爱因斯坦光子假说的正确性;并且也证实了在微观粒子相互作用过程中,能量守恒定律和动量守恒定律依然成立.

例 18.5 用波长 $\lambda_0=1\times10^{-10}$ m 的光子做康普顿实验. 求:(1) 散射角 $\varphi=90°$ 的康普顿散射波长;(2) 分配给反冲电子的动能.

解 (1) 康普顿散射波长改变

$$\Delta\lambda=\frac{h}{m_0c}(1-\cos\varphi)\approx0.024\times10^{-10}\ \text{m}$$

$$\lambda=\lambda_0+\Delta\lambda=1.024\times10^{-10}\ \text{m}$$

(2) 根据能量守恒定律

$$h\nu_0+m_0c^2=h\nu+mc^2$$

所以

$$E_k=mc^2-m_0c^2=h(\nu_0-\nu)=\frac{hc\Delta\lambda}{\lambda\lambda_0}\approx4.66\times10^{-17}\ \text{J}$$

例 18.6 证明在康普顿散射实验中,波长为 λ_0 的一个光子与质量为 m_0 的静止电子碰撞后,电子的反冲角 θ 与光子散射角 φ 之间的关系为

$$\tan\theta=\left[\left(1+\frac{h}{m_0c\lambda_0}\right)\tan\frac{\varphi}{2}\right]^{-1}$$

证明 将动量守恒关系式写成分量形式

$$mv\sin\theta-\frac{h}{\lambda}\sin\varphi=0$$

$$mv\cos\theta+\frac{h}{\lambda}\cos\varphi=\frac{h}{\lambda_0}$$

则

$$\tan\theta=\frac{\sin\varphi}{\dfrac{\lambda}{\lambda_0}-\cos\varphi}$$

式中

$$\sin\varphi=2\sin\frac{\varphi}{2}\cos\frac{\varphi}{2}$$

$$\frac{\lambda}{\lambda_0}-\cos\varphi=(1-\cos\varphi)+\frac{\lambda-\lambda_0}{\lambda_0}$$

由康普顿效应的结论可知

$$\lambda-\lambda_0=\frac{2h}{m_0c}\sin^2\frac{\varphi}{2}$$

于是有

$$\tan\theta=\left[\left(1+\frac{h}{m_0c\lambda_0}\right)\tan\frac{\varphi}{2}\right]^{-1}$$

18.3 原子光谱 玻尔原子理论

18.3.1 原子模型

19 世纪末至 20 世纪初,电子、X 射线、放射性元素的发现,突破了经典物理学的框架,冲破了原子绝对不可分、元素绝对不变的传统观念,揭示了原子有复杂的内部结构,标志着人类对物质结构的认识进入到一个新阶段. 人们构思了诸多原子模型(atomic model),其中最有影响的是汤姆孙(J. J. Thomson)的原子模型和卢瑟福(E. Rutherford)的原子模型.

一、汤姆孙的原子模型

1897 年,汤姆孙发现电子之后,对原子中正、负电荷如何分布的问题,出现了许多见解,其中比较引人注意的是汤姆孙本人在 1904 年提出的一种模型. 他认为原子中的正电荷均匀分布在整个球体内,而电子则嵌在其中,如图 18.16 所示. 正像面包里的葡萄干一样,后来被形象地称为“布丁-面包模型”,也称为“葡萄干-面包模型”. 但是,布丁或葡萄干是被镶嵌在“面包”中的,而汤姆孙的原子模型则以电子在正电体中呈多环的旋转运动为特征.

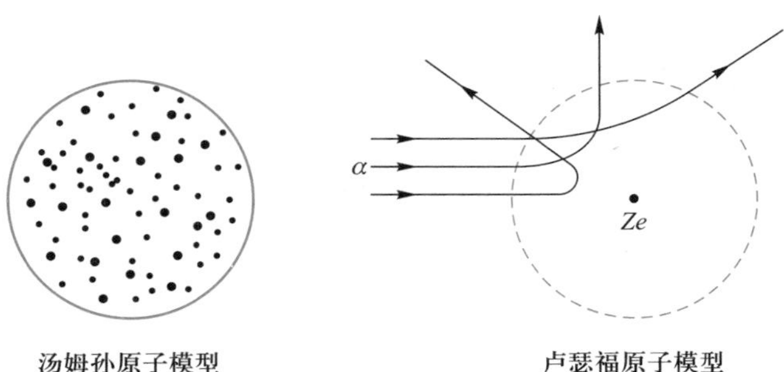

图 18.16 原子模型

汤姆孙在《论原子的结构》一文中写道:“我们首先有带均匀正电的球体,此球内有以一系列平行环排列的大量电子,环中的电子数逐环变化;每个电子以高速绕它所在环的圆周运行. 各环是这样排列的,那些含有大量电子的环接近于球体的表面,而那含有少量电子的环越来越往内.”这一段话明确地阐述了汤姆孙的原子模型. 它提出了原子内的电子呈多环分布,并对每个环的电子数排列做了说明,这些环的电子都在自己的轨道上运动. 当电子运动处于不稳定状态时,会按受力平衡关系自行调整. 原子中的电子处在一定的平衡位置上,这一位置由电子与电子之间的排斥力和电子与正电荷之间的吸引力的平衡来确定.

二、卢瑟福的原子模型

1909 年,卢瑟福和年轻的德国物理学家盖革(H. Geiger)、青年学生马斯顿(G. E. Marsden)用镭作放射源,进行 α 粒子穿射金属箔的实验,发现入射束中多数粒子仍保持其原来的方向,但也有不少粒子偏转了很大角度,如图 18.16 所示. 他们精心测量了极少的大角度散射的粒子,结果发现约有 1/8 000 的 α 粒子偏转角度超过 90°,甚至有反弹回来的. 通过对这些实验结果的思考,卢瑟福得到这样的印象:"它是如此难以令人置信,正好像你用 15 英寸的枪射击一张薄纸,而子弹居然反弹回来把你打中了一样."这个结果与汤姆孙原子模型的预言完全不符. 按照汤姆孙原子模型,原子的质量和正电荷几乎是均匀地分布在整个原子中,在这种情形下,入射粒子的电荷与原子内部的电荷之间的相互作用绝对不会强到使 α 粒子离开其原来的运动方向发生大角度偏折. 卢瑟福意识到这种大角散射也不可能是很多小偏离的累积效应的结果.

1910 年底,卢瑟福开始把散射实验事实与新的原子模型联系起来. 他认为 α 粒子是在同靶原子的一次碰撞中改变其方向的,因而静电斥力必须集中在一个极小的范围内. 即原子中有一个带正电的体积很小,直径范围为 $10^{-12}\sim10^{-13}$ cm,即原子直径的 $1/10^4$ 到 $1/10^5$,但却几乎集中了原子的全部质量的原子核. 轻得多的带负电的电子则在很大的空间里绕核运动,它看起来就像行星绕太阳的运动. 而且一定元素的原子核上的正电荷数目等于核外电子数. 卢瑟福的原子模型为进一步研究原子结构奠定了基础.

【前沿进展】

实验表明,质子是由电子和原子核组成,而原子核是由质子和中子构成的. 质子和中子统称为核子,是粒子分类中的一种. 目前发现确认的粒子有 400 多种,还有 300 多种已发现而未被确认. 根据粒子的性质和参与相互作用的情况来对粒子进行分类,可把粒子分为三大类.

(1) 媒介子

媒介子又称为规范玻色子(自旋量子数是整数的粒子),是传递相互作用的粒子,主要有四种:一是光子,静止质量为 0,自旋为 1,是传递电磁相互作用的媒介子;二是中间玻色子,自旋为 1,是传递弱相互作用的粒子,有带电的($W^{\pm}$)和中性的(Z^0)三种;三是胶子,是理论预言传递强相互作用的媒介子,静止质量为 0,自旋为 1,有 8 种;四是引力子,是理论预言的传播万有引力的媒介子,静止质量为 0,自旋为 2. 胶子的存在有间接的实验证据,引力子则完全是理论预言的,有待实验的证实.

(2) 轻子

不参与强相互作用的粒子称为轻子. 轻子都是费米子(自旋量子数是半奇数的粒子),它们参与弱相互作用,带电的还参与电磁相互作用. 目前还没有发现轻子有结构,高能实验表明,在 10^{-17} cm 的尺度上,电子仍然具有点粒子的特征,因此在现阶段物理学家们把轻子都视为无结构的点粒子.

(3) 强子

参与强相互作用的粒子称为强子. 强子也参与弱相互作用,带电的或中性带磁矩的强子还参与电磁相互作用. 根据粒子的自旋,强子又分为介子和重子两类.

1964 年美国物理学家盖尔曼(M. Gell-Mann)和茨威格(G. Zweig)分别提出了强子结构模型,认为强子是由更基本的粒子组成的,盖尔曼称这种更基本的粒子为夸克. 目前把夸克视为和轻子处于同一层次的粒子. 但是,实验数据表明,最轻的夸克质量只有几个 MeV,而最重的顶夸克的质量则和金原子核差不多,它们相差 5×10^4 倍,是否反映有更深层次的物质结构呢? 这些问题都有待进一步研究解决.

18.3.2 原子光谱

原子发光是重要的原子现象之一,它反映了原子内部结构或能态的变化. 用光谱仪把原子发射的波长(或频率)和强度分布记录下来,便得到原子的光谱(atomic spectrum). 原子光谱所提供的规律是研究原子结构以及检验和建立原子理论的有力武器. 物理学家们积累了大量光谱观察资料,总结出不少有关原子光谱的重要规律. 图 18.17 是氢原子的可见光谱谱线.

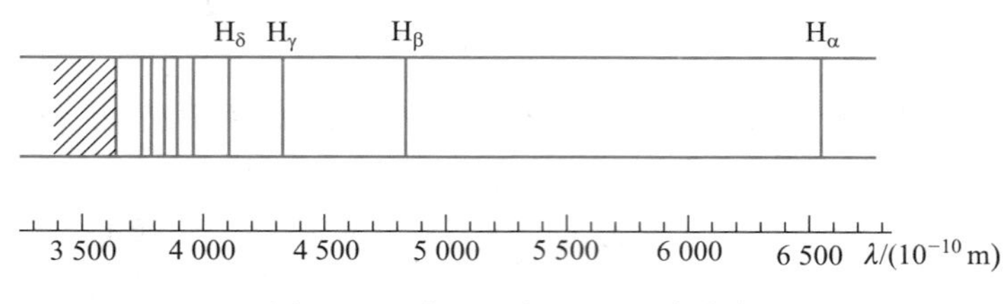

图 18.17 氢原子的可见光谱谱线

1885 年从某些星体的光谱中观察到的氢原子谱线已达 14 条. 同一年,巴耳末(J. J. Balmer)首先发现这些谱线的波长可用一简单的经验公式表示:

$$\lambda = B\frac{n^2}{n^2-4} \quad n=3,4,5,\cdots$$

式中,$B=3\ 645.6\times10^{-10}$ m,此式称为巴耳末公式(Balmer's formula). 这一公式表示的波长谱线组成一个谱线系,称为巴耳末系(Balmer series). 在光谱分析中,谱线也常用波数(wave number) $\tilde{\nu}=1/\lambda$ 来表征. 这样,巴耳末公式可改写成

$$\tilde{\nu} = R\left(\frac{1}{2^2}-\frac{1}{n^2}\right) \tag{18.18}$$

$R=4/B=1.096\ 775\ 8\times10^{-10}\ \mathrm{m}^{-1}$,称为里德伯常量(Rydberg constant).

巴耳末系被发现后,人们又相继在氢原子光谱的紫外光区、红外光区和远红外光区发现了与巴耳末系类似的谱线系,其波数可用一个统一的公式表示:

$$\tilde{\nu} = R\left(\frac{1}{m^2}-\frac{1}{n^2}\right) \tag{18.19}$$

式中,$m=1,2,3,\cdots$. 对于每一个 m,$n=m+1,m+2,\cdots$构成一个谱线系. 此式称为广义巴耳末公式,$m=1,3,4,5$ 的谱线分别称为莱曼系、帕邢系、布拉开系和普丰德系.

氢原子光谱所具有的上述规律,促使人们去寻找其他元素的谱线规律. 里德伯(J. R. Rydberg)指出,碱金属元素的谱线也具有和氢原子光谱类似的规律,并指出各谱线的波数可用正整数 m 及 $n(m<n)$的函数之差表示:

$$\tilde{\nu}=T(m)-T(n) \tag{18.20}$$

$T(m)$和$T(n)$称为光谱项(spectral term),这就是并合原则.

关于原子光谱的规律性可总结如下:原子光谱是不连续的线状结构,称线状光谱(line spectrum);谱线间有一定的关系,谱线构成谱线系,其波长可以用一个公式表示;每一谱线的波数都可以表示为两个光谱项之差.

* 18.3.3 玻尔的原子理论

卢瑟福提出的原子模型,是现代原子结构的基础,它能很好地解释一些实验现象. 但如果把这个模型置于经典理论的基础上,就会产生不可克服的困难. 根据经典电磁理论,绕核转动的电子有加速度,将不断地向周围空间辐射电磁波,能量不断地减少,从而电子的运动将不断衰竭下去而逐渐接近原子核,最后落在核上. 这与原子具有稳定性的事实相矛盾. 此外,由于电子能量逐渐减小,辐射频率也将逐渐改变,原子应发出连续光谱,这与原子的线状光谱的实验事实相矛盾. 为了解释客观存在的实验事实,就要寻求新的出路,建立适合微观过程的原子理论.

1913 年丹麦物理学家玻尔(N. Bohr)在卢瑟福的原子模型基础上,将普朗克的能量子概念和爱因斯坦的光子概念应用于原子系统,提出了三条基本假设. 即

(1) 定态假设

原子中的电子只能在某些特定的允许轨道上转动,此时电子虽然绕核做加速运动,但不会辐射电磁能量,故不会因损耗能量而落入核内,原子处于这些状态时是稳定的. 这些状态称为原子的定态,其相应的能量分别为$E_1,E_2,E_3,\cdots(E_1<E_2<E_3<\cdots)$.

(2) 量子跃迁假设

当电子从能量较高的定态E_n跃迁到另一能量较低的定态E_m时,才会有辐射产生,发出能量为$h\nu$的光子,其频率为

$$\nu=\frac{E_n-E_m}{h} \tag{18.21}$$

反之,当电子从低能态跃迁到高能态时,要吸收相应频率的光子.

(3) 量子化假设

处于定态的电子,绕核做圆周运动的轨道角动量L的值只能取$h/2\pi$的整数倍,即

$$L=n\frac{h}{2\pi}=n\hbar \tag{18.22}$$

式中,n为不为零的正整数,称为量子数(quantum number).

玻尔在上述三条假设的基础上,根据牛顿第二定律和库仑定律,讨论了氢原子中电子的运动,很好地解释了氢原子谱线规律.

为了简单起见,设氢原子核为静止,质量为m,电荷量为$-e$的电子绕核做半径为r的匀速圆周运动,如图 18.18 所示. 由牛顿第二定律和库仑定律得

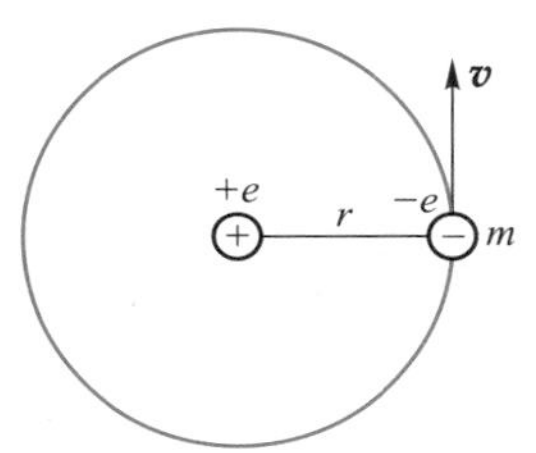

图 18.18 电子绕核运动

$$\frac{mv^2}{r}=\frac{e^2}{4\pi\varepsilon_0 r^2}$$

根据量子化假设，$L=mvr=n\hbar$，可得

$$r=\frac{4\pi\varepsilon_0\hbar^2}{me^2}n^2=an^2 \quad n=1,2,3,\cdots \tag{18.23}$$

式中，a 是氢原子中电子的最小轨道半径，称为玻尔半径（Bohr radius），其值为

$$a=\frac{4\pi\varepsilon_0\hbar^2}{me^2}=0.529\times10^{-10}\ \mathrm{m} \tag{18.24}$$

其他轨道半径分别是 a 的 4，9，16，…倍，这说明氢原子中所允许的轨道半径只能取一系列分立值，而不是连续变化的. 这就是说，氢原子中电子轨道半径是量子化的.

将 r 代入 $mvr=n\hbar$ 中，可得出

$$v=\frac{e^2}{4\pi\varepsilon_0\hbar}\frac{1}{n} \quad n=1,2,3,\cdots \tag{18.25}$$

上式说明电子的运动速度也是量子化的. 当 $n=1$ 时，电子的速度 $v=e/(4\pi\varepsilon_0\hbar)=2.2\times10^6\ \mathrm{m\cdot s^{-1}}$，比光速小两个数量级，因此相对论效应不显著.

氢原子的能量为电子的动能和势能之和，电子在第 n 个轨道上运动时，氢原子的能量为

$$E_n=E_\mathrm{k}+E_\mathrm{p}=\frac{1}{2}mv^2+\left(-\frac{e^2}{4\pi\varepsilon_0 r}\right)=\frac{e^2}{8\pi\varepsilon_0 r}-\frac{e^2}{4\pi\varepsilon_0 r}=-\frac{e^2}{8\pi\varepsilon_0 r}$$

将 $r=\dfrac{4\pi\varepsilon_0\hbar^2}{me^2}n^2$ 代入得

$$E_n=-\frac{me^4}{2(4\pi\varepsilon_0\hbar)^2}\frac{1}{n^2} \quad n=1,2,3,\cdots \tag{18.26}$$

上式表明，当量子数 n 取 1，2，3，…任意整数时，得到一系列不连续的能量值，即能级（energy level）$E_1, E_2, E_3, \cdots$，因此原子的能量也是量子化的.

当 $n=1$ 时，能量（$E_1=-13.6\ \mathrm{eV}$）最小，原子最稳定，这种状态称为基态（ground state）. 当基态原子从外界吸收一定的能量时，原子可跃迁到较高的能级. 能量比基态高的所有状态都称为激发态（excited state）. 其中，$n=2,3,\cdots$ 相应的激发态分别称为第一激发态，第二激发态，……. 原子处于激发态是不稳定的，它将自发地或受外界影响跃迁到能量较低的状态. 根据量子跃迁假设，当原子中的电子由较高的能态 E_n 跃迁到较低的能态 E_m 时，所辐射的光子频率为

$$\nu=\frac{E_n-E_m}{h}=\frac{me^4}{2(4\pi\varepsilon_0)^2\hbar^2}\left(\frac{1}{m^2}-\frac{1}{n^2}\right) \tag{18.27}$$

波数为

$$\tilde{\nu}=\frac{me^4}{(4\pi\varepsilon_0)^2 4\pi\hbar^3 c}\left(\frac{1}{m^2}-\frac{1}{n^2}\right) \tag{18.28}$$

将上式与氢原子光谱的广义巴耳末公式比较，得出里德伯常量

$$R=\frac{me^4}{(4\pi\varepsilon_0)^2 4\pi\hbar^3 c} \tag{18.29}$$

经计算，$R=1.097\ 373\ 1\times10^{-10}\ \mathrm{m^{-1}}$，和实验中精确测得的值符合得相当好. 玻尔的理论能够以

相当高的精度解释实验上观察到的氢原子光谱. 图 18.19 表示氢原子的能级和不同谱线系的产生.

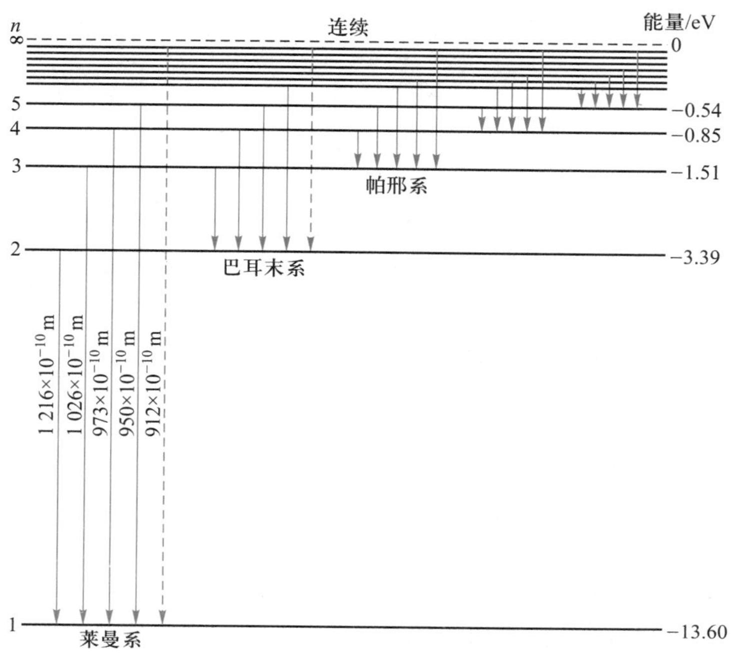

图 18.19 氢原子光谱

玻尔理论不仅能成功地说明氢原子光谱,也能很好地说明类氢离子(只有一个电子绕核转动的离子,如 He^+、Li^{2+}、Be^{+3}、…)光谱.在上面的推算中,对核电荷用 Ze(Z 为原子序数)代替 e,即可以得到类氢离子的 r、E_n、$\tilde{\nu}$ 和 R 的公式. 所得的结果也与实验结果符合得很好.

玻尔的理论不仅成功解释了氢原子和类氢离子光谱的规律,还具有更深刻的意义. 其一,这一理论揭示了微观体系应遵循量子化规律. 玻尔理论中关于能量量子化和角动量量子化的理论,把普朗克的能量子假说和爱因斯坦的光子概念向前推进了一大步. 其二,这一理论指出有的经典理论已不再适用于原子内部的微观过程,并指出“定态能级”和“能级跃迁决定谱线频率”的崭新概念,即使在现代原子物理中这也是有效的.

玻尔理论虽然有很多成功的地方,但仍存在很大的局限性. 其一,这一理论是非相对论的. 其二,它没有给出计算谱线强度的方法. 其三,它不能解释多电子原子的光谱. 其四,它甚至说明不了氢光谱的精细结构(高分辨能力的摄谱仪证明:玻尔理论所预言的每条“谱线”都是由两条或两条以上的间隔非常小的谱线所组成). 其五,玻尔理论对轨道角动量所给出的定则,不如原子系统实际上所遵从的原则完备.

玻尔理论的缺陷在于过分强调电子的经典粒子性质,在作出为经典理论所不容的基本假设之后,仍然用经典理论进行计算. 所以,这一理论是一个不能自圆其说的、半经典的过渡性理论. 只有当德布罗意揭示出实物粒子具有波粒二象性后,科学家们才建立起可以解释包括原子线光谱在内的微观现象的自洽理论.

例 18.7 根据玻尔理论(1) 计算氢原子中电子在量子数为 n 的轨道上做圆周运动的频率;(2) 计算当该电子跃迁到($n-1$)的轨道上时所发出的光子频率;(3) 证明当 n 很大时,上述(1)和(2)的结果近似相等.

解 (1) 因为

$$\frac{e^2}{4\pi\varepsilon_0 r^2}=\frac{mv^2}{r}$$

$$mvr=n\frac{h}{2\pi}$$

$$\nu=\frac{v}{2\pi r}$$

所以

$$\nu=\frac{me^4}{4\varepsilon_0^2h^3}\cdot\frac{1}{n^3}$$

(2) 电子从 n 态跃迁到($n-1$)态所发出的频率为

$$\nu'=cR\left[\frac{1}{(n-1)^2}-\frac{1}{n^2}\right]=\frac{me^4}{8\varepsilon_0^2h^3}\cdot\frac{2n-1}{n^2(n-1)^2}$$

(3) 当 n 很大时,上式变为

$$\nu'=\frac{me^4}{8\varepsilon_0^2h^3}\cdot\frac{2-\frac{1}{n}}{n(n-1)^2}\approx\frac{me^4}{4\varepsilon_0^2h^3}\cdot\frac{1}{n^3}=\nu$$

因为按经典理论,做圆周运动的电子辐射的频率等于它绕核旋转的频率,所以这例题也顺便说明了玻尔的对应原则. 这就是,当量子数 n 很大时,量子方程就会过渡到经典物理方程,量子图像就与经典图像完全相同. 所以,可以把经典物理看成量子物理在量子数很大时的极限情况.

例 18.8 已知氢光谱的某一线系的极限波长为 364.7 nm,其中有一谱线波长为 656.5 nm,试由玻尔的原子理论,求与该波长相应的始态与终态能级的能量($R=1.097\times10^7\ \mathrm{m^{-1}}$).

解 极限波数 $\tilde{\nu}_\infty=\frac{1}{\lambda_\infty}=\frac{R}{m^2}$. 于是

$$m=\sqrt{R\lambda_\infty}=2$$

进而利用式(18.19)得出

$$n=\sqrt{\frac{R\lambda\lambda_\infty}{\lambda-\lambda_\infty}}=3$$

再由式(18.26)得出

$$E_n=-\frac{13.6}{n^2}\ \mathrm{eV}$$

所以始态与终态能级的能量是

$$n=3\quad E_3=-1.51\ \mathrm{eV}$$

$$m=2\quad E_2=-3.4\ \mathrm{eV}$$

例 18.9 处于第一激发态的氢原子被外来单色光激发后,发射的光谱中,仅观察到三条巴耳末系谱线,试求这三条谱线中波长最长的那条谱线的波长以及外来光的频率.

解 因为巴耳末系中观察到三条谱线，所以只能是从 $n=5,4,3$ 轨道分别跃迁到 $n=2$ 轨道而发出的.

由 $\tilde{\nu}_{2n}=R\left(\frac{1}{2^2}-\frac{1}{n^2}\right)$ 得

$$\tilde{\nu}_{2n}=Rc\left(\frac{1}{2^2}-\frac{1}{n^2}\right)$$

$$\lambda_{2n}=\frac{1}{R}\cdot\frac{4n^2}{n^2-4}$$

所求的波长为

$$\lambda_{23}=6.56\times10^{-7}\ \mathrm{m}$$

外来光的频率为

$$\nu=\nu_{25}=6.91\times10^{14}\ \mathrm{Hz}$$

18.4 实物粒子的波动性

18.4.1 德布罗意关系

经典理论把物质的运动形式分为波和实物粒子两种形式. 当普朗克、爱因斯坦补充其粒子性后，对于过去认为只有波动性的光，实现了光的波动性和粒子性的统一，圆满地解决了黑体辐射和光电效应的困难. 与之相对应，经典理论在电子、原子等实物粒子方面所遇到的困难（譬如原子结构问题）是否会是只考虑它们的粒子性而没有注意到它们的波动性所引起的呢？

在 1924 年，法国物理学家德布罗意（de Broglie）从自然界的对称性出发，把爱因斯坦关于光的波粒二象性，推广到所有实物粒子，从而提出如下假设：实物粒子也具有波动性，与实物粒子相联系的波的频率 ν 和波长 λ 与粒子的能量 E 和动量 p 的关系分别为

$$E=mc^2=h\nu \tag{18.30}$$

$$p=mv=\frac{h}{\lambda} \tag{18.31}$$

上式，称为德布罗意公式（de Broglie formula）或德布罗意关系（de Broglie relation），与实物粒子相联系的波称为德布罗意波（De Broglie wave）或物质波（matter wave）.

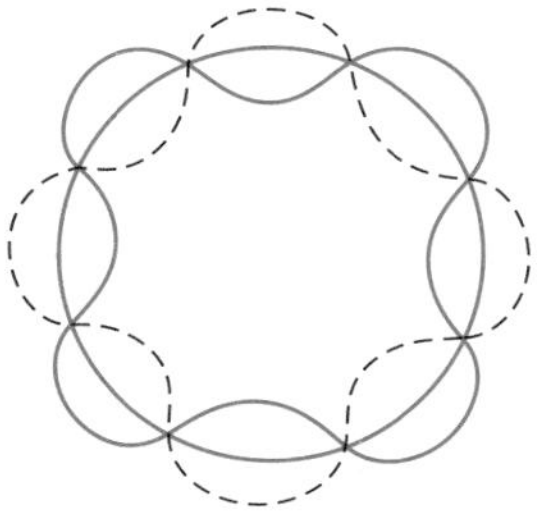

德布罗意首先用物质波的概念对玻尔氢原子理论中的轨道角动量量子化关系式做了解释. 德布罗意认为，在氢原子中，当电子波在离原子核为 r 的圆周上形成驻波时，电子绕核运动轨道的周长必定恰好等于整数个德布罗意波长，如图 18.20 所示. 即

$$2\pi r=n\lambda=n\,\frac{h}{p}$$

图 18.20 驻波图形

所以

$$L = rp = n\frac{h}{2\pi}$$

这样德布罗意自然地导出玻尔的量子化条件.

由式(18.31)得

$$\lambda = \frac{h}{mv} \tag{18.32}$$

式中,m 为相对论质量,$m = m_0/\sqrt{1-v^2/c^2}$.

当 $v \ll c$ 时,$m \approx m_0$. 由式(18.32)知道,粒子的质量越大,相应的德布罗意波长越短,其波动性越不易于观察,宏观粒子的波动性实际观察不到. 例如,1 g 的子弹以 10^2 m/s 的速度射出,用式(18.32)计算出伴随此子弹的德布罗意波的波长 $\lambda = 6.6\times10^{-33}$ m. 至今还没有办法观察这样短的波.

对于电子那样非常轻的粒子,其德布罗意波长则进入可以观察的范围之内. 例如,用电压 U 加速的电子的速度,可由下式求得

$$\frac{1}{2}m_0v^2 = eU$$

这时物质波的波长为

$$\lambda = \frac{h}{m_0v} = \frac{h}{\sqrt{2m_0eU}} = \frac{12.25}{\sqrt{U/\mathrm{V}}}\times10^{-10}\ \mathrm{m} \tag{18.33}$$

当 $U = 150$ V 时,$\lambda = 1\times10^{-10}$ m,这与 X 射线波长大致相同.

18.4.2 电子衍射实验

物质波在理论上的预言很快地得到了证实. 1927 年,戴维森(C. J. Davisson)和革末(L. A. Germer)做出了电子在晶体表面上的衍射实验,并测量了电子的波长. 戴维森-革末实验装置如图 18.21 所示. 从热阴极 K 发出的电子被加速电压 U 加速,在通过狭缝 D 后,成为很细的平行电子束投射到镍单晶体 M 上,经晶面反射后用集电器 B 收集,收集到的电流 I 可由检流计 G 来读取.

实验时保持电子束的掠射角 φ 不变,改变加速电压 U,同时测量 I 值. 实验表明:当加速电压 U 单调增加时,电流 I 不是单调地增加,而是有一系列的极大值,明显地表现出有规律的选择性. 电流 I 和加速电压 U 的关系如图 18.22 所示.

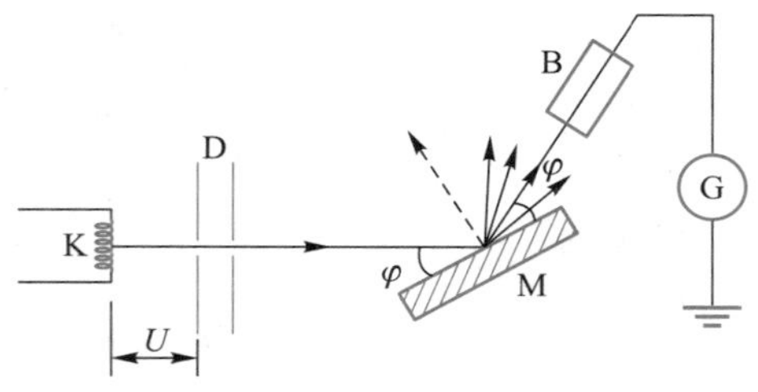

图 18.21 实验装置

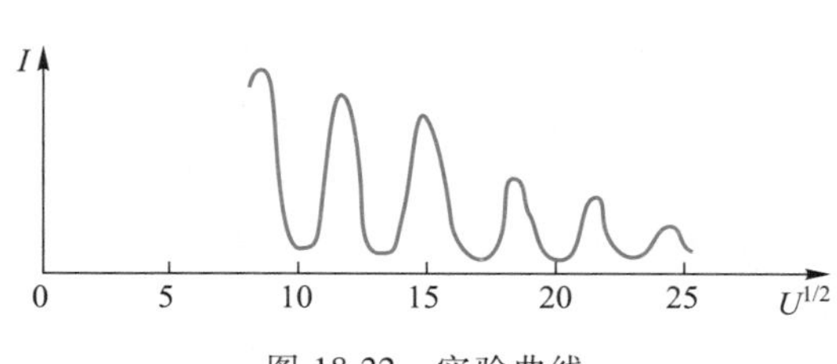

图 18.22 实验曲线

如果把电子看成单纯的粒子，那么不管电子的速度如何，在反射方向应该始终可以收集到反射电子，而且当 U 单调增加时，由于入射电流单调增强，反射电子束也应单调增强，这就无法解释图 18.22 所示的实验结果.

如果把电子看成一种波动，则在掠射角 φ 和晶格常数 d 一定时，根据布拉开公式

$$2d\sin\varphi = n\lambda \quad n=1,2,3,\cdots$$

将电子波长 $\lambda = 12.25\times10^{-10}\ \text{m}/\sqrt{U/\text{V}}$ 代入，有

$$2d\sin\varphi = n\frac{12.25}{\sqrt{U/\text{V}}}\times10^{-10}\ \text{m} \tag{18.34}$$

加速电压 U 只有满足上式时，电流 I 才为极大值. 在戴维森-革末实验中，$\varphi=65°$，镍晶格常数 $d=9.1\times10^{-11}$ m，由此计算所得的加速电压 U 的各个值与实验结果相符合. 从而证实了德布罗意波的存在.

电子束不仅在单晶体上反射时表现出波动性质，而且当电子穿过金属箔时也表现出波动性. 1927 年，汤姆孙让电子束穿过厚度为 10^{-8} m 数量级的金属箔后，在照相底片上得到类似于 X 射线衍射那样的环状衍射图样（见图 18.23），同样证实了电子的德布罗意波（即电子波）的存在. 为此，戴维森和汤姆孙共同获得 1937 年诺贝尔物理学奖.

图 18.23 衍射图样

在发现电子的晶体衍射之后，科学家用光栅做电子衍射实验也取得成功，并得到电子的单缝、双缝衍射图样. 进一步的实验还发现，不仅电子具有波动性，其他微观粒子如原子、分子和中子等都有波动性. 所有粒子衍射实验都证实了德布罗意假设，一切实物粒子都具有波粒二象性已成为人们普遍接受的事实.

实物粒子的波动性和粒子性与经典物理的波动和粒子相比，有相似的地方，又有本质的不同. 费曼曾说过："电子既不是粒子，也不是波." 确切地说，它既不是经典粒子也不是经典的波. 经典粒子的特点表现为沿着一定的轨道运动，不存在干涉和衍射现象，每个粒子携带一份能量和一份动量，在与其他物质发生作用时是整体地发生作用. 经典波的特点则表现为遵从惠更斯原理在空间传播，没有一定轨道，但存在干涉和衍射现象. 波的能量和动量分布在整个波场中，故以波的形式发射和吸收的能量或动量总是具有连续性，表现为无限可分性. 实物粒子的粒子性，表现为打到感光板上是一个一个的点，或者说，我们接收到的是一份一份的颗粒，这和经典的概念是一致的，但是它没有经典粒子所具有的轨道概念，这又和经典粒子有本质的不同. 实物粒子的波动性，表现为它能形成衍射花样，这和经典的波动相似，但实物粒子的波只是概率波，这和经典波又有本质的不同.

例 18.10 能量为 15 eV 的光子，被处于基态的氢原子吸收，使氢原子电离发射一个光电子，求此光电子的德布罗意波长（电子质量 $m_0=9.11\times10^{-31}$ kg）.

解 远离核的光电子动能为

$$E_k = \frac{1}{2}m_0v^2 = 15\ \text{eV} - 13.6\ \text{eV} = 1.4\ \text{eV}$$

则
$$v=\sqrt{\frac{2E_k}{m_0}}\approx 7.0\times10^5\ \mathrm{m\cdot s^{-1}}$$

光电子的德布罗意波长为

$$\lambda=\frac{h}{m_0 v}\approx 1.04\times10^{-9}\ \mathrm{m}$$

18.4.3 不确定关系

在牛顿力学中，可视为质点的经典粒子总是沿着某一轨道运动的，经过轨道的每一位置时必具有一个速度，因此可以用位置和速度（或动量）来描述它的运动状态，我们可以通过实验来同时精确地测定经典粒子的位置和动量. 对于微观粒子，由于其具有波粒二象性，所以描述微观粒子的坐标和动量不可能同时具有确定值，它们之间存在一种相互依赖、相互制约的关系，称为不确定关系（uncertainty relation）.

我们借助电子单缝衍射实验来粗略地推导这一关系. 如图 18.24 所示，一束电子以速度 v 沿 y 轴运动，当它们通过一个宽度为 d 的狭缝后，就在后面的屏幕 CD 上产生衍射图样. 现在考虑一个电子通过缝时的位置和动量. 由于我们不能确定通过狭缝射到屏幕上的电子是从缝的什么地方通过的，所以通过狭缝的电子具有位置不确定量，就是狭缝的宽度 d，即 $x=d$. 电子通过狭缝前，沿 y 轴运动，$p_0=0$. 通过狭缝时，电子的动量发生变化. 那些射到中央明条纹最强处的电子 p_x 仍为零，但射在其他地方的电子动量的 x 轴方向分量 p_x 为

$$p_x=p\sin\varphi$$

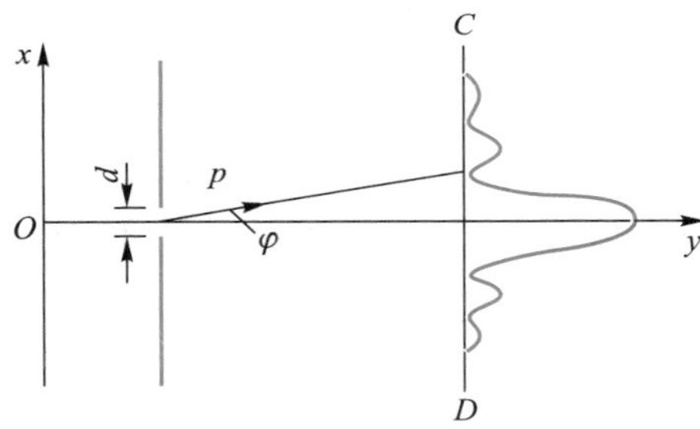

图 18.24 电子单缝衍射

若仅考虑衍射的中央明条纹，则上式中的 φ 为第一级衍射极小所对应的衍射角. 由单缝衍射条件知 $d\sin\varphi=\lambda$，λ 为电子的德布罗意波长，所以

$$p_x=\frac{h}{\lambda}\sin\varphi=\frac{h}{\lambda}\cdot\frac{\lambda}{d}=\frac{h}{d}=\frac{h}{\Delta x}$$

衍射的中央明条纹内电子的动量分量 p_x 在 0 与 $h/\Delta x$ 之间，于是沿 x 方向，动量的不确定量为

$$\Delta p_x=\frac{h}{\Delta x}$$

实际上总有少数电子落在中央明条纹之外，所以

$$\Delta p_x \geqslant \frac{h}{\Delta x}$$

即

$$\Delta x \Delta p_x \geqslant h$$

将这一关系推广到三个坐标，分别有

$$\begin{cases} \Delta x \Delta p_x \geqslant h \\ \Delta y \Delta p_y \geqslant h \\ \Delta z \Delta p_z \geqslant h \end{cases} \tag{18.35}$$

这些关系就是不确定关系，这里我们只是用电子单缝衍射这一特例做出上面的推导.

事实上，不确定关系最早是由德国物理学家海森伯(W. K. Heisenberg)在1927年提出的，他所给出的关系为

$$\begin{cases} \Delta x \Delta p_x \geqslant \dfrac{\hbar}{2} \\ \Delta y \Delta p_y \geqslant \dfrac{\hbar}{2} \\ \Delta z \Delta p_z \geqslant \dfrac{\hbar}{2} \end{cases} \tag{18.36}$$

其中，$\hbar = h/2\pi$，它比式(18.35)更为准确.

不确定关系是微观粒子波粒二象性所决定的一条基本关系，它不是测量仪器的缺陷或测量方法不完善所造成的，无论怎样改善测量仪器和测量方法，测量的准确度都不可能逾越不确定关系所给出的限度.

不确定关系可以在不需要预先知道系统的详细知识的前提下，用来定性估计系统的某些主要特征，例如估计原子的大小，阐明零点能的存在，论述原子核中不可能存在电子，等等，对于理解微观世界的特征是很有意义的.

除了坐标和动量的不确定关系外，还有能量和时间的不确定关系. 设粒子的静止质量为 m_0，运动质量为 m，速度为 v，动量为 p，能量为 E，由相对论能量和动量关系 $E^2 = c^2 p^2 + m_0^2 c^4$ 得

$$E \Delta E = c^2 p \Delta p$$

$$\Delta E = \frac{c^2 p \Delta p}{E} = \frac{p \Delta p}{m} = v \Delta p$$

所以

$$\Delta E \Delta t = v \Delta t \Delta p = \Delta x \Delta p \geqslant \frac{\hbar}{2} \tag{18.37}$$

式中，Δt 是粒子处于该能量状态的时间，ΔE 是该状态的能量不确定量.

用式(18.37)可以说明原子能级宽度与能级寿命(energy level lifetime)之间的关系. 实际原子的能级都不是单一值，而是有一定宽度 ΔE. 在同类大量原子中，停留在相同能级上的电子有的停留时间长，有的停留时间短，可以用一个平均寿命 Δt 来表示. 根据 $\Delta E \Delta t \geqslant \hbar/2$ 的

不确定关系,平均寿命长的能级,它的宽度小,这样的能级比较稳定. 反之,平均寿命短的能级宽度就大. 能级宽度可以通过实验测出,从而可以推知能级的平均寿命.

从不确定关系,我们可以得到一个重要的推论:微观粒子的力学量(如坐标、动量、势能、动能、总能量、角动量等)不可能同时全部都具有确定值. 因为一切力学量都是由基本力学量——坐标和动量所构成的,既然微观粒子的坐标和动量是不可能同时确定的,必然导致某些力学量不可能同时有确定值.

例 18.11 设子弹的质量为 0.01 kg,枪口的直径为 0.5 cm,试用不确定关系计算子弹射出枪口时的横向速度.

解 枪口直径可以当成子弹射出枪口时的位置的不确定量 Δx,由于 $\Delta p_x = m\Delta v_x$,所以

$$\Delta x m \Delta v_x \geqslant \frac{\hbar}{2}$$

取等号计算得

$$\Delta v_x = \frac{\hbar}{2m\Delta x} = \frac{6.63\times10^{-34}}{4\pi\times0.01\times0.5\times10^{-2}}\ \text{m}\cdot\text{s}^{-1} \approx 1.06\times10^{-30}\ \text{m}\cdot\text{s}^{-1}$$

这就是子弹的横向速度. 和子弹飞行速度相比,这一速度引起的运动方向的偏转是微不足道的. 因此对子弹这种宏观粒子,不确定关系所加的限制并未在实验测量的精度上超过经典描述的限度,实际上仍可把它看成有一定轨道.

例 18.12 已知一电子限制在原子中运动,求此电子速度的不确定量 Δv.

解 原子的线度为 10^{-10} m 数量级,电子被限制在原子中运动,原子的线度就是电子位置不确定量,即 $\Delta x = 10^{-10}$ m. 由不确定关系得

$$\Delta v = \frac{\hbar}{2m\Delta x} = \frac{6.63\times10^{-34}}{4\pi\times9.1\times10^{-31}\times10^{-10}}\ \text{m}\cdot\text{s}^{-1} \approx 5.8\times10^{5}\ \text{m}\cdot\text{s}^{-1}$$

按照牛顿力学计算,氢原子中电子的轨道运动速度约为 $10^6\ \text{m}\cdot\text{s}^{-1}$. 它与上面的速度不确定量有相同的数量级. 可见,在此种情况下,仍保留电子以一定速度沿一定轨道运动的概念是不行的.

例 18.13 光子的波长为 $\lambda = 3.0\times10^{-7}$ m,如果确定此波长的精确度 $\Delta\lambda/\lambda = 10^{-6}$,试求此光子位置的不确定量.

解 光子动量 $p = h/\lambda$,按题意,动量数值的不确定量为

$$\Delta p = \left|-\frac{h}{\lambda^2}\right|\Delta\lambda = \left(\frac{h}{\lambda}\right)\cdot\left(\frac{\Delta\lambda}{\lambda}\right)$$

根据不确定关系式得

$$\Delta x \geqslant \frac{\hbar}{2\Delta p} = \frac{\lambda}{4\pi\dfrac{\Delta\lambda}{\lambda}} = 2.4\times10^{-2}\ \text{m}$$

例 18.14 一束直径 $d = 1.0\times10^{-5}$ m 的电子射线,通过电压为 1 000 V 的电场加速,能否将这些电子看成经典粒子?

解 判断电子束能否看成是经典粒子的标准是,若电子的动量 p 比不确定关系得到的不确定量 Δp 大得很多,就可以将电子看成经典粒子.

根据题意，可求得电子加速后获得的动量为

$$p=\sqrt{2meU}=\sqrt{2\times9.1\times10^{-31}\times1.6\times10^{-19}\times10^{3}}\ \text{kg}\cdot\text{m}\cdot\text{s}^{-1}$$
$$=1.7\times10^{-23}\ \text{kg}\cdot\text{m}\cdot\text{s}^{-1}$$

电子束的直径 d 就是电子位置的不确定量 Δx，由不确定关系得

$$\Delta p=\frac{\hbar}{2\Delta x}=\frac{\hbar}{2d}=\frac{6.63\times10^{-34}}{4\pi\times10^{-5}}\ \text{kg}\cdot\text{m}\cdot\text{s}^{-1}\approx5.3\times10^{-30}\ \text{kg}\cdot\text{m}\cdot\text{s}^{-1}$$

可见，$p\gg\Delta p$，此时能将电子看成经典粒子.

【网络资源】

小 结

黑体辐射现象对经典物理提出了挑战，对其解释的失败，引发人们思索新的物理思想. 1900 年普朗克提出了能量子假设，进而给出了黑体辐射的普朗克公式，完美解释了黑体辐射现象，从而开辟了量子理论的新天地.

波粒二象性是本章的核心概念. 具体研究了光电效应和康普顿效应的实验规律，它们都是光的量子性和爱因斯坦光子理论的有力证明. 在光的波粒二象性的启发下，德布罗意假设物质粒子也具有波粒二象性，同样遵守 $E=mc^2=h\nu$ 和 $p=mv=h/\lambda$ 的关系，并为实验所证实. 进而说明了波粒二象性具有一般意义，而不是光所独有的现象.

由于物质的波粒二象性，所以某些描述物体的成对物理量(如位置和动量、时间和能量等)不能同时有确定值，称为不确定关系. 它是物质世界必须遵守的客观规律，在微观世界中. 它起着重要的作用.

通过本章学习，学生应了解热辐射的基本概念，理解普朗克能量子假设及对黑体辐射规律描述的公式；理解爱因斯坦的光子假设及对光电相互作用规律描述的公式；理解玻尔假设及对原子结构描述的公式；理解德布罗意关于物质波的假设和不确定关系.

对玻尔假设、德布罗意假设与不确定关系的理解是本章的难点.

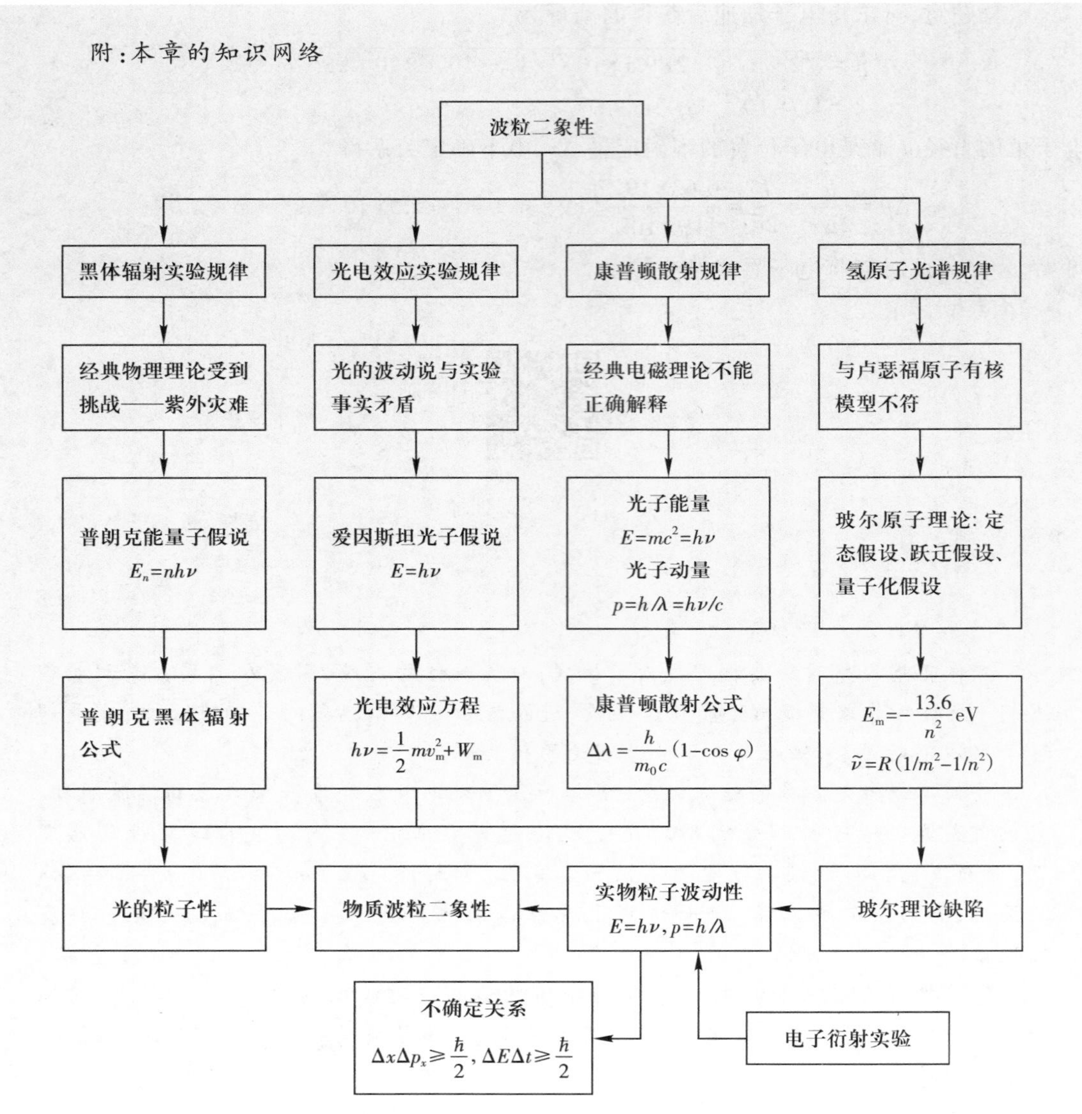

思 考 题

18.1 绝对黑体是不是不发射任何辐射？

18.2 为什么康普顿效应中波长位移的数值与散射物质性质无关？

18.3 光电效应和康普顿效应都包含了电子和光子的相互作用，试问这两个过程有什么不同？

18.4 红外线是否适宜于用来观察康普顿效应，为什么？

18.5 德布罗意波的波函数与经典波的波函数的本质区别是什么？

习 题

18.1 将星球看成绝对黑体，利用维恩位移定律测量 λ_m 便可求得 T，这是测量星球表面温度的方法之一，设测得：北极星的 $\lambda_m = 0.35\ \mu m$，天狼星的 $\lambda_m = 0.29\ \mu m$，试求这些星球的表面温度.

18.2 用辐射高温计测得炉壁小孔的辐射出射度为 $22.8\ W \cdot cm^{-2}$，求炉内温度.

18.3 从铝中移出一个电子需要 4.2 eV 的能量，今有波长为 200 nm 的光投射到铝表面.试问：

（1）由此发射出来的光电子的最大动能是多少？

（2）截止电压为多大？

（3）铝的截止（红限）波长有多大？

18.4 设太阳照射到地球上光的强度为 $8\ J \cdot s^{-1} \cdot m^{-2}$，如果平均波长为 500 nm，则 1 s 落到地面上 $1\ m^2$ 的光子数量是多少？若人眼瞳孔直径为 3 mm，每秒钟进入人眼的光子数是多少？

18.5 若一个光子的能量等于一个电子的静能，试求该光子的频率、波长、动量.

18.6 在康普顿效应的实验中，若散射光波长是入射光波长的 1.2 倍，则散射光子的能量 ε 与反冲电子的动能 E_k 之比 ε/E_k 等于多少？

18.7 波长 $\lambda_0 = 0.708\times10^{-10}$ m 的 X 射线在石蜡上受到康普顿散射，求在 $\pi/2$ 方向上所散射的 X 射线波长是多大？

18.8 已知 X 射线光子的能量为 0.60 MeV，在康普顿散射之后波长变化了 20%，求反冲电子的能量.

18.9 在康普顿散射中，入射光子的波长为 0.030×10^{-10} m，反冲电子的速度为 $0.60c$，求散射光子的波长及散射角.

18.10 实验发现基态氢原子可吸收能量为 12.75 eV 的光子.

（1）试问氢原子吸收光子后将被激发到哪个能级？

（2）受激发的氢原子向低能级跃迁时，可发出哪几条谱线？请将这些跃迁画在能级图上.

18.11 处于基态的氢原子被外来单色光激发后发出的巴耳末线系中只有两条谱线，试求这两条谱线的波长及外来光的频率.

18.12 当基态氢原子被 12.09 eV 的光子激发后，其电子的轨道半径将增加多少倍？

18.13 光子与电子的波长都是 2.0×10^{-10} m，它们的动量和总能量各为多少？

18.14 若令 $\lambda_c = h/m_e c$（称为电子的康普顿波长，其中 m_e 为电子静止质量，c 为光速，h 为普朗克常量）.当电子的动能等于它的静止能量时，它的德布罗意波长是多少？

18.15 粒子在磁感应强度为 $B = 0.025$ T 的均匀磁场中沿半径为 $R = 0.83$ cm 的圆形轨

道运动(粒子的质量 $m=6.64\times10^{-27}$ kg).

(1) 试计算其德布罗意波长;

(2) 若使质量 $m=0.1$ g 的小球以与粒子相同的速率运动,则其波长为多少?

18.16 已知中子的质量 $m_n=1.67\times10^{-27}$ kg,当中子的动能等于温度 300 K 的热平衡中子气体的平均动能时,其德布罗意波长为多少?

18.17 一个质量为 m 的粒子,约束在长度为 L 的一维线段上.试根据不确定关系估算这个粒子所具有的最小能量的值.

18.18 从某激发能级向基态能级跃迁而产生的谱线波长为 400 nm,测得谱线宽度为 10^{-14} m,求该激发能级的平均寿命.

习题参考答案

第 19 章　量子力学基础

根据微观粒子的波粒二象性，建立描述其运动的方程，1926 年奥地利物理学家薛定谔(E. Schrödinger)在德布罗意关系的基础上，建议用波函数描述微观粒子的运动，并提出波函数所满足的微分方程，即薛定谔方程，用它来处理低速实物粒子的运动问题. 以薛定谔方程为基础建立起来的理论体系称为量子力学(quantum mechanics).

本章简要介绍了薛定谔“建立”方程的思路，包括含时间和不含时间的形式. 根据对波函数的单值、连续和有限的要求，利用不含时间薛定谔方程(即定态薛定谔方程)对无限深势阱中的粒子、遇有势垒的粒子以及线性谐振子进行了讨论，自然地得出能量量子化的结果. 并且讨论了氢原子中的电子状态，由此得出描述电子运动状态的四个量子数，同时由泡利不相容原理与能量最小原理，确定出多电子原子的电子壳层结构. 本章最后以氢分子为例，对双原子分子的能级结构进行了讨论.

19.1　波函数及其统计解释

19.1.1　波函数

由于微观粒子的波粒二象性，当粒子的位置 $\boldsymbol{r}$ 确定后，动量 $\boldsymbol{p}$ 就完全不确定，所以不能像经典力学那样用 $\boldsymbol{r}$ 和 $\boldsymbol{p}$ 来描写粒子的状态. 为了寻找描写微观粒子运动状态的新方法，我们首先来考察一下如何从波的角度描写自由粒子的运动状态.

由波动理论知道，沿 x 方向传播的单色平面简谐波的波函数是

$$y(x,t)=A\cos 2\pi\left(\nu t-\frac{x}{\lambda}\right) \tag{19.1}$$

式中，A 是振幅，ν 是频率，λ 是波长. 对机械波，y 表示位移；对电磁波，y 表示电场强度 E 或磁场强度 H. 它们随时间和空间连续地做周期性变化，波的强度正比于振幅 A 的平方.

将式(19.1)改写成复数的指数函数形式，表示为

$$y(x,t)=A\mathrm{e}^{-\mathrm{i}2\pi\left(\nu t-\frac{x}{\lambda}\right)} \tag{19.2}$$

其实部即式(19.1).

对于不受外力的自由粒子，在运动过程中能量 E 和动量 $\boldsymbol{p}$ 保持恒定. 根据德布罗意关系，与自由粒子相联系的物质波的频率 $\nu=E/h$ 和波长 $\lambda=h/p$ 也都保持不变. 因此自由粒子

的物质波是单色平面波，也可用平面波函数来表示. 沿 x 方向运动的自由粒子的单色平面波可写成

$$\Psi(x,t)=\psi_0 e^{-i2\pi\left(\nu t-\frac{x}{\lambda}\right)}=\psi_0 e^{-\frac{i}{\hbar}(Et-px)} \tag{19.3}$$

推广到一般情况，对于沿任意方向（方向由单位矢量 $\boldsymbol{e}_p$ 表示）传播的能量为 E、动量为 $\boldsymbol{p}$ 的自由粒子的物质波，其波函数可以写成

$$\Psi(\boldsymbol{r},t)=\psi_0 e^{-\frac{i}{\hbar}(Et-\boldsymbol{p}\cdot\boldsymbol{r})}=\psi_0 e^{-\frac{i}{\hbar}[Et-(p_x x+p_y y+p_z z)]} \tag{19.4}$$

式中，与能量为 E、动量为 $\boldsymbol{p}$ 的实物粒子相联系的物质波的角频率 ω 和波矢 $\boldsymbol{k}$ 满足如下关系：

$$\begin{cases} E=h\nu=\hbar\omega \\ \boldsymbol{p}=\dfrac{h}{\lambda}\boldsymbol{e}_p=\hbar\boldsymbol{k} \end{cases} \tag{19.5}$$

$\Psi(\boldsymbol{r},t)$ 称为自由粒子的波函数（wave function），ψ_0 为这个波函数的振幅.

波函数 $\Psi(\boldsymbol{r},t)$ 把波（$\boldsymbol{k}$、ω）粒（$\boldsymbol{p}$、E）统一在其中，我们认为该波函数 $\Psi(\boldsymbol{r},t)$ 可以完全描写动量为 $\boldsymbol{p}$ 和能量为 E 的自由粒子的状态，因此又称其为态函数. 在一般情况下，当微观粒子受到外界力场作用时，它不再是自由粒子了，其运动状态当然不能再用式（19.4）所示的 $\Psi(\boldsymbol{r},t)$ 来描写. 但是，这样的粒子仍然具有波粒二象性. 作为德布罗意关系很自然的推广，这样的微观粒子运动状态仍然可以用一个波函数 $\Phi(\boldsymbol{r},t)$ 来描写，这就是量子力学的基本原理（假设）之一. 自然，对于处在不同情况下的微观粒子，描写其运动状态的波函数 $\Phi(\boldsymbol{r},t)$ 的具体形式是不一样的. 由此可见，量子力学用和经典力学完全不同的方式来描写粒子的状态.

19.1.2 波函数的统计解释

前面我们引入了描写粒子运动的波函数，为了说明波函数的物理意义，现在来看一看电子双缝干涉实验，实验结果如图 19.1 所示.

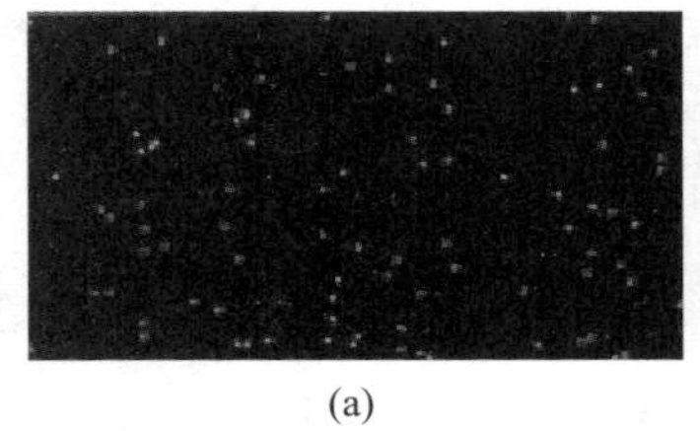
(a)

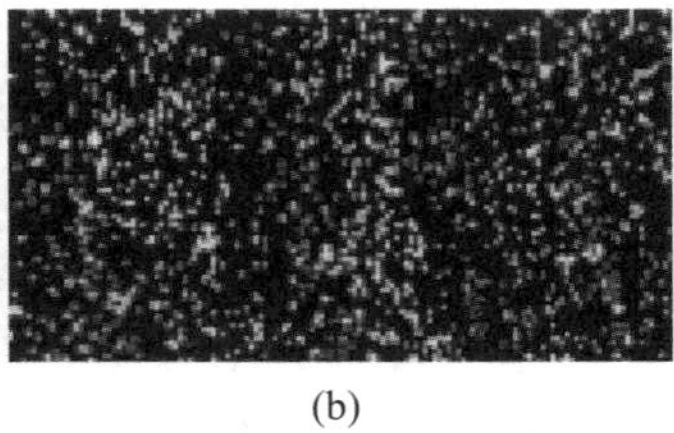
(b)

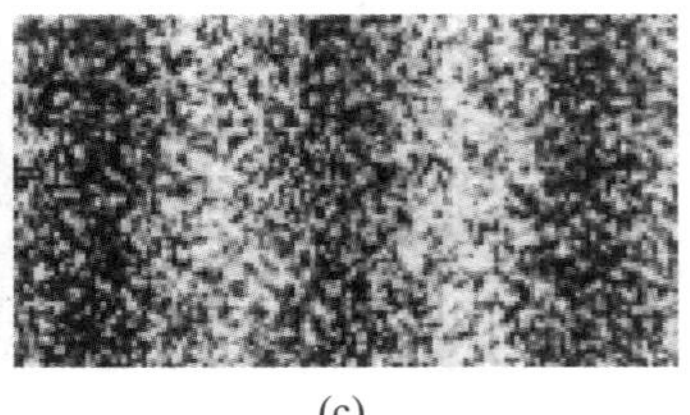
(c)

图 19.1 电子双缝干涉图样

对电子双缝干涉实验的结果，我们可以从“粒子”和“波动”两个观点分别加以解释，从而找出它们的联系. 按“粒子”的观点看，在干涉图样中，极大值处表明有较多的电子到达，而极小值处则很少甚至没有电子到达. 按“波动”的观点来看，在干涉图样中，极大值处波的强度为极大，而极小值处波的强度为极小，甚至为零. 如果用一个波函数 $\Phi(x,y,z,t)$ 来描写干涉实验中电子的状态，那么波振幅模的平方 $|\Phi(x,y,z,t)|^2$ 便表示 t 时刻在空间 (x,y,z)

处波的强度. 对比上述两种观点,我们可以这样将波和粒子的概念统一起来:如果粒子的状态用波函数 $\Phi(x,y,z,t)$ 来描写,那么波函数模的平方 $|\Phi(x,y,z,t)|^2$ 与 t 时刻在空间 (x,y,z) 处单位体积内找到粒子的数目成正比. 也就是说,在波的强度极大的地方,找到粒子的数目为极大;在波的强度为零的地方,找到粒子的数目为零.

上述波函数物理意义的解释是对处在同一状态下的大量粒子而言的(在电子双缝干涉实验中指的是含有大量粒子的电子束),对于一个粒子而言,描写它的运动状态的波函数又将怎样解释呢? 上述实验中,可以控制电子束的强度,让电子一个一个通过. 假如时间不长,则在照相底板上呈现的是一些无规则的点,而不是扩展开的整个干涉图样. 就这个意义而言,电子是粒子而不是扩展开的波,但时间一长,则感光点在底板上的分布显示出干涉图样,与强度较大的电子束在较短时间内得到的干涉图样相同. 根据这种一个电子在相同条件下多次重复实验的结果,我们可以认为,尽管我们无法得知每一个电子一定到达照相底板的什么地点,但是它到达干涉图样极大值的概率必定较大,而到达干涉图样极小值处的概率必定较小,甚至为零. 因此对一个粒子而言,描写其状态的波函数 $\Phi(x,y,z,t)$ 可以解释为:波函数模的平方 $|\Phi(x,y,z,t)|^2$ 与 t 时刻在空间 (x,y,z) 处单位体积内发现粒子的概率 $w(x,y,z,t)$ 即概率密度(probability density)成正比.

波函数的上述解释是德国物理学家玻恩(M. Born)首先提出的. 它不仅成功地解释了电子的干涉实验,而且在解释其他许多问题时,所得结果也与实验相符合. 按照这样的解释,波函数所描写的是处于相同条件下的大量粒子的一次行为或者是一个粒子的多次重复行为. 一般来说,我们不能根据描写粒子状态的波函数,预言一个粒子某一时刻一定在什么地方出现,但是可以指出在空间各处找到该粒子的概率. 因此波函数所表示的是概率波.

设粒子的状态用 $\Phi(x,y,z,t)$ 描述,根据玻恩的统计解释,在 t 时刻,坐标 $x\sim x+\mathrm{d}x$、$y\sim y+\mathrm{d}y$、$z\sim z+\mathrm{d}z$ 的体积元 $\mathrm{d}V=\mathrm{d}x\mathrm{d}y\mathrm{d}z$ 内找到粒子的概率 $\mathrm{d}W(x,y,z,t)$ 为

$$\mathrm{d}W(x,y,z,t)=w(x,y,z,t)\mathrm{d}V=K|\Phi(x,y,z,t)|^2\mathrm{d}V \tag{19.6}$$

式中,K 为比例系数. 概率密度 $w(x,y,z,t)$ 表示为

$$w(x,y,z,t)=\frac{\mathrm{d}W(x,y,z,t)}{\mathrm{d}V}=K|\Phi(x,y,z,t)|^2 \tag{19.7}$$

由于 Φ 一般是复数,所以 $|\Phi|^2=\Phi\Phi^*$,Φ^* 是 Φ 的共轭复数.

对于自由粒子,利用式(19.4),得出

$$\Psi\Psi^*=\psi_0\mathrm{e}^{-\frac{\mathrm{i}}{\hbar}(Et-\boldsymbol{p}\cdot\boldsymbol{r})}\psi_0^*\mathrm{e}^{\frac{\mathrm{i}}{\hbar}(Et-\boldsymbol{p}\cdot\boldsymbol{r})}=\psi_0\psi_0^*=|\psi_0|^2$$

所以,自由粒子的概率密度 $w(x,y,z,t)$ 是常数. 这说明在空间各处找到自由粒子的概率相同.

应当明确,这里引入的波函数与经典波有着本质的区别. 这里引入的波函数描述微观粒子的状态,它按波动的方式变化传播,充分体现了微观粒子的波动性. 但在对微观粒子进行探测时,它总是作为一个整体的概率 $\mathrm{d}W$ 被发现,这充分地表现出它的粒子性. 这样就把波粒二象性有机地统一起来.

19.1.3 归一化与标准化条件

一、波函数的归一化

将式(19.6)对整个空间积分,得到粒子在整个空间出现的概率. 由于粒子肯定存在于空

间中，这个概率应等于1，所以有

$$W(t)=\int_{\infty}w(x,y,z,t)\,\mathrm{d}V=K\int_{\infty}|\Phi(x,y,z,t)|^2\mathrm{d}V=1$$

于是，比例系数 K 满足

$$K=\frac{1}{\int_{\infty}|\Phi(x,y,z,t)|^2\mathrm{d}V} \tag{19.8}$$

概率密度表示为

$$w(x,y,z,t)=\frac{|\Phi(x,y,z,t)|^2}{\int_{\infty}|\Phi(x,y,z,t)|^2\mathrm{d}V} \tag{19.9}$$

按照波函数的统计解释，德布罗意引进的波不同于任何经典的波动，它是概率波. 对于经典波（比如机械波），振幅不同，波的强度亦不同，因此是不同的波动状态；对于概率波，比较考虑 $\Phi(x,y,z,t)$ 和 $\Psi(x,y,z,t)=C\Phi(x,y,z,t)$（$C$ 为常数），按式（19.9）计算，两者概率密度相同，因此这两个波函数描写的是粒子的同一状态. 这就是说，波函数中存在一个常数因子的不确定性，这是概率波与经典波的原则性区别. 既然波函数乘以任意常数 C 后仍然描写同一状态，就可以适当选取 C，使新波函数 $\Psi=C\Phi$ 满足下面的条件：

$$\int_{\infty}|\Psi(x,y,z,t)|^2\mathrm{d}V=1 \tag{19.10}$$

这样得到的波函数 $\Psi(x,y,z,t)$ 称为归一化波函数，C 称为归一化常数，式（19.10）称为归一化条件（normalized condition），从 $\Phi(x,y,z,t)$ 得到 $\Psi(x,y,z,t)$ 的过程称为波函数的归一化. 此时，概率密度是

$$w(x,y,z,t)=|\Psi(x,y,z,t)|^2 \tag{19.11}$$

二、标准化条件

微观粒子的状态由波函数描写，但并不是随便哪一个函数都可以作为波函数. 如前所述，波函数模的平方表示粒子在空间某处出现的概率密度. 量子力学认为某一时刻在空间给定点粒子出现的概率应该是唯一的，不可能既可以是这个值，又可以是那个值. 同时，某一时刻在空间给定点粒子出现的概率应该是有限的. 另一方面，从空间一点到另一点，概率的分布应该是连续的，不能逐点跃变或在某点处发生突变. 由于粒子出现的概率在空间随时间的演化应该是单值、连续和有限的，所以波函数也应该满足单值、连续和有限的条件，此条件称为波函数的标准化条件（standard condition）.

波函数所遵守的方程是薛定谔方程，这个方程是一个对空间坐标的二阶偏微分方程（下一节详述）. 要使波函数对空间坐标的二阶导数存在，它对坐标的一阶导数应是连续和有限的，也就是说，波函数除本身连续外，它的一阶导数也应是连续的.

例 19.1　氢原子核外电子的波函数是球对称的，其基态波函数为 $\psi=Ce^{-ar}$. 式中 C 为常数，r 为离核的距离，$a=\pi me^2/(\varepsilon_0 h^2)$，试求：

（1）在核外任一厚度为 $\mathrm{d}r$ 的球壳内找到电子的概率；

（2）归一化常数 C；

（3）电子径向概率密度最大的位置.

解 (1) 在离核 r 处,厚度为 $\mathrm{d}r$ 的球壳的体积为 $\mathrm{d}V=4\pi r^2\mathrm{d}r$,在该体积内找到电子的概率为

$$\mathrm{d}W=|\Psi|^2\mathrm{d}V=C^2\mathrm{e}^{-2ar}4\pi r^2\mathrm{d}r$$

(2) 根据归一化条件,有

$$\int_0^\infty C^2\mathrm{e}^{-2ar}4\pi r^2\mathrm{d}r=1$$

由此式得 $C^2\pi a^{-3}=1$,故

$$C=\sqrt{\frac{1}{\pi a^{-3}}}=\sqrt{\frac{a^3}{\pi}}$$

(3) 由(1)得到径向概率密度是

$$w=\frac{\mathrm{d}W}{\mathrm{d}r}=C^2\mathrm{e}^{-2ar}4\pi r^2$$

求导得

$$\frac{\mathrm{d}w}{\mathrm{d}r}=8\pi C^2r\mathrm{e}^{-2ar}(1-ar)$$

取极值,令上式等于零,得

$$r=\frac{1}{a}=\frac{\varepsilon_0h^2}{\pi me^2}$$

这就是电子径向概率密度最大的位置.

例 19.2 一维运动的粒子处在由波函数

$$\Phi_n(x)=\begin{cases}A\sin\dfrac{n\pi}{2a}(x+a), & |x|<a\\ 0, & |x|\geqslant a\end{cases}$$

描述的状态,求归一化常数 A.

解 根据归一化条件

$$\int_{-a}^{+a}|\Phi_n(x)|^2\mathrm{d}x=1$$

$$A^2\int_{-a}^{+a}\sin^2\frac{n\pi}{2a}(x+a)\mathrm{d}x=1$$

求解得

$$A=\frac{1}{\sqrt{a}}$$

归一化后的波函数

$$\Phi_n(x)=\sqrt{\frac{1}{a}}\sin\frac{n\pi}{2a}(x+a)$$

$|\Phi_n(x)|^2$表示在坐标 x 附近单位长度内找到粒子的概率,即概率密度.

19.2 薛定谔方程

在量子力学中,微观粒子的运动状态用波函数来描写,这就涉及波函数如何随时间变化的问题. 这一问题在经典力学中也有相应的提法:质点在 $t=t_0$ 时刻,具有确定的位置和速度,当它受力后,在 $t>t_0$ 时,它的位置和速度均可唯一确定. 这一因果关系由牛顿运动定律给出.

在微观粒子的运动中,也存在着因果关系,不过因为波函数具有统计意义,因此只能给出统计的因果关系:在给定的外界力场下,微观粒子在初始时刻 t_0 的状态 $\Psi(x,y,z,t_0)$,唯一地决定了它在以后任意 $t>t_0$ 时刻的状态 $\Psi(x,y,z,t)$. 若想给出 $\Psi(x,y,z,t)$,就需要建立一个能反映 $\Psi(x,y,z,t)$ 随时间变化规律的方程,这就是薛定谔方程(Schrödinger equation). 下面我们利用自由粒子的波函数进行推演和扩展来建立薛定谔方程.

19.2.1 薛定谔方程的建立

首先考虑自由粒子的情况. 能量为 E、动量为 $\boldsymbol{p}$ 的自由粒子的波函数是

$$\Psi(x,y,z,t)=\psi_0 e^{-\frac{i}{\hbar}[Et-(xp_x+yp_y+zp_z)]}$$

将上式的两边对时间 t 求一次偏导,得

$$\frac{\partial\Psi}{\partial t}=-\frac{i}{\hbar}E\Psi \tag{19.12}$$

将波函数对 x 求二次偏导数,得

$$\frac{\partial^2\Psi}{\partial x^2}=-\frac{p_x^2}{\hbar^2}\Psi$$

同理

$$\frac{\partial^2\Psi}{\partial y^2}=-\frac{p_y^2}{\hbar^2}\Psi,\quad \frac{\partial^2\Psi}{\partial z^2}=-\frac{p_z^2}{\hbar^2}\Psi$$

将上面三式相加,并考虑 $p^2=p_x^2+p_y^2+p_z^2$,得

$$\left(\frac{\partial^2}{\partial x^2}+\frac{\partial^2}{\partial y^2}+\frac{\partial^2}{\partial z^2}\right)\Psi=-\frac{p^2}{\hbar^2}\Psi$$

引入拉普拉斯算符 $\nabla^2=\frac{\partial^2}{\partial x^2}+\frac{\partial^2}{\partial y^2}+\frac{\partial^2}{\partial z^2}$,则

$$\nabla^2\Psi=-\frac{p^2}{\hbar^2}\Psi \tag{19.13}$$

对于自由粒子,其能量 E 和动量 p 满足关系式:

$$E=\frac{p^2}{2m}$$

式中,m 为该粒子的质量,因此式(19.13)又可写为

$$-\frac{\hbar^2}{2m}\nabla^2\Psi=E\Psi$$

把上式与式(19.12)相比较,得

$$-\frac{\hbar^2}{2m}\nabla^2\Psi=\mathrm{i}\hbar\frac{\partial\Psi}{\partial t} \tag{19.14}$$

这就是微观自由粒子波函数所满足的微分方程,称为自由粒子的薛定谔方程.

对于在势能函数(potential function)为 $U(x,y,z,t)$ 的力场中运动的粒子,相应的能量公式为

$$E=\frac{1}{2m}(p_x^2+p_y^2+p_z^2)+U(x,y,z,t)$$

粒子的波函数 $\Psi(x,y,z,t)$ 所应满足的微分方程,由式(19.14)推广,即得

$$-\frac{\hbar^2}{2m}\nabla^2\Psi+U\Psi=\mathrm{i}\hbar\frac{\partial\Psi}{\partial t} \tag{19.15}$$

这个方程就是我们要建立的微观粒子的运动方程,称为薛定谔方程.

应当明确,薛定谔方程是量子力学原理的一个基本假设,是不能直接推导或证明的,其正确性要由实验来检验.

薛定谔方程具有以下特点:

(1) 薛定谔方程与牛顿运动定律不同,它是关于时间的一次微分方程,只需一个初始条件 $\Psi(\boldsymbol{r},t_0)$ 便足以确定其解 $\Psi(\boldsymbol{r},t)$. 这一点与我们假定粒子在某一时刻的状态,由它当时的波函数描写完全相一致.

(2) 薛定谔方程中包含一个"i"因子,满足此方程的波函数一般是复函数. 由于波函数本身并无直接物理含义,所以波函数具有复函数形式并不影响由此得出的各种物理信息的实际意义.

(3) 在薛定谔方程的建立中,应用了 $E=\frac{p^2}{2m}+U$,因此是非相对论的结果;另外,方程显然不适合 $m=0$ 的粒子.

19.2.2 本征值与本征方程

一、算符化规则

量子力学中的方程式,一般可以利用算符化规则从经典力学中相应的表达式得到.

所谓算符是作用在一个函数上得出另一个函数的运算符号. 通俗地说,算符就是一种运算符号. 例如,$\sqrt{2}$ 中的"$\sqrt{\ }$"就是一个算符,它指令我们要对 2 进行开二次方的运算;同理 $\mathrm{d}u(x)/\mathrm{d}x$ 中的 $\mathrm{d}/\mathrm{d}x$ 也是一个算符,它指令我们将 $u(x)$ 对 x 进行微商运算.

基本的算符化规则是:

(1) 经典力学中的能量 E,在量子力学中用能量算符 $\hat{E}$ 表示,即

$$\hat{E}=\mathrm{i}\hbar\frac{\partial}{\partial t} \tag{19.16}$$

(2) 经典力学中的动量 $\boldsymbol{p}$,在量子力学中用动量算符 $\hat{\boldsymbol{p}}$ 表示,即

$$\hat{\boldsymbol{p}}=-\mathrm{i}\hbar\nabla \tag{19.17}$$

其中
$$\nabla=\boldsymbol{i}\frac{\partial}{\partial x}+\boldsymbol{j}\frac{\partial}{\partial y}+\boldsymbol{k}\frac{\partial}{\partial z}$$

做了以上规定后，我们就可以从经典力学的方程得到薛定谔方程. 经典力学中的能量
$$E=\frac{p^2}{2m}+U$$
称为哈密顿函数. 对应在量子力学中，哈密顿算符表示为
$$\hat{H}=-\frac{\hbar^2}{2m}\nabla^2+U \tag{19.18}$$
利用算符化规则，比照式(19.16)和式(19.18)，直接得到薛定谔方程
$$\mathrm{i}\hbar\frac{\partial\Psi}{\partial t}=-\frac{\hbar^2}{2m}\nabla^2\Psi+U\Psi$$
上式可简写为
$$\mathrm{i}\hbar\frac{\partial\Psi}{\partial t}=\hat{H}\Psi \tag{19.19}$$

(3) 经典力学中的角动量 $\boldsymbol{L}=\boldsymbol{r}\times\boldsymbol{p}$，在量子力学中用角动量算符 $\hat{\boldsymbol{L}}$ 表示，即
$$\hat{\boldsymbol{L}}=\hat{\boldsymbol{r}}\times\hat{\boldsymbol{p}}=-\mathrm{i}\hbar\hat{\boldsymbol{r}}\times\nabla \tag{19.20}$$

在直角坐标系中，角动量算符表示为
$$\hat{\boldsymbol{L}}=\hat{\boldsymbol{r}}\times\hat{\boldsymbol{p}}=\boldsymbol{i}\hat{L}_x+\boldsymbol{j}\hat{L}_y+\boldsymbol{k}\hat{L}_z$$
其分量算符是
$$\begin{cases}\hat{L}_x=y\hat{p}_z-z\hat{p}_y=-\mathrm{i}\hbar\left(y\dfrac{\partial}{\partial z}-z\dfrac{\partial}{\partial y}\right)\\ \hat{L}_y=z\hat{p}_x-x\hat{p}_z=-\mathrm{i}\hbar\left(z\dfrac{\partial}{\partial x}-x\dfrac{\partial}{\partial z}\right)\\ \hat{L}_z=x\hat{p}_y-y\hat{p}_x=-\mathrm{i}\hbar\left(x\dfrac{\partial}{\partial y}-y\dfrac{\partial}{\partial x}\right)\end{cases} \tag{19.21}$$
角动量平方的算符为
$$\hat{L}^2=\hat{L}_x^2+\hat{L}_y^2+\hat{L}_z^2 \tag{19.22}$$

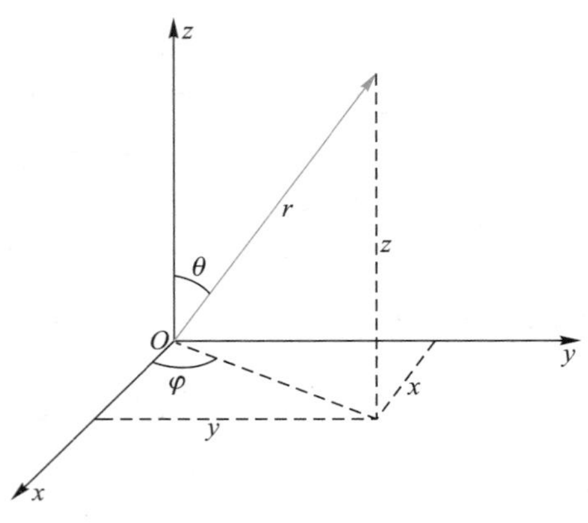

图 19.2 (r,θ,φ)与(x,y,z)关系

球坐标(r,θ,φ)与直角坐标(x,y,z)的关系如图 19.2 所示，球坐标系中的角动量分量算符表示为
$$\begin{cases}\hat{L}_x=\mathrm{i}\hbar\left(\sin\varphi\dfrac{\partial}{\partial\theta}+\cot\theta\cos\varphi\dfrac{\partial}{\partial\varphi}\right)\\ \hat{L}_y=-\mathrm{i}\hbar\left(\cos\varphi\dfrac{\partial}{\partial\theta}-\cot\theta\sin\varphi\dfrac{\partial}{\partial\varphi}\right)\\ \hat{L}_z=-\mathrm{i}\hbar\dfrac{\partial}{\partial\varphi}\end{cases} \tag{19.23}$$
角动量平方的算符表示为
$$\hat{L}^2=-\hbar^2\left[\frac{1}{\sin\theta}\frac{\partial}{\partial\theta}\left(\sin\theta\frac{\partial}{\partial\theta}\right)+\frac{1}{\sin^2\theta}\frac{\partial^2}{\partial\varphi^2}\right] \tag{19.24}$$

二、本征值与本征方程

如果一个算符 $\hat{F}$ 作用在一个函数 u 上,所得到结果等于一个常量 λ 和这个函数 u 的乘积,即

$$\hat{F}u=\lambda u \tag{19.25}$$

那么称 λ 为算符 $\hat{F}$ 的本征值(eigenvalue),函数 u 为算符 $\hat{F}$ 的本征函数(eigenfunction),上式为算符 $\hat{F}$ 的本征方程(eigen equation). 本征值可以是实数,也可以是虚数,但是与力学量对应的算符本征值必须是实数.

当粒子处于力学量算符 $\hat{F}$ 的本征态 $\psi_n(x)$[即用 $\hat{F}$ 的本征函数 $\psi_n(x)$ 描述粒子的状态]中,测量力学量 F 所得结果为算符 $\hat{F}$ 的本征值 λ_n,即

$$\hat{F}\psi_n(x)=\lambda_n\psi_n(x) \tag{19.26}$$

也就是说,在力学量算符的本征态中测量这个力学量,能得到确定值.

例 19.3 求角动量 z 分量 $\hat{L}_z=-\mathrm{i}\hbar\dfrac{\partial}{\partial\varphi}$ 的本征值与本征函数.

解 角动量 z 分量本征方程表示为

$$-\mathrm{i}\hbar\frac{\partial}{\partial\varphi}\psi=l_z\psi$$

l_z 为本征值,上式可改写为

$$\frac{\partial\ln\psi}{\partial\varphi}=\frac{\mathrm{i}l_z}{\hbar}$$

其解为

$$\psi(\varphi)=C\exp\left(\mathrm{i}\frac{l_z}{\hbar}\varphi\right)$$

C 为归一化常数. 根据波函数的标准化条件,$\psi(\varphi)$ 在空间各点都是单值,当 $\varphi=\varphi+2\pi$(绕 z 轴旋转一周),体系将回到空间原来位置,即

$$\psi(\varphi+2\pi)=\psi(\varphi)$$

因此要求

$$l_z=m\hbar \quad (m=0,\pm1,\pm2,\cdots)$$

此即 $\hat{L}_z$ 的本征值,它是量子化(quantization)的.

相应的本征函数表示为

$$\psi_m(\varphi)=C\mathrm{e}^{\mathrm{i}m\varphi}$$

按照归一化条件

$$\int_0^{2\pi}|\psi_m(\varphi)|^2\mathrm{d}\varphi=2\pi|C|^2=1$$

可知 $|C|^2=1/2\pi$. 通常取 $C=1/\sqrt{2\pi}$(正实数),于是归一化的本征函数表示为

$$\psi_m(\varphi)=\frac{1}{\sqrt{2\pi}}\mathrm{e}^{\mathrm{i}m\varphi} \quad (m=0,\pm1,\pm2,\cdots)$$

19.2.3 定态薛定谔方程

若势场的势能只是坐标的函数,即 U 与时间无关,我们可以把波函数 $\Psi(x,y,z,t)$ 分离

成坐标的函数 $\psi(x,y,z)$ 与时间的函数 $f(t)$ 的乘积，即

$$\Psi(x,y,z,t)=\psi(x,y,z)f(t) \tag{19.27}$$

将它代入薛定谔方程中，得出

$$\mathrm{i}\hbar\psi(x,y,z)\frac{\mathrm{d}f(t)}{\mathrm{d}t}=\left[-\frac{\hbar^2}{2m}\nabla^2\psi(x,y,z)\right]f(t)+U(x,y,z)\psi(x,y,z)f(t)$$

两边除以 $\psi(x,y,z)f(t)$ 得

$$\mathrm{i}\hbar\frac{1}{f(t)}\frac{\mathrm{d}f(t)}{\mathrm{d}t}=-\frac{\hbar^2}{2m}\frac{\nabla^2\psi(x,y,z)}{\psi(x,y,z)}+U(x,y,z)$$

上式左边只是时间的函数，而右边只是坐标的函数，若使等式成立，只能是等式两端恒等于某一个常数. 令此常数为 E，则有

$$\mathrm{i}\hbar\frac{1}{f(t)}\frac{\mathrm{d}f(t)}{\mathrm{d}t}=E \tag{19.28}$$

$$\left[-\frac{\hbar^2}{2m}\nabla^2+U(x,y,z)\right]\psi(x,y,z)=E\psi(x,y,z) \tag{19.29}$$

式(19.28)的解为

$$f(t)=C\mathrm{e}^{-\frac{\mathrm{i}}{\hbar}Et}$$

式中 C 为任意常数. 把 $f(t)$ 的值代入式(19.27)中，把常数 C 归到 $\psi(x,y,z)$ 所含常数中，则

$$\Psi(x,y,z,t)=\psi(x,y,z)\mathrm{e}^{-\frac{\mathrm{i}}{\hbar}Et} \tag{19.30}$$

波函数 $\Psi(x,y,z,t)$ 中的空间部分 $\psi(x,y,z)$ 满足式(19.29)，可简写为

$$\hat{H}\psi(x,y,z)=E\psi(x,y,z) \tag{19.31}$$

式中，$\hat{H}$ 为哈密顿算符，上式称为定态薛定谔方程(stationary Schrödinger equation)，函数 $\psi(x,y,z)$ 称为粒子的定态波函数(stationary state wave function). 由这种形式波函数所描写的状态，称为定态(stationary state).

在定态情况下，概率密度可以表示为

$$w(x,y,z)=|\Psi(x,y,z,t)|^2=|\psi(x,y,z)|^2 \tag{19.32}$$

上式表明，定态中粒子的概率分布不随时间改变.

比较式(19.31)和式(19.25)，可见定态薛定谔方程也就是哈密顿算符的本征方程. 波函数 ψ 就是哈密顿算符 $\hat{H}$ 的本征函数，常数 E 就是哈密顿算符 $\hat{H}$ 的本征值. 当体系处于哈密顿算符的本征函数 ψ 所描述的状态时，E 是该状态的能量值. 在定态中粒子有确定的能量，定态就是粒子具有确定能量的状态.

19.3 一维无限深势阱

在许多情况中，如金属中的电子、原子中的电子、原子核中的质子和中子等粒子的运动都有一个共同的特点，即粒子的运动都被限制在一个很小的空间范围以内，或者说粒子处于束缚态. 为了分析束缚态粒子的共同特点，我们提出了一个比较简单的理想化模型. 假设微

观粒子被关在一个具有理想反射壁的方匣里，在匣内不受其他外力的作用，粒子将不能穿过匣壁而只在匣内自由运动. 为便于理解，我们仅讨论一维运动的情况.

设质量为 m 的粒子，只能在 $0<x<a$ 的区域内自由运动. 粒子的势能可写为

$$U(x)=\begin{cases}\infty & (x\leqslant 0, x\geqslant a)\\ 0 & (0<x<a)\end{cases} \tag{19.33}$$

这种势能曲线形状如图 19.3 所示，像一个无限深的阱，故称为无限深势阱（infinite deep potential well），a 为势阱宽度.

由于势能不随时间变化，所以粒子的波函数满足定态薛定谔方程. 根据势阱特点，粒子跑不到阱外，因此波函数在阱外应为零，即

$$\psi(x)=0 \quad (x\leqslant 0, x\geqslant a)$$

而在阱内，波函数 $\psi(x)$ 满足的定态薛定谔方程即可写成

$$\frac{d^2\psi}{dx^2}+\frac{2mE}{\hbar^2}\psi=0 \quad (0<x<a)$$

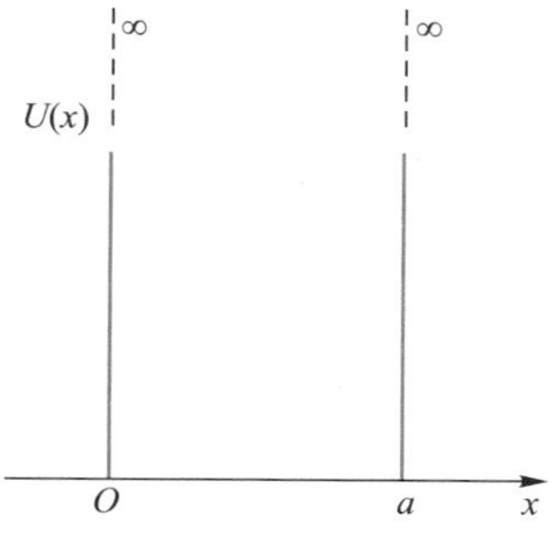

图 19.3 无限深势阱

令 $K^2=\dfrac{2mE}{\hbar^2}$，上式变为

$$\frac{d^2\psi}{dx^2}+K^2\psi=0 \tag{19.34}$$

式(19.34)是一个二阶常微分方程，它的通解是

$$\psi(x)=A\sin Kx+B\cos Kx \tag{19.35}$$

由于波函数必须满足标准化条件，所以 $\psi(x)$ 在势阱的边界上必须连续，即

$$\psi(0)=0,\quad \psi(a)=0$$

代入式(19.35)得

$$B=0,\quad A\sin Ka=0$$

因此 K 必须满足下面的条件

$$K=\frac{n\pi}{a} \quad (n=1,2,3,\cdots) \tag{19.36}$$

即能量的本征值 E 应满足的条件为

$$E_n=\frac{\pi^2\hbar^2n^2}{2ma^2} \quad (n=1,2,3,\cdots) \tag{19.37}$$

相应的状态波函数是

$$\psi_n(x)=A\sin\frac{n\pi x}{a} \tag{19.38}$$

根据归一化条件，有

$$\int_\infty |\psi_n(x)|^2 dx=\int_0^a A^2\sin^2\frac{n\pi x}{a}dx=1$$

可得常数 $A=\sqrt{2/a}$. 这样就得到在一维无限深势阱内运动粒子的波函数为

$$\psi_n(x)=\sqrt{\frac{2}{a}}\sin\frac{n\pi x}{a} \quad (n=1,2,3,\cdots) \tag{19.39}$$

综合上面的讨论,在一维无限深势阱中运动的粒子,具有如下特点:

(1) 能量量子化

由式(19.37)知,势阱中微观粒子的能量是量子化的,这是一切处于束缚态的微观粒子的共同特性. 这种能量量子化,是在解定态薛定谔方程中,由波函数所满足的标准化条件自然得到的. 这与玻尔理论存在根本不同之处.

根据式(19.37)画出如图 19.4(a)所示的能级图. $n=1$ 时,粒子具有的能量最低,称为零点能(zero-point energy),其值为 $E_1=\dfrac{\pi^2\hbar^2}{2ma^2}>0$,这一点与经典粒子不同. 对于一个经典粒子,在没有外界力场作用的空间内,粒子最低能量应为零. 当 $n=2,3,4,\cdots$ 时,粒子的能量 $E_n=n^2E_1$,相邻能级间隔 $\Delta E_n=E_n-E_{n-1}=(2n-1)E_1$.

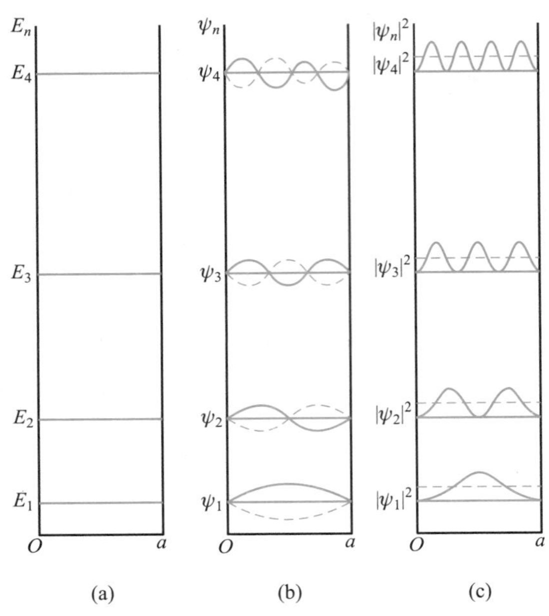

图 19.4 粒子能级、节点与概率密度分布

能量量子化是微观世界特有的现象. 如果一个宏观粒子处在这样的势阱中,它的能量完全可以连续地取值. 即使对于微观粒子(m 很小),由于 h 的数值非常小,也只有当势阱的线度为原子大小时,能量的量子化才是明显的. 例如,电子在宽度为 $a=1$ nm 的势阱中运动,$E_n=0.38n^2$ eV;$\Delta E_n=0.38(2n-1)$ eV,因此量子化是明显的. 若电子在宽度 $a=1$ cm 这样一个宏观尺度的势阱中运动,则有 $\Delta E_n=0.38(2n-1)\times10^{-14}$ eV,能量间隔如此之小,因此可以认为能量是连续的.

(2) 驻波形态

在一维无限深势阱中,运动粒子定态波函数的完整形式为

$$\Psi_n(x,t)=\psi_n(x)\mathrm{e}^{-\frac{\mathrm{i}}{\hbar}E_nt}=\sqrt{\frac{2}{a}}\sin\frac{n\pi x}{a}\mathrm{e}^{-\frac{\mathrm{i}}{\hbar}E_nt}$$

应用公式 $\sin\theta=\dfrac{e^{i\theta}-e^{-i\theta}}{2i}$,上式中的正弦函数写成指数函数,有

$$\Psi_n(x,t)=C_1e^{-\frac{i}{\hbar}\left(E_nt-\frac{n\pi\hbar}{a}x\right)}+C_2e^{-\frac{i}{\hbar}\left(E_nt+\frac{n\pi\hbar}{a}x\right)} \tag{19.40}$$

式中,C_1、C_2 为常数. 由此可见,$\Psi_n(x,t)$是由两个沿相反方向传播的平面波叠加而成的驻波.

在势阱的边界 $x=0$ 和 $x=a$ 处,$\psi_n(x)=0$,为波节. 除此之外,第 n 个能级对应的 $\psi_n(x)$ 的节点个数为$(n-1)$,如图 19.4(b)所示. 这说明,n 越小,节点越少,波长越长,从而动量越小,能量就越低.

(3) 位置概率分布

能量为 E_n 的粒子在 $x\sim x+dx$ 内被发现的概率为

$$dW=wdx=\frac{2}{a}\sin^2\frac{n\pi x}{a}dx \tag{19.41}$$

图 19.4(c)给出了位置的概率密度分布.

由图可见,当粒子处于基态($n=1$)时,在势阱中心附近发现粒子的概率最大. 当粒子处于激发态时($n=2,3,4,\cdots$),在势阱中找到粒子的概率有起伏,而且 n 越大,起伏的次数越多. 上述现象与宏观粒子完全不同. 对一个宏观粒子来说,它在势阱内各处被找到的概率是相同的,因此概率密度分布图形应是平行于 x 轴的直线. 不过,二者的差别仅仅在粒子能量较小(n 较小)时才比较显著. 如果微观粒子的能量相当大(即 n 很大),则 $w=|\psi_n(x)|^2$的起伏就相当多,平均起来看,概率密度分布就非常接近宏观粒子的概率密度分布.

最后说明,由前面的定量计算过程,可以归纳出解定态薛定谔方程的步骤:第一建立各势域上的定态薛定谔方程;第二具体求解该方程;第三利用波函数的标准化条件确定待定系数和能量;第四留下最后一个待定系数由归一化条件确定. 这可以说是求解定态薛定谔方程的四部曲.

例 19.4 设粒子在一维无限深势阱中($0<x<a$)运动,能量量子数为 n. 试求:

(1) 在 $0<x<\dfrac{a}{4}$的范围内发现粒子的概率;

(2) n 为何值时在上述区域内找到粒子的概率最大;

(3) 当 $n\to\infty$ 时该概率的极限,并说明这一结果的物理意义.

解 (1) 在无限深势阱中运动粒子的波函数为

$$\psi_n(x)=\sqrt{\frac{2}{a}}\sin\frac{n\pi x}{a}\quad(n=1,2,3,\cdots)$$

在 $0<x<\dfrac{a}{4}$的范围内找到粒子的概率为

$$W=\int_0^{\frac{a}{4}}|\psi_n|^2dx=\int_0^{\frac{a}{4}}\frac{2}{a}\sin^2\frac{n\pi x}{a}dx=\frac{1}{4}-\frac{1}{2n\pi}\sin\frac{n\pi}{2}$$

(2) 当 n 为偶数时,$\sin\dfrac{n\pi}{2}=0$;当 $n=1,5,9,\cdots$ 时,$\sin\dfrac{n\pi}{2}=1$;当 $n=3,7,11,\cdots$ 时,

$\sin \frac{n\pi}{2}=-1$. 因此,当 $n=3$ 时,找到粒子的概率最大,其值为

$$W=\frac{1}{4}+\frac{1}{6\pi}$$

(3) 当 $n\to\infty$ 时,$W=\lim_{n\to\infty}\left(\frac{1}{4}-\frac{1}{2n\pi}\sin\frac{n\pi}{4}\right)=\frac{1}{4}$,这说明当 $n\to\infty$ 时,粒子的位置概率分布同宏观粒子的概率分布完全相同,是一种均匀分布.

19.4 势垒 隧道效应

设粒子在图 19.5 所示的力场中沿 x 方向运动,其势能为

$$U(x)=\begin{cases}U_0 & (0\leqslant x\leqslant a)\\ 0 & (x<0, x>a)\end{cases} \tag{19.42}$$

这个理想的、高度为 U_0、宽度为 a 的势能曲线,称为势垒(potential barrier).

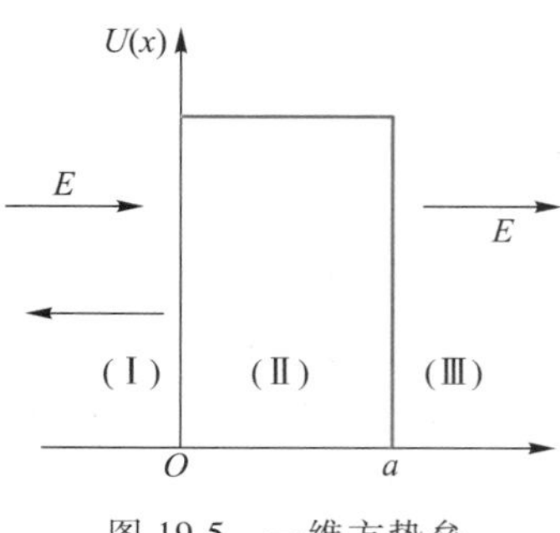

图 19.5 一维方势垒

具有一定能量 $E(E<U_0)$ 的粒子,由势垒左方($x<0$)向右方运动. 按经典力学观点,只有能量大于 U_0 的粒子才能越过势垒运动到 $x>a$ 的区域,能量 E 小于 U_0 的粒子运动到势垒左方边缘($x=0$)时被反射回去,不能穿透势垒. 在量子力学中,情况会怎样呢? 为了说明这个问题,必须求解定态薛定谔方程,进行相关分析.

设粒子在图 19.5 所示的Ⅰ、Ⅱ、Ⅲ三个区域的波函数分别用 ψ_1、ψ_2、ψ_3 表示,它们满足的方程分别是

$$\begin{cases}\dfrac{d^2\psi_1}{dx^2}+\dfrac{2mE}{\hbar^2}\psi_1=0 & (x<0)\\[2mm] \dfrac{d^2\psi_2}{dx^2}-\dfrac{2m(U_0-E)}{\hbar^2}\psi_2=0 & (0\leqslant x\leqslant a)\\[2mm] \dfrac{d^2\psi_3}{dx^2}+\dfrac{2mE}{\hbar^2}\psi_3=0 & (x>a)\end{cases} \tag{19.43}$$

令 $K_1^2=\frac{2mE}{\hbar^2}$,$K_2^2=\frac{2m(U_0-E)}{\hbar^2}$,上面的方程化为

$$\frac{d^2\psi_{1,3}}{dx^2}+K_1^2\psi_{1,3}=0 \quad (x<0, x>a)$$

$$\frac{d^2\psi_2}{dx^2}-K_2^2\psi_2=0 \quad (0\leqslant x\leqslant a)$$

解出三个区域内的波函数是

$$\begin{aligned}\psi_1 &= A\mathrm{e}^{\mathrm{i}K_1x}+A'\mathrm{e}^{-\mathrm{i}K_1x} \quad (x<0)\\ \psi_2 &= B\mathrm{e}^{K_2x}+B'\mathrm{e}^{-K_2x} \quad (0\leqslant x\leqslant a)\\ \psi_3 &= C\mathrm{e}^{\mathrm{i}K_1x}+C'\mathrm{e}^{-\mathrm{i}K_1x} \quad (x>a)\end{aligned} \tag{19.44}$$

其中在 ψ_1 与 ψ_3 的表达式中,右端的第一项表示向右传播的平面波,第二项表示向左传播的平面波. 因此,ψ_1 中的 A 表示入射平面波的振幅(已设粒子从左方入射),A'表示反射波的振幅,ψ_3 中的 C 表示透射波振幅. 但是向左传播的平面波$C'\mathrm{e}^{-\mathrm{i}K_1x}$像无源之流,找不到它的来源. 因为右方没有入射粒子,而且 $x=a$ 的右边是无界空间,不可能有什么东西使之形成反射波. 因此从物理上考虑,必须有 $C'=0$ 于是

$$\psi_3 = C\mathrm{e}^{\mathrm{i}K_1x}$$

运用波函数的标准化条件和在边界上波函数连续性条件,可以求出待定系数 A、A'、B、B'和 C,这里就不具体演算了. 一维方势垒中运动的粒子波函数如图 19.6 所示. 波函数 ψ_2 和 ψ_3 不为零,说明粒子在Ⅱ区和Ⅲ区出现的概率不为零. 也就是说,当运动的粒子遇到高度 U_0 大于粒子总能量的势垒时,既有被势垒反射的可能,也有穿透势垒的可能,这种贯穿势垒的效应称为隧道效应(tunnel effect).

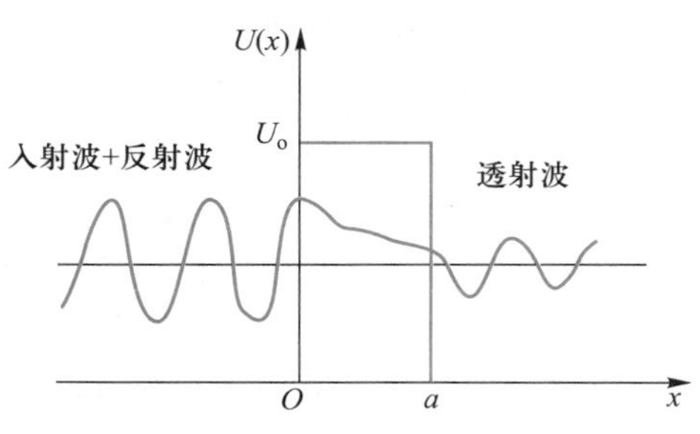

图 19.6 势垒贯穿示意图

为了定量描述隧道效应,定义势垒的透射系数为

$$D=\frac{|C|^2}{|A|^2}$$

可求得

$$D=D_0\mathrm{e}^{-\frac{2}{\hbar}\sqrt{2m(U_0-E)}\,a} \tag{19.45}$$

式中 D_0 是常数,数量级接近于 1. 透射系数与势垒宽度 a、粒子质量 m 和(U_0-E)的值有关. a、m 和(U_0-E)越小,则透射系数就越大. 如果 a 或 m 为宏观大小时,则粒子实际上将不能穿透势垒. 因此隧道效应(或称势垒贯穿)只是微观世界的一种量子效应,是微观粒子波动性的表现. 对于宏观现象,隧道效应(例如穿墙术)是不能发生的.

势垒贯穿是理解许多自然现象的基础. 例如,原子核中的核子之间有很强的核力吸引,而带正电的质子之间又有颇强的库仑排斥力,因而在核表面形成一势垒,在核内的核子集团(如 α 粒子)的能量小于势垒的高度. 放射性元素的 α 放射性,就是核内的 α 粒子(α-particle)靠隧道效应而发射的. 另外如金属电子的冷发射(场致发射)和半导体中的电子迁移现象也都是隧道效应的结果. 利用隧道效应,人们已制造出造福于人类的隧道二极管(tunnel diode)和扫描隧穿显微镜(scanning tunneling microscope),又称扫描隧道显微镜.

【科技博览】

扫描隧穿显微镜是可在原子尺度范围内显示表面原子结构、获得表面电子结构信息的新一代显微镜,是表面科学研究中的有力工具.

扫描隧穿显微镜的基本原理是电子隧道效应. 电子具有波动性,在金属中的电子并不仅

局限于表面边界以内,而是在表面外略有延伸,呈指数衰减,衰减长度约 1 nm. 如果两块金属互相靠得非常近,间距小于 1 nm,它们的表面电子云就可能发生重叠. 当在这两个金属电极之间加一微小电压,就可以观察到它们之间的隧道电流. 隧道电流对两金属之间的距离十分敏感;此外还依赖于金属的逸出功(功函数). 距离变化 0.1 nm,引起的隧道电流成数量级的变化. 如果把其中的一块电极做成针尖,另一块做成平面,让探针在平行表面方向扫描,并保持隧道电流恒定,则探针尖在垂直表面方向应随着表面的"高低"而变动,从而可得到三维表面图像. 虽然表面逸出功的变化也同样会引起某种变动,但采用适当的措施可将逸出功的变化与真正的表面结构区分开来. 于是扫描隧穿显微镜可以获得有关材料表面电子态和化学特性的丰富信息.

扫描隧穿显微镜要解决复杂的技术难题有:制备尖端只有一个或少数几个原子的探针尖;采用特殊的技巧和方法,把探针放到离表面只有 1 nm 的位置,而又不与样品表面相碰;消除外界震动和内部机械振动的影响,使探针-表面间隙保持稳定;非常可靠而稳定的扫描调节系统;尽可能消除热的影响,等等. 扫描隧穿显微镜有一系列独特的优点:它直接给出表面的三维图像,纵向分辨率达到 0.005 nm,横向分辨率达 0.2 nm;与光学显微镜或电子显微镜不同,它不需要任何光学透镜或电子透镜;在低电压下工作,对表面没有破坏性;可用于金属、半导体、绝缘体和有机物表面研究;可在高真空下工作,也可在大气或液体中工作,不会发生样品真空脱水问题;结构简单,操作方便,结果可靠.

扫描隧穿显微镜目前用于观察表面形貌,测定表面原子结构,研究表面电子结构以及探索表面催化、金属腐蚀微观机理的动力学研究等. 最近已有人在大气中观察生物大分子脱氧核糖核酸及病毒,它的应用正扩大到化学、生物学领域,并受到工业界的重视.

*19.5 线性谐振子

本节讨论粒子在略微复杂的势场中做一维运动的情形,即谐振子(harmonic oscillator)的运动. 这也是一个很有用的模型,固体中原子的振动就可以用这种模型加以近似研究.

一维谐振子(又称线性谐振子)的势能函数为

$$U=\frac{1}{2}kx^2=\frac{1}{2}m\omega^2x^2 \tag{19.46}$$

其中 $\omega=\sqrt{k/m}$ 是振子的固有角频率,m 是振子的质量,k 是振子的等效弹性系数. 将此式代入定态薛定谔方程,可得线性谐振子的薛定谔方程:

$$\frac{\mathrm{d}^2\psi}{\mathrm{d}x^2}+\frac{2m}{\hbar^2}\left(E-\frac{1}{2}m\omega^2x^2\right)\psi=0 \tag{19.47}$$

这是一个变系数的常微分方程,求解较为复杂. 因此我们将不再给出波函数的解析式,只是着重指出:为了使波函数 ψ 满足单值、有限和连续的标准化条件,线性谐振子的能量只能是

$$E_n=\left(n+\frac{1}{2}\right)\hbar\omega \quad (n=0,1,2,\cdots) \tag{19.48}$$

这说明,线性谐振子的能量只能取离散的值,即量子化的,n 就是相应的量子数. 与无限深势

阱中粒子的能级不同的是，谐振子的能级是等间距的.

谐振子能量量子化概念是普朗克首先提出的. 在普朗克理论中，能量量子化是一个有创造性的假设. 在这里，它成了量子力学理论的一个自然推论. 从量上说，普朗克假定 $E=nh\nu$，这与式(19.48)有所不同. $E=nh\nu$ 给出的谐振子的最低能量为零，这符合经典概念，即认为粒子的最低能态为静止状态. 但式(19.48)给出的最低能量为 $h\nu/2$，这意味着微观粒子不可能完全静止，这是波粒二象性的表现，它满足不确定关系的要求. 谐振子的最低能量叫零点能. 有关光波晶体散射的实验证明了零点能的存在. 实验证明，温度趋向绝对零度时，散射光的强度趋向某一不为零的极限值.

图 19.7 中画出了线性谐振子的势能曲线、能级以及概率密度分布曲线. 由图中可以看出，在任一能级上，在势能曲线 $U=U(x)$ 以外，概率密度并不为零. 这也表示了微观粒子运动的这一特点：它在运动中有可能进入势能大于其总能量的区域，这在经典理论看来是不可能出现的.

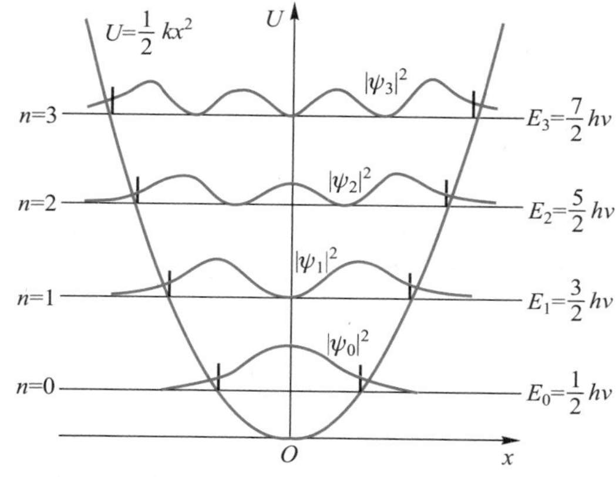

图 19.7 线性谐振子势能、能级和概率密度分布图

19.6 氢原子

氢原子问题是原子和分子结构中最重要的一个问题. 这一方面因为氢原子是最简单的原子，了解氢原子是讨论复杂的原子结构的基础；另一方面，氢原子问题与量子理论的发展密切相关.

由于氢原子的薛定谔方程的数学求解比较复杂，本节只重点介绍求解的步骤和相关的主要结果.

19.6.1 氢原子中电子的薛定谔方程

氢原子是由一个带负电($-e$)的电子和一个带正电($+e$)的原子核构成的. 由于原子核的质量大约是电子质量的 1 836 倍，所以可以近似认为原子核是静止不动，电子绕原子核运动. 取原子核的位置为坐标原点，采用球坐标系，电子的坐标为(r,θ,φ). 电子与原子核相互

作用的势能为

$$U=-\frac{e^2}{4\pi\varepsilon_0 r}$$

式中,r 为电子和原子核之间的距离.

由于势能不随时间变化,所以求解电子的薛定谔方程是一个定态问题. 电子的定态薛定谔方程为

$$\hat{H}\psi(r,\theta,\varphi)=E\psi(r,\theta,\varphi) \tag{19.49}$$

其中,哈密顿算符是

$$\hat{H}=-\frac{\hbar^2}{2m}\nabla^2-\frac{e^2}{4\pi\varepsilon_0 r}$$

在球坐标系中,拉普拉斯算符 ∇^2 为

$$\nabla^2=\frac{1}{r^2}\frac{\partial}{\partial r}\left(r^2\frac{\partial}{\partial r}\right)+\frac{1}{r^2\sin\theta}\frac{\partial}{\partial\theta}\left(\sin\theta\frac{\partial}{\partial\theta}\right)+\frac{1}{r^2\sin^2\theta}\frac{\partial^2}{\partial\varphi^2}$$

于是式(19.49)变为

$$\frac{1}{r^2}\frac{\partial}{\partial r}\left(r^2\frac{\partial\psi}{\partial r}\right)+\frac{1}{r^2\sin\theta}\frac{\partial}{\partial\theta}\left(\sin\theta\frac{\partial\psi}{\partial\theta}\right)+\frac{1}{r^2\sin^2\theta}\frac{\partial^2\psi}{\partial\varphi^2}+\frac{2m}{\hbar^2}\left(E+\frac{e^2}{4\pi\varepsilon_0 r}\right)\psi=0 \tag{19.50}$$

电子的波函数 ψ 为 r、θ、φ 的函数,即 $\psi=\psi(r,\theta,\varphi)$. 式(19.50)是含有三个变量的二阶偏微分方程,这个方程可用分离变量法求解. 设方程的解

$$\psi(r,\theta,\varphi)=R(r)Y(\theta,\varphi)$$

$$Y(\theta,\varphi)=\Theta(\theta)\Phi(\varphi)$$

引入分离常数 λ 和 L_z,经过一系列的换算、整理,可依次得出分别含有 $R(r)$、$Y(\theta,\varphi)$ 和 $\Phi(\varphi)$ 的三个本征方程:

$$\left[-\frac{\hbar^2}{2mr^2}\frac{\mathrm{d}}{\mathrm{d}r}\left(r^2\frac{\mathrm{d}}{\mathrm{d}r}\right)+\frac{\lambda\hbar^2}{2mr^2}-\frac{e^2}{4\pi\varepsilon_0 r}\right]R(r)=ER(r) \tag{19.51}$$

$$\hat{L}^2Y(\theta,\varphi)=\lambda\hbar^2Y(\theta,\varphi) \tag{19.52}$$

$$\hat{L}_z\Phi(\varphi)=L_z\Phi(\varphi) \tag{19.53}$$

由例 19.3 可知,方程(19.53)的本征值是

$$L_z=m_l\hbar\quad(m_l=0,\pm1,\pm2,\cdots) \tag{19.54}$$

此即 $\hat{L}_z$ 的本征值,是量子化的. 相应的本征函数表示为

$$\Phi_{m_l}(\varphi)=\frac{1}{\sqrt{2\pi}}\mathrm{e}^{\mathrm{i}m_l\varphi}\quad(m_l=0,\pm1,\pm2,\cdots) \tag{19.55}$$

方程(19.51)是能量算符的本征方程,方程(19.52)是角动量平方算符的本征方程. 解方程分别得到径向函数 $R_{n,l}(r)$ 和角向函数 $Y_{l,m_l}(\theta,\varphi)$. 描写氢原子中电子状态的波函数可表示为

$$\psi_{n,l,m_l}(r,\theta,\varphi)=R_{n,l}(r)Y_{l,m_l}(\theta,\varphi)=R_{n,l}(r)\Theta_{l,m_l}(\theta)\mathrm{e}^{\mathrm{i}m_l\varphi}$$

氢原子的哈密顿算符本征值是

$$E_n=-\frac{me^4}{(4\pi\varepsilon_0)^2 2\hbar^2n^2}\quad(n=1,2,\cdots) \tag{19.56}$$

角动量平方算符本征值是

$$L^2=\lambda\hbar^2=l(l+1)\hbar^2 \quad (l=0,1,2,\cdots) \tag{19.57}$$

上面出现了三个量子数 n、l、m_l，分别称为主量子数（principal quantum number）、角量子数（angular quantum number）、磁量子数（magnetic quantum number）.

19.6.2 氢原子中电子的状态描述

一、描述电子状态的量子数

根据式（19.54）、式（19.56）、式（19.57），氢原子中电子状态由三个量子数表征，我们简要的分析各个量子数的物理意义.

（1）主量子数 n

主量子数 n 只能取 1,2,3,…的正整数. 主量子数决定氢原子中电子的能量（也是氢原子的能量）. 能量是量子化的，形成了原子能级. 由量子力学求得氢原子的能级公式同玻尔氢原子理论（以下简称玻尔理论）的能级表达式完全相同，但是，前者是求解薛定谔方程得到，而后者是在经典理论基础上人为加上量子化条件假设导出的.

（2）角量子数 l

角量子数决定电子轨道角动量（orbital angular momentum）的值 L，即

$$L=\sqrt{l(l+1)}\,\hbar \tag{19.58}$$

主量子数 n 确定后，角量子数 l 只能取 $0,1,2,3,\cdots,(n-1)$ 等正整数值. 因此角动量的数值 L 只能取 $0,\sqrt{2}\hbar,\sqrt{6}\hbar,\cdots$ 分立的值. 可见角动量的量值是量子化的，其值取决于角量子数 l，角量子数 l 标志着角动量取不同值的状态.

玻尔理论中的电子轨道角动量量子化假设是

$$L=n\hbar \quad (n=1,2,3,\cdots)$$

与式（19.58）的结果做一比较，不难看出，对一定的能量状态（n 一定），当 l 足够大，比如 $l=n-1$ 时，这一假设和量子力学的结果十分接近. 这意味着玻尔理论是量子力学在一定程度上的近似.

（3）磁量子数 m_l

该量子数决定了轨道角动量 $\boldsymbol{L}$ 在外磁场方向上投影的大小，由式（19.54）表示.

角量子数 l 确定后，磁量子数 m_l 只能取 $0,\pm1,\pm2,\pm3,\cdots,\pm l$ 值，因此 L_z 也是量子化的. 对于一给定的 l，m_l 可以有 $(2l+1)$ 个不同的值，即轨道角动量 $\boldsymbol{L}$ 在空间可以有 $(2l+1)$ 个可能的取向，这种现象称为轨道角动量空间取向量子化，或简称为空间量子化. 如图 19.8 所示，$l=1$ 时，l_z 有 $0,\pm\hbar$ 三个可能的值，$\boldsymbol{L}$ 有三个可能的取向；$l=2$ 时，l_z 有 $0,\pm\hbar,\pm2\hbar$ 五个可能的值，$\boldsymbol{L}$ 有五个可能的取向. 空间量子化的意义在于：用同一个 n 和 l 表征的微观态又有 $(2l+1)$ 个可能的取向，也即有 $(2l+1)$ 个不同的量子态（quantum state）.

一般而言，作为特殊方向的 z 轴可以任意选定. 但由于空间本身是各向同性的，要在空间确定一个特殊方向，必须借助于某种物理方法. 例如当存在外磁场时，常常选择外磁场方向作为特殊方向. 早在 1921 年在物理学上就观察到了原子在磁场中的空间量子化的实验事实. m_l 之所以称为磁量子数与此有关.

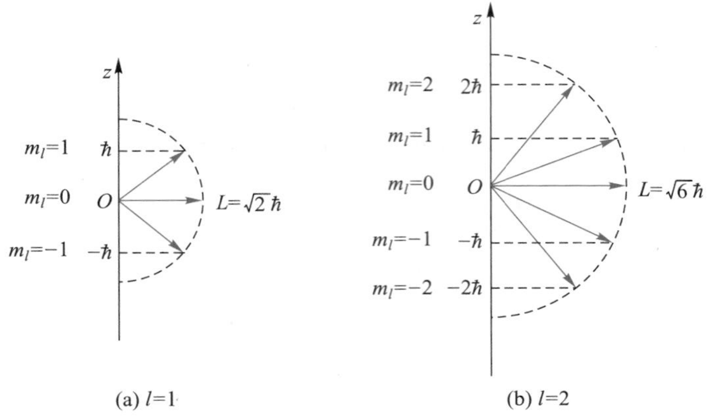

图 19.8 轨道角动量空间取向量子化

二、氢原子的电子云

电子的波动性使原子中电子轨道的概念失去了意义，而只能说在离开原子核周围空间发现电子的概率是多少. 通常，我们把概率密度$|\psi|^2$的分布称为电子云(electron cloud).

我们先来看氢原子在基态($n=1,l=0$)的电子云. 由定态薛定谔方程解得氢原子中电子在基态的波函数为

$$\psi_1=\sqrt{\frac{1}{\pi a_0^3}}\mathrm{e}^{-\frac{r}{a_0}}$$

其概率密度为

$$|\psi_1|^2=\frac{1}{\pi a_0^3}\mathrm{e}^{-\frac{2r}{a_0}}$$

上式表明，概率密度仅为 r 的函数，因此基态氢原子中电子云分布具有球对称性.

为了了解电子云在空间的分布，取薄球壳体积元 $\mathrm{d}V=4\pi r^2\mathrm{d}r$，在此体积元中电子出现的概率为 $4\pi r^2|\psi|^2\mathrm{d}r$. 单位厚度的球壳中出现电子的概率 $4\pi r^2|\psi|^2$称为径向概率密度(radial probability density). 其中，基态(ground state)氢原子中电子的径向概率密度为

$$4\pi r^2|\psi_1|^2=\frac{4}{a_0^3}r^2\mathrm{e}^{-\frac{2r}{a_0}}$$

如图 19.9 所示，基态氢原子中电子出现的径向概率在 $r=a_0$ 处最大，这与玻尔理论中$n=1$的圆轨道半径 a_0 相符. 图 19.9 中也画了($n=2,l=1$)电子和($n=3,l=2$)电子的径向概率密度分布曲线，由图可见，主量子数 n 增大，电子出现概率最大的地方离原子核越远，这与玻尔理论中 n 增大时，轨道半径扩大的结论是一致的. 为了形象地描述电子云，我们把电子在空间可能出现的地方画上许多小黑点. 概率密度大的地方黑点密，概率密度小的地方黑点稀，这些黑点的分布犹如一层带负电的云包围着原子核，图 19.10 画出了氢原子基态的电子云图.

对于 $n=2$ 的状态，l 可取 0 和 1 两个值. $l=0$ 时，$m_l=0$；$l=1$ 时，$m_l=-1,0,1$. 这几个状态下氢原子电子云图如图 19.11 所示. $l=0,m_l=0$ 的电子云分布具有球对称性；$l=1,m_l=\pm1$ 这两个状态的电子云分布是完全一样的，它们和 $l=1,m_l=0$ 的状态的电子云分布都具有对 z 轴的轴对称性. 通常，n、l、m_l 这三个量子数决定着原子中电子云的空间分布.

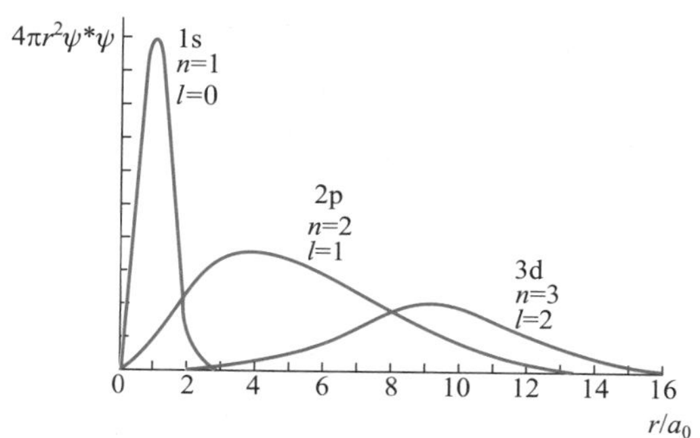

图 19.9 氢原子的径向概率密度的分布

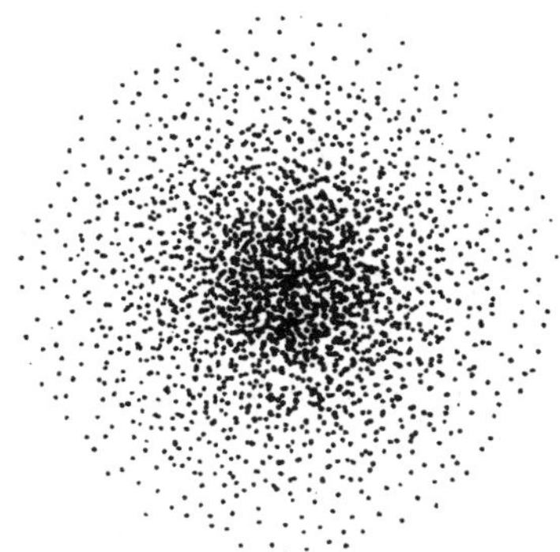

图 19.10 氢原子基态的电子云图

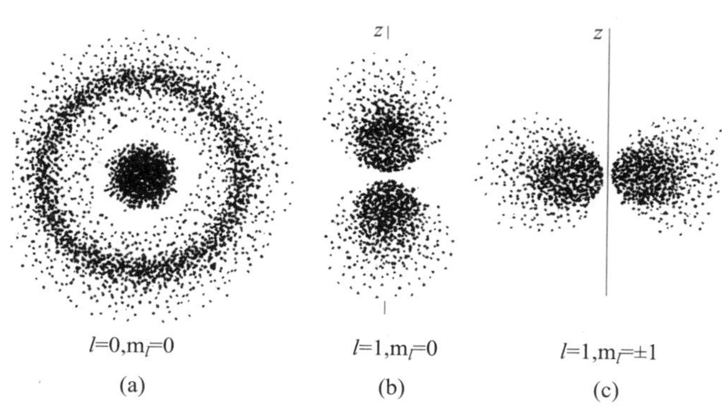

图 19.11 氢原子 $n=2$ 的各状态的电子云图

19.7 电子的自旋

19.7.1 施特恩-格拉赫实验

证明电子具有自旋(spin)的重要实验之一是施特恩-格拉赫实验(Stern-Gerlach experiment). 为了说明施特恩-格拉赫实验,我们先介绍电子轨道运动的磁矩.

在玻尔原子模型中,电子绕核做圆周运动,形成圆电流,因而具有磁矩. 设电子做圆周运动的轨道半径为 r,速度为 v,则电子运动形成的电流为 $ve/(2\pi r)$. 电流的磁矩为

$$\mu_L=\frac{v}{2\pi r}e\pi r^2=\frac{e}{2m}(mvr)=\frac{e}{2m}L$$

式中,m 表示电子质量,e 表示电子电荷量绝对值. 由于电子带负电,它的磁矩与角动量 $\boldsymbol{L}$ 的方向相反,所以写成矢量式为

$$\boldsymbol{\mu}_L=-\frac{e}{2m}\boldsymbol{L} \tag{19.59}$$

这里给出了电子绕核运动的磁矩与角动量 $\boldsymbol{L}$ 的关系,其中角动量的大小由式(19.58)决

定. 沿用历史上的名词,$\boldsymbol{\mu}_L$ 称为电子轨道磁矩,$\boldsymbol{L}$ 称为电子轨道角动量.

由于原子内电子具有磁矩,所以原子的磁矩是原子中各电子磁矩的矢量和(不考虑原子核的磁矩). 根据电磁理论,具有磁矩的原子在非均匀磁场中将受到磁力作用. 设磁场沿 z 轴方向,磁感应强度 B 沿 z 方向的变化率为 $\mathrm{d}B/\mathrm{d}z$,则原子所受磁力的大小为

$$F=\mu_z\frac{\mathrm{d}B}{\mathrm{d}z}$$

式中,μ_z 是原子磁矩在磁场方向上的投影. 由此式可知,磁矩 $\boldsymbol{\mu}$ 在磁场中所处的方向不同,所受力的大小也不同. 如果原子的角动量(即原子内各电子角动量的矢量和)在空间的取向是量子化的,那么原子磁矩在空间取向也是量子化的. 这样,具有不同 μ_z 值的原子在非均匀磁场中将受到不同的力,在这个力的作用下将有不同程度的偏转,这就是施特恩-格拉赫实验所依据的基本原理.

施特恩-格拉赫实验的装置如图 19.12 所示. 图中 K 为原子射线源,当年施特恩和格拉赫用的是银原子,S_1 和 S_2 为狭缝,N 和 S 为产生不均匀磁场的电磁铁的两极,P 为照相底板. 全部仪器安置在高真空容器中. 实验时,将处于基态($l=0$)的银原子射线源加热,使其发射的原子束通过狭缝后,形成很细的一束原子射线. 在没有外磁场时,照相底板 P 上将沉积一条正对狭缝的痕迹. 加磁场后,照相底板 P 上出现两条上下对称的痕迹.

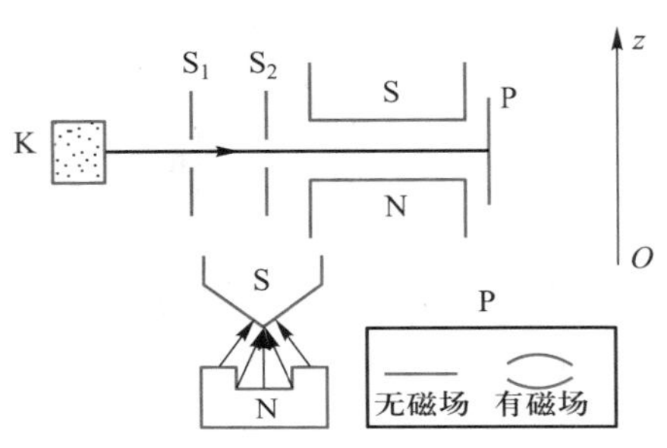

图 19.12 施特恩-格拉赫实验

照相底板 P 上出现两条痕迹,说明银原子通过不均匀磁场时受到上下两个方向的偏转力. 由 $F=\mu_z\mathrm{d}B/\mathrm{d}z$ 知,μ_z 有两个值. 这就证实了原子磁矩在磁场中取向是量子化的,从而也证实了原子角动量的空间取向量子化. 但是,当时对银原子束经磁场后分裂为两条无法理解,因为银原子最外层只有一个电子,决定原子角动量和磁矩的也就这一个电子,处于基态时,电子的角动量 L 为零,相应的磁矩亦为零,所以原子束不应有一分为二的结果.

19.7.2 电子的自旋

为了解释施特恩-格拉赫实验中银原子束一分为二的结果及其他一些现象(如光谱线的精细结构),1925 年,两个年龄不到 25 岁的荷兰大学生乌伦贝克(Uhlenbeck)和古德斯米特(Goudsmit)提出电子自旋(electron spin)的假设. 他们认为不能把电子看成一个点电荷,电子除绕核运动外,还存在一种自旋运动,相应的有自旋角动量(spin angular momentum)和自旋磁矩(spin magnetic moment).

与轨道角动量量子化一样,自旋角动量也是量子化的,即

$$S=\sqrt{s(s+1)}\,\hbar$$

其中,s 是自旋量子数,它只能取一个值,即

$$s=\frac{1}{2}$$

因而电子的自旋角动量为

$$S=\frac{\sqrt{3}}{2}\hbar$$

电子自旋角动量 $\boldsymbol{S}$ 在外场方向的投影 S_z 也是量子化的，即

$$S_z=m_s\hbar \tag{19.60}$$

其中，m_s 为电子自旋磁量子数，它只能取两个值，即

$$m_s=\pm\frac{1}{2}$$

因而有

$$S_z=\pm\frac{1}{2}\hbar$$

每个电子具有的自旋磁矩 $\boldsymbol{\mu}_s$，它与自旋角动量的关系是

$$\boldsymbol{\mu}_s=-\frac{e}{m}\boldsymbol{S} \tag{19.61}$$

因而，自旋磁矩在外场方向的投影只能取两个数值，即

$$\mu_{sz}=-\frac{e}{m}S_z=\pm\frac{e\hbar}{2m}$$

这样，对于在非均匀磁场中的银原子射线中的原子，尽管电子轨道磁矩为零，但由于自旋磁矩在外场方向上有两个值，当原子射线通过非均匀磁场时自然就要分裂为两束射线了.

应该指出，乌伦贝克和古德斯米特当时提出的自旋概念具有机械的性质，他们认为与地球绕太阳的运动相似，电子一方面绕原子核转动，相应有轨道角动量；另一方面又绕自身中心轴转动，相应有自转角动量. 这种把电子自旋看成机械的自转的理论是错误的. 例如，把电子看成一个质量均匀分布的小球，半径（电子经典半径）$r=2.8\times10^{-15}$ m，若使它的自转角动量达到 $\hbar$ 的数量级，则小球边缘的速度将远大于光速，这与相对论抵触.

至此，我们引入了描述原子中电子运动状态的四个量子数：n、l、m_l 和 m_s，前面三个量子数是由解薛定谔方程引入的，自旋磁量子数是由单独假设引来的. 薛定谔方程不能预言电子的自旋，原因在于薛定谔方程没有考虑相对论效应. 1928 年，狄拉克在非相对论量子力学的基础上，建立了描写高速运动粒子的相对论波动方程，电子的自旋性质能很自然地从这个方程中得到，因此，电子自旋是一种相对论性的量子效应.

【前沿进展】

自旋是标志各种粒子（电子、质子、中子、光子等）的重要物理量，它的存在，标志着微观粒子还有一个新的自由度. 如何理解自旋的概念呢？英国物理学家霍金提出一种理解：粒子自旋指的是，从不同方向看粒子是什么样子的.

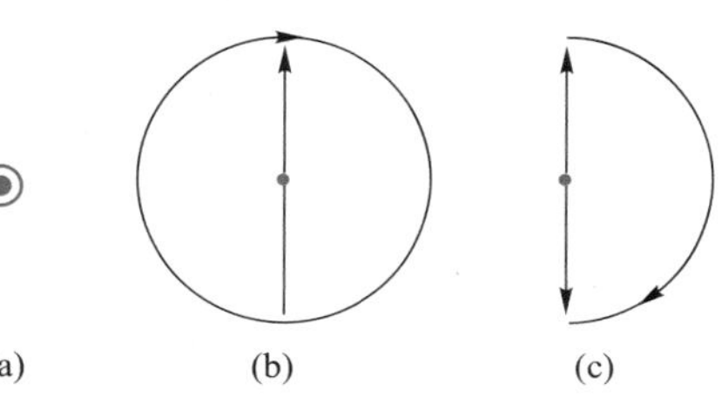

图 19.13 粒子自旋示意图

根据霍金的理解：一个自旋为 0 的粒子像一个圆点，从任何方向看都一样，如图 19.13(a) 所示；自旋为 1 的粒子像一个箭头，从不同方向看是不同的，只有它转过完全一圈时，才显得是一样

的，如图 19.13(b)所示；自旋为 2 的粒子像一个双箭头，它转过半圈时，就会显得是一样的，如图 19.13(c)所示. 然而，自旋是 1/2 的粒子，旋转一圈后仍然会显得不同，必须旋转两圈后才会显得和原来一致.

显然，不同属性的粒子，其自旋是不同的. 据此，我们可以将粒子分成两大类：自旋量子数是半整数(即 1/2、3/2 等)的粒子，称为费米子，如电子、中子、质子等，自旋量子数都是 1/2，都是费米子；自旋量子数是整数(即 0、1、2 等)的粒子，称为玻色子，如光子的自旋量子数是 1，是玻色子.

19.8 原子的电子壳层结构

除氢原子外，其余原子都有两个或两个以上的电子，这些电子在原子核外如何分布，即原子中电子的排布构型是物理和化学中感兴趣的问题.

19.8.1 泡利不相容原理

按照量子力学给出的结论，原子中的电子可以处于各种可能的状态，电子的运动状态由主量子数 n、角量子数 l、磁量子数 m_l 和自旋磁量子数 m_s 四个量子数完备地描述. 原子中电子的能量主要取决于电子的主量子数 n，其次是角量子数 l. 磁量子数 m_l 和自旋磁量子数 m_s 对电子能量的影响甚微，只是在考虑电子自身的或者各电子间的轨道和自旋相互作用以及考虑外磁场影响时方显得重要. 因此，从电子的能量方面讲，一般只用 n 和 l 的值就足以表示电子的状态了.

按照历史上光谱研究的习惯，常以符号代表 l 的取值，即

l 值	0	1	2	3	4	5	6
符号	s	p	d	f	g	h	i

比如，2s 表示某个 $n=2, l=0$ 的电子或者说表示该电子的状态. 完整表明原子中全部电子的状态，称为该原子的电子组态或电子结构. 如 $1s^2 2s^2 2p^4$ 就表示氧原子的电子组态.

为了形象地描述原子的电子结构，描述原子中电子在各能级上的分布层次，引入壳层(shell)分布模型：主量子数 n 相同的电子组成一壳层，对应于 $n=1,2,3,4,5,\cdots$ 的电子壳层，分别称为 K 壳层、L 壳层、M 壳层、N 壳层、O 壳层等. 在每一电子壳层中，具有相同角量子数 l 的电子组成支壳层或分壳层，对应于 $l=0,1,2,3,\cdots$ 的电子支壳层，用状态记号 s，p，d，f，… 表示.

1925 年泡利(W. Pauli)提出了一个著名的原理：在一个原子中不可能有两个或两个以上的电子具有完全相同的状态，或者说，原子中的由一组量子数 n、l、m_l、m_s 所确定的一个状态中，只能容纳一个电子.

泡利不相容原理(Pauli exclusion principle)是微观粒子运动的基本规律之一. 1940 年，泡利又证明了不仅是电子遵循泡利不相容原理，凡是自旋为$\dfrac{1}{2}$的奇数倍的微观粒子，如电子、中子、质子等组成的系统，都遵循泡利不相容原理. 泡利不相容原理不是附加的新原理，

而是相对论量子力学的必然结果. 但是泡利不相容原理反映的这种严格的排斥性的物理本质,至今还是物理学界正在探索的一个谜.

泡利不相容原理限制了具有某一确定的量子数的电子数目,由该原理可以得出下面几点结论.

(1) 具有相同 n、l、m_l、m_s 四个量子数的电子只有一个.

(2) n、l、m_l 都相同时,m_s 可取$\pm\frac{1}{2}$两个值,只有两种状态,则最多只能有两个电子.

(3) n、l、m_s 都相同时,m_l 可取 $0,\pm1,\pm2,\cdots,\pm l$,共 $2l+1$ 个值,故有 $2l+1$ 个状态,则最多有 $2l+1$ 个电子.

(4) n、l 都相同时,m_l 可取 $0,\pm1,\pm2,\cdots,\pm l$,共 $2l+1$ 个值,m_s 又可取$\pm\frac{1}{2}$两个值,共有 $2(2l+1)$ 个状态,则最多有 $2(2l+1)$ 个电子.

(5) n 相同时,l 可取 $0,1,2,\cdots,n-1$,共 n 个值,m_l、m_s 同上面(4)一样,共有

$$N=\sum_{l=0}^{n-1}2(2l+1)=2n^2 \tag{19.62}$$

个状态,则最多有 $2n^2$ 个电子.

由式(19.62)可知,在 $n=1,2,3,\cdots$ 所对应的 K、L、M、… 各电子壳层所能容纳最多电子数为 2,8,18,… 个电子. 而在 $l=0,1,2,\cdots$ 所对应的 s,p,d,… 各支壳层上容纳的最多电子数为 2,6,10,… 个电子. 例如,在 $n=1$ 的 K 壳层上,最多能容纳两个电子,记为 $1s^2$,在 $n=2$ 的 L 壳层上,最多能容纳 8 个电子,其中 s 支壳层上有 2 个电子,以 $2s^2$ 表示,而 p 支壳层上有 6 个电子,用 $2p^6$ 表示,以此类推. 表 19.1 列出了原子中各壳层和各支壳层所能容纳的最大电子数目. 当各壳层达到了它们所能容纳的最大电子数目时,就称它们为满壳层或闭合壳层.

表 19.1 原子中各壳层和各支壳层所能容纳的最大电子数目

n	l						N_n
	0 s	1 p	2 d	3 f	4 g	5 h	
1,K	2						2
2,L	2	6					8
3,M	2	6	10				18
4,N	2	6	10	14			32
5,O	2	6	10	14	18		50
6,P	2	6	10	14	18	22	72

19.8.2 原子核外的电子排布

原子处于基态时,原子中电子的分布,将尽可能地使原子体系的能量为最低,这称为能量最小原理(principle of least energy).

根据能量最小原理,电子将在不违背泡利不相容原理的情况下首先占有最低的能

级. 能级的高低基本上取决于主量子数 n,n 越小,能级越低. 因此,电子一般按 n 由小到大的次序填入各能级. 但由于原子的能量也与其他量子数有关,所以电子又不完全是按照 K、L、M、N、… 主壳层次序填充,而是按下面次序在各个支壳层上分布:

1s,2s,2p,3s,3p,4s,3d,4p,5s,4d,5p,6s,4f,5d,6p,7s,5f,6d

这里出现了 n 较小的支壳层比 n 较大的支壳层后填充的情况.

在泡利不相容原理和能量最小原理的支配下,原子中的电子从低能级到高能级逐级填充,一个壳层填满后再填充下一壳层,当核外电子向一个新的壳层填入时,就是一个新的周期的开始. 表 19.2 列出原子的电子结构,从中可以看出,元素周期表可从核外电子的壳层分布加以彻底阐明.

表 19.2 原子的电子结构

原子	电子结构																	
	K	L		M			N				O				P			Q
	1s	2s	2p	3s	3p	3d	4s	4p	4d	4f	5s	5p	5d	5f	6s	6p	6d	7s
1H	1																	
2He	2																	
3Li	2	1																
4Be	2	2																
5B	2	2	1															
6C	2	2	2															
7N	2	2	3															
8O	2	2	4															
9F	2	2	5															
10Ne	2	2	6															
11Na	2	2	6	1														
12Mg	2	2	6	2														
13Al	2	2	6	2	1													
14Si	2	2	6	2	2													
15P	2	2	6	2	3													
16S	2	2	6	2	4													
17Cl	2	2	6	2	5													
18Ar	2	2	6	2	6													
19K	2	2	6	2	6		1											
20Ca	2	2	6	2	6		2											

续表

原子	电子结构																	
	K	L		M			N				O				P			Q
	1s	2s	2p	3s	3p	3d	4s	4p	4d	4f	5s	5p	5d	5f	6s	6p	6d	7s
21Sc	2	2	6	2	6	1	2											
22Ti	2	2	6	2	6	2	2											
23V	2	2	6	2	6	3	2											
24Cr	2	2	6	2	6	5	1											
25Mn	2	2	6	2	6	5	2											
26Fe	2	2	6	2	6	6	2											
27Co	2	2	6	2	6	7	2											
28Ni	2	2	6	2	6	8	2											
29Cu	2	2	6	2	6	10	1											
30Zn	2	2	6	2	6	10	2											
31Ga	2	2	6	2	6	10	2	1										
32Ge	2	2	6	2	6	10	2	2										
33As	2	2	6	2	6	10	2	3										
34Se	2	2	6	2	6	10	2	4										
35Br	2	2	6	2	6	10	2	5										
36Kr	2	2	6	2	6	10	2	6										
37Rb	2	2	6	2	6	10	2	6			1							
38Sr	2	2	6	2	6	10	2	6			2							
39Y	2	2	6	2	6	10	2	6	1		2							
40Zr	2	2	6	2	6	10	2	6	2		2							
41Nb	2	2	6	2	6	10	2	6	4		1							
42Mo	2	2	6	2	6	10	2	6	5		1							
43Tc	2	2	6	2	6	10	2	6	5		2							
44Ru	2	2	6	2	6	10	2	6	7		1							
45Rh	2	2	6	2	6	10	2	6	8		1							
46Pd	2	2	6	2	6	10	2	6	10									
47Ag	2	2	6	2	6	10	2	6	10		1							
48Cd	2	2	6	2	6	10	2	6	10		2							

续表

原子	电子结构																	
	K	L		M			N				O				P			Q
	1s	2s	2p	3s	3p	3d	4s	4p	4d	4f	5s	5p	5d	5f	6s	6p	6d	7s
49In	2	2	6	2	6	10	2	6	10		2	1						
50Sn	2	2	6	2	6	10	2	6	10		2	2						
51Sb	2	2	6	2	6	10	2	6	10		2	3						
52Te	2	2	6	2	6	10	2	6	10		2	4						
53I	2	2	6	2	6	10	2	6	10		2	5						
54Xe	2	2	6	2	6	10	2	6	10		2	6						
55Cs	2	2	6	2	6	10	2	6	10		2	6			1			
56Ba	2	2	6	2	6	10	2	6	10		2	6			2			
57La	2	2	6	2	6	10	2	6	10		2	6	1		2			
58Ce	2	2	6	2	6	10	2	6	10	1	2	6	1		2			
59Pr	2	2	6	2	6	10	2	6	10	3	2	6			2			
60Nd	2	2	6	2	6	10	2	6	10	4	2	6			2			
61Pm	2	2	6	2	6	10	2	6	10	5	2	6			2			
62Sm	2	2	6	2	6	10	2	6	10	6	2	6			2			
63Eu	2	2	6	2	6	10	2	6	10	7	2	6			2			
64Gd	2	2	6	2	6	10	2	6	10	7	2	6	1		2			
65Tb	2	2	6	2	6	10	2	6	10	9	2	6			2			
66Dy	2	2	6	2	6	10	2	6	10	10	2	6			2			
67Ho	2	2	6	2	6	10	2	6	10	11	2	6			2			
68Er	2	2	6	2	6	10	2	6	10	12	2	6			2			
69Tm	2	2	6	2	6	10	2	6	10	13	2	6			2			
70Yb	2	2	6	2	6	10	2	6	10	14	2	6			2			
71Lu	2	2	6	2	6	10	2	6	10	14	2	6	1		2			
72Hf	2	2	6	2	6	10	2	6	10	14	2	6	2		2			
73Ta	2	2	6	2	6	10	2	6	10	14	2	6	3		2			
74W	2	2	6	2	6	10	2	6	10	14	2	6	4		2			
75Re	2	2	6	2	6	10	2	6	10	14	2	6	5		2			
76Os	2	2	6	2	6	10	2	6	10	14	2	6	6		2			

续表

原子	电子结构																	
	K	L		M			N				O				P			Q
	1s	2s	2p	3s	3p	3d	4s	4p	4d	4f	5s	5p	5d	5f	6s	6p	6d	7s
77Ir	2	2	6	2	6	10	2	6	10	14	2	6	7		2			
78Pt	2	2	6	2	6	10	2	6	10	14	2	6	9		1			
79Au	2	2	6	2	6	10	2	6	10	14	2	6	10		1			
80Hg	2	2	6	2	6	10	2	6	10	14	2	6	10		2			
81Tl	2	2	6	2	6	10	2	6	10	14	2	6	10		2	1		
82Pb	2	2	6	2	6	10	2	6	10	14	2	6	10		2	2		
83Bi	2	2	6	2	6	10	2	6	10	14	2	6	10		2	3		
84Po	2	2	6	2	6	10	2	6	10	14	2	6	10		2	4		
85At	2	2	6	2	6	10	2	6	10	14	2	6	10		2	5		
86Rn	2	2	6	2	6	10	2	6	10	14	2	6	10		2	6		
87Fr	2	2	6	2	6	10	2	6	10	14	2	6	10		2	6		1
88Ra	2	2	6	2	6	10	2	6	10	14	2	6	10		2	6		2
89Ac	2	2	6	2	6	10	2	6	10	14	2	6	10		2	6	1	2
90Th	2	2	6	2	6	10	2	6	10	14	2	6	10		2	6	2	2
91Pa	2	2	6	2	6	10	2	6	10	14	2	6	10	2	2	6	1	2
92U	2	2	6	2	6	10	2	6	10	14	2	6	10	3	2	6	1	2
93Np	2	2	6	2	6	10	2	6	10	14	2	6	10	4	2	6	1	2
94Pu	2	2	6	2	6	10	2	6	10	14	2	6	10	6	2	6		2
95Am	2	2	6	2	6	10	2	6	10	14	2	6	10	7	2	6		2
96Cm	2	2	6	2	6	10	2	6	10	14	2	6	10	7	2	6	1	2
97Bk	2	2	6	2	6	10	2	6	10	14	2	6	10	9	2	6		2
98Cf	2	2	6	2	6	10	2	6	10	14	2	6	10	10	2	6		2
99Es	2	2	6	2	6	10	2	6	10	14	2	6	10	11	2	6		2
100Fm	2	2	6	2	6	10	2	6	10	14	2	6	10	12	2	6		2
101Md	2	2	6	2	6	10	2	6	10	14	2	6	10	13	2	6		2
102No	2	2	6	2	6	10	2	6	10	14	2	6	10	14	2	6		2
103Lr	2	2	6	2	6	10	2	6	10	14	2	6	10	14	2	6	1	2
104Rf	2	2	6	2	6	10	2	6	10	14	2	6	10	14	2	6	2	2
105Db	2	2	6	2	6	10	2	6	10	14	2	6	10	14	2	6	3	2

* 19.9 分子与分子光谱

我们在生产实践中或在生活中接触的物体,极少是孤立的原子,往往是若干原子结合而成的分子或分子集团,或者是原子有规则地结成的晶体. 为了能够了解原子知识怎样用在更广的范围或更接近实际情况的问题,本节以氢分子为例对双原子分子加以讨论.

19.9.1 氢分子

原子由于相互结合力而构成分子. 原子间有不同类型的结合,这称为化学键. 共价键是化学键中的一种.

对于两个离开较远的孤立氢原子,各有一个电子在核外运动,电子的能量是不连续的,它们具有相同的能级. 假设两个原子中电子自旋的方向相反,当它们逐渐接近到核间距约为 3×10^{-10} m 时,两个原子间便开始有吸引力. 这时两个氢原子中电子的波函数重叠,电子云也重叠,如图 19.14 所示. 在两个原子核间,电子出现的概率将比其他地方大一些. 带负电的电子云把两个带正电的核吸引在一起. 随着核间距离 r 的缩短,吸引力增大,两个氢原子的能量 E 减小,其 $E-r$ 曲线如图 19.15 中的曲线 1 所示. 当 $r=r_0=0.74\times10^{-10}$ m,能量 E 最低,两个氢原子已结合成稳定的氢分子 H_2. 在这种情况下,两个价电子绕着两个核运动,已分不清是属于哪一个原子,为两个原子所共有. 这种由共有价电子而形成的键,称为共价键. 假如要把氢分子分离为两个孤立的氢原子,从图19.15中曲线 1 可见,所需能量为 $E_0=4.7$ eV,这个能量就是氢分子的结合能(binding energy). 如果 r 继续缩小,两个带正电的原子核间的斥力开始起作用,能量 E 就急剧增大.

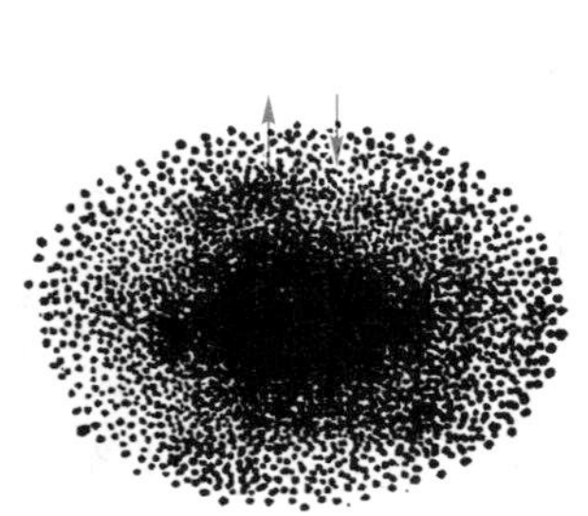

图 19.14 氢分子的电子云
(两个电子的自旋方向相反)

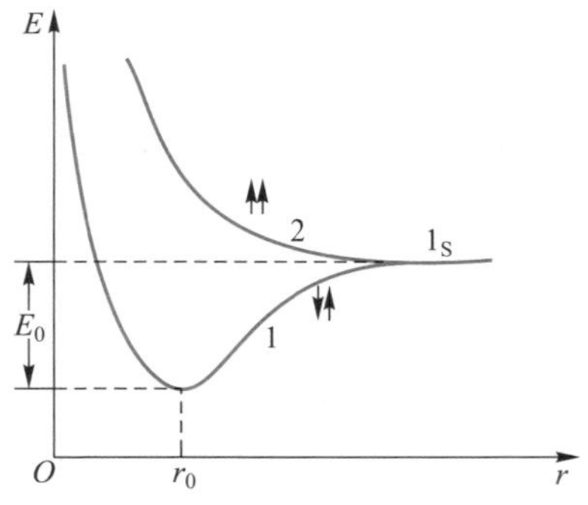

图 19.15 氢分子能量与原子核间距离关系

假如两个氢原子的电子自旋方向相同,当它们接近时,会互相排斥. 当 r 减小时,E 不断增大,其 $E-r$ 曲线如图 19.15 中的曲线 2 所示. 这意味着,两个氢原子的电子自旋方向相同就没有结合的可能,不能形成稳定的分子.

除氢分子(H_2)以外,气体分子(如 N_2 和 O_2 等)、晶体(如 Si 和 Ge 等)、有机和无机化合物都具有共价键.

19.9.2 分子光谱

研究原子的结构是从分析原子光谱开始的. 同样,为了掌握分子的运动规律,我们也通过分子光谱(molecular spectrum)进行探索和研究.

一、转动光谱

设有一个双原子分子,它的原子不振动,整个分子如一个刚体做转动,转动轴通过质心而垂直于连接两个原子核的直线,如图 19.16 所示. 按照经典力学,转动动能是

$$E=\frac{1}{2}J\omega^{2}=\frac{L^{2}}{2J} \tag{19.63}$$

式中,r_1、r_2 分别是两原子到转轴的距离,L 是角动量,J 是转动惯量,量值是

$$J=m_1r_1^2+m_2r_2^2$$

可以证明

$$J=\frac{m_1m_2}{m_1+m_2}r^2=\mu r^2 \tag{19.64}$$

图 19.16 分子的转动

式中,r 代表两原子的距离,μ 称为折合质量.

按照量子力学,角动量由下式表示:

$$L=\sqrt{n(n+1)}\,\hbar \quad (n=0,1,2,\cdots) \tag{19.65}$$

代入式(19.63),分子的转动能量是

$$E=\frac{h^{2}}{8\pi^{2}J}n(n+1) \tag{19.66}$$

式中,n 称为转动量子数. 当 $n=0,1,2,3,\cdots$时,相应的 $n(n+1)=0,2,6,12,\cdots$,因此能级的间隔是 $h^2/(8\pi^2J)$ 的 2,4,6,8,…倍,如图 19.17 所示.

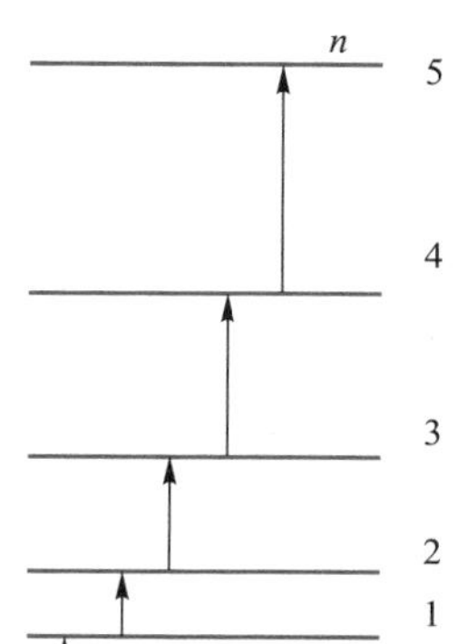

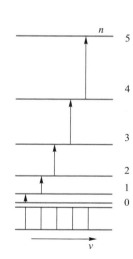

图 19.17 双原子分子的转动能级和光谱图

实验和理论都证明分子转动能级(molecular rotation energy level)的跃迁只能在邻近能级之间,就是 $\Delta n=\pm1$,所得光谱的波数应该有下式表达的数值:

$$\frac{1}{\lambda}=\tilde{\nu}=\frac{E'-E}{hc}=\frac{h}{8\pi^{2}Jc}[n'(n'+1)-n(n+1)]=2Bn' \tag{19.67}$$

其中

$$n'=1,2,3,\cdots;\quad B=\frac{h}{8\pi^{2}Jc}$$

这表明,谱线波数的间隔是相等的,如图 19.17 所示. 我们测量谱线的间隔,就可以求出 B 的值,从而确定分子的转动惯量 J,从而算出原子核的距离 r. 例如 HCl 分子的转动惯量为 $2.6\times10^{-47}\ \mathrm{kg\cdot m^2}$,算出核间距离为 $r=1.27\times10^{-10}$ m.

分子的转动能级大小约为 10^{-3} eV 或 10^{-4} eV,分子转动光谱在远红外甚至微波范围. 这种光谱可以用微波吸收光谱仪进行研究,测量分子对各种微波波长的透射率和吸收率.

二、振动光谱

分子光谱的红外部分,不能单纯用分子的转动来解释,红外吸收光谱同分子的振动与转动都有关系.

设双原子分子的两个原子之间有弹性力作用,如图 19.18 所示. 其振动能量是

$$E=\left(n_\nu+\frac{1}{2}\right)\hbar\omega_0 \quad (n_\nu=0,1,2,\cdots) \tag{19.68}$$

其中,ω_0 是振动角频率,n_ν 是振动量子数. 此式给出的能级图是等间距的,如图 19.19 所示.

图 19.18 双原子分子模型

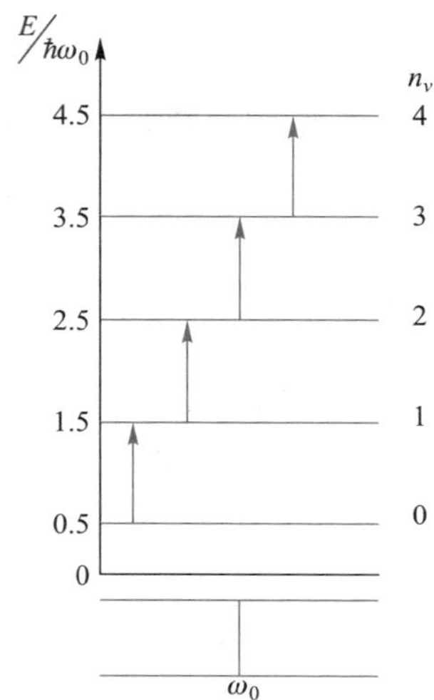

图 19.19 分子振动能级和光谱图

实验和理论都证明分子振动能级(molecular vibration energy level)的跃迁只能在邻近能级之间,也就是 $\Delta n_\nu=\pm1$,所以振动光谱谱线只有一条. 分子振动能级大小约为 10^{-1} eV 或 10^{-2} eV,振动光谱在红外区.

三、电子-振动-转动光谱

如果将分子内的电子能级 $E_{电}$、振动能级 $E_{振}$ 和转动能级 $E_{转}$ 一并考虑,则分子的总能量为

$$E=E_{电}+E_{振}+E_{转}$$

等号右边三项的大小不同,有

$$E_{电}>E_{振}>E_{转}$$

这样,在电子能级之上可以有较小间隔的振动能级;在振动能级之上又可以有更小间隔的转动能级. 这些关系如图 19.20 所示.

对分子来说,由于 $\Delta E_{转}$ 远小于 $\Delta E_{振}$,所以在同一振动能级跃迁产生的光谱实际上是由很多密集的由转动能级跃迁所产生的谱线组成的,这些谱线的频率非常接近,几乎会形成连续的谱带. 有这种谱带出现的转动和振动合成的光谱就叫带状光谱(band spectrum). 由于和 $E_{电}$ 相比,$E_{振}$ 和 $E_{转}$ 都很小,所以当观察到由第一项所显示的谱线系时,后两项实际上就分辨不出了. 这时,观察到的光谱在可见光范围,称为分子的光学光谱.

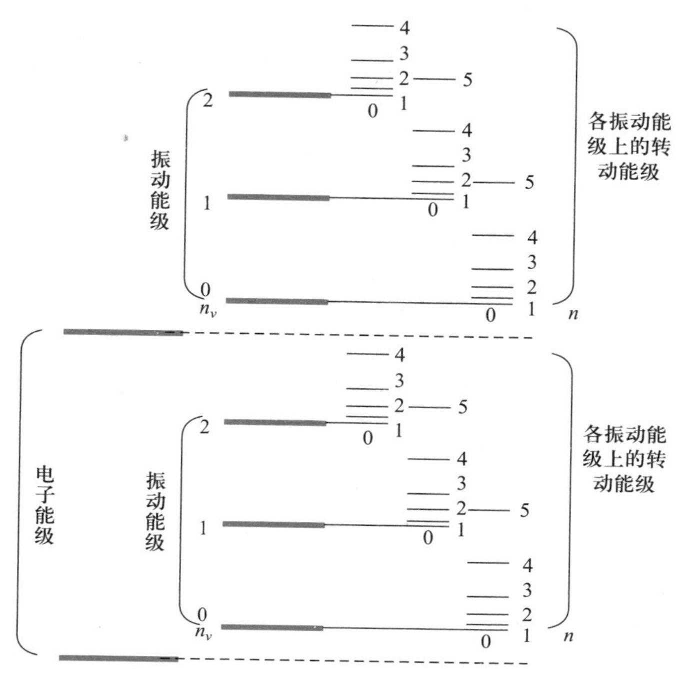

图 19.20　双原子分子的能级示意图

【网络资源】

小　结

本章内容包含了量子力学的最基本的原理和方法. 微观体系的状态被一个波函数完全描述,从这个波函数可以得出体系的所有性质. 波函数的统计解释说明了波函数的物理意义,波函数应满足单值性、连续性和有限性三个条件,描述微观粒子状态的波函数满足薛定谔方程.

应用定态薛定谔方程即能量的本征方程,对无限深方势阱中的粒子和线性谐振子进行了讨论,并由定态薛定谔方程可自然地得出能量量子化的结果;对于有势垒的粒子,得到了势垒的透射系数. 无限深方势阱中粒子的定态薛定谔方程求解是本章的要求重点之一.

通过求解氢原子的定态薛定谔方程,得到了主量子数、角量子数和磁量子数,引入电子自旋的假设,得到自旋磁量子数,四个量子数可以描述原子中电子运动状态. 学生应理解四个量子数的物理意义以及数量关系，掌握轨道角动量和自旋角动量的计算. 了解由泡利不相容原理与能量最小原理确定的多电子原子的电子壳层结构.

对以氢分子为例对双原子分子光谱的讨论，应有适当的了解.

附：本章的知识网络

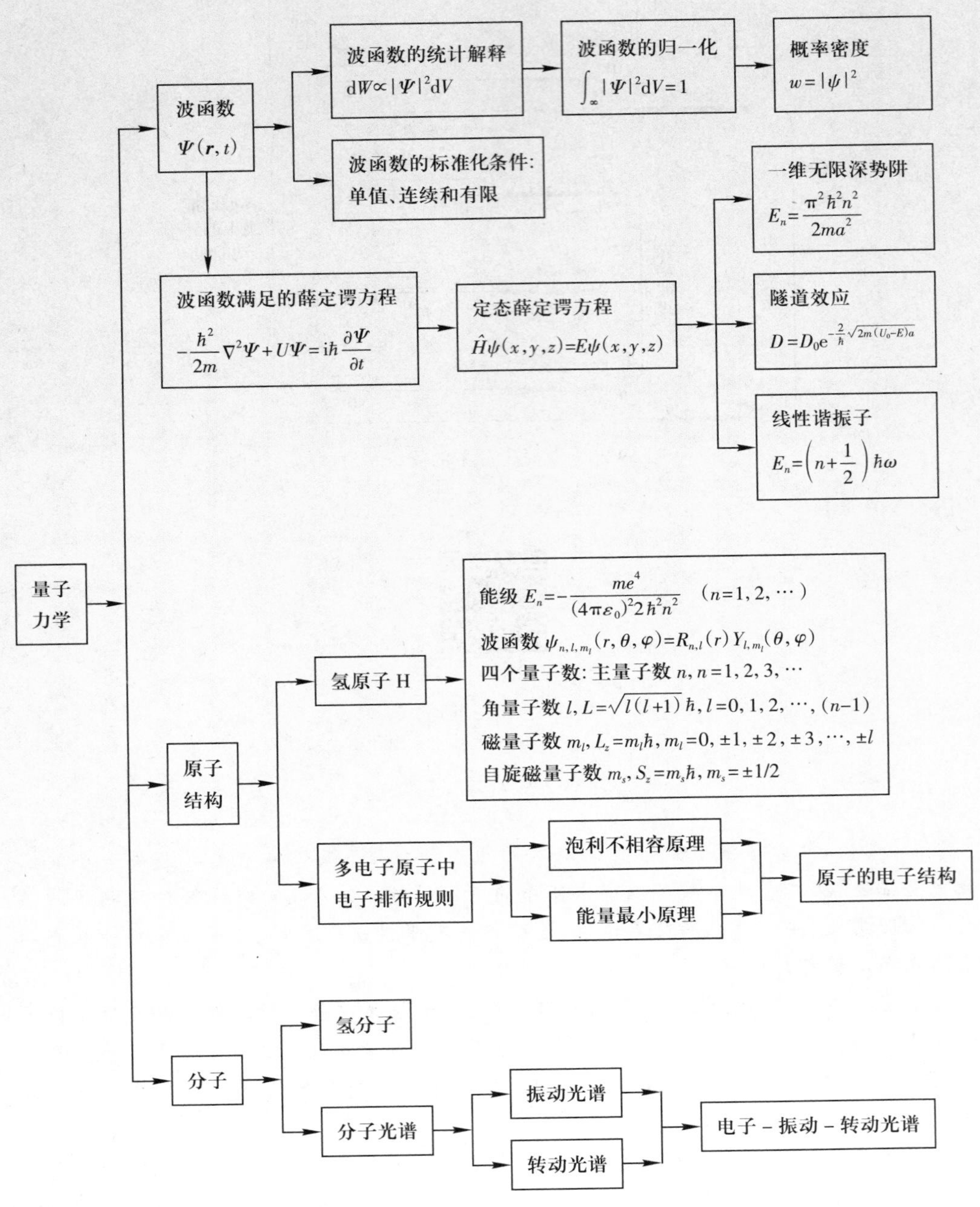

思 考 题

19.1　波函数的物理意义是什么？它必须满足哪些条件？

19.2　写出自由粒子波函数.

19.3　波函数在空间各点的振幅同时增大 D 倍，则粒子在空间分布的概率会发生什么变化？

19.4　为什么玻尔关于稳定状态的概念在现代原子物理中，仍然是有效的基本概念？

19.5　根据量子力学理论，氢原子中电子的运动状态可用 n,l,m_l,m_s 四个量子数来描述，试说明它们各自确定什么物理量？

19.6　为什么通常总把氢原子中的电子状态能量作为整个氢原子的状态能量？

19.7　氢原子的状态能量为什么是负值？

19.8　为什么在施特恩-格拉赫实验中要利用周期表第一族元素，而且处于基态的原子束？

19.9　原子的 2p 支壳层最多可填多少电子？

习　　题

19.1　已知一维运动粒子的波函数为 $\psi(x)=\begin{cases}Axe^{-\lambda x} & (x\geqslant 0,\lambda>0)\\ 0 & (x<0)\end{cases}$

（1）求此波函数的归一化常量；

（2）求粒子运动的概率分布函数.

19.2　粒子在一维无限深势阱中运动，其波函数为

$$\psi_n(n)=\sqrt{\frac{2}{a}}\sin\left(\frac{n\pi x}{a}\right)\quad(0<x<a)$$

若粒子处于 $n=1$ 的状态，在 $0\sim a/4$ 区间发现粒子的概率是多少？

19.3　宽度为 a 的一维无限深势阱中粒子的波函数为 $\psi(x)=A\sin\frac{n\pi}{a}x$，求：

（1）归一化常量 A；

（2）在 $n=2$ 时发现粒子概率最大的位置.

19.4　一粒子被限制在相距为 l 的两个不可穿透的壁之间.描写粒子状态的波函数为 $\psi=cx(l-x)$，其中 c 为待定常量，求在 $0\sim l/3$ 区间发现该粒子的概率.如果按照经典物理的观点，粒子在上述区间内出现的概率是多少？

19.5　已知氢原子基态的径向波函数为 $R(r)=(4r_1^{-3})^{1/2}e^{-r/r_1}$，式中 r_1 为玻尔第一轨道半径.求电子处于玻尔第二轨道半径 $r_2(r_2=4r_1)$ 和第一轨道半径处的概率密度的比值.

19.6 原子内电子的量子态由 n,l,m_l,m_s 四个量子数表征.当 n,l,m_l 一定时,不同的量子态数目是多少?当 n,l 一定时,不同的量子态数目是多少?当 n 一定时,不同的量子态数目是多少?

19.7 求出能够占据一个 d 支壳层的最大电子数,并写出这些电子的 m_l,m_s 值.

19.8 试描绘原子中 $l=4$ 时,电子角动量 L 在磁场中空间量子化的示意图,并写出 L 在磁场方向分量 L_z 的各种可能的值.

19.9 写出以下各电子态的角动量的大小:

(1) 1s 态;

(2) 2p 态;

(3) 3d 态.

习题参考答案

* 第 20 章　激光的物理基础

激光是 20 世纪 60 年代初出现的新光源，它的英文名称是 laser（light amplification by stimulated emission of radiation），是受激辐射光放大的简称. 1917 年爱因斯坦在他的辐射理论中就预见有受激辐射的存在，奠定了激光的理论基础. 1952 年汤斯（C. H. Townes）和他的同事应用这种发射方法制成微波量子放大器. 1958 年肖洛（A. L. Schawlow）和汤斯提出把这一原理推广到光频的建议. 1960 年梅曼（T. Maiman）根据这一原理制成第一台激光器——红宝石激光器. 几个月后，雅文（A. Javan）等又制成了氦氖激光器. 我国第一台激光器在 1961 年 9 月问世，1964 年 12 月著名科学家钱学森教授给 laser 起了中文名称——"激光". 此后激光的发展突飞猛进，在激光理论、激光技术、激光应用等各方面，均有巨大进展，并由此带动通信技术、信息存储与显示技术的革命性进步，成为新技术革命的一支强劲的主力军，是现代信息技术的重要支柱.

目前，有关激光的理论已日臻完善和成熟. 本章从受激辐射理论入手，对激光形成的原理做简要讨论，并就激光的特点及其在科学与工程技术中的应用做简单介绍，使读者对激光的物理图像形成基本清晰的认识.

通过本章学习，学生应掌握自发辐射、受激辐射、吸收的概念，以及自发辐射系数、受激辐射系数、吸收系数之间关系；理解激光形成的原理，明确形成激光的基本条件；了解激光的典型特点和应用.

20.1　自发辐射与受激辐射

物质由微观粒子（原子、分子或离子）组成. 粒子具有一系列分立的运动状态，相应地有一系列分立的不连续的能量值，称为粒子系统的能级，其中最低能级状态称为基态，其他能级状态称为激发态.

爱因斯坦早在 1917 年就对光与物质的相互作用进行过深入的研究，他指出当光辐射与物质相互作用时，粒子是辐射光子，还是吸收光子，都同粒子的能级间跃迁联系在一起. 一般而言，光与物质相互作用有三个不同的基本过程，即自发辐射（spontaneous radiation）、受激辐射（stimulated radiation）及受激吸收（stimulated absorption）[简称为吸收（absorption）]. 为讨论方便，假设研究对象是由大量同类粒子组成系统. 为了突出主要矛盾，我们只考虑与产生激光有关的粒子的两个能级 E_1 和 E_2（$E_2>E_1$），以使问题简化，但并不影响能级间跃迁规律的普遍性.

20.1.1 自发辐射

处于高能级 E_2 的粒子，即使没有任何外界的激励，也总会自发地跃迁到低能级 E_1 同时发射一个频率为 ν、能量为

$$h\nu = E_2 - E_1$$

的光子. 这种与外界影响无关的、自发进行的辐射称为自发辐射.

自发辐射的特点是：每个发生辐射的粒子都可以看成一个独立的发射单元，粒子间毫无联系而且各个粒子开始发光的时间参差不一，相当于它们各自独立地发射一列列频率相同的光波；但各列光波之间没有固定的相位关系，各自的偏振方向也不相同，向空间传播的方向也各不相同. 这样大量粒子的自发辐射过程是杂乱无章的随机过程，产生的辐射光是方向性较差的非相干光，如图 20.1所示.

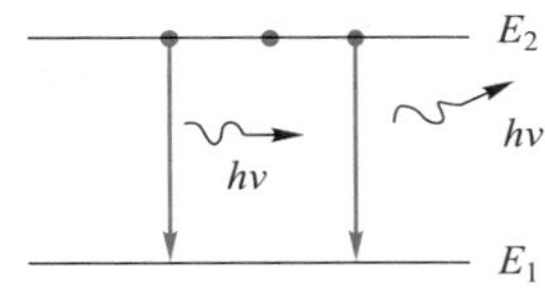

图 20.1 自发辐射

虽然各个粒子发光是彼此独立的，而且每个粒子由高能级 E_2 跃迁到低能级 E_1 的时间也是不确定的，但是对大量粒子统计平均而言，从能级 E_2 经过自发辐射跃迁到能级 E_1 有一定规律. 不难想象，在单位体积中，在 $\mathrm{d}t$ 时间内，由 E_2 能级自发跃迁到 E_1 能级而发射光子的粒子数 $\mathrm{d}N_{21}$应当同 E_2 能级上的粒子数密度 N_2 和时间 $\mathrm{d}t$ 成正比

$$\mathrm{d}N_{21} = A_{21} N_2 \mathrm{d}t \tag{20.1}$$

式中系数 A_{21}称为自发辐射系数(spontaneous radiation coefficient). 它是粒子能级系统的特征参量，对应每一种粒子的两个能级就有一个确定的 A_{21}值. 将上式改写

$$A_{21} = \frac{\mathrm{d}N_{21}}{N_2 \mathrm{d}t}$$

可见，A_{21}是单位时间内自发辐射的粒子数占 E_2 能级上的粒子总数的比例；也可以理解为每个处于 E_2 能级上的粒子在单位时间内发生自发辐射跃迁的概率. 例如某一粒子能级间的自发辐射系数 $A_{21} = 0.5\times10^{-8}\ \mathrm{s}^{-1}$，意味着在 $10^{-8}\ \mathrm{s}^{-1}$内，处于 E_2 能级上的粒子将有近一半粒子通过自发跃迁回到 E_1 能级.

在无外界作用时，处在高能级 E_2 上的粒子数因自发辐射而逐渐减少，这时自发跃迁粒子数 $\mathrm{d}N_{21}$等于能级 E_2 上粒子的减少数$-\mathrm{d}N_2$，于是有

$$\frac{\mathrm{d}N_2}{N_2} = -A_{21}\mathrm{d}t$$

两边积分得

$$N_2 = N_{20} \mathrm{e}^{-A_{21}t} \tag{20.2}$$

式中，N_{20}是 $t=0$ 时处于能级 E_2 上的粒子数密度. 上式表明，在无外界激励作用时，处于能级 E_2 上粒子数按指数规律衰减.

粒子停留在高能级 E_2 上的时间有长有短，变化范围很大，从零到无限大. 考虑粒子在高能级上平均停留时间为

$$\tau=\frac{1}{N_{20}}\int_{N_{20}}^{0}t(-\mathrm{d}N_2)=\frac{1}{N_{20}}\int_{0}^{\infty}t\cdot A_{21}N_2\mathrm{d}t=\frac{1}{A_{21}} \tag{20.3}$$

可见,就自发辐射而言,粒子在高能级上平均停留时间等于自发辐射系数的倒数. 平均停留时间长,表示状态稳定,不易发生跃迁,发射概率小. 反之,平均停留时间短,发射概率大.

由高能级向低能级自发辐射跃迁粒子数的变化,直接影响到光谱线的强度. 每个粒子发射的光子能量是 $h\nu$,所以光谱线强度 $I(t)$ 为

$$I(t)=h\nu\cdot\left(-\frac{\mathrm{d}N_2}{\mathrm{d}t}\right)=h\nu\cdot A_{21}N_{20}\mathrm{e}^{-A_{21}t}$$

令 $t=0$ 时,强度 $I_0=h\nu\cdot A_{21}N_{20}$,则有

$$I(t)=I_0\mathrm{e}^{-A_{21}t}=I_0\mathrm{e}^{-\frac{t}{\tau}} \tag{20.4}$$

式中,粒子的平均停留时间 τ 也称为粒子在激发态 E_2 上的寿命(lifetime).

粒子激发态寿命一般为 $10^{-9}\sim10^{-7}$ s. 粒子在某些激发态与比它低的能级之间只能有很弱的辐射跃迁,因而寿命较长,例如达到 10^{-3} s 以上,这种激发态称为亚稳态. 某些物质亚稳态的存在,对产生激光有决定意义.

20.1.2 受激辐射与受激吸收

处在光辐射场中的粒子,与辐射场之间要发生相互作用. 如果辐射的频率满足 $h\nu=E_2-E_1$,则粒子和这个辐射场作用有两种结果:有些处在 E_1 能级的粒子会吸收一个光子而跃迁到能级 E_2,这种过程称为受激吸收,如图 20.2 所示;另一些处在 E_2 能级的粒子会受辐射场的刺激而跃迁到能级 E_1,并以辐射形式放出一个能量为 $h\nu=E_2-E_1$ 的光子,这种过程称为受激辐射,如图 20.3 所示. 只要能级 E_1 和 E_2 上有粒子存在,这两种过程都会发生.

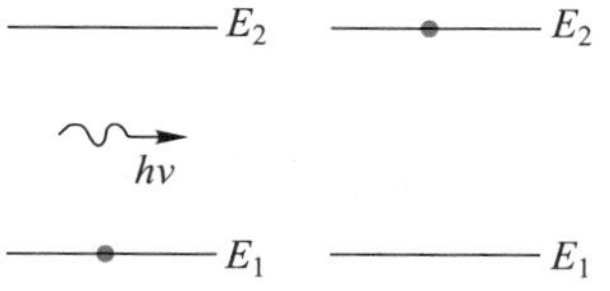

E_2 E_2 $h\nu$ E_1 E_1

图 20.2 受激吸收

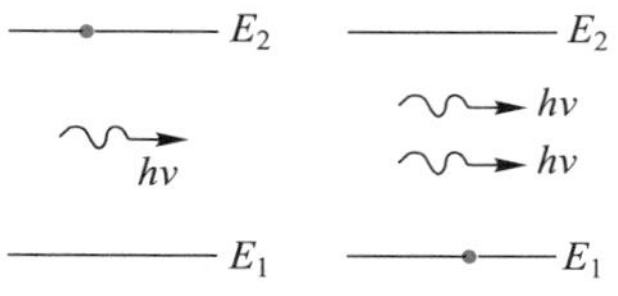

E_2 E_2 $h\nu$ $h\nu$ $h\nu$ E_1 E_1

图 20.3 受激辐射

一、受激辐射

若粒子系统的两个能级 E_1 和 E_2 满足辐射跃迁的要求,则当处于高能级 E_2 的粒子受到光子能量为 $h\nu=E_2-E_1$ 的光照射时,会发射一个与入射光子一模一样的光子跃迁到低能级 E_1,这时的外来光子只起刺激作用,并不被粒子吸收,而受激辐射的光子在频率、振动相位、偏振方向和传播方向上都与外来光子相同.

设处在高能级 E_2 上粒子数密度为 N_2,光辐射场中频率为 ν 的辐射能量密度为 $w(\nu)$,则在粒子系统单位体积中,在 $\mathrm{d}t$ 时间内从 E_2 能级因受激辐射而回到 E_1 能级的粒子数 $\mathrm{d}N'_{21}$ 为

$$\mathrm{d}N'_{21}=B_{21}N_2w(\nu)\mathrm{d}t \tag{20.5}$$

式中,$w(\nu)$是辐射场单位体积内,频率在 ν 附近单位频率间隔中的辐射能量,称为单色辐射能量密度;B_{21}称为受激辐射系数(stimulated radiation coefficient),也是粒子能级系统的特征

参量. 若定义 W_{21} 为

$$W_{21}=B_{21}w(\nu)=\frac{\mathrm{d}N'_{21}}{N_2\mathrm{d}t} \tag{20.6}$$

则 W_{21} 是单位时间内,由于受激辐射跃迁到低能级 E_1 的粒子数占高能级 E_2 总粒子数的比例,即 E_2 能级上每一个粒子在单位时间内发生受激辐射的概率,称为受激辐射概率(stimulated radiation probability). 注意受激辐射概率 W_{21} 与自发辐射系数 A_{21} 的区别:W_{21} 与入射辐射的 $w(\nu)$ 有关,而 A_{21} 是一个与之无关的量.

二、受激吸收

若粒子系统的两个能级 E_2 和 E_1 满足辐射跃迁要求,则当处于低能级 E_1 的粒子受到光子能量为 $h\nu=E_2-E_1$ 的光照射时,粒子会吸收这种光子,跃迁到高能级 E_2,产生受激吸收.

设处在 E_1 能级上粒子数密度为 N_1,受到单色辐射能量密度为 $w(\nu)$ 的光辐射场作用,则在粒子系统单位体积内,在 $\mathrm{d}t$ 时间从 E_1 能级因吸收入射光子而跃迁到 E_2 能级的粒子数 $\mathrm{d}N_{12}$ 为

$$\mathrm{d}N_{12}=B_{12}N_1w(\nu)\mathrm{d}t \tag{20.7}$$

式中,B_{12} 称为受激吸收系数(stimulated absorption coefficient),也是粒子能级系统的特征参量. 若定义 W_{12} 为

$$W_{12}=B_{12}w(\nu)=\frac{\mathrm{d}N_{12}}{N_1\mathrm{d}t} \tag{20.8}$$

W_{12} 是单位时间内,因受激吸收跃迁到 E_2 能级的粒子数占 E_1 能级上总粒子数的比例,是 E_1 能级上每一个粒子在单位时间内发生受激吸收的概率,称为受激吸收概率(stimulated absorption probability). 显然,W_{12} 与入射光辐射强度有关.

20.1.3 三种作用过程的相互关系

如上所述,在光辐射与物质相互作用中,存在着自发辐射、受激辐射和受激吸收三种过程. 在实际系统中,三种过程是同时存在的,只是各种过程占比不同. 我们分别引入了表征三种过程强弱的三个系数,即 A_{21}、B_{21} 和 B_{12}. 三个系数有着不同含义,但既然是表征同一种粒子的特征,它们之间必然存在着内在联系,下面我们来讨论它们之间的关系.

一、三个系数的关系

设粒子系统处于黑体空腔中,腔中辐射场的单色辐射能量密度是 $w(\nu)$. 在热平衡状态下,这时单位时间内物质辐射出的光子数,等于被物质吸收的光子数. 即在单位时间内,通过受激吸收从 E_1 能级跃迁到 E_2 能级的粒子数,等于从 E_2 能级通过自发辐射和受激辐射跃迁到 E_1 能级的粒子数. 因而有

$$\frac{\mathrm{d}N_{12}}{\mathrm{d}t}=\frac{\mathrm{d}N_{21}}{\mathrm{d}t}+\frac{\mathrm{d}N'_{21}}{\mathrm{d}t}$$

将式(20.1)、式(20.5)、式(20.7)三式代入上式有

$$B_{12}N_1w(\nu)=[A_{21}+B_{21}w(\nu)]N_2$$

或写成

$$w(\nu)=\frac{A_{21}}{\frac{N_1}{N_2}B_{12}-B_{21}} \tag{20.9}$$

在热平衡状态下，粒子数密度按能量分布遵从玻耳兹曼定律. 处于 E_2 能级粒子数 N_2 和处于 E_1 能级粒子数 N_1 满足下式：

$$\frac{N_2}{N_1}=e^{-\frac{E_2-E_1}{kT}}=e^{-\frac{h\nu}{kT}} \tag{20.10}$$

将上式代入式(20.9)，得到

$$w(\nu)=\frac{A_{21}}{B_{21}}\cdot\frac{1}{\frac{B_{12}}{B_{21}}e^{\frac{h\nu}{kT}}-1} \tag{20.11}$$

根据普朗克黑体辐射理论，$w(\nu)$ 表示式为

$$w(\nu)=\frac{8\pi h\nu^3}{c^3}\cdot\frac{1}{e^{\frac{h\nu}{kT}}-1} \tag{20.12}$$

比较式(20.11)、式(20.12)两式，得到如下关系：

$$B_{12}=B_{21} \tag{20.13}$$

$$A_{21}=\frac{8\pi h\nu^3}{c^3}B_{21} \tag{20.14}$$

上式表明三种过程的关系.

三个系数是粒子能级系统的特征参量，虽然上述关系式是在热平衡的条件导出，但对普遍情况是成立的，也适用于非热平衡状态.

二、自发辐射与受激辐射的功率比较

在外加辐射场作用下，处于高能级 E_2 的粒子既可以出现自发辐射，也可能产生受激辐射. 我们来比较两种辐射的强度大小.

设粒子系统处在单色辐射能量密度为 $w(\nu)$ 的光辐射场中，自发辐射的光能量是 $A_{21}N_{21}\cdot h\nu$，它与自发辐射光强 $I_{自}$ 成正比，略去不影响本问题的比例系数，得到

$$I_{自}=A_{21}N_2\cdot h\nu$$

同理，受激辐射光强 $I_{激}$ 为

$$I_{激}=B_{21}N_2w(\nu)\cdot h\nu$$

上两式相比，同时考虑到式(20.14)有

$$\frac{I_{激}}{I_{自}}=\frac{c^3}{8\pi h\nu^3}w(\nu) \tag{20.15}$$

这个比值随辐射场的强弱而有较大的差别.

将式(20.12)代入上式，有

$$\frac{I_{激}}{I_{自}}=\frac{1}{e^{\frac{h\nu}{kT}}-1} \tag{20.16}$$

相对于可见光而言，在室温条件下，$\frac{h\nu}{kT}\approx 100$，$I_{自}\gg I_{激}$，总是自发辐射占绝对优势. 因此，要使受激辐射占据优势，必须打破粒子系统的平衡状态.

20.2 激光形成的原理

普通光源是由发光物质通过自发辐射发出大量光子形成的. 因为这种辐射是粒子各自独立和随机的发光过程，其发光的光子沿四面八方传播，所以光能量发散，光强不能很强. 另外各光子间没有固定联系，相干性差. 与之不同，若能够让物质的受激辐射占据主导地位，由于受激辐射产生的光子与外来光子性质完全相同，可以使光束能量集中，光强较大，且相干性好.

在热平衡条件下，高能级上粒子数要远少于低能级上粒子数，自发辐射较受激辐射要强得多. 因此，要采取特殊的方法，寻求特殊的物质，设计特殊的发光结构，才能获得受激辐射占主导的光源，即获得激光.

20.2.1 粒子数反转原理

如前所述，激光是通过受激辐射来实现光放大. 这里光放大的意义是：当一个光子入射到粒子系统时，某一粒子由于受激辐射而产生第二个光子，这两个光子再刺激其他粒子产生受激辐射，于是有四个光子存在. 这个过程继续进行下去就会得到越来越多的光子，而且这些光子的特征完全相同. 这种物质系统在一个入射光子作用下，引起大量处于高能级的粒子产生受激辐射，产生出大量特征完全相同光子的现象称为光放大（light amplification），如图 20.4 所示.

在入射光进入物质系统时，光与物质相互作用将产生两个相反过程——吸收和受激辐射. 前者使入射光减弱，后者使光放大，问题是在什么特定条件下，受激辐射可以大于吸收，这正是我们要研讨的关键.

设频率为 ν 的单色光在物质中沿 z 轴正方向传播，如图 20.5 所示. 在物质端面处光强为 I_0，距端面 z 处的光强为 I，经薄层 dz 后的光强是 $I+\mathrm{d}I$. 由于受激吸收，在物质单位体积中，单位时间内吸收的光能量为 $B_{12}N_1w(\nu)\cdot h\nu$；由于受激辐射产生的光能量为 $B_{21}N_2w(\nu)\cdot h\nu$. 所以产生的净光能量是 $(B_{12}N_1-B_{21}N_2)\cdot w(\nu)\cdot h\nu$.

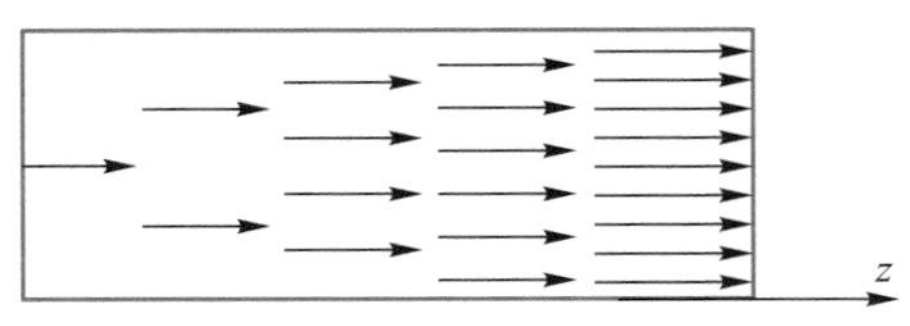

图 20.4 受激辐射光放大示意图

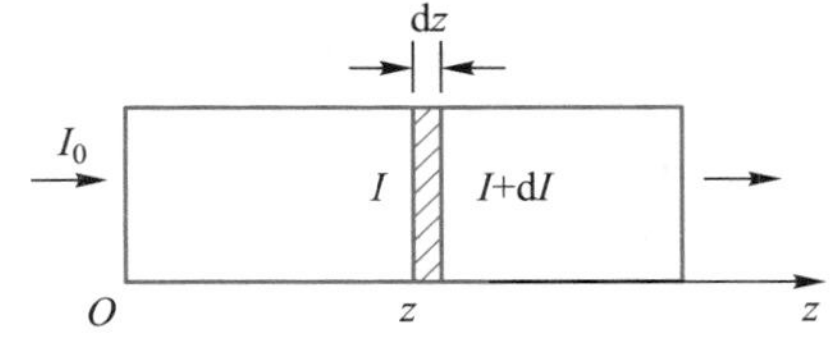

图 20.5 光通过物质时光强变化

取物质截面积为 S，光通过 dz 厚度后，在单位体积和单位时间产生的净光能量表示为

$$\frac{\mathrm{d}E}{S\mathrm{d}z\cdot\mathrm{d}t}=(N_2-N_1)Bw(\nu)\cdot h\nu \tag{20.17}$$

这里利用了式(20.13),$B_{12}=B_{21}=B$. 考虑光强与光能量密度的关系:

$$I=c\cdot w(\nu)$$

因而式(20.17)写成

$$\frac{\mathrm{d}I}{\mathrm{d}z}=(N_2-N_1)\frac{I}{c}Bh\nu \tag{20.18}$$

将式(20.14)代入,得到

$$\frac{\mathrm{d}I}{\mathrm{d}z}=(N_2-N_1)I\cdot\frac{c^2A_{21}}{8\pi\nu^2}$$

若令

$$\alpha=(N_2-N_1)I\cdot\frac{c^2A_{21}}{8\pi\nu^2} \tag{20.19}$$

积分得到

$$I=I_0\mathrm{e}^{\alpha z} \tag{20.20}$$

式中,α 称为物质的增益系数(gain coefficient).

从式(20.20)看到:$\alpha>0$ 时,光强按指数规律增强;$\alpha<0$ 时,光强将相应减小. 如果要使物质中受激辐射大于吸收,须使 $\alpha>0$,亦即有 $N_2>N_1$. 这在热平衡状态的物质中是不可能的,只有通过某种方法破坏粒子数的热平衡分布,才能实现这一情况. 我们把实现 $N_2>N_1$ 的粒子数分布称为粒子数反转(population inversion),只有在粒子数反转的特定条件下,才能实现光放大.

20.2.2 激光工作物质

我们将实现粒子数反转的物质称为激光工作物质. 并非各种物质都能实现粒子数反转,能实现的物质也不是在构成该物质粒子的任意两个能级间都能实现粒子数反转. 要实现粒子数反转,一是要看这种物质是否具有合适的能级结构;二是要看是否具有必要激励能源,不断提供能量以使尽可能多的粒子从低能级激发到高能级上. 后者所讲的能量供应过程称为"泵浦(pump)". 若保证激励过程得到满足,这时就要看物质粒子具有怎样的能级结构,才能实现粒子数反转.

一、二能级系统

设某种物质只具有两个能级,如图 20.6 所示. 现在激励能源可以使粒子被抽运到高能级 E_2,同时各种辐射或无辐射跃迁又使粒子离开高能级,由此来分析是否能够形成 $N_2>N_1$ 的局面.

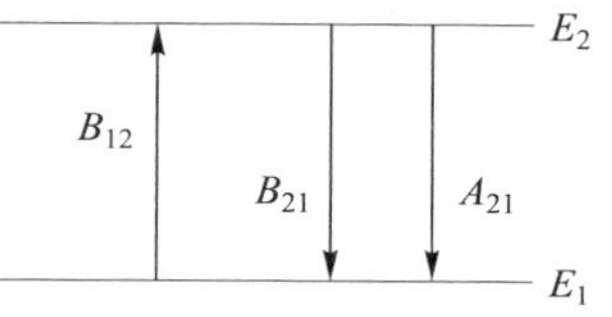

图 20.6 二能级系统

根据式(20.13),$B_{12}=B_{21}=B$,即粒子受激吸收的概率 W_{12} 和受激辐射的概率 W_{21} 相同,$W_{12}=W_{21}=W$,同时有自发辐射的概率 A_{21}. 所以,因受激辐射,E_2 能级在单位时间内减少的粒子数是 N_2W;因受激吸收增加的粒子数是 N_1W;因自发辐射

减少的粒子数为 N_2A_{21}，则 E_2 能级上粒子数密度的变化率是

$$\frac{\mathrm{d}N_2}{\mathrm{d}t}=W(N_1-N_2)-N_2A_{21} \tag{20.21}$$

当达到稳定时，E_2 能级粒子数不再改变，$\frac{\mathrm{d}N_2}{\mathrm{d}t}=0$，由式(20.21)得出

$$\frac{N_2}{N_1}=\frac{W}{A_{21}+W} \tag{20.22}$$

上式表明，不管激励手段怎样好，$A_{21}+W$ 总是大于 W，即 N_2 总是小于 N_1. 所以，对于二能级系统来讲，其不可能实现粒子数反转.

二、三能级系统

在三能级系统的情况下，理论和实验证明，是可能实现粒子数反转的，红宝石激光器(ruby laser)就是一个三能级系统.

图 20.7 是三能级系统的结构示意图. 参与激光产生过程的有三个能级. E_1 是基态能级，E_2 是亚稳态能级，其寿命约为 3 ms，E_3 是泵浦的高能级，其寿命很短，约为 5×10^{-9} s.

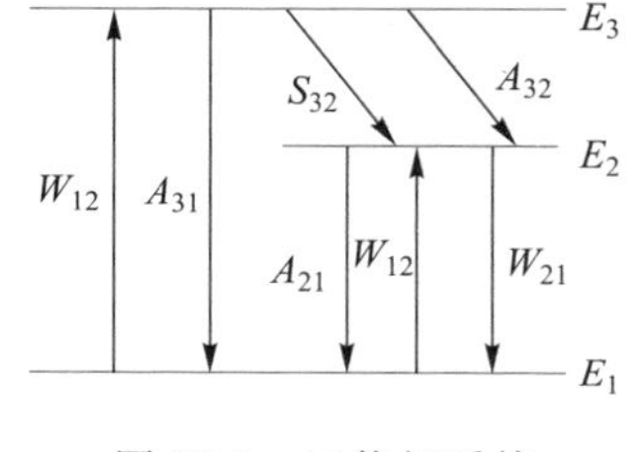

图 20.7　三能级系统

在激励能源作用下，基态 E_1 上的粒子以抽运概率 W_{13}(也是受激吸收概率)被抽运到 E_3 能级上. 因 E_3 能级寿命很短，到达 E_3 能级的粒子将主要以无辐射跃迁的形式，迅速地转移到激光上能级 E_2，其概率为 S_{32}. 另有部分粒子以自发辐射形式返回基态 E_1，但概率 $A_{31}\ll S_{32}$. 因为 E_2 是亚稳态能级，在未形成粒子数反转前，少数粒子以自发辐射形式返回 E_1 能级，但 A_{21} 较小；亦有个别粒子通过无辐射跃迁返回 E_1 能级，但是 $S_{21}\ll A_{21}$，可略去. 由于 A_{21} 较小，如果粒子被泵浦到 E_3 上的速率足够高，就可能在 E_2 能级和 E_1 能级之间形成粒子数反转.

如上述分析，能级 E_3、E_2 上粒子数变化率满足下列方程：

$$\begin{cases}\dfrac{\mathrm{d}N_3}{\mathrm{d}t}=N_1W_{13}-N_3(A_{31}+S_{32})\\[2ex]\dfrac{\mathrm{d}N_2}{\mathrm{d}t}=N_1W-N_2W-N_2A_{21}+N_3S_{32}\end{cases} \tag{20.23}$$

在稳定时，粒子数 N_2、N_3 不再变化，$\frac{\mathrm{d}N_2}{\mathrm{d}t}=\frac{\mathrm{d}N_3}{\mathrm{d}t}=0$，则由上式解出

$$N_3=\frac{N_1W_{13}}{A_{21}+S_{32}}$$

$$\frac{N_2}{N_1}=\frac{W+\dfrac{W_{13}S_{32}}{A_{31}+S_{32}}}{W-A_{21}} \tag{20.24}$$

因为 A_{31} 很小，A_{21} 较小，$A_{31}\ll S_{32}$，$A_{21}\ll W$，于是上式可写为

$$\frac{N_2}{N_1} \approx 1+\frac{W_{13}}{W} \tag{20.25}$$

上式表明，在泵浦速率很大时，A_{21}可略去，可以在 E_2 与 E_1 两能级间实现粒子数反转.

应该指出，由于基态上总是集聚着大量粒子，因此要实现明显的粒子数差 N_2-N_1，以形成较强的光放大，外界的激励要相当强，这是三能级系统的一个明显缺点.

三、四能级系统

为了弥补三能级系统的缺点，人们找到了四能级系统的工作物质. 含钕的钇铝石榴石（Nd^{3+}YAG）激光器、氦氖（He-Ne）激光器等都是四能级系统激光器.

图 20.8 是四能级系统的示意图，参与产生激光的有四个能级. 基态能级 E_1（泵浦过程的低能级），泵浦高能级 E_4，激光上能级 E_3 是亚稳态能级，E_2 是激光下能级. 在这里，激光下能级不再是基态，因而在热平衡状态下处于 E_2 的粒子数很少，有利于在 E_3 和 E_2 之间实现粒子数反转.

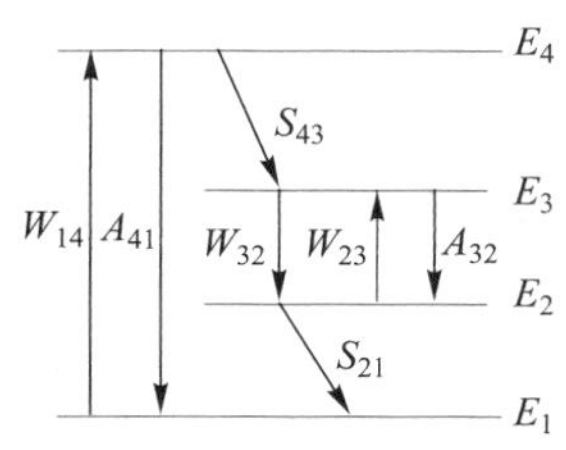

图 20.8 四能级系统

在这样的能级系统中，为了有利于在 E_3 和 E_2 之间实现粒子数反转分布，要求无辐射跃迁概率 $S_{43} \gg A_{41}$，即粒子被泵浦到 E_4 能级后迅速转移到 E_3 能级. 此外，若 E_2 与 E_1 的间隔远大于 kT，在热平衡下 E_2 能级上的粒子数可以忽略；同时，由能级 E_2 到 E_1 的无辐射跃迁概率 S_{21} 较大，保证粒子由于受激或自发辐射，从 E_3 跃迁到 E_2 后能迅速转移到基态.

在满足上述要求下，受外界激励能源的作用，基态 E_1 上粒子大量跃迁到 E_4，由于 E_3 为亚稳态，寿命较长；而 E_2 能级寿命短，到 E_2 能级的粒子很快回到基态，所以在能级 E_3 和 E_2 之间实现粒子数反转分布. 由于实现粒子数反转的下能级不是基态，在室温下它上面的粒子数很少，所以四能级系统较三能级系统更易于实现粒子数反转分布.

综合分析三能级系统和四能级系统，其能级结构的共同特点是具有亚稳态能级. 所以，具有亚稳态能级是实现粒子数反转的内因，而外界激励能量是实现粒子数反转的外因.

20.2.3 光学谐振腔

一、光学谐振腔的作用与结构

在实现粒子数反转后，是否能够形成激光呢？这还不能确定. 因为处于高能级上的粒子可以通过受激辐射发出光子，也可以通过自发辐射发出光子，只有让受激辐射成为工作物质的主要发光过程，才能形成激光.

若受激辐射的概率是 $B_{21}w(\nu)$，自发辐射的概率是 A_{21}，且 $B_{21}w(\nu) \gg A_{21}$，则工作物质中受激辐射占主导地位. 这一点可以靠增大光能量密度来实现. 由式(20.20)看到，工作物质越长，光强也随之增大. 所以，可以通过增加光在工作物质中的路程实现光强的增大. 但是我们无法把工作物质做得很长，只能考虑让光能多次重复进出工作物质，以提高光与物质相互作用的等效长度. 能够稳定实现来回光反馈的装置称为光学谐振腔（optical harmonic oscillator），图 20.9 是光学谐振腔的示意

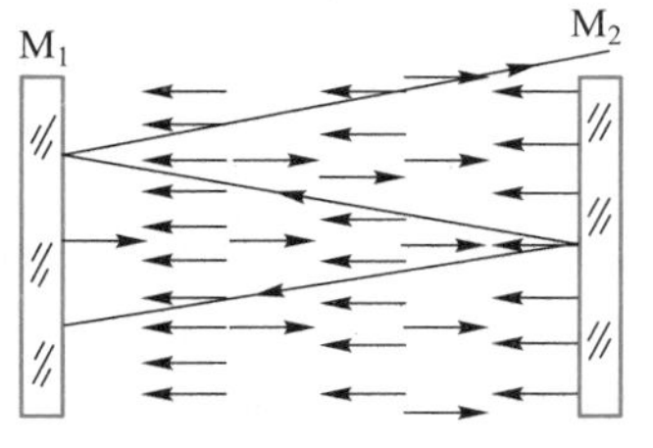

图 20.9 光学谐振腔

图. 在作为光放大元件的工作物质两端,分别放一块全反射镜和一块部分反射镜,它们相互平行且垂直于工作物质的轴线.

激光在谐振腔内形成的过程是:当实现粒子数反转的工作物质受到外界激励后,有许多粒子跃迁到激发态. 激发态的粒子不稳定,在激发态寿命的时间内会纷纷跳回到激光下能级,并发出自发辐射光子. 这些光子射向四面八方,其中偏离轴线的光子很快逸出腔外. 只有沿轴向的光子才能在两反射镜之间往返. 这些光子将引起工作物质的受激辐射,产生出频率、相位、偏振方向和传播方向都相同的光子. 它们沿轴线方向不断往返于工作物质之间,不断引发受激辐射,使之得到放大,通过部分反射镜输出,就是激光.

【前沿进展】

激光是基于受激放大原理的一种相干光辐射. 普通激光是原子内束缚电子的受激辐射,而自由电子激光(free electron laser,FEL)是利用自由电子为工作介质产生的相干辐射. 自由电子激光的概念是杰 · 梅第(J. Maday)于 1971 年在他的博士论文中首次提出的,他在 1976 年和同事们在斯坦福大学实现了远红外自由电子激光,观察到了10.6 mm波长的光放大. 自那以后,许多国家都开展了关于自由电子激光的理论和实验研究. 目前已做到 ps(皮秒)级自由电子激光脉冲,平均功率密度可达 10^7 W/m^2,峰值功率可达 GW 数量级.

图 20.10 是自由电子激光工作原理的示意图,它由电子注入器(电子加速器)、扭摆磁铁和光学谐振腔等组成. 当电子束通过扭摆磁铁时,受静磁场作用而产生横向扭摆运动,可以与它同向前进的光辐射的电磁场发生能量交换,使横向速度发生变化. 横向速度变化又通过与光辐射的磁场作用而产生纵向力,使原来纵向均匀分布的电子群聚成团,将动能转化成辐射场的能量,产生相干辐射的增长.

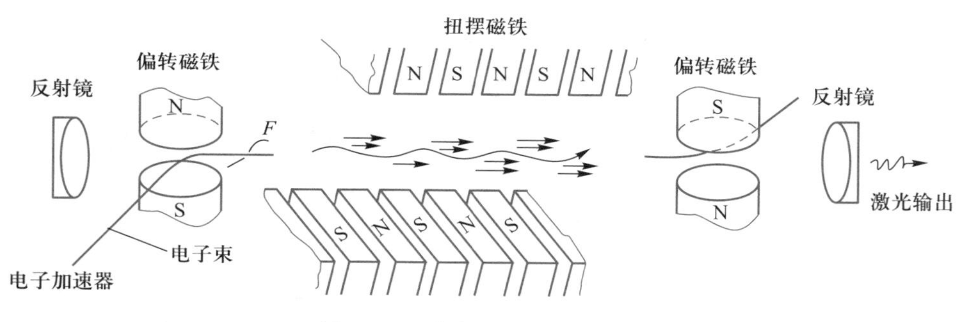

图 20.10 自由电子激光原理图

FEL 原则可以覆盖从微波、红外线、可见光、紫外线直至 X 射线的电磁波谱波段,具有宽带调谐、窄谱线、高功率等特点. 它在国防、医学外科手术、光动力学治癌、可控核聚变、材料科学、生命科学、高能物理学等诸多方面,与传统激光器以及其他相干辐射相比,具有更为特别的应用前景.

目前世界上已有美、法、日、德、俄、英、中、意等十几个国家拥有或正在建设自由电子激光装置. 中国科学院高能物理研究所的北京自由电子激光装置(BFEL)于 1993 年 5 月 26 日首次出光,是亚洲地区研制的红外谱区的 FEL 装置中第一个产生激光的装置.

组成谐振腔的两块反射镜,在曲率半径尺、焦距以及反射镜之间距离 L 上都有一定限制，以保证腔内光线经反复反射后不至于逸出腔外，符合上述要求的谐振腔称为稳定谐振腔. 稳定谐振腔主要有下列几类：

（1）平行平面腔

它由两块平行平面反射镜组成，如图 20.11 所示. 根据几何光学中的反射定律：一条平行于轴线的光线，经平行平面镜来回反射后，其传播方向仍平行于轴线，不会逸出腔外. 但是，当平行平面镜不能严格平行且垂直于轴线时，光线在多次来回反射后逸出腔外. 因此这种腔的结构要有很高的工艺要求.

（2）共心谐振腔

它由两块凹面反射镜组成，两镜的曲率半径之和 R_1+R_2 等于两镜间距离 L，曲率中心在腔内重合，如图 20.12 所示. 通过球心的光线经反射后仍沿原路返回，光线始终不会逸出腔外.

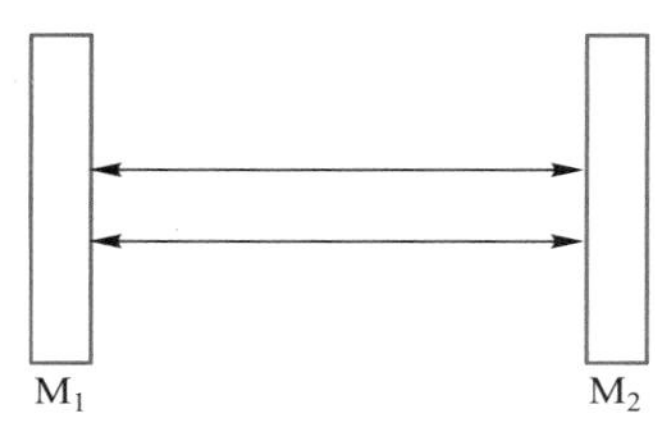

图 20.11 平行平面腔

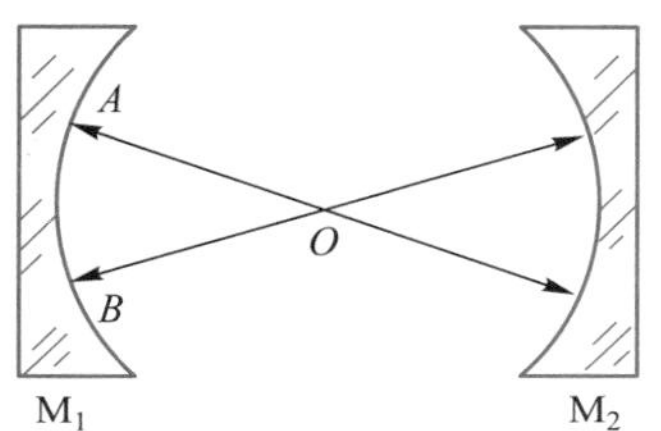

图 20.12 共心谐振腔

（3）共焦谐振腔

它由两块相同焦距凹球面镜组成，其焦点在腔内，如图 20.13 所示. 共焦谐振腔的特点是

$$R_1=R_2=R,\quad L=R,\quad f_1=f_2=\frac{R}{2}$$

这时平行轴线的光线可以在腔内稳定地往返，不会逸出腔外.

（4）平行凹面腔

它由相距为 L 的一块平面反射镜和一块凹面反射镜组成. 它有半共焦腔和非共焦平行凹面腔之分. 对半共焦腔来讲，$L=R/2$，光路如图 20.14 所示. 这时平行于轴线的光线在腔内来回反射，不会逸出腔外；其他除半共焦腔外的平行凹面腔统称为非共焦平行凹面腔.

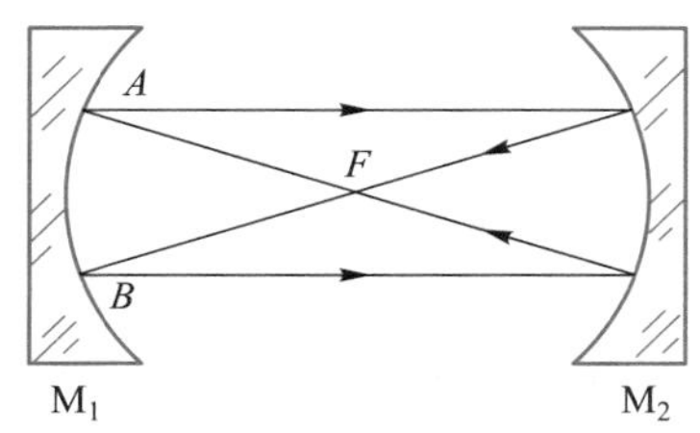

图 20.13 共焦谐振腔

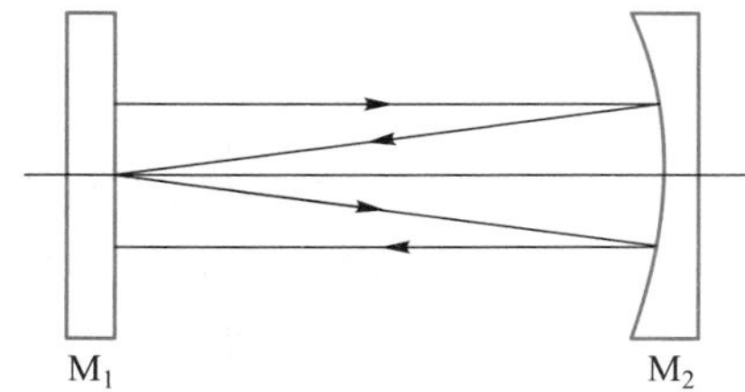

图 20.14 半共焦腔

二、光振荡的阈值条件

在谐振腔内，既存在产生光放大作用，同时也有一些损耗因素，主要包括工作物质的吸收、散射和反射镜的吸收、透射. 在这些损耗中，只有通过部分反射镜透射输出是产生激光的

需要，其他损耗都应尽量避免. 若光在工作物质中的来回一次往返所得到的放大，不足以弥补损耗，就不会在腔内形成稳定的振荡，产生激光输出. 所以说，要产生激光振荡，谐振腔必须满足一定条件，我们称之为阈值条件(threshold condition).

为了简化讨论，将腔内损耗包括到反射镜面的透射损耗中. 引入反射镜的反射率 r，其定义为镜面反射的光强与入射的光强之比，即

$$r=\frac{\text{镜面反射光强}}{\text{镜面入射光强}} \tag{20.26}$$

考虑如图 20.9 所示的谐振腔结构. 设工作物质轴线为 z 轴，长度为 L，两反射镜光强反射率为 r_1 和 r_2. 取工作物质左端 $z=0$ 处的光强为 I_0，当到达右端 $z=L$ 处时，光强增加到 $I_0e^{\alpha L}$，经右端反射镜反射后，反射光强为 $r_2I_0e^{\alpha L}$；当光再次通过工作物质到达左端反射镜时，光强增加到 $(r_2I_0e^{\alpha L})e^{\alpha L}=r_2I_0e^{2\alpha L}$，经左端反射镜反射后，反射光强为 $r_2\cdot r_1I_0e^{2\alpha L}$. 这时光在工作物质中正好来回一次. 显然，要使光在工作物质中往返一次产生的放大足以补偿其损耗，必须满足

$$r_1r_2e^{2\alpha L}>1$$

即有如下阈值条件：

$$\alpha L=\ln\frac{1}{\sqrt{r_1r_2}} \tag{20.27}$$

由式(20.19)可知，α 正比于激光上下能级粒子数之差 N_2-N_1. 这表明只有在粒子数反转达到一定数值时，光的增益系数才足够大，以补偿光的损耗，实现光振荡的稳定进行. 因此，为了实现光振荡以输出稳定的激光，应当具有如下三个条件：

(1) 具有粒子数反转的工作物质；

(2) 具有维持稳定光振荡的光学谐振腔；

(3) 具有合适的激励能源，达到阈值条件要求.

20.3 激光的模式和高斯光束

20.3.1 激光的模式

激光的模式(laser modes)也称激光波型，反映一个稳定的光电磁场分布. 从光的波动观点看，模式是指能够存在于激光谐振腔中的各种形式的驻波；从光的粒子观点看，模式代表了可以相互区分的光子态. 每一种稳定的光电磁场分布成为一种模式，纵向(轴向)稳定的分布，称为纵模(longitudinal mode)；垂直于轴向的稳定分布，称为横模(transverse mode). 激光的纵模和横模分别从两个正交方向对光场分布的性质进行描述.

一、激光的纵模

光学谐振腔不仅可以保证激光有良好的方向性，它还有选频作用. 在图 20.15 所示的谐振腔内，到达 z 处的光波中，有在腔内 $0\sim z$ 各处原子受激辐射发出的光波直接传至 z 点，有已

经在腔内走了一个来回再到达 z 点的，也有已经在腔内走了 m 个来回而到达 z 点的. 所有这些波都在 z 处相遇，发生相干叠加. 只有满足干涉极大的波长成分，才对应于最大的光能密度；对不满足干涉极大条件的光波，将受到抑制，逐渐消失.

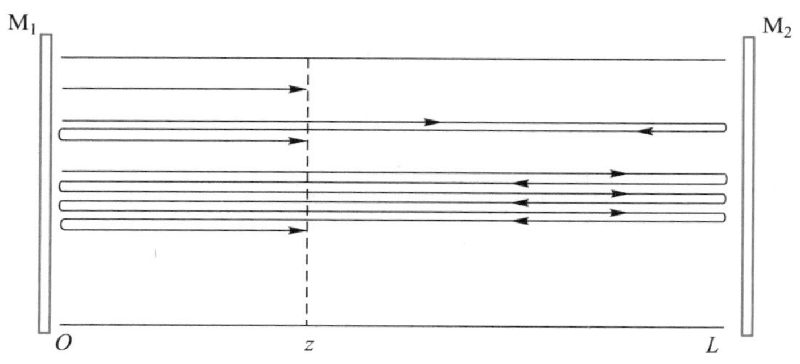

图 20.15 谐振腔的选频作用

设谐振腔的腔长为 L，工作物质的折射率为 n，满足干涉极大的条件是

$$2nL=k\lambda \quad (k\text{ 为正整数}) \tag{20.28}$$

上式也是谐振腔内形成驻波的条件，可以用谐振频率 ν 表示，即

$$2nL=k\frac{c}{\nu} \quad (k\text{ 为正整数}) \tag{20.29}$$

因此谐振腔内允许存在的波长和频率分别为

$$\begin{cases}\lambda_k=\dfrac{2nL}{k}\\[2ex] \nu_k=\dfrac{kc}{2nL}\end{cases} \tag{20.30}$$

谐振腔中能够存在振荡的光波频率很多，不同的 k 对应于不同的光波频率. 我们通常将由整数 k 所表征的腔内纵向场分布称为腔的纵模，由式(20.30)可知，纵模指标 k 的值决定模的谐振频率. 相邻两个纵模之间的频率间隔为

$$\Delta\nu=\frac{c}{2nL}$$

普通 Ne 放电管中光波的中心频率 $\nu_0=4.74\times10^{14}$ Hz，谱线宽度 $\Delta\nu_D=1.5\times10^9$ Hz. 在谐振腔中实际存在频率的范围为

$$(4.74-0.75\times10^{-5})\times10^{14}\ \text{Hz}<\nu=\frac{kc}{2nL}<(4.74+0.75\times10^{-5})\times10^{14}\ \text{Hz}$$

对 $L=50$ cm 的氦氖激光器，$n=1$，相邻两个纵模的频率间隔是

$$\Delta\nu=\frac{c}{2nL}=\frac{3\times10^8}{2\times1.0\times0.5}\ \text{Hz}=3\times10^8\ \text{Hz}$$

因此，在 Ne 原子发光的谱线宽度内允许存在的纵模数是

$$N=\frac{\Delta\nu_D}{\Delta\nu}=\frac{1.5\times10^9}{3\times10^8}=5$$

如图 20.16 所示，形成稳定激光的频率只有 5 个.

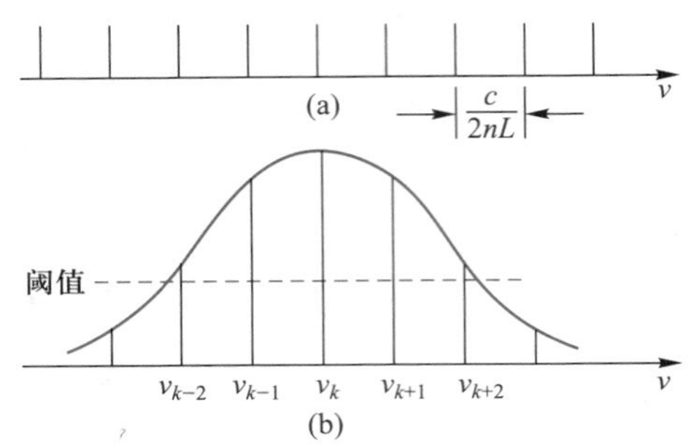

图 20.16 谐振腔的选频示意图

二、激光的横模

激光束在横截面上光强的分布常呈现一系列有规则的图样，这种稳定分布的图样，称为激光的横模，如图 20.17 所示.

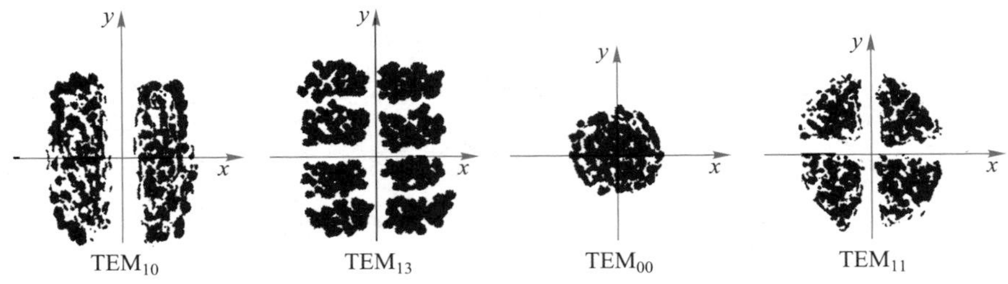

图 20.17 激光的横模

激光的横模通常用 TEM_{xy} 表示，TEM 是横电磁波的英文缩写，在方形镜构成的光学谐振腔中，下标 x,y 是激光束在横截面上 x 方向、y 方向出现暗区的数目. 其中 TEM_{00} 称为基横模；TEM_{10}，TEM_{11}，…称为高阶横模.

横模产生的原因比较复杂，我们可以从谐振腔对光束的约束角度进行分析. 对于两块直径为 $2a$、相距为 L 反射镜组成了光学谐振腔. 腔中传播的光束中，只有那些入射到镜面上的光束才能被反射而形成稳定的驻波，这就是激光的纵模. 但是，每当光束在镜面上反射一次，就相当于光束通过一个直径为 $2a$ 的圆孔. 光在谐振腔内传播，相当于光束连续地通过一组相邻间距为 L、孔径为 $2a$ 的圆孔，如图 20.18 所示.

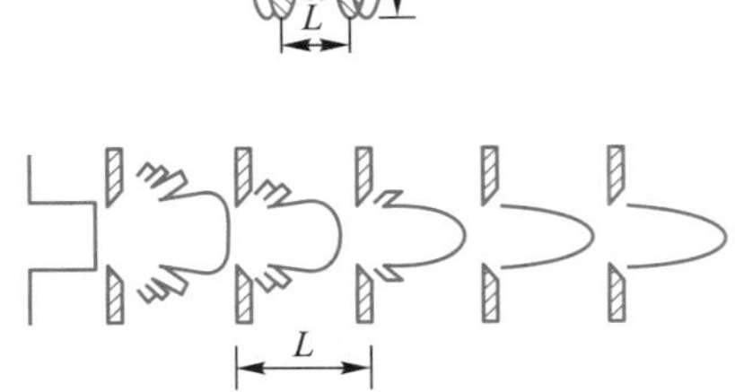

图 20.18 光波在腔内的衍射限制

当一束光强横向均匀分布的、平行腔轴的光束第一次入射到反射镜时，圆孔引起光束衍射使波面发生畸变，使光束边缘部分的光偏离原来的传播方向. 当该光束第二次入射到反射镜上时，边缘部分的光逸出腔外，光强在横向分布不再均匀了，入射在反射镜上的光又产生第二次衍射……如此过程将进行成千上万次，每一次都将使边缘部分的光部分逸出，使光能量集中在光束的中心部分，最终形成一种横向的稳定光场分布. 稳定的横向光场分布的形态与腔的性质有关. 可以存在无穷多个场分布，一种稳定的横向光场分布对应一个横模.

一般而言，平行平面腔要求两块镜面严格地相互平行，调节的精度要求很高，基横模 TEM_{00} 出现的可能性较大. 若采用比较容易调节的凹球面镜组成谐振腔，可构成共焦谐振腔、共心谐振腔、平行凹面腔等，此时对腔的调节精度要求降低，一定程度偏离轴线方向的光也能形成振荡，可以形成高阶横模.

应当明确，纵模与横模从不同角度反映了谐振腔内稳定光场分布，两者的结合可以全面反映腔内光场的完整分布. 不同的纵模，光场分布差异很小，但频率上的区分是明显的；不同的横模，除了光斑形态有很大差异，在频率上也有区别.

20.3.2 激光束的传播

在光学谐振腔中形成的光束，由于反射镜大小的限制而产生衍射效应，其边缘较中心弱一些. 因此，激光束既不是平面波，也不是球面波，而是结构特殊的高斯光束（Gaussian beam）.

对沿 z 轴方向传播的激光束，电矢量 E 的表示式可以写为

$$E(x,y,z)=\frac{A_0}{w(z)}e^{\frac{x^2+y^2}{w^2(z)}}e^{-ik\left[z+\frac{x^2+y^2}{2R(z)}-\phi(z)\right]} \tag{20.31}$$

式中，$\frac{A_0}{w(z)}$是 z 轴上各点振幅. $w(z)$ 称为 z 点的光斑尺寸，其表示式是

$$w(z)=w_0\left[1+\left(\frac{z\lambda}{\pi w_0^2}\right)^2\right]^{\frac{1}{2}} \tag{20.32}$$

w_0 是 $z=0$ 处光斑尺寸，称为光束的“腰粗”. $R(z)$ 是 z 处波面的曲率半径，表示式为

$$R(z)=z\left[1+\left(\frac{\pi w_0^2}{\lambda z}\right)^2\right] \tag{20.33}$$

$\phi(z)$ 是与 z 有关的相位因子

$$\phi(z)=\arctan\frac{\lambda z}{\pi w_0^2} \tag{20.34}$$

根据式（20.31），得到激光束的几何形态，如图 20.19 所示.

激光束的“腰粗” w_0 与谐振腔的结构有关. 设谐振腔反射镜的曲率半径是 R_1 和 R_2，腔长为 L，则激光束的“腰粗”是

$$w_0^2=\frac{\lambda}{\pi}\frac{\left[L(R_1-L)(R_2-L)(R_1+R_2-L)\right]^{\frac{1}{2}}}{R_1+R_2-2L} \tag{20.35}$$

到两个反射镜的距离 z_1 和 z_2 分别为

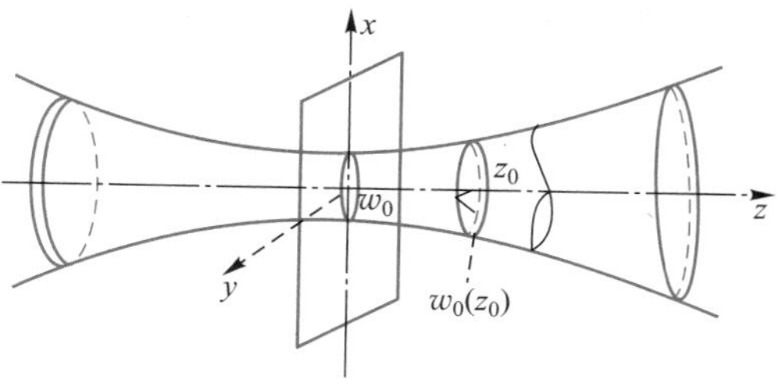

图 20.19 激光束的几何形态

$$\begin{cases} z_1 = -\dfrac{L(R_2-L)}{R_1+R_2-2L} \\ z_2 = \dfrac{L(R_1-L)}{R_1+R_2-2L} \end{cases} \tag{20.36}$$

对平行平面腔，R_1、$R_2 \to \infty$，这时 w_0 趋于无穷大，光束半径实际等于谐振腔的孔径. 对于大曲率半径的谐振腔，$R_1 \approx R_2 = R \gg L$，这时有

$$w_0^2 = \frac{\lambda}{\sqrt{2}\pi}\sqrt{RL} \tag{20.37}$$

$$z_2 \approx -z_1 = \frac{L}{2} \tag{20.38}$$

由式(20.32)看到，$w(z) > w_0$，激光束随着传输距离的增加而逐步发散，如图 20.20 所示. 通常引用发散角 2θ 描述激光束的发散度，其定义为

$$2\theta = 2\frac{\mathrm{d}w(z)}{\mathrm{d}z} = \frac{2\lambda^2 z}{\pi w_0}[\pi^2 w_0^2 + z^2\lambda^2]^{-\frac{1}{2}} \tag{20.39}$$

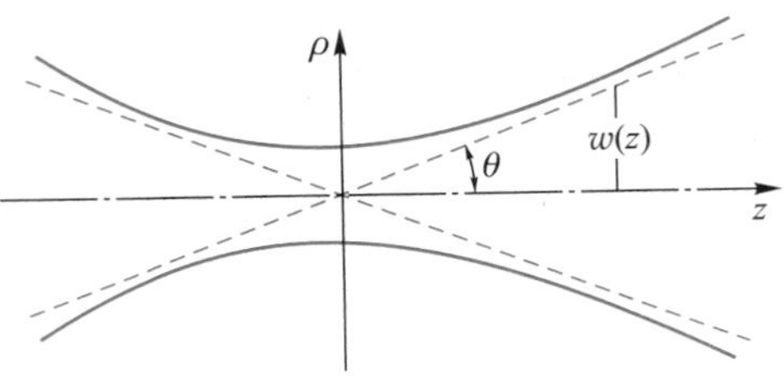

图 20.20　激光束的发散度

在光腰处，$z=0$，$2\theta=0$，发散角最小；而在 $z\to\infty$ 的远场处，发散角最大，有

$$2\theta(z\to\infty) = 2\frac{\lambda}{\pi w_0} \tag{20.40}$$

一般定义发散角是远场发散角一半时的距离为准直距离. 在这个距离内，光束的发散角可以认为很小. 准直距离是

$$z = \frac{\pi w_0^2}{\lambda} \tag{20.41}$$

20.4　典型激光器

目前激光器的种类很多，如按激光器工作物质的种类来界定，可分为固体激光器(solid state laser)、半导体激光器(semiconductor laser)、气体激光器(gas laser)和液体激光器(liquid laser)；如按激光器工作方式来分类，可分为连续、脉冲、Q 突变和超短脉冲等类型. 在这里选择几种有代表性的激光器做一些介绍.

1964 年，汤斯获得了诺贝尔物理学奖. 在获奖演讲中，他介绍了三种激光器.

一、红宝石激光器

图 20.21 是一种红宝石激光器的基本结构示意图，红宝石棒是这种激光器的工作物质. 它是含有 0.05%质量的 Cr_2O_3 的 Al_2O_3 晶体，Cr^{3+} 在晶体中取代 Al^{3+} 的位置而均匀分布在其中. 在红宝石晶体中，发光并形成激光的是铬离子. 图 20.22 是铬离子的能级图.

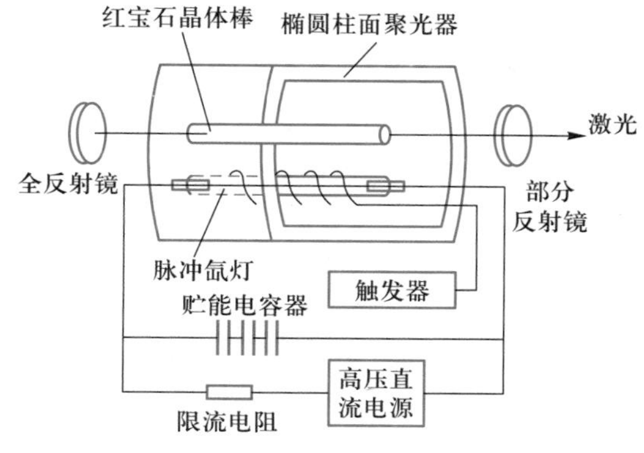

图 20.21 红宝石激光器基本结构

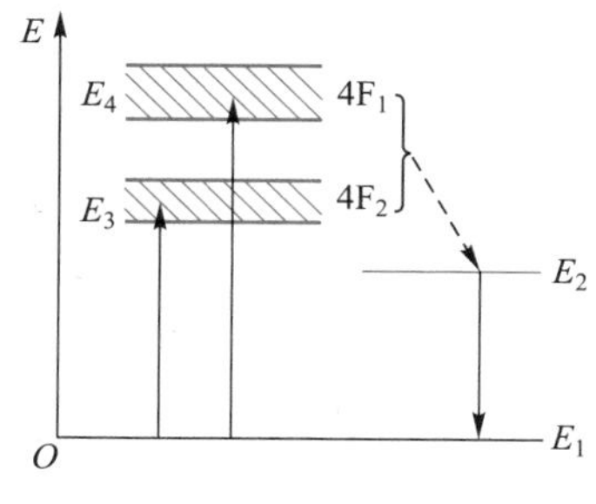

图 20.22 Cr^{3+}能级

铬离子的基态，也是激光的下能级，用 E_1 表示. 激光上能级用 E_2 表示，其他 $4F_1$、$4F_2$ 是两个泵浦宽能级，分别用 E_3 和 E_4 表示. 被泵浦到 E_3、E_4 能级上的铬离子很不稳定，能级寿命均为 10^{-9} s，纷纷跃迁回到 E_2 能级. 能级 E_2 的寿命约为 3×10^{-3} s，其上的铬离子可以停留较长时间. 这里采用脉冲氙灯做激励能源，只要其足够强，可以形成 E_2 能级和 E_1 能级间的粒子数反转. 红宝石晶体两端磨平镀膜，形成光学谐振腔. 激光由一端输出，波长为 694 nm，是脉冲光.

二、氦氖激光器

第一台以氦氖气体为工作物质的连续式激光器于 1961 年制成，氦氖激光器目前仍然是应用最广泛的气体激光器. 氦氖激光器由谐振腔和激光放电管构成，如图 20.23 所示. 其中，谐振腔一般采用平面镜和凹面镜组成的平行凹面腔.

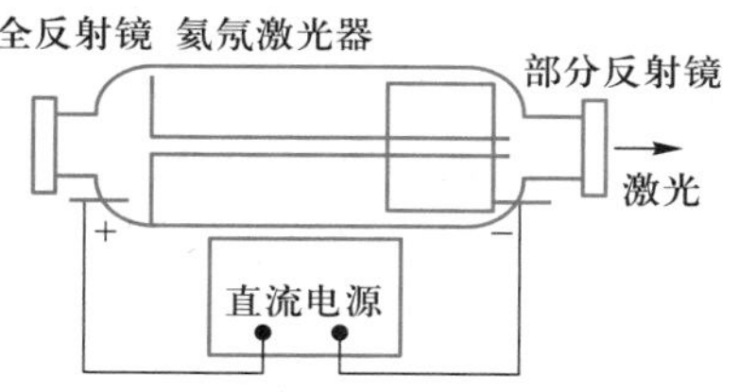

图 20.23 氦氖激光器结构

氦氖激光器的工作物质是氖，辅助物质是氦，图 20.24 是氦氖能级图. 氦原子核外有两个电子，基态是 $1\ s^2$. 第一个激发组态是$1s^12s^1$，这个组态有两个能级，分别用 2^3s 和 2^1s 表示，是两个亚稳能级. 氖原子最外层有 6 个 2p 电子组成满壳层，基态是 $1s^22s^22p^6$. 在放电管中氖原子被激发，若有一个电子被激发到 3p，那么这个激发组态是 $1s^22s^22p^53p^1$. 同样氖也可以被激发到其他的电子组态，如 $2p^54p^1$、$2p^54s^1$等. 由于放电管中氦氖气压比是 5:1~7:1，所以高能量电子与基态氦原子碰撞概率大于氖原子. 可以认为自由电子只是向基态氦原子传递能量，使其处于 2^3s 和 2^1s 态. 由于氦原子的 2^1s 和氖原子的 5s 能级很接近，2^3s和 4s 也很接近，两者发生共振转移，使处于 2^3s、2^1s 的氦原子与基态氖原子碰撞后将能量传给氖，使它们从基态跃迁到 5s 和 4s 能态. 这样，对于氖原子而言，在 5s 对 4p、5s 对 3p、4s 对 3p 这三对能级之间形成粒子数反转. 从这三对能级分别可以发射 3.391 μm、0.632 8 μm 和 1.15 μm 三种波长的激光. 从理论上讲，这三种波长的激光都可以形成. 但是通过采取一系列选模措施，抑制其中两种，而保留一种. 目前，一般选用波长是 0.632 8 μm 的红光.

三、半导体激光器

半导体激光器用半导体材料作为激光工作物质，其激励方法多采用电流注入形式. 它形

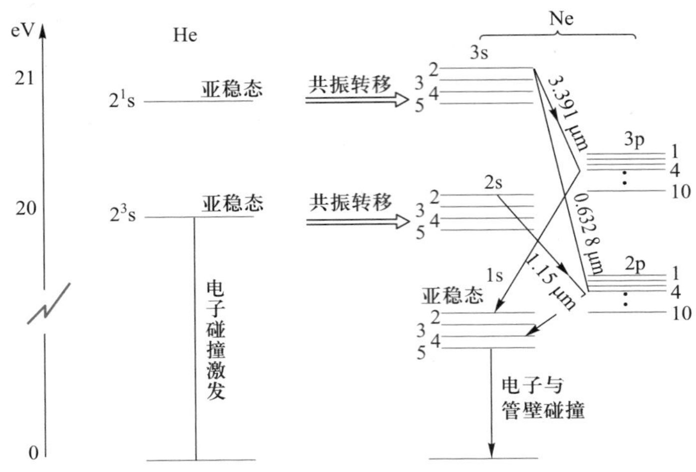

图 20.24 氦氖粒子的能级图

成激光的必要条件同其他激光器相同，如粒子数反转、谐振条件等，但其原理较前述激光器仍有较大差异，其中之一是半导体跃迁发生在导带中的电子态和价带中的空穴态之间，而不是在两个确定能级之间.

结型半导体激光器的光学谐振腔通常是由与 pn 结的平面相垂直的两个互相平行的晶体解理面或抛光面构成的平面腔，如图 20.25 所示. 在 pn 结的作用区内，开始时导带中的电子自发地跃迁到价带，与空穴复合，产生出相位、传播方向并不相同的光子. 由于谐振腔的存在，向各方向发射的光子，凡是不同腔的轴线平行的光子很快将射出工作物质之外. 只有与轴线平行的光子在结区内穿行，并且同工作物质相互作用激发出更多同样性质的光子. 这些光子在两个平行的反射面间不断来回反射，使光进一步放大，从而得到方向性很强的激光输出.

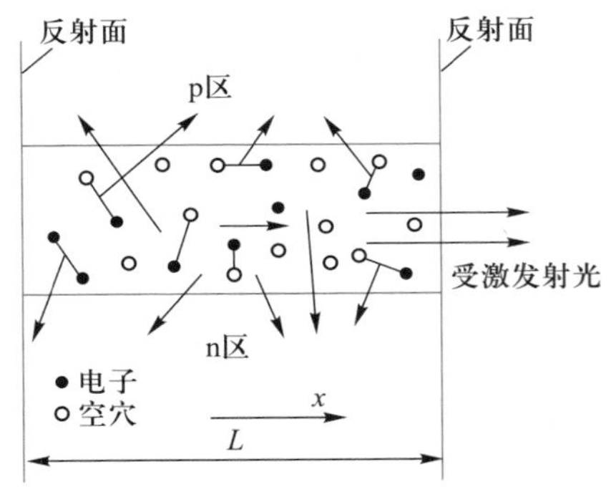

图 20.25 结型半导体激光器的光学谐振腔

对 GaAs 材料而言，输出激光波长是 0.85 μm.

【前沿进展】

2003 年 9 月出版的《自然》杂志报道：加州理工学院（CIT）的吉夫 · 金博（Jeff Kimble）和他的同事们利用在光腔中囚禁一个冷铯原子的方法制造出单原子激光器.

图 20.26 比较了单原子激光与传统激光的差异.

在常规的激光器中，经过激光工作物质被放置在光学谐振腔内，然后用电流或另一束激光将其激发. 工作物质所发射出的光子在谐振腔内多次穿过工作物质，激发更多光子的发射，最终产生激光. 这些激光器在“弱耦合”区域内工作，其中存在大量的原子和光子，这意味着单个电子或光子的量子涨落对整个激光器几乎没有影响.

加州理工学院研究小组制造的这个装置的不同之处在于原子和光子是紧密地耦合在一起的. 金博和他的同事们先把一个铯原子冷却囚禁在一个狭小的光学谐振腔内. 并用一束激光激发铯原子，随后铯原子会衰减到一个中间态并放出一个光子. 原子与光腔之间的强耦合

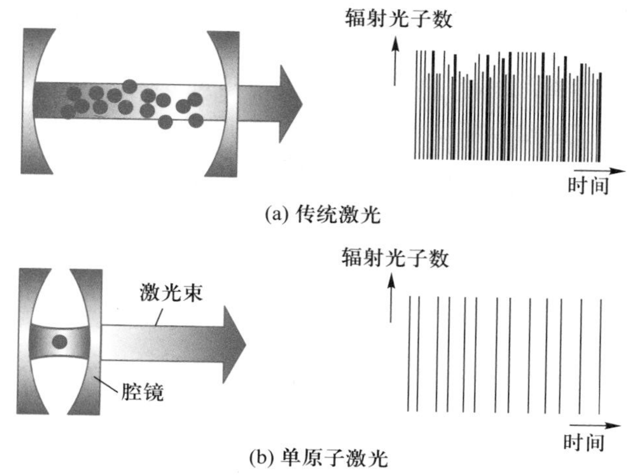

图 20.26 单原子激光与传统激光比较

意味着这个光子几乎总被囚禁在光腔中,而不会自由地发射出去. 然后另一束激光会将原子激发到另一个激发状态,原子由此重新衰减到基态,整个过程于是重新开始.

为什么人们对单原子激光器这么感兴趣? 单原子激光器的意义首先是无须受激辐射,而且腔内光子-原子相互作用的量子力学原理,可以从新的角度进行研究. 其次,单原子激光器为人们提供了一个完美的单光子源,不仅是每次只发射一个光子,而且光子发射的间隔时间也是恒定的、可控的,这为量子信息和量子计算奠定了基础.

20.5 激光的特点与应用

20.5.1 激光的特点

经过近 60 年的发展,激光已发展成由固体、半导体、气体、液体等多种激光器所组成的大家族. 不同激光器件具有不同的特点,将这些特点汇集在一起,使激光具有无穷的魅力,成为推动当代高新技术发展的强大动力. 从激光大家庭的角度出发,下面这些特点特别引人注意.

(1) 单色性好和波长范围很宽

一个光源发射的光所包含的波长范围越窄,那么它的颜色就越单纯,即光源的单色性好. 光波的单色性可以用 $\Delta\lambda/\lambda$ 表示.

在激光产生以前,最好的单色光源是氪灯,在 $\lambda=604.7$ nm 处,$\Delta\lambda=0.047$ nm,$\Delta\lambda/\lambda\approx 10^{-7}$. 以氦氖激光为例,$\lambda=632.8$ nm,$\Delta\lambda=10^{-8}$ nm,$\Delta\lambda/\lambda\approx10^{-11}$. 对于一些特殊的激光器,其单色性还要好得多.

此外,由不同的激光工作物质所产生的激光谱线数目已多至上万个,这些谱线覆盖从紫外到远红外的光谱范围,可以满足不同的应用需要. 有些激光器的波长还能通过各种方法调谐,能在一定的波长范围产生窄线宽激光. 近年来,其波长已扩展到 X 射线波段.

(2) 方向性好和亮度高

光束的方向性用发散角 θ 表示. 普通光源的发散角可以多达 360°,一般只能照射很短的距离. 为了扩大照射距离,通常需借助于光学系统,如探照灯、汽车前灯等. 激光是由受激辐射过程产生的,本身具有极好的方向性. 在单横模运转、激光介质均匀等条件得到保证的情况下,激光的发散角仅受衍射所限,可用 $\theta=1.22\lambda/D$ 表示. 式中 D 是光源的线度,λ 是波长. 通常气体激光器的发散角较小,很接近衍射极限. 借助于光学系统,可使激光器的方向性进一步提高. 例如,从地球发射一束激光到相距 3.8×10^5 km 远的月球上,光束直径只有几十米,这是普通光源达不到的.

亮度高是激光器最突出的优点. 通常将单位面积、单位光谱宽度、单位立体角内发出的光辐射强度称为光源单色亮度,用 L_λ 表示:

$$L_\lambda=\frac{P}{\Delta S\Delta\nu\theta^2} \tag{20.42}$$

式中 P 为光功率,$\Delta\nu$ 为光辐射的频谱宽度,θ 为光束发散角. 普通光源如太阳、日光灯、烛光等的发散角都很大,光谱宽度很宽. 尽管某些光源如太阳发出的总功率很高,但单色亮度仍很小. 激光的发散角很小,光谱宽度很窄,因而单色亮度很高,一些高功率激光器的单色亮度比太阳还要高 10^{14} 倍.

(3) 相干性好

激光的相干性可用相干时间或相干长度来表示. 由同一单位面积光源在不同时刻发出的光波在光场中某点叠加出现干涉条纹的性质叫时间相干性,产生这种相干现象的最长时间间隔,叫相干时间 Δt. 在相干时间内,光波传播的距离叫相干长度 ΔL,$\Delta L=c\cdot\Delta t$(c 是光速). 相干长度与光束的频谱宽度有关,$\Delta L\approx\lambda^2/\Delta\lambda$. 由于激光的单色性好,其相干性要比普通光源高得多. 如特制的氦氖激光器,其相干长度可达 2×10^7 km. 激光的高相干性可以用于各种干涉测量,如引力波激光测量装置,由 LD 泵浦固体激光器构成的干涉臂长达4 km.

(4) 高功率和高能量

激光器能在极短的时间(如 $10^{-15}\sim10^{-12}$ s)内可以产生极高的峰值功率. 国际上现在竞相研究的用于核聚变的激光器,输出峰值功率可达 10^{18} W. 这样的激光器能使两个氘原子核或一个氘核和一个氚核克服核与核之间的巨大排斥力,实现聚变反应,释放巨大能量.

许多连续、准连续或脉冲运转的高功率激光器,能产生很高的激光能量. 如上述核聚变用激光器的激光能量可达 1.8×10^6 J.

(5) 高速调制

对激光可以直接进行高速调制,调制速度可高达几万兆赫或几万兆比特. 这一特点,再加上半导体激光器的体积小、效率高、寿命长、价格低廉等其他特点,使它特别适合光通信、光存储、光计算、光印刷等信息领域的需要,成为当代信息技术心脏.

20.5.2 激光的应用

激光良好的单色性、方向性和高亮度,使其应用范围很广. 在材料加工、精密测量、通信技术、医疗、国防以及农业领域,激光均有广泛应用. 各类激光器的输出特性不同,各自应用范围也不相同.

一、激光在测量技术中的应用

（1）激光测长

由于激光单色性好，以氦氖激光为例，相干长度达几十千米，完全满足一般长度精密测量要求.

激光干涉测长仪的原理如图 20.27 所示，其中核心部分是迈克耳孙干涉仪. 由氦氖激光器发出的激光束，在半反射镜 P 处分成两束，光束 1 经固定反射镜 M_1 反射回来，光束 2 经反射镜 M_2（可移动，称为测量镜）反射回来，两束光经 P 镜后汇合产生干涉，干涉条纹是同心圆条纹.

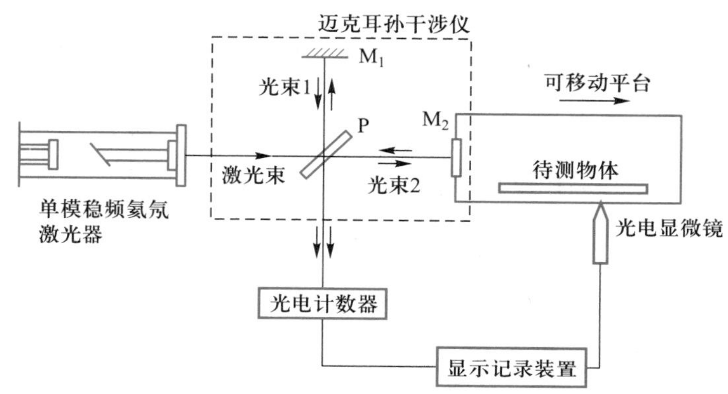

图 20.27 激光干涉测长仪原理图

光束 1 的光程不变，而光束 2 的光程随着与平台一起移动的 M_2 的移动而改变. 当两束光的光程相差半波长的奇数倍时，它们相消而在接收屏上形成暗斑. 因此，M_2 沿光束 2 方向每移动半个波长的长度，光束 2 的光程改变一个波长 λ，于是干涉斑明暗改变一次. 只要记下 M_2 移动时干涉斑变化的次数 N，可以得到被测长度（即 M_2 移动的距离）为

$$L=N\frac{\lambda}{2} \tag{20.43}$$

（2）激光测距

激光具有亮度高、方向性强和射束窄等优点，十分适于地面目标间的距离测量. 同其他测距仪器比较，激光测距系统具有探测距离远、测距精度高、抗干扰性强、保密性好以及体积小、重量轻、重复频率高等优点，在大地勘测、桥梁建筑、气象探测和军事应用等领域，均已进入实用阶段.

激光测距的基本原理是通过测量激光脉冲在待测距离上往返传播的时间来计算距离，其计算公式是

$$s=\frac{1}{2}ct \tag{20.44}$$

式中 s 是待测距离，c 是激光在大气中传播速度，t 是往返传播时间.

若能确定激光脉冲往返传播时间 t，可以确定待测距离 s.

二、激光在工业加工中的应用

激光束作为一种特种加工用能源，和传统加工用热源相比，具有一系列特点. 激光束易于传输，具有良好的方向性，其时间特性和空间分布容易控制；经聚焦后，可以得到很细的光束，具有极高的功率密度，可以加热熔化以至气化任何材料，可进行局部区域的精细快速加工；加工过程中输入工件的热量小，热影响区和热变形小；加工效率高，易于实现自动化.

目前，激光加工工艺已形成系列，主要运用于电子工业和机械制造两个领域. 在电子工业领域，激光加工用于电阻微调、基板划片、打标和半导体处理等；在机械制造领域，激光加工用于切割、打孔、焊接、表面处理（相变硬化、涂敷、熔凝和合金化等）、切削加工等.

三、激光在医疗技术中的应用

激光在生物医学领域的应用最早可以追溯到1961年，第一台医用激光器——红宝石视网膜凝固机在美国问世. 目前，激光医学已经形成较为完整的理论体系，在基础医学、临床检测诊断与治疗等方面有广泛的应用.

激光对生物组织所施加的作用，并存在于由此引发的一系列理化过程中，称之为激光的生物作用. 生物组织因受激光照射而出现的各种应答性反应、效果或变化称为激光生物效应. 激光生物效应是激光临床治疗与诊断的依据或基础.

激光作为一种手段应用于临床已遍及到内科、外科、妇科等各科近300种疾病的治疗. 其基本方法有四大类：激光手术治疗、弱激光治疗、激光光动力学疗法（激光PDT）、激光内镜术治疗. 激光应用于临床治疗，有助于提高治疗效果.

【网络资源】

小　　结

爱因斯坦提出的受激辐射理论奠定了激光的理论基础. 在光辐射与物质的相互作用中，会出现三个不同的基本过程，即自发辐射、受激辐射和受激吸收（简称为吸收）. 我们引入了自发辐射系数、受激辐射系数和受激吸收系数表征三个过程的性质，并给出了三个系数的关系. 受激辐射理论是本章的重点之一，学生应当掌握三个过程的特点，并清楚受激辐射产生的光是激光.

为了获取激光，一般需要满足三个要求：一是要有满足粒子数反转条件的激光工作物质，以便产生光放大；二是要有维持稳定光振荡的光学谐振腔，形成有效的反馈结构；三是要有合适的激励能源，达到阈值条件要求. 上述三个要求是形成激光的基本组成部分，是本章教学的重点. 通过学习应当掌握获取光放大的基本条件，了解光学谐振腔的作用，理解阈值条件要求.

由于谐振腔的作用，激光具有特定的稳定模式，称为激光的模式. 激光的模式区分为纵模和横模，前者决定了激光的输出频率，后者决定了激光横向截面上能量的分布形态. 掌握不同模式激光的特点，区分基模与高阶模的差异是本章的教学要求之一.

激光的种类较多，如固体激光器、半导体激光器、气体激光器和液体激光器等. 若按激光器工作方式来分类，可分为连续、脉冲、Q 突变和超短脉冲等类型. 同其他光源相比，激光具有鲜明的特点，如方向性好、亮度高，单色性好、有良好的相干性，输出能量大、功率高. 这些特谐振腔点使激光在许多方面得到广泛的应用，读者可以通过浏览网络资源，了解激光的应用和相关知识.

附：本章的知识网络

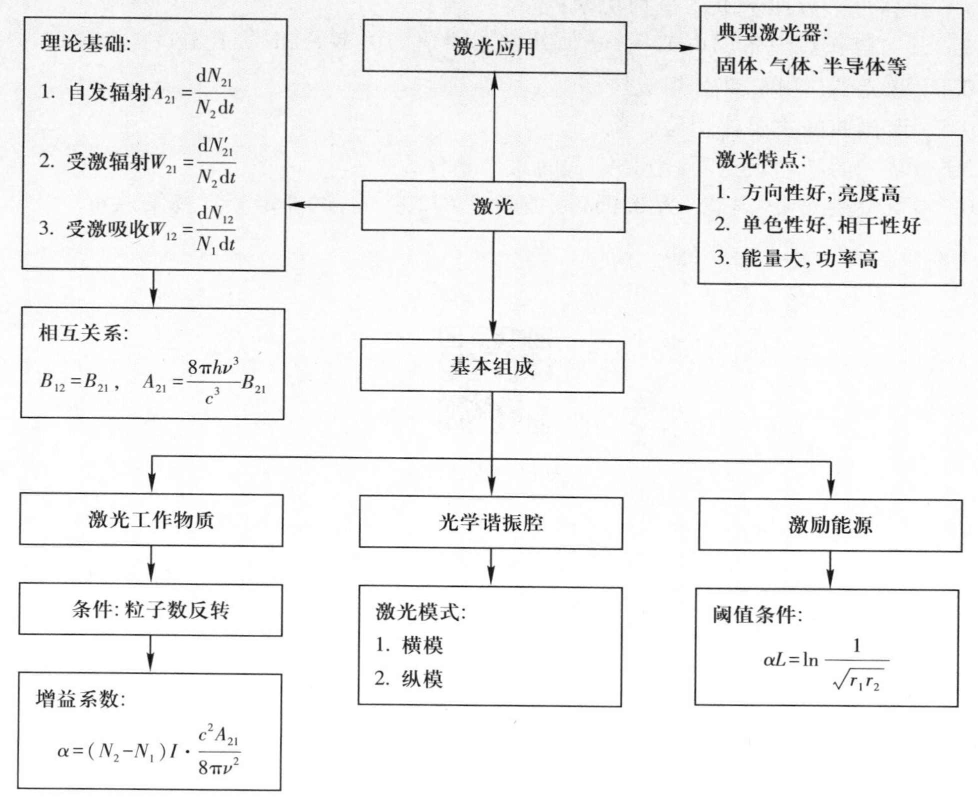

思　考　题

20.1　光辐射与物质相互作用的三个基本过程是什么？各有什么特点？

20.2　在热平衡条件下，比较常温情况下自发辐射与受激辐射的强弱.

20.3 激光形成的基本条件是什么?

习　　题

20.1 氦氖激光器的中心频率 $\nu_0=4.74\times10^{14}$ Hz,自发辐射谱线宽度是 $\Delta\nu=1.5\times10^{9}$ Hz,谐振腔的腔长是 30 cm,问可能输出几个纵模?若谐振腔的腔长取为 10 cm,是否可以获得单纵模输出?

20.2 激光的主要参量有哪些,分别描述了激光的什么特性?

20.3 连续工作的 CO_2 激光器,输出功率为 50 W,聚焦后光束的有效直径是 50 μm.

(1) 计算每平方厘米上的平均功率;

(2) 试与氩弧焊设备(10^4 W · cm^{-2})及氧乙炔焰(10^3 W · cm^{-2})比较.

20.4 激光器由哪三部分组成?

20.5 谐振腔的主要作用是什么?

20.6 从光的波动观点看,激光模式的意义是什么?

20.7 氦氖激光束"腰粗"为 0.4 mm,波长是 632.8 nm,试确定其远场发散角.

习题参考答案

*第 21 章　固体物理基础

固体是一种重要的物质结构形态，与基本粒子、原子核、原子、分子等一样，是当前物理学中主要的研究方向之一. 固体物理是研究固体的结构和组成粒子（原子、离子、电子等）之间相互作用与运动的规律并从而阐明其性能与用途的科学. 量子理论用于固体物理领域，促进了对固体材料、半导体、超导体等的研究，同时使固体理论日臻完善.

本章首先介绍晶体结构及其结合形式，用量子理论引入固体的能带结构，并用能带理论说明了金属、绝缘体、半导体的特性，给出电子的统计分布规律，然后介绍了半导体、超导体和纳米材料的基础知识，并就一些典型的物理性质进行说明.

21.1　固体的能带结构

21.1.1　晶体的微观结构

处于凝固状态下的物体，称为固体（solid）. 按其结构，固体分为晶体、准晶体和非晶体. 这里主要讨论的是晶体（crystal）.

一、空间点阵与晶格

理想的晶体是由原子或原子集团有规律地排列而成. 晶体中原子种类越多，其结构越复杂. 但是不论晶体的结构如何复杂，晶体中原子的排列是有序的. 从认识晶体几何规律的角度看，可以将晶体中的原子或原子集团用其所在位置处的几何点代替，称为阵点. 这些相同的阵点在空间规则的周期性分布，称为空间点阵（space lattice），也称为布拉维点阵（Bravais lattice）.

当晶体是由数种原子构成，其基本单元［简称为基元（basis）］也是由这数种原子组成. 一个基元与一个阵点对应，阵点可以代表基元的重心，也可以取在基元的其他点上，但应保持阵点在各基元中的位置都相同. 基元在空间按一定方式作周期性排列，形成晶体. 图 21.1 示出了二维晶体结构、基元和对应的点阵.

沿三个不同方向通过点阵中的阵点作平行的直线族，将阵点连接而构成一个三维网格，称为晶格（lattice），也称为布拉维格子，这时阵点也称为格点，如图 21.2 所示.

基元棱边的长度，或对应格点的距离，称为点阵常数或晶格常数（lattice constant）.

二、几个简单的晶体结构

（1）简单立方晶体结构

如果把原子看成是刚体球，在一个平面内，规则排列原子球的一个最简单的形式，如果

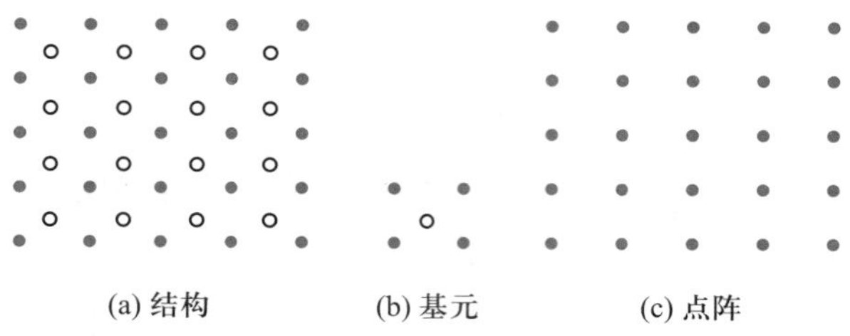

图 21.1 晶体结构及其点阵

把这样的原子层叠起来,各层的球完全对应,就形成所谓简单立方晶格(simple cubic lattice),如图 21.3 所示. 简单立方晶格的原子球心显然形成一个三维的立方格子的结构,往往用图 21.3(b)的形式表示这种晶格. 显然,简单立方晶格中,最近原子间距离 $d=a$,a 为晶格常数. 常见的简单立方晶体有氧和硫.

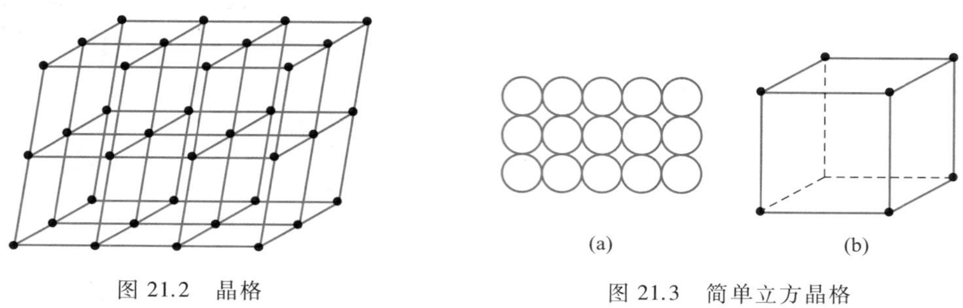

图 21.2 晶格

图 21.3 简单立方晶格

(2) 面心立方晶体结构

面心立方晶格(face-centered cubic lattice)如图 21.4 所示. 单元中每个顶角上和每面的中心上都有一个原子. 在面心立方晶格中,最近原子间距离 $d=\frac{\sqrt{2}}{2}a$,例如 Al,$a=4.041\times 10^{-10}$ m,$d=2.86\times10^{-10}$ m.

(3) 体心立方晶体结构

体心立方晶格(body-centered cubic lattice)如图 21.5 所示. 在单元的每个顶角上有一个原子,在单元的中心也有一个原子. 在体心立方晶格中最近的原子间距为 $d=\frac{\sqrt{3}}{2}a$. 有相当多的金属,如铬、钼、钨、钒、锂和钠等元素,具有体心立方晶体结构.

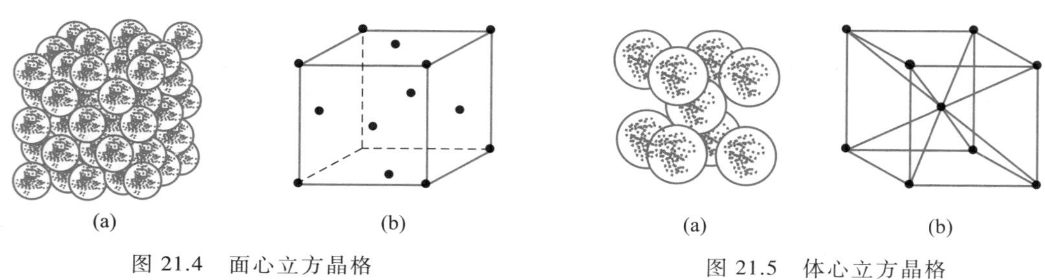

图 21.4 面心立方晶格

图 21.5 体心立方晶格

21.1.2 晶体的结合

如同分子一样,只有固体的基态能量比组成它的原子或分子互相远离时的基态能量的总和低时,固体才能形成稳定结构. 晶体的基态能量与组成它的原子或分子远离时基态能量总和的差值称为晶体的结合能(cohesive energy of crystal).

根据晶体结合的类型,可以将晶体划分为如下几类.

一、离子晶体

离子晶体(ionic crystal)结合的基本特点是以离子而不是以原子为结合的单元,例如,NaCl 晶体是以 Na^+和 Cl^-为单元结合成的晶体,它们的结合就是靠离子之间的库仑吸引相互作用. 虽然,电性相同的离子之间存在着排斥作用,但由于在离子晶体中,正负离子相间排列,使每一种离子以异号的离子为近邻,所以,库仑力作用总的效果是吸引的.

二、共价晶体

以共价结合的晶体称为共价晶体(covalent crystal). 共价结合是靠两个原子各贡献一个电子,形成所谓共价键(covalent bond). 实际上,共价键的现代理论是由氢分子的量子理论开始的. 根据量子理论,两个氢原子各有一个电子在 1s 轨道上,可以取正或反自旋,两个原子合在一起时,自旋相反的电子在两个核之间的区域有较大的密度,它们同时和两个核有较强的吸引作用,从而把两个原子结合起来. 这样一对为两个原子所共有的自旋相反配对的电子结构称为共价键.

三、金属晶体

金属晶体(metal crystal)结合的基本特点是电子的“共有化”,也就是说,在结合成晶体时,原来属于各原子的价电子不再束缚在原子上,而转变为在整个晶体内运动,它们的波函数遍及于整个晶体. 这样,在晶体内部,一方面是由共有化电子形成的负电子云,另一方面是浸在这个负电子云中的带正电的各原子实. 晶体的结合主要是靠了负电子云和正离子实之间的库仑相互作用.

四、分子晶体

以范德瓦耳斯力(相互作用)结合的晶体称为分子晶体(molecular crystal). 范德瓦耳斯力产生于原来具有稳固的电子结构的原子或分子之间,如具有满壳层结构的惰性气体元素,或价电子已用于形成共价键的饱和分子,它们结合为晶体时基本上保持着原来的电子结构. 范德瓦耳斯力是一种瞬时的电偶极矩的感应作用.

【前沿进展】

物质的固态和液态总称为凝聚态. 凝聚态物质的共同特点是原子(或分子)的间距与原子(分子)本身的线度有大致相同的数量级,因而原子(分子)间有较强的相互作用,这使凝聚态物质表现出压缩系数很小这一共同的宏观特征,并在微观结构上具有长程有序(晶体)或短程有序(液体)的特点. 与非凝聚态的气体相比,凝聚态物质具有迥然不同的多样化属性.

凝聚态物理学是研究凝聚态物质的宏观性质及其微观本质的一门学科. 进入 20 世纪后,量子理论的发展使晶态固体的一系列基本宏观性质得到了较好的理论解释,并逐渐形成了较完整的晶态物理学基础. 在以后的半个多世纪中,晶态物理研究的内容有了极大的扩展,主要是从晶体扩展到非晶态固体的研究,从体内性质扩展到表面和界面性质的研究,从完整的理想晶体转移到对杂质和缺陷的研究,从平衡态转向瞬态、亚稳态和相变的研究,以及从普通晶格扩展到超晶格(一种由两种合金单晶薄膜周期性地交替叠合而成的人工晶格结构)的研究,等等. 所有这些内容构成了研究范围十分广泛的凝聚态物理学,派生出了像半导体物理、非晶态物理、表面物理、超导和低温物理等重要物理学分支. 凝聚态物理学由于其实际应用的广阔前景,已成为目前物理学的发展重点之一.

21.1.3 固体的能带结构

根据原子的量子论,在单个原子中电子具有的能量是不连续的,这称为能量的量子化,这些不连续的能量可以借助于能量图上一系列能级来表示. 在正常状态下,由于泡利不相容原理的要求,每个由量子数 n、l、m_l 所表征的能量状态上最多只能容纳两个有不同自旋方向的电子. 但大量原子(或离子、分子、原子团)结合成固体时,情况就大不一样了. 容易理解,原来属于某一原子的电子(主要是较外层的电子)现在除受到母原子的作用之外,还要受到其他邻近原子的作用. 因此关于这些电子在固体中如何运动的运动规律等问题,显然是比较复杂的.

一、电子的共有化

图 21.6 是理想的一维晶格,图中只画出了三个原子 A、B、C 作为代表,以它们为中心的同心圆形象地表示出不同电子轨道. 由于固体中原子的紧密结合,邻近原子的电子轨道发生不同程度的交叠,图 21.6 中 2p 轨道等就是如此. 由于轨道的重叠,晶体中的电子不会再完全局限于各自的母原子范围内运动,它们可以由一个原子的轨道上转移相邻原子的相似轨道上去,所以这些电子就可以在整个晶体中运动. 晶体中电子具有的这一特性就称为电子的共有化(electronic communization),这些电子不再分别从属于个别的原子,而是为整个晶体系统所共有.

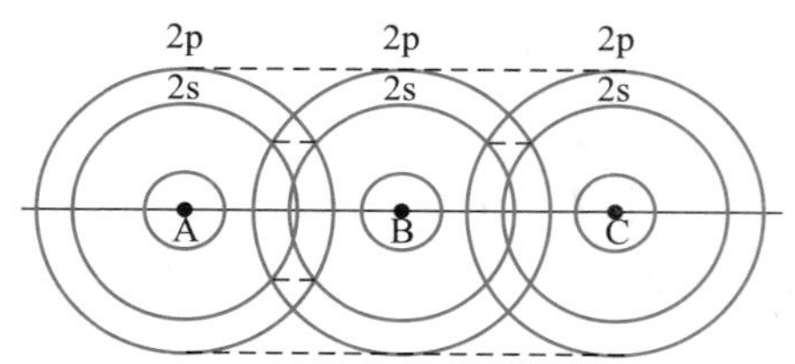

图 21.6 晶体中电子的共有化运动

必须指出,晶体中的电子实际上常兼有原子运动和共有化运动,不过较外层的电子由于轨道交叠较多,共有化运动较强;较内层轨道的电子由于轨道交叠较少,甚至不相交叠,故共有化较弱,甚至与在单个原子中的运动情况相比并无多大区别. 我们所说的轨道交叠,由于能级的关系,只能限于相似轨道的交叠. 如 2s 轨道的交叠,2p 轨道的交叠等,因此共有化运动只能是 2s 能级引起“2s”的共有化运动,2p 能级引起“2p”的共有化运动,而不能在 2s 与 2p 间发生共有化运动.

二、周期场中电子波函数的性质

从晶体的空间点阵理论上看,共有化电子实际上是在点阵所产生的周期性势场中运动的. 根据共有化运动的概念,共有化电子与自由电子的运动十分相似,因此这些电子的运动规律可以模拟自由电子运动规律,采用近似方法处理.

由量子理论可知,一个动量为 $\boldsymbol{p}$、能量是 E、沿波矢 $\boldsymbol{k}$ 方向运动的自由电子,波函数是

$$\psi(\boldsymbol{r},t)=\psi_0\mathrm{e}^{\frac{-\mathrm{i}}{\hbar}(Et-\boldsymbol{p}\cdot\boldsymbol{r})}=\psi_0\mathrm{e}^{-2\pi\mathrm{i}\left(\frac{E}{h}t-\boldsymbol{k}\cdot\boldsymbol{r}\right)} \tag{21.1}$$

式中，$\hbar=\dfrac{h}{2\pi}$，$\boldsymbol{p}=\hbar\boldsymbol{k}$，所谓自由电子问题就是势能 V=常量(可取之为 0)的定态问题，故 $\boldsymbol{k}$ 与 t 无关，上式可以写成

$$\psi(\boldsymbol{r},t)=\psi(\boldsymbol{r})\mathrm{e}^{-\frac{\mathrm{i}}{\hbar}Et} \tag{21.2}$$

式中，$\psi(\boldsymbol{r})=\psi_0\mathrm{e}^{2\pi\mathrm{i}\boldsymbol{k}\cdot\boldsymbol{r}}$，满足如下定态薛定谔方程：

$$\left(-\frac{\hbar^2}{2m}\nabla^2+V\right)\psi(\boldsymbol{r})=E\psi(\boldsymbol{r}) \tag{21.3}$$

为简单起见，以一维晶体为例，沿晶体取坐标轴 x，如图 21.7 所示. 根据晶格的周期性分布，在 x 处的势能 $V(x)$ 必然与 $x+na$ 处的势能 $V(x+na)$ 相等，即

$$V(x)=V(x+na) \tag{21.4}$$

式中，n 为整数，a 为晶格常数. 式(21.4)代入到式(21.3)中，得到共有化电子波函数为

$$\psi(x)=\psi_0\mathrm{e}^{2\pi\mathrm{i}k\cdot x}u(x) \tag{21.5}$$

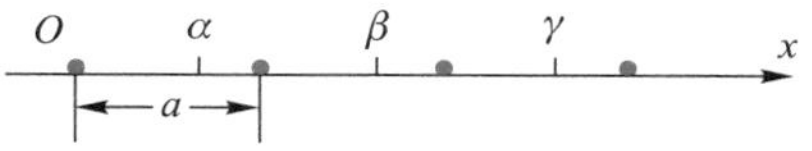

图 21.7 一维晶体

式中，$u(x)=u(x+na)$，是一维周期函数. 结果表明：$u(x)$体现了电子在原子内的运动，指数因子则体现了电子共有化运动. 同自由电子一样，不同的 k 对应不同的共有化运动状态. 由式(21.5)可得

$$\psi(x+na)=\psi_0\mathrm{e}^{2\pi\mathrm{i}k(x+na)}u(x+na)=\mathrm{e}^{2\pi\mathrm{i}kna}\psi(x) \tag{21.6}$$

可见波函数在各个周期单元中完全相似，相互间仅差一个相位因子 $\mathrm{e}^{2\pi\mathrm{i}kna}$. 该因子虽然随 k 值的改变而改变，但是当 k 值改变任何一个 $1/a$ 的整数倍时，这个因子将不改变. 即在各个周期单元中，k 值改变 $1/a$ 的任何整数倍时，描写共有化电子的波函数不变. 所以说，那些改变了 $1/a$ 整数倍的 k 值可不予以考虑，这样 k 值将限制在 $-1/2a\sim1/2a$，可以认为共有化电子波函数的波数 k 的取值范围是 $1/a$.

三、能带的形成及其基本性质

对于自由电子，其能量 E 可以看成波矢 $\boldsymbol{k}$ 的函数，即有

$$E=\frac{p^2}{2m}=\frac{\hbar^2k^2}{2m} \tag{21.7}$$

与之相似，晶体中共有化电子的能量亦可看成波矢 $\boldsymbol{k}$ 的函数，$E=E(\boldsymbol{k})$.$E(\boldsymbol{k})$的具体形式与自由电子的不同，要根据晶体内部的具体结构来确定，情况比较复杂.

由于共有化电子的 k 有一定的取值范围，故原来由确定的量子数 n、l、m_l 所标志的能级，现在应转化为占有一定的能量范围的许多能级，通常把这样的能量范围称为能带(energy band)(实际上与某一组确定的 n、l、m_l 相对应)，如图 21.8 所示. 图中表示相邻能带之间可以有一定的能量间隔存在，称之为禁带(forbidden band). 应当指出，在某些晶体中，能带并不总是被禁带所分开，它们可能部分重叠，甚至由于相邻能带间强烈作用，可能重新分裂成新的能带.

以一维晶体而言，对应于某一能带，波数 k 的取值范围是 $1/a$. 在此范围内 k 是否可以取任何数值？按照经典物理，k 取连续变化数值，但从量子理论角度，k 是量子化的. 根据不确定关系，有

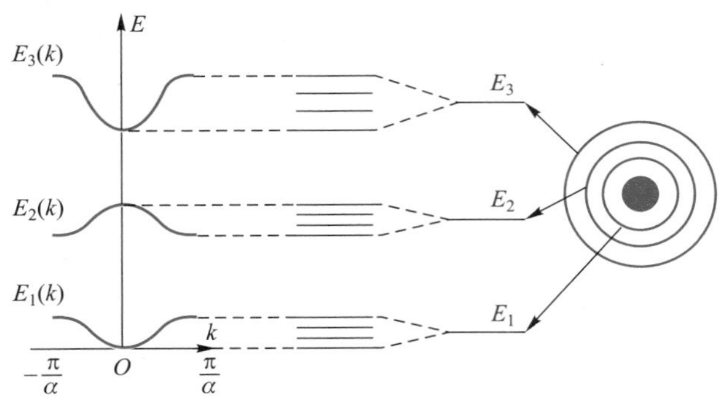

图 21.8　晶体中电子能带的形成

$$\Delta x \Delta p = h \tag{21.8}$$

将 $p = hk$ 代入，有

$$\Delta x \Delta k = 1 \tag{21.9}$$

上式表明，只要 Δx 不趋近于无穷大（只有自由粒子的 $\Delta x \to \infty$），Δk 就不趋近于零，有一定数值. 即与任一状态相对应，波数 k 不可能有确定值，它总要占有相应的一定范围.

如设一维晶体的长度为 L，则对于共有化电子的 $\Delta x = L$，故得 $\Delta k = 1/L$，而对于任一支能带，k 的取值范围都是 $1/a$，故在任一支能带中 k 取不同值的个数 N 是

$$N = \frac{1/a}{1/L} = \frac{L}{a} = \text{晶体中原子个数} \tag{21.10}$$

上式表明，对于由 N 个原子组成的晶体，原先分别属于这 N 个原子中每一原子的相同能级，由于原子间的相互作用而转化为共有化运动的 N 个不同状态. 这 N 个不同的共有化运动状态分别由 N 个不同 k 值表征. 另一方面，由于这 N 个 k 值彼此间稍有差异，故此 N 个状态的能量间也稍有差异. 这样由 N 个原子结合成的晶体，原来 N 个分属不同于原子的同一能级，现在却转化为从属于整个晶体的 N 个不同能级. 这一结论虽然是根据一维晶体这一理想模型求得的，但却适用任何三维晶体.

应当指出，一个能带所占有的能量范围或能带宽度，随不同能带而异. 外层电子的轨道重叠较多，共有化运动较强，相应的能级分裂成的能带较宽；反之，内层电子形成的能带较窄. 但是不论较宽还是较窄，由于能带中的能级数很大，所以我们常把它们看成是准连续的. 另外，晶体中所含原子的多少是不会影响能带的宽窄的，因为原子的多少只会影响晶体的大小，不会影响晶体的内部结构和原子间的距离，所以就不会影响电子轨道的重叠程度和共有化运动的强弱.

【前沿进展】

光子晶体（又称光子禁带材料）的出现，使人们操纵和控制光子的梦想成为可能. 从材料结构上看，光子晶体是一类在光学尺度上具有周期性介电结构的人工设计和制造的晶体. 光子禁带材料能够调制具有相应波长的电磁波——当电磁波在光子禁带材料中传播时，由于存在布拉格散射而受到调制，电磁波能量形成能带结构. 能带与能带之间出现禁带，即光子禁带. 能量处在光子禁带内的光子，不能进入该光子晶体. 光子晶体和半导体在基本模

型和研究思路上有许多相似之处,原则上人们可以通过设计和制造光子晶体及其器件,达到控制光子运动的目的.

光子禁带理论自1987年被美国科学家提出后,立即引起了美国等西方国家学术界、产业界和军界的密切关注,各国政府机构和一些跨国公司纷纷投入开展有关的理论、材料和器件的研究工作. 据不完全统计,与光子晶体有关的技术专利目前已达上千余项. 迄今为止,已有多种基于光子晶体的全新光子器件被相继提出,包括无阈值的激光器、无损耗的反射镜和弯曲光路、低驱动能量的非线性开关和放大器、高效率的发光二极管等. 光子晶体的出现使信息处理技术的"全光子化"和光子技术的微型化与集成化成为可能,其影响可能与当年半导体技术相提并论.

21.2 固体中的载流子及其统计分布

21.2.1 固体中的载流子

一、导带和满带

如果一个能带中所有状态都被电子填满,则此能带称为满带(filled band),如图21.9所示. 对于满带中的电子,不论个别电子的运动如何改变,相对于全部电子而言,总体的运动状态是不会改变的. 不论有无电场存在,虽然伴随着每一电子的运动都会有一微小的电子电流,但满带中全部电子所产生的总电流为零.

与满带的情况相反,如果能带中的所有能级并未被电子填满,仍有一部分能级空着,这样的能带就称为导带(conduction band),如图21.10所示. 由于导带中有许多空的能级,当有外电场作用时,电子可以改变其运动状态,参与导电.

由于某种原因,如热激发,满带可能失去若干电子,相应地要出现若干空状态,称为空穴(hole),如图21.11所示. 这时满带中的空状态是极少的,与导带的情况有很大区别. 虽然满带中电子的状态可以发生改变,参与导电,但电子状态的改变要受到随时改变的空状态的制约. 因此我们把满带中出现空状态所获得的导电性,不直接归于电子,而归于空穴.

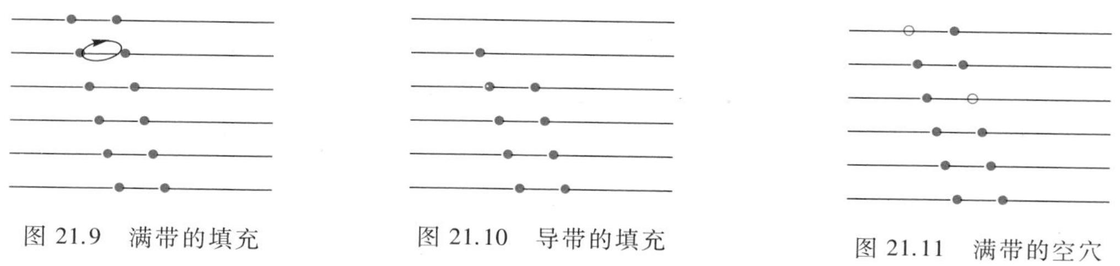

图21.9 满带的填充 图21.10 导带的填充 图21.11 满带的空穴

在材料中参与导电的粒子称为载流子(carrier). 导带中的电子和满带中的空穴均能自由移动,在外电场的作用下能做定向运动而产生电流,分别称为电子导电(electron conductance)和空穴导电(hole conductance).

在一般情况下,原子内层能级填满电子,而最外层电子能级可能填满,也可能未填满. 原子结合成晶体时,电子能级转化成晶体能带,其状态数与这些原子单独存在时能级的总状态数相等. 原子的内层能级形成能带后总被电子占满，即形成满带；原子最外层电子能级形成的能带可能被电子占满形成满带，也可能未被占满，可称为未满带；原子最外层电子之外的能级对应的能带，通常情况下未被电子填充，称为空带。满带电子不导电，满带（包括所有内、外层满带）也称为价带。未被电子占满的能带中电子在外加电场和电子散射的共同作用下参与导电。在电场作用下，空带与满带间会形成电子跃迁，空带部分被电子占据形成未满带，从而参与导电。因此，未满带和空带（包括所有外层空带）也称为导带。电子特性主要取决于价带顶部及导带底部，因此人们更关注最邻近的导带与价带。

二、导体、绝缘体与半导体

（1）导体

在由 N 个原子组成的单价金属（如 Li、Na、K 等）中，一个原子有一个 s 价电子，N 个原子就有 N 个这样电子，这 N 个电子填入 N 个能级（可以容纳 $2N$ 个电子）的 s 带中，只填充 s 带能级的一半，还有一半空着，这个能带是导带，如图 21.12（a）所示. 这样单价金属是导体（conductor）.

双价金属（如 Be、Mg、Zn 等）的每一原子有两个 s 电子，N 个原子形成晶体时，$2N$ 个电子正好填满 s 能带，形成满带. 但紧邻的由激发能级所形成的空带与此满带相重叠，如图 21.12（b）所示，正好形成一个未被电子充满的导带. 因此双价金属也是导体.

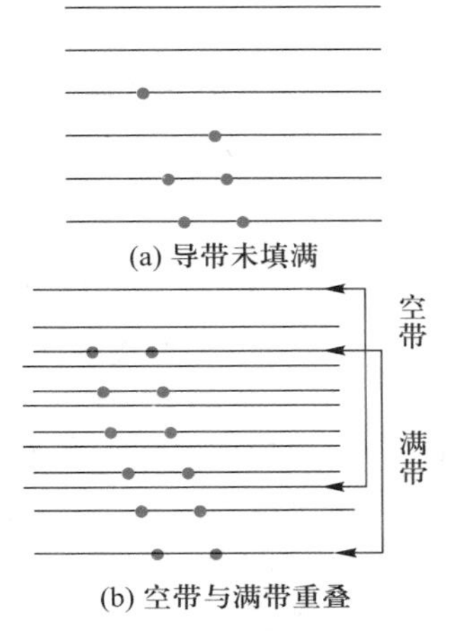

图 21.12 导体能带结构

（2）绝缘体

绝缘体（insulator）原子最外层电子能级形成的能带是满带，而且紧邻该满带由激发能级所形成的空带其能量较满带的能量高出很多，禁带宽度（breadth of forbidden band）E_g 较宽. 在绝对零度时，导带空着，禁带较宽，是严格绝缘的，如图 21.13（a）所示；在通常温度时，由于热激发的关系，一些电子跃迁入导带（空带），在导带中有了电子，满带中也相应出现空穴，获得了一定的导电能力，如图 21.13（b）所示. 但由于禁带很宽，能够由满带跃迁入导带的电子很少，所以导电能力极差，一般认为是绝缘体. 随着温度的升高，会有较多的电子获得足够能量，由满带跃迁入导带. 这时导电性能相应增强，在温度过高时，其绝缘性能就会遭到破坏.

（3）半导体

无晶格缺陷且不含杂质的半导体（semiconductor）称为本征半导体（intrinsic semiconductor）. 本征半导体能带与绝缘体的基本相同，所不同的是禁带宽度较窄，一般大约为 1 eV，如图 21.14（a）所示. 在绝对零度时，半导体是绝对不导电的；在常温时，由于禁带宽度小，在热激发的作用下，有比绝缘体多得多的电子由满带跃迁入导带，同时在满带中留下空穴，使之获得了相应的导电性能. 这种由于电子-空穴对（electron-hole pair）的产生而形成的混合型导电称为本征导电，如图 21.14（b）所示.

掺有杂质的半导体称为杂质半导体（impurity semiconductor）. 实验和理论证明，半导体

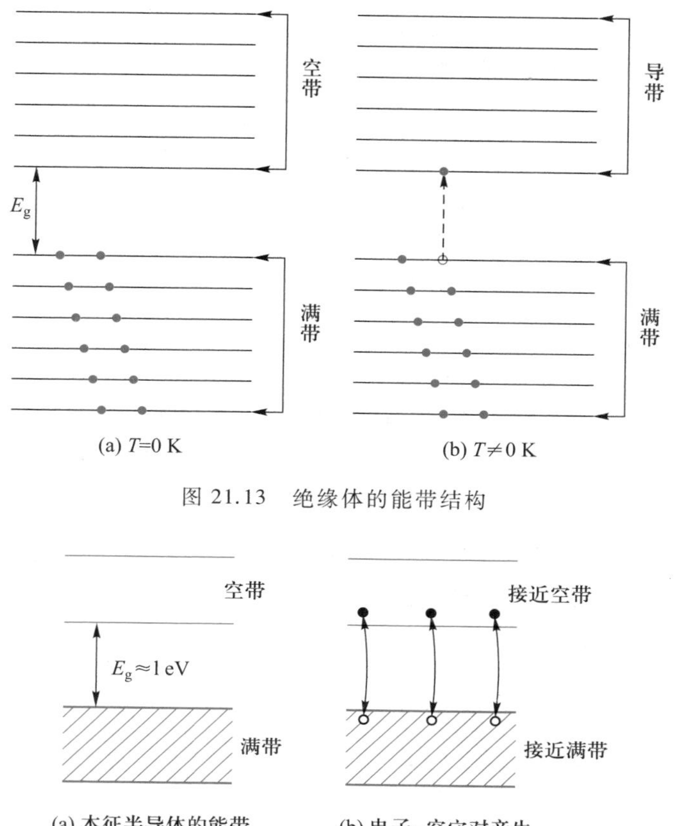

图 21.13 绝缘体的能带结构

图 21.14 本征半导体的能带结构

的性质与所含杂质有关.

诸如 Si 和 Ge 等半导体,它们的原子有四个价电子. 每一原子与紧邻的四个原子相作用,形成共价键结构. 这些构成饱和共价键的电子是不能参与导电的,相当于满带中的电子. 如果在半导体硅中加入少量的五价元素杂质,例如磷. 当磷原子取代硅原子后,磷原子的五个价电子中只有四个参与共价键结合,多余的一个则只能束缚在该杂质原子上,如图 21.15(a)所示. 这种束缚在个别杂质原子上的电子,既不同于满带中的电子,也不同于导带中的电子,其能级常处于禁带之中,并非常靠近导带底,如图 21.15(b)所示. 这些局部能级距导带底很近,在热激发下,该局部能级上的电子易于跃入导带,成为自由电子. 由于这些杂质可以释放电子,故常称之为施主杂质(donor impurity)或施主(donor),相应能级称为施主能级(donor level) E_D. 在施主占优势的杂质半导体中,导带电子占多数,称为多数载流子(majority carrier);价带空穴占少数,称为少数载流子(minority carrier). 相应的半导体称为 n 型半导体(n-type semiconductor).

如果在硅中加入少量的三价元素,例如硼. 硼原子取代硅原子后与相邻的四个硅原子以共价键结合时要缺少一个电子,如图 21.16(a)所示. 这时要出现一个未被电子占据的局部能级,该能级也只能处于禁带之中,并非常靠近满带顶,如图 21.16(b)所示. 这些局部能级离

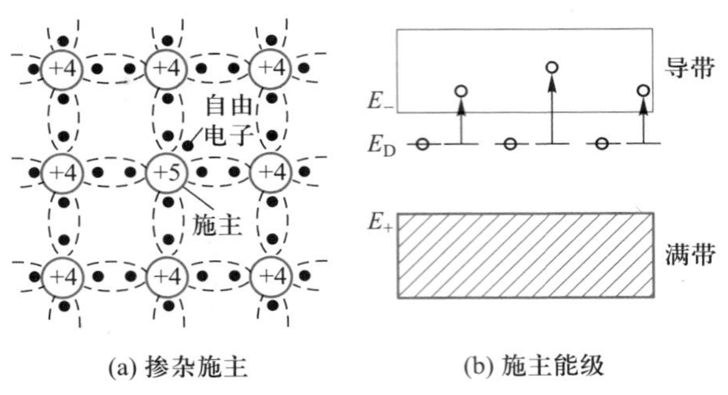

(a) 掺杂施主　　(b) 施主能级

图 21.15 n 型半导体

满带顶很近,满带中的电子易于跃入此局部能级,并在满带中留下空穴. 由于这些杂质能够接受电子,通常称为受主杂质(acceptor impurity)或受主(acceptor),相应局部能级就称为受主能级(acceptor level)E_A. 对受主占优势的半导体,导带电子是少数载流子,价带空穴是多数载流子. 相应的半导体称为 p 型半导体(p-type semiconductor).

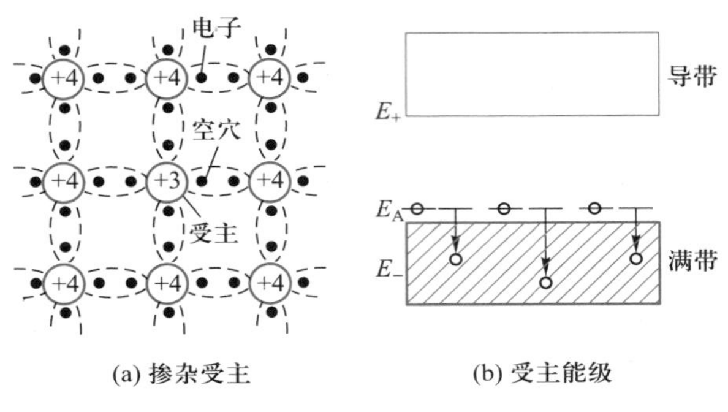

(a) 掺杂受主　　(b) 受主能级

图 21.16 p 型半导体

21.2.2 载流子的统计分布

如上讨论,在一定温度下,导带中会有一定数量电子,满带中会有一定数量的空穴. 下面讨论电子或空穴在能带中如何分布.

一、电子的统计分布

固体中电子的分布是量子化的,并且受到泡利不相容原理的制约,所以电子的统计分布规律与经典粒子的统计分布规律不相同. 按照量子统计理论,电子应服从费米-狄拉克分布(Fermi-Dirac distribution). 即在一个由若干个电子组成的电子系统中,一个能量为 E 的能级被电子占据的概率为

$$f(E)=\frac{1}{e^{(E-E_F)/kT}+1} \tag{21.11}$$

$f(E)$称为费米分布函数(Fermi distribution function). 其中,T 是系统的温度,k 是玻耳兹曼常量,E_F 是参量,称为费米能级(Fermi level). 对确定的材料,E_F 只是温度的函数,但随温度的变化并不显著,通常视之为常量.

（1）$T=0$ K

在绝对零度时，费米能级 E_F 表示为 E_F^0. 对于 $E<E_F^0$ 的能级，$e^{(E-E_F^0)/kT}\to 0$，有 $f(E)=1$，所有低于费米能级 E_F^0 的能级都被电子所充满；对于 $E>E_F^0$ 的能级，$e^{(E-E_F^0)/kT}\to\infty$，有 $f(E)=0$，所有高于费米能级 E_F^0 的能级全部空着. 这个结论与能量最小原理是相一致的.

（2）$T>0$ K

在实际情况下，绝对温度不会是零. 由于热运动，一些电子由低于费米能级的能级跃迁到高于费米能级的能级，大于 E_F 的能级上出现电子，低于 E_F 的能级未能充满，由于热运动的能量具有 kT 的数量级，故只是在费米能级上下 kT 范围内，才会发生变化.

对于能量正好是 $E=E_F$ 的能级，$e^{(E-E_F)/kT}=1$，于是 $f(E)=1/2$，即能量等于 E_F 的能级被电子占据的概率是 1/2.

对能量 $E<E_F$ 的能级，$e^{(E-E_F)/kT}<1$，则有 $f(E)>1/2$，即能量低于 E_F 的能级被电子占据的概率恒大于 1/2. E 比 E_F 低得越多，这个能级被电子占据的概率越大.

对能量 $E>E_F$ 的能级，$e^{(E-E_F)/kT}>1$，则有 $f(E)<1/2$，即能量大于 E_F 的能级被电子占据的概率恒小于 1/2. E 比 E_F 高得越多，这个能级被电子占据的概率越小. $f(E)$ 的变化情况如图 21.17 所示.

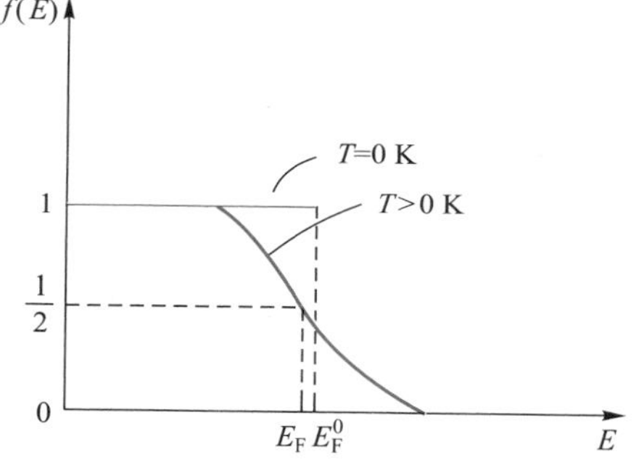

图 21.17 $f(E)$ 随温度、能量的变化

应当指出，当 E 高于 E_F，且 $(E-E_F)$ 是 kT 的若干倍时，费米分布函数 $f(E)$ 中的指数函数将远大于 1，于是费米分布函数近似为

$$f(E)\approx e^{\frac{E_F}{kT}}\cdot e^{-\frac{E}{kT}} \tag{21.12}$$

这时电子按能级的分布的规律呈现指数形式，这同经典统计分布——玻耳兹曼分布是相同的.

二、空穴的统计分布

与前面的情况相反，现在讨论能级 E 未被电子占据的概率，也就是被空穴占据的概率. 由于能级 E 不是被电子占据就是被空穴占据，故能级 E 被空穴占据的概率为

$$1-f(E)=\frac{1}{e^{(E_F-E)/kT}+1}$$

如果 $(E-E_F)\gg kT$，则上式中指数项将远大于 1，因此有如下近似：

$$1-f(E)\approx e^{-\frac{E_F}{kT}}\cdot e^{\frac{E}{kT}} \tag{21.13}$$

上式表明：在远低于费米能级、几乎被电子充满的能级上，空穴的分布基本上符合经典的玻耳兹曼分布规律.

初看式(21.13)，其指数项与玻耳兹曼分布规律在指数上差一负号，但实质上是相一致的. 这里的 E 是电子的能级不是空穴的能级，空穴能级的高低与电子能级的高低正好相反. 当电子处于较低能级时，空穴处于较高能级时能量较低，故电子的较高能级实际上是空

穴的较低能级. 式(21.13)所表示的 E 越大概率越大,实际上是空穴的能量越小,出现空穴的概率越大,这与玻耳兹曼分布一致.

三、杂质与电离杂质的统计分布

任何晶体都可能存在一些缺陷或杂质. 尤其是半导体,人们常有意识地加入微量杂质,以改变其性能. 下面考虑在一块加有适当杂质的半导体中,有关杂质的电离等问题.

(1) 施主杂质的统计分布

设单位体积中施主原子数为 N_D,按照费米-狄拉克分布,施主能级被电子占据的概率,即施主原子处于中性未被电离的概率为 $f(E_D)$,则未电离的施主密度为

$$N_D \cdot f(E_D)=\frac{N_D}{e^{(E_D-E_F)/kT}+1} \tag{21.14}$$

而被电离的施主密度是

$$N_D \cdot [1-f(E_D)]=\frac{N_D}{e^{(E_F-E_D)/kT}+1} \tag{21.15}$$

由于 E_F 与 E_D 相差很小,故 N_D 虽然不多,但电离也可以对导带贡献出较多电子.

随着温度的升高,施主将全部电离,导带中电子数等于施主杂质密度,称这种情况为杂质饱和电离. 即

$$n=N_D \quad (多子) \tag{21.16}$$

式中,n 是导带中电子数密度,此时少数载流子(空穴)的密度 p 是

$$p=\frac{n_i^2}{N_D} \quad (少子) \tag{21.17}$$

式中 n_i 是本征载流子密度.

(2) 受主杂质的统计分布

下面考虑在一定温度下受主杂质中释放空穴的情况,即发生电离的可能性. 显然,受主能级 E_A 被空穴占据的概率就是受主原子处于中性未被电离的概率,即

$$1-f(E_A)=\frac{1}{e^{(E_F-E_A)/kT}+1} \tag{21.18}$$

如受主密度为 N_A,则未电离的受主密度为

$$N_A \cdot [1-f(E_A)]=\frac{N_A}{e^{(E_F-E_A)/kT}+1} \tag{21.19}$$

相应地,电离的受主密度是

$$N_A \cdot f(E_A)=\frac{N_A}{e^{(E_A-E_F)/kT}+1} \tag{21.20}$$

因为 E_A 与 E_F 相差很小,故 N_A 虽然不大,电离也可以对满带贡献出较多空穴.

随着温度的升高,受主将全部电离,价带中空穴数等于电离的受主杂质密度,出现饱和电离. 于是

$$p=N_A \quad (多子), \qquad n=\frac{n_i^2}{N_A} \quad (少子) \tag{21.21}$$

21.3 半导体物理基础

半导体材料是固体材料中被人们十分关注的一类. 用半导体制成的各种器件有着广泛的用途,特别是对具有各种功能的晶体管、集成电路和大规模、超大规模集成电路,以及高速电子计算机等具有重大意义. 另外用半导体材料可以制成各种热敏、光敏等传感元件,推动了工业、技术领域的进步. 本节着重介绍半导体的一些基本物理性质.

21.3.1 半导体的电导和霍耳效应

一、电导现象

如图 21.18 所示,在半导体样品两端加电压 V,其内部有电场存在. 载流子一方面被电场加速,另一方面又受到材料不完整性的碰撞. 它们除热运动以外,还要做漂移运动,从而引起一定电流,这就是电导(electric conduction)现象.

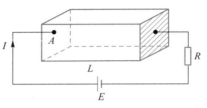

图 21.18 半导体中的电导现象

根据微分欧姆定律,半导体中电流密度 j 与电场强度 E 间有如下关系:

$$j=\sigma E \tag{21.22}$$

式中,σ 称为电导率(conductivity). 这里的电流是载流子漂移运动的结果,显然载流子漂移运动的速度与外加电场成比例,即

$$v=\mu E \tag{21.23}$$

式中,μ 是载流子的迁移率(mobility),表示在单位电场作用下,载流子获得漂移速度(drift velocity)的大小,是描述载流子在电场中漂移运动难易程度的物理量.

比较式(21.22)、式(21.23),电导率 σ 与迁移率 μ 和载流子浓度 n 的关系是

$$\sigma=ne\mu \tag{21.24}$$

由于半导体中可以同时存在电子和空穴,因此在计算电导率时应同时考虑两种载流子的贡献,其关系是

$$\sigma=ne\mu_{n}+pe\mu_{p} \tag{21.25}$$

式中,μ_n、μ_p 分别是电子和空穴的迁移率.

在本征半导体中,$n=p=n_i$,则

$$\sigma=n_{i}e(\mu_{n}+\mu_{p}) \tag{21.26}$$

而对只含施主或受主杂质的半导体,在杂质饱和电离范围内,主要是一种载流子导电,有

$$\sigma=\begin{cases}ne\mu_{n} & (\text{n 型})\\ pe\mu_{p} & (\text{p 型})\end{cases} \tag{21.27}$$

二、霍耳效应

在半导体中,如果同时有外电场 $\boldsymbol{E}$ 和与之垂直的磁场 $\boldsymbol{B}$ 存在时,载流子同时受电场力

和洛伦兹力的作用. 它们一方面沿着电场作用方向产生漂移运动,另一方面洛伦兹力使其漂移运动发生偏转. 于是在垂直于外加电场和磁场的方向上,产生横向电动势,这种现象称为霍耳效应(Hall effect).

如图 21.19 所示,在长方形半导体样品的两端加上电压,在样品的纵向(x 方向上)上形成电场 E_x. 半导体中的价带空穴和导带电子被电场加速,沿 x 方向漂移速度 v_x 为

$$v_x = \pm \mu E_x \tag{21.28}$$

式中,"+"号对应空穴,"-"号对应电子. 由于空穴和电子携带的电荷符号相反,所以在外电场作用下,空穴漂移速度与外场方向相同,而电子的漂移速度与之相反.

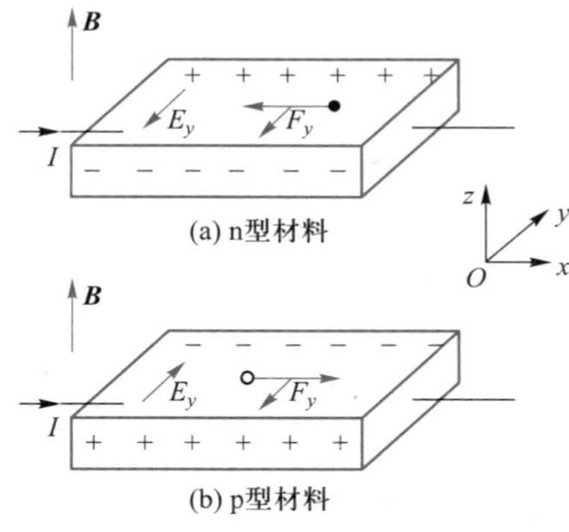

图 21.19 霍耳效应

在垂直于外电场方向上,再施加一磁感应强度为 B_z 的磁场,使载流子产生洛伦兹力,其方向同磁场方向和速度方向垂直. 洛伦兹力使载流子运动方向偏转. 在样品的横向(y 方向)边界上形成电荷积累,产生附加的横向电场 E_y. E_y 又会阻止载流子的继续偏转,两种对立的趋势最终趋于平衡,使样品横向上的宏观电流为零. 样品中的电流,仍沿纵向流动. 这种由于外电场与磁场同时存在而引起的附加横向电场 E_y,一般称为霍耳电场. 在弱磁场条件下,霍耳电场 E_y 同电流密度 j_x 和磁感应强度 B_z 成比例,即

$$E_y = R j_x B_z \tag{21.29}$$

R 称为霍耳系数.

当载流子只是电子或空穴时,霍耳系数为

$$R_n = -\frac{1}{ne} \quad 或 \quad R_p = \frac{1}{pe} \tag{21.30}$$

由此可见,电子导电与空穴导电的霍耳系数符号相反. 在两种载流子同时存在时,可以证明

$$R = \frac{p\mu_p^2 - n\mu_n^2}{e(n\mu_n^2 + p\mu_p^2)} \tag{21.31}$$

当载流子的浓度和迁移率变化时,R 可正、可负或等于零. 通过半导体霍耳系数和电导率的联合测量,可以确定其导电类型及载流子浓度,因此霍耳效应是研究半导体的重要手段之一.

21.3.2 pn 结

在一块硅片上,用不同的掺杂工艺使其一边形成 n 型半导体,另一边形成 p 型半导体,那么在两种半导体交界面的区域中,就形成了 pn 结(p-n junction). pn 结是构成各种半导体器件的基础.

p 型半导体中空穴多,n 型半导体中自由电子多. 因此,在交界上出现浓度差,n 区的电子必然向 p 区运动;p 区的空穴就必然向 n 区运动. 这种由于浓度差引起的运动称为扩

散. 扩散到 p 区的电子因与空穴复合而消失，使在 p 区一侧出现负离子区；扩散到 n 区的空穴与电子复合而消失，使在 n 区一侧出现正离子区. 于是，在界面处，出现了由正、负离子组成的空间电荷区，如图 21.20 所示. 在空间电荷区形成了一个 n 区指向 p 区的内电场. 这种内电场将阻止扩散的进行，最终将达到平衡，空间电荷区保持一定宽度，在 pn 结中电流为零.

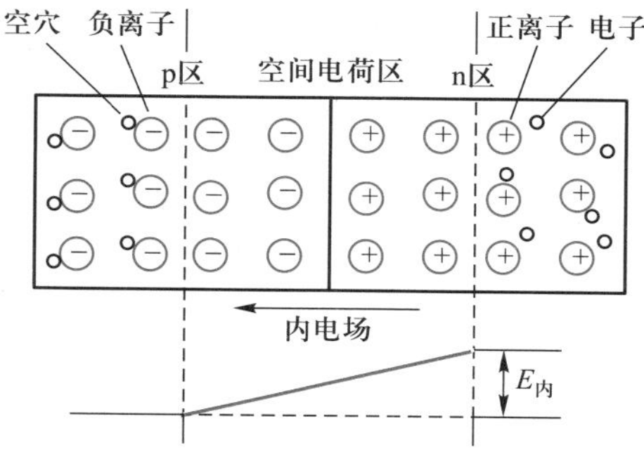

图 21.20 平衡状态下的 pn 结

pn 结能带结构如图 21.21 所示. n 型材料中电子浓度较高，费米能级亦较高；p 型材料中空穴浓度较高，费米能级则较低. 两者基础平衡后，费米能级处于同一高度. 结区内建电场使 p 区相对 n 区具有负电位，使结区内能带弯曲，写成 pn 结势垒. 势垒高度 eV_D 正好补偿了 n 区和 p 区接触前费米能级之差.

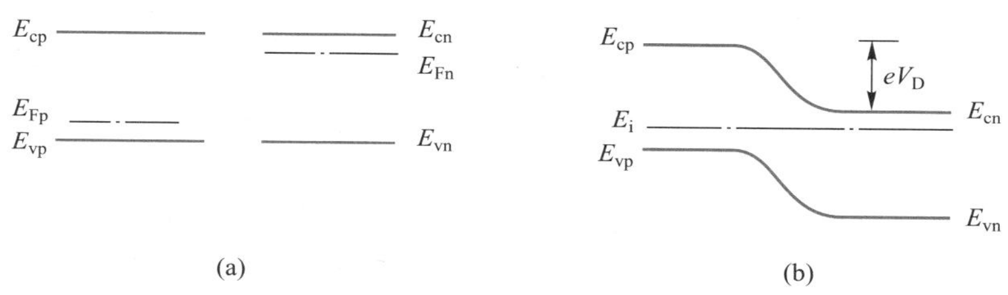

图 21.21 pn 结能带

pn 结重要的特性是它的单向导电性. 当 pn 结加正向电压时，即在 p 区接电源正极，n 区接负极. 此时，外电场方向与内电场方向相反，使原来的平衡状态受到破坏，使电子向 p 区扩散增加. 同理，也增加空穴向 n 区的扩散，形成了相当大的正向电流. 若 p 区接负极，n 区接正极，则外电场与内电场同方向，这样就更加强了阻止电子和空穴的扩散，使反向电流很小. 这种大的正向电流，很小的反向电流就是 pn 结的单向导电特性.

21.3.3 半导体的光吸收与光辐射

一、半导体的光吸收

当光辐射入射到半导体材料上时，半导体会产生光吸收. 半导体的光吸收有本征光吸收、杂质光吸收、自由载流子光吸收等，下面进行简要介绍.

(1) 本征光吸收

价带电子吸收入射光子能量后跃迁到导带，产生电子-空穴对，这种光吸收称为本征光吸收，如图 21.22 所示. 由于固体能带限制，只有光子能量超过禁带宽度 E_g 时，才能产生本征光吸收，所以本征光吸收存在一个长波限，长波限对应的量值满足

$$\lambda=\frac{hc}{E_g} \tag{21.32}$$

式中，h 是普朗克常量，c 是真空中光速，E_g 是禁带宽度.

(2) 杂质光吸收

在杂质半导体中,中性施主所束缚的电子吸收入射光子能量后跃迁到导带(或中性受主所束缚的空穴吸收入射光子能量后跃迁到价带),称为杂质光吸收,如图 21.23 所示. 显然只有光子能量超过杂质电离能时,才能产生杂质光吸收. 杂质光吸收长波限对应的量值满足

$$\lambda=\frac{hc}{E_{\mathrm{D}}}\quad \text{或}\quad \lambda=\frac{hc}{E_{\mathrm{A}}} \tag{21.33}$$

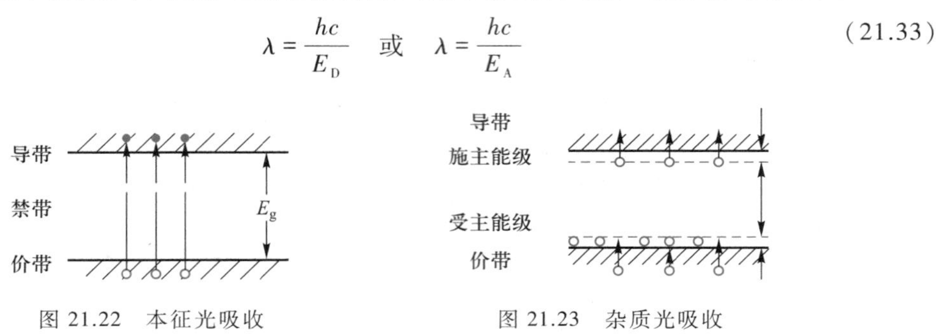

图 21.22　本征光吸收　　图 21.23　杂质光吸收

(3) 自由载流子光吸收

在半导体中,导带中的电子和价带中的空穴是自由载流子. 当入射光辐射能量不足以引起带间跃迁,却可以使自由载流子在导带或价带的不同能态之间跃迁,这称为自由载流子光吸收. 由于这种吸收不需要大的光子能量,所以往往产生红外吸收.

二、半导体的光辐射

半导体的光辐射是半导体向外发射可见光、红外线及紫外线电磁辐射的现象,它可以视为光吸收的逆过程.

当电子从较高能态跃迁到较低能态时,这两个能态的能量差值以电磁辐射形式发射出来. 半导体能带的多样性,必然带来不同的辐射跃迁机理. 与半导体光吸收对应,其逆过程往往产生光辐射,可以有本征光辐射、杂质光辐射、自由载流子光辐射等.

【科技博览】

把各种类型的半导体适当组合,可制成各种晶体管. 晶体管是大多数放大器的基本元件. 随着超精细加工等小型化技术的发展,将若干个晶体管及辅助的电阻器和电容器相互连接在单独一块极小的硅片上,可以制成各种规模的集成电路,广泛用于电子计算机、通信、雷达、宇航、电视、制导等技术中. 此外,利用半导体的导电性或电阻率随温度的灵敏变化制成的各种热敏电阻(thermosensitive resistance),广泛用于自动控制;利用一些晶体的电导性随光强度灵敏改变的特点,制成的各种光敏电阻,广泛用于各种自动控制、遥感等技术中. 还有许多其他半导体器件,如隧道二极管、可控硅整流器(SCR)、场效应晶体管(FET)、半导体激光器等,广泛用于工农业生产以及科研、测量、宇航等各种领域中.

21.4　超导电性

1908 年荷兰物理学家昂内斯(H. K. Onnes)首次成功获得了液氦,得到低于 4 K 的低温. 1911 年,他在测量低温下水银电阻时发现,当温度降到 4.2 K 时,水银电阻急剧减少,以

致仪器无法检测，图 21.24 是当时的实验结果. 这表明，水银在 4.2 K 附近进入电阻实际为零的状态，称为超导态（superconductive state），把这种性质称为超导电性（superconductivity）.

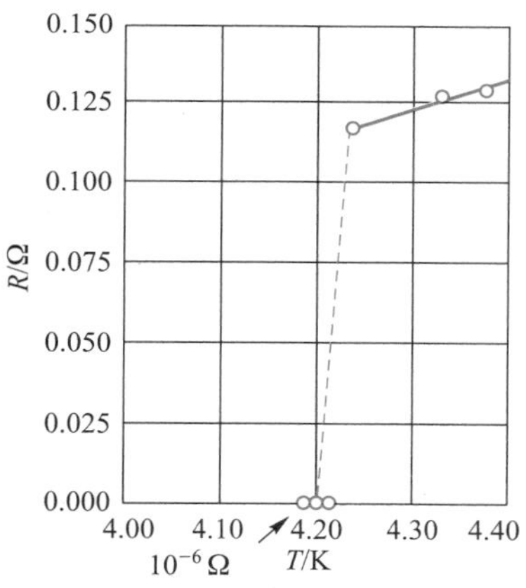

图 21.24 昂内斯的实验曲线

某些金属、合金以及化合物在低温的条件下，呈现出电阻等于零和排斥磁力线的奇特现象，称为超导现象. 具有这种性质的导体称为超导体（superconductor）. 电阻发生突变的温度称为临界温度，以 T_c 表示，它是材料由正常态向超导态转变的温度.

21.4.1 超导基本现象

一、零电阻现象

超导体的电阻率在目前的测量精度内测不出来，说明其上限仅为 $10^{-27}\ \Omega\cdot m$，是室温下铜的电阻率（$1.67\times10^{-8}\ \Omega\cdot m$）的 6×10^{-20} 倍，完全可视为零. 因此，超导体内一旦有电流就会永远流下去. 美国麻省理工学院的柯林斯（J. Collins）等人曾经做了一个著名的持续电流实验：他们将一铅环放在磁场中，如图 21.25（a）所示，将其冷却到临界温度以下，然后将磁场突然撤去，电磁感应在超导铅环中产生感应电流，通过测量感应电流所激发的磁场，可知圆环中的电流，如图 21.25（b）所示. 经过两年半的观测，没有发现电流的衰减. 这个实验肯定了超导体的直流电阻为零.

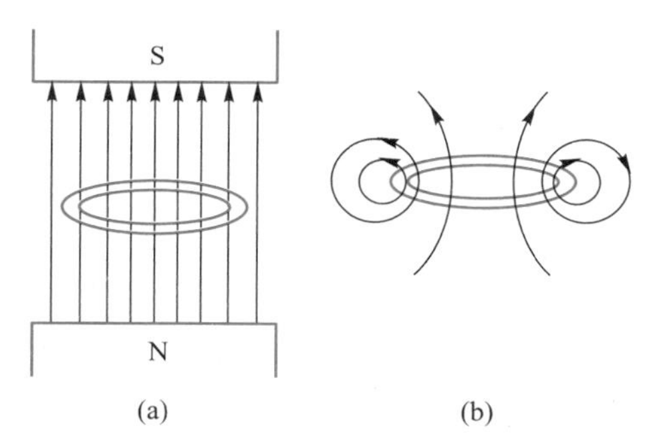

图 21.25 持续电流实验

需要指出的是，只有在直流电情况下才有零电阻现象，在交流电情况下电阻不为零.

二、完全抗磁性

1933 年迈斯纳（W. F. Meissner）等人发现超导体是一种完全抗磁体，即超导体内部的磁感应强度为零，磁通量完全被排斥在超导体之外. 他们把一圆柱形样品放在与其轴向垂直的磁场中，并从正常态冷却到超导态，当 $T>T_c$ 时，磁通是穿过样品的；但当 $T<T_c$ 时，磁通量被完全排斥在圆柱体之外；撤去外磁场后，磁场就完全消失，如图 21.26（a）所示. 这种效应称为迈斯纳效应. 进一步的实验证明，不管是先加磁场再降温还是先降温使样品进入超导态后再加磁场，超导体内部的磁感应强度都是零. 在电磁学中，我们把磁介质内部磁感应强度小于外加磁感应强度的性质称为抗磁性. 迈斯纳效应表明，超导体的抗磁性极强，使内部磁感强度为零，故把迈斯纳效应称为完全抗磁性.

完全抗磁性表明超导体和仅仅具有零电阻特性的理想导体不同. 由于电阻为零，在理想导体内部不可能存在电场，根据电磁感应定律，穿过理想导体的磁通量不可能改变，原来存在于体内的磁通量，在临界温度以下，仍然存在于体内不被排斥出来. 当撤去外磁场后，为了保持体内的磁通量，将会产生永久性的感生电流，并在体外产生相应的磁场，如图 21.26（b）

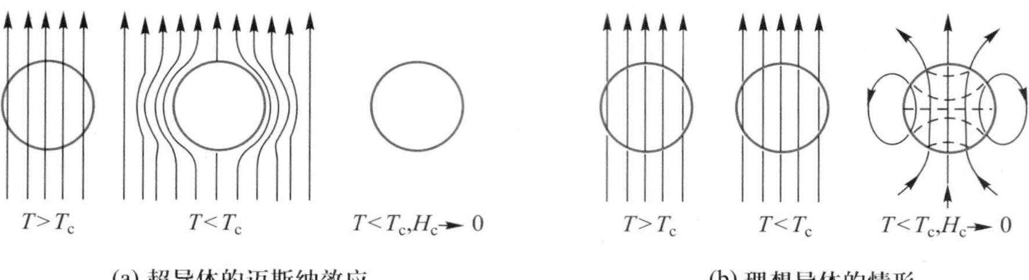

图 21.26 超导体的迈斯纳效应及与理想导体的比较

所示. 比较图 21.26(a)和图 21.26(b),可以看出超导体和理想导体的本质区别.

把超导样品放入磁场中,由于穿过样品的磁通量发生变化,所以样品表面产生电流,该电流在样品内部产生一个和外磁场大小相等、方向相反的内磁场,完全抵消掉内部的外磁场,如图 21.27 所示. 这时可将超导体本身看成一个磁体,其磁场方向和外磁场相反. 由此造成的斥力可以抵消重力,使其悬浮在空中,称为磁悬浮.

三、临界磁场和临界电流

当物体在低温下处于超导态时,如果周围环境的磁场足够强,则可破坏其超导电性,使其出现电阻,恢复到正常态. 在一定温度下破坏超导电性所需的最小磁场称为临界磁场,用 H_c 表示. 图 21.28 给出了一些元素超导体的 H_c-T 曲线.

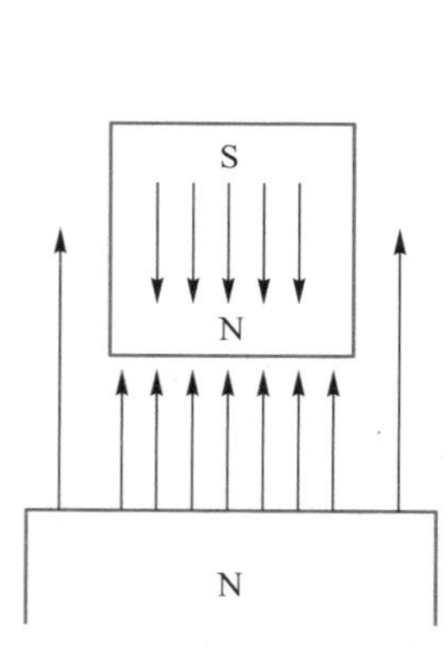

图 21.27 超导磁悬浮

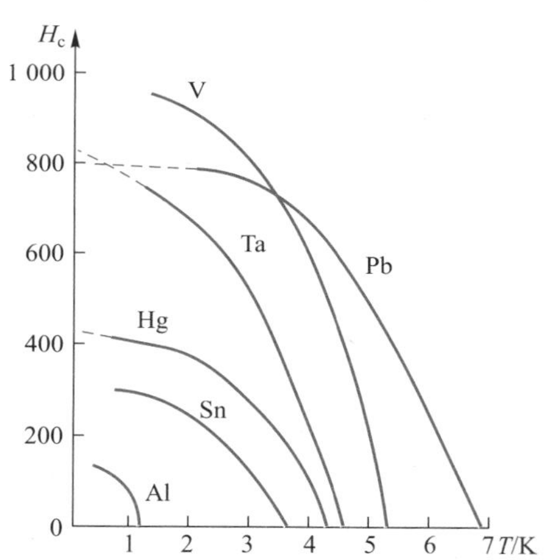

图 21.28 超导体的 H_c-T 的曲线

在外磁场为零时,超导体自身电流产生的磁场太强也会破坏其超导电性,因此超导体内流过的电流不能太大. 能维持超导态,在超导体中允许流过的最大电流密度,称为临界电流密度,用 $J_c(T)$ 表示. 应当指出,$J_c(T)$ 和 H_c 有关,但并不唯一取决于 H_c,它和其他因素也有一定的关系.

从超导体排斥磁力线的特性及其和临界磁场的关系来看,超导体可分为两类. 第一类超导体的特性如图 21.29 的曲线 Ⅰ 所示,当 $H>H_c$ 时导体为正常态,内部磁感应强度不为零,B 随 H 的减少而减少;当 $H<H_c$ 时 B 突然变为零,成为超导态. 第二类超导体的特性曲线 Ⅱ 所示,当 $H<H_{c1}$(下临界磁场)时,$B=0$,处于超导态;当 $H>H_{c2}$(上临界磁场)时,则为正常态;当 $H_{c1}<H<H_{c2}$时,处于一种混合态,它能把一部分磁通排斥在外,具有一定的超导电性.

四、约瑟夫森效应

在两块超导体中间夹一很薄的绝缘层，就形成一个超导-绝缘-超导结（S-I-S 结），称为约瑟夫森结，如图 21.30 所示. 1962 年英国剑桥大学研究生约瑟夫森（B. D. Josephson）预言：如果绝缘层足够薄（例如 1 nm 左右），超导体内的电子对就可以通过隧道效应穿过势垒，形成电流. 这种现象称为约瑟夫森效应.

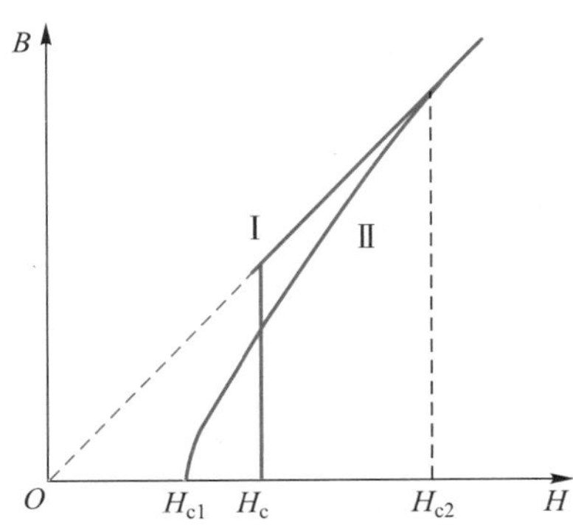

图 21.29 超导体内 B 与 H 的关系

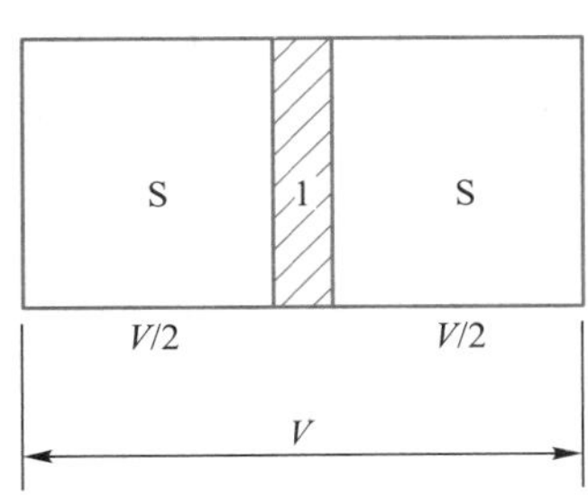

图 21.30 约瑟夫森结的示意图

1963 年为安德森（P. W. Anderson）和夏皮罗（S. Shapiro）等人的实验证实了约瑟夫森效应的存在. 由于该效应在理论上和实用上的重要意义，约瑟夫森获得了 1973 年的诺贝尔物理学奖.

21.4.2 超导的微观理论

关于超导的理论，比较成功的是 1957 年由巴丁（J. Bardeen）、库珀（L. V. Cooper）和施里弗（J. R. Schrieffer）提出的微观理论，称为 BCS 理论.

在正常态的金属中，传导电流的是导体中的自由电子，主要是费米能级附近的自由电子，金属的费米能级为 1～10 eV 的数量级，所以这部分电子的德布罗意长为 4×10^{-10}～12×10^{-10} m，这正是晶格间距的数量级. 这部分电子在晶格中传播时，会受到晶格振动、晶格缺陷和杂质的散射，形成电阻. 在低温下，尽管晶格的振动减弱会使电子受到的散射减小，但杂质和晶格缺陷与温度无关，仍然是由单个的自由电子来传导电流，电阻不可能为零.

BCS 理论的基本思想是：在低温的超导体中，动量大小相等、方向相反、自旋方向相反的两个电子会彼此吸引而形成束缚的电子对，称为库珀对. 大量库珀对的集合态就是超导态，而库珀对的形成则是通过电子与声子的相互作用.

晶格格点上的离子是通过晶体的结合力相互结合. 晶格的振动以波的形式在晶格中传播，称为格波（lattice wave）. 按照量子力学理论，振动能是量子化的，角频率为 ω 的弹性振动的能量为

$$E=\left(n+\frac{1}{2}\right)\hbar\omega \quad (n=0,1,2,\cdots)$$

其中，能量子 $\hbar\omega$ 称为声子（phonon）. 晶格振动能在晶体中的传播就是声子在晶格中的传播. 电磁振动的能量子是光子，它是传播电磁相互作用的介质，作为晶格振动能量子的声子则可视为传播晶格作用的介质. 当晶格中的一个电子和晶格作用引起晶格振动产生格波时，就相当于这个电子发出了一个声子，格波影响到另一个电子时，就相当于声子被另一个电子

吸收. 这种电子、声子相互作用能够在两电子间产生一个弱吸引力.

这种作用产生可借助图 21.31 来说明. 当电子 e_1 经过晶格离子时,由于异号电荷的库仑吸引作用,会在晶格正离子点阵内造成局部正电荷密度的增加,同时激起晶格振动,产生格波,相当于 e_1 发射一个声子. 当它传播到电子 e_2 处时,就可使 e_2 受到吸引,将动量和能量传给 e_2. 这就相当于 e_2 吸收了声子,并间接地和 e_1 发生了相互作用. 这种间接的弱吸引作用可使两个电子能量降低而形成束缚态. BCS 理论指出,当两个电子的自旋反平行,它们的动量大小相等、方向相反时,相互吸引作用最大,两个电子的结合最强,这样形成的电子对就是库珀对.

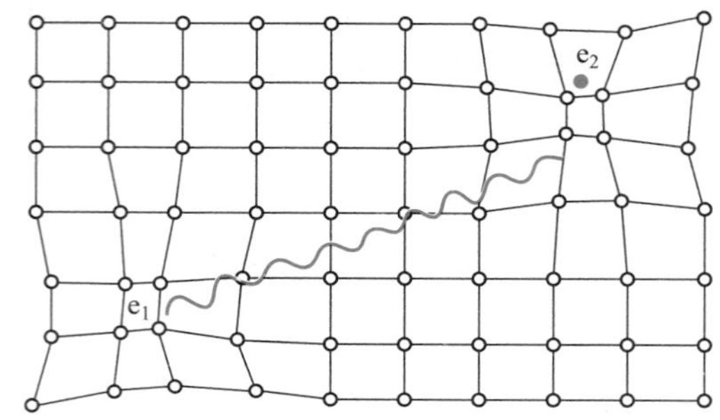

图 21.31 库珀对形成的示意图

由于库珀对中两个电子的动量相反,库珀对的质心动量为零. 有电流时,库珀对作为整体产生定向运动,质心的动量很小,波长很长,也不会被晶格振动、晶体缺陷和杂质散射,所以超导态以库珀对作为传导电流的载体,就没有电阻.

库珀对的结合能只有 10^{-3} eV 左右,当导体的温度 $T>T_c$ 时,热运动使库珀对解体成为正常电子,超导态就被破坏而进入正常态.

由 BCS 理论计算出的电子的比热容、临界磁场等和温度的关系都与实验相符. 提出 BCS 理论的三位科学家也因此而获得 1972 年的诺贝尔物理学奖.

BCS 理论预言超导体的临界温度不会高于 40 K,但 1987 年以后,我们已获得了 $T_c>100$ K 的超导体,这至少说明该理论是不完整的,而高温超导体还没有完全成熟的理论.

【前沿进展】

超导电性的研究大致可分为三个阶段. 第一阶段从 1911—1945 年,宏观理论和微观理论都还没有得到很好的发展,超导还是一种令人迷惑不解的现象. 第二阶段是从第二次世界大战后到 20 世纪 70 年代,超导理论有了很大的进展,同时也找到了具有较高 T_c、H_c 和 J_c 的超导合金. 在此基础上,制成了场强达 10 T 的超导磁体和一系列其他的超导仪器和装置. 第三阶段从 20 世纪 70 年代后期开始,重点是研制具有更高 T_c、H_c 的材料,特别是高 T_c 的材料. 这一研究在 1986 年取得了突破.

1986 年 4 月 17 日,德国《物理杂志》收到了 IBM 公司苏黎世实验室的贝德诺兹和缪勒所写的论文《Ba-La-Cu-O 系统中可能的高温超导体》,宣布他们发现钡镧铜的氧化物在 30 K 时存在超导电性的可能性,同年 10 月他们证实这种氧化物具有抗磁性,的确是超导体. 这很快就引发了席卷全世界的研究高 T_c 超导体的热潮. 同年 12 月,日本东京大学田中昭二等制成了起始转变温度 T_c 为 37 K 的锶镧铜氧超导体,中国科学院的赵忠贤小组制成了 $T_1=48.6$ K,$T_2=38.6$ K 的锶镧铜氧化物,并发现少数钡镧铜氧化物样品在 70 K 出现超导迹象. 1987 年 2 月赵忠贤和美国休斯敦大学的朱经武分别独立地发现 T_c 为 92 K 的 Y-Ba-Cu-O超导体,其零电阻温度为 78.5 K,使超导材料跨进了液氮温区(77 K),很快人们又合成了 T_c 为 110 K 的 Bi-Sr-Ca-Cu-O 体系超导体及 T_c 为125 K的 Ti-Ba-Cu-O 体系超导体. 这一阶段的研究使零电阻温度可靠地稳定在 90 K 左右. 1995 年前后发现了 Hg-Ba-Ca-

Cu-O 体系超导体,其零电阻温度稳定在 130 K,加压测量时达到了 160 K.

从 1987 年 4 月开始,超导研究的重点逐渐转向高温超导机制的理论探索和应用技术的研究. 在应用方面主要解决临界电流偏低、材料脆、不易加工等问题,并取得了可喜的进展. 例如采用银包套方法制备的超导线材长度大于 1 km、临界电流密度 J_c(77 K)约为 10^4 A · cm^{-2}的样品,美国休斯敦大学的周本初等人制备出了 1.4 μm 的 YBCO 厚膜,其 T_c为 91 K,J_c(77 K)约为 8×10^5 A · cm^{-2}. 在弱电应用方面,用高 T_c铜氧化物超导体制备的超导量子干涉器件(SQUID)已有商品出售,它正在一些应用中取代低温超导体的 SQUID,并将广泛应用于医学、探矿、探伤、扫雷及基础研究等方面. 高 T_c滤波器的研究也取得很大进展并已接近商品化. 将高 T_c用于谐振腔、三端器件(超导晶体管)、延迟线及计算机等方面也做了很多工作. 总之,高 T_c超导体的应用前景是十分光明的,它将对社会和我们的生活产生巨大的影响.

21.5 纳米材料简介

纳米材料(nanomaterial)又称超微颗粒材料,其颗粒的大小范围为 0.1~100 nm,约为原子半径的 $1\sim10^3$倍. 目前纳米材料的某些应用已进入工业化生产阶段,因此纳米材料被誉为跨世纪的新材料. 我国也已将纳米材料科学列入了国家重点基础研究项目.

21.5.1 纳米材料的特性

在纳米尺度下,物质中电子的波动性以及原子之间的相互作用将受到尺度大小的影响. 在这个尺度时,物质会出现完全不同的性质. 例如,即使不改变材料的成分,纳米材料的基本性质,诸如熔点、磁性、电学性能、光学性能、力学性能和化学活性等都将和传统材料大不相同,呈现出用传统的模式和理论无法解释的独特性能.

一、表面效应

球形颗粒的表面积与直径的平方成正比,其体积与直径的立方成正比,因此,球形颗粒的比表面积与直径成反比. 随着颗粒的直径的减小,总表面积和比表面积都将会显著地增大,总表面原子数也将迅速增加. 表 21.1 给出了球形颗粒的比表面积和总表面原子数随颗粒直径变化的对照表.

表 21.1 球形颗粒的比表面积和总表面原子数随颗粒直径变化的对照表

颗粒直径/nm	比表面积/($m^2\cdot g^{-1}$)	总表面原子占总原子数的百分比/%
10	90	20
5	180	40
2	450	80
1	900	99

当颗粒的直径减小到纳米尺度时,会引起它的总表面原子数、总表面积和总表面能的大幅度增加. 由于表面原子的周围缺少相邻的原子,使得颗粒出现大量剩余的悬键而具有不饱和的性质. 同时,表面原子具有高的活性,且极不稳定,它们很容易与外来的原子相结合,形

成稳定的结构. 因此,表面原子与内部原子相比具有更大的化学活性和表面能. 上述这种由于颗粒尺寸变小所引起的表面的变化称为表面效应(surface effect).

二、小尺寸效应

颗粒尺寸变小所引起的宏观物理性质的变化称为小尺寸效应(small size effect). 纳米颗粒尺寸小,比表面积大,在熔点、磁性、热阻、电学性能、光学性能、化学活性和催化性等都较大尺度颗粒发生了变化,产生一系列奇特的性质. 例如,金属纳米颗粒对光的吸收效果显著增加,并产生吸收峰的等离子共振频率偏移;出现磁有序态向磁无序态,超导相向正常相的转变. 纳米颗粒的熔点也将大幅度下降,例如,金和银大块材料的熔点分别为 1 063℃ 和 960℃,但是直径为 2 nm 的金和银的纳米颗粒,其熔点分别降为 330℃ 和 100℃.

三、量子尺寸效应

金属大块材料的能带可以看成是连续的,而介于原子和大块材料之间的纳米材料的能带将分裂为分立的能级,即能级的量子化. 这种能级间的间距随着颗粒尺寸的减小而增大. 当能级间距大于热能、光子能量、静电能、磁能、静磁能或超导态的凝聚能等的平均能级间距时,就会出现一系列与大块材料截然不同的反常特性,称之为量子尺寸效应(quantum size effect). 这种量子尺寸效应导致纳米颗粒的磁、光、电、声、热以及超导电性等特性与大块材料显著不同. 例如,纳米颗粒具有高的光学非线性和特异的催化等性质,而且金属纳米颗粒(如纳米银)具有类似于绝缘体的很高的电阻.

半导体的能带结构与颗粒的尺寸也有密切的关系. 随着颗粒的减小,半导体的发光带或者吸光带可由长波长移向短波长,发光的颜色从红光移向蓝光,这就是半导体的蓝移现象. 这种随颗粒尺寸的减小,能隙变宽发生蓝移现象也是由量子尺寸效应引起的.

四、宏观量子隧道效应

微观粒子具有穿越势垒的能力称之为隧道效应. 近年来,人们发现一些宏观的物理量,如微小颗粒的磁化强度,量子相干器件中的磁通量以及电荷等也具有隧道效应,它们可以穿越宏观系统的势垒而产生变化,这种效应称为宏观量子隧道效应(macroscopic quantum tunneling effect). 宏观量子隧道效应的研究对基础研究和应用都有重要的意义,例如,它限定了采用磁带、磁盘进行信息存储的最短时间. 这种效应和量子尺寸效应一起,将会是未来微电子器件的基础,它们确定了微电子器件进一步微型化的极限.

21.5.2 纳米技术的应用

纳米材料从根本上改变了材料的结构,为克服材料科学研究领域中长期未能解决的问题开辟了新途径. 其应用主要体现在以下几方面:

一、在陶瓷领域的应用

纳米陶瓷是指在陶瓷材料的显微结构中,晶粒、晶界以及它们之间的结合都处在纳米尺寸水平. 由于纳米陶瓷晶粒的细化,晶界数量大幅度增加,可使材料的强度、韧性和超塑性大为提高,并对材料的电学、热学、磁学、光学等性能产生重要的影响. 如将纳米氧化铝添加到氧化铝陶瓷中可起到显著的增强和增韧作用.

二、在微电子学领域的应用

纳米电子学立足于最新的物理理论和最先进的工艺手段,按照全新的理念来构造电子系统,开发物质潜在的储存和处理信息的能力，实现信息采集和处理能力的革命性突破，纳米电子学将成为21世纪信息时代的核心. 单电子晶体管在微电子学和纳米电子学领域占有重要的地位.

三、在化工领域的应用

纳米粒子作为光催化剂，有着许多优点. 由于粒径小，比表面积大，光催化效率高；同时，纳米粒子生成的电子、空穴在到达表面之前，大部分不会重新结合，能够到达表面的数量多，所以化学反应活性高. 此外，纳米粒子分散在介质中往往具有透明性，容易运用光学手段和方法来观察界面间的电荷转移、质子转移、半导体能级结构与表面态密度的影响.

四、在医学领域的应用

可以在纳米尺度上了解生物大分子的精细结构及其与功能的关系，获取生命信息. 科学家们设想利用纳米技术制造出分子机器人，使其在血液中循环，对身体各部位进行检测、诊断和实施特殊治疗. 目前，科研人员已经成功利用纳米微粒进行了细胞分离，用金的纳米粒子进行定位病变治疗等. 另外，利用纳米颗粒作为载体的病毒诱导物也取得了突破性进展.

五、在分子组装方面的应用

如何合成具有特定尺寸且粒度均匀分布无团聚的纳米材料，一直是科研工作者努力解决的问题. 目前，纳米技术深入到了对单原子的操纵，通过利用软化学与主客体模板化学、超分子化学相结合的技术，正在成为组装与剪裁、实现分子手术的主要手段.

利用纳米技术还可制成各种分子传感器和探测器. 利用纳米羟基磷酸钙为原料，可制作人的牙齿、关节等仿生纳米材料. 将药物储存在碳纳米管中，并通过一定的机制来激发药剂的释放，可控药剂有希望变为现实. 另外，还可利用碳纳米管来制作储氢材料，用作燃料汽车的燃料“储备箱”. 在合成纤维树脂中添加纳米氧化硅等纳米微粒，经抽丝、织布，可以制成杀菌、防霉、除臭、抗紫外线辐射和抗电磁辐射的服装.

【网络资源】

小　　结

本章首先介绍典型晶体结构和按结合力的性质区分的晶体的四种类型. 利用量子理论讨论电子的共有化、周期场中电子波函数的性质、能带的形成及其基本性质，用能带理论说明了金属、绝缘体和半导体的特性，由电子、空穴、杂质与电离杂质的统计分布，给出载流子概念，讨论了 p 型半导体和 n 型半导体的特点. 理解电子的共有化和能带的形成，掌握金属、绝缘体和半导体的特性，是本章的重点.

其次，半导体在电磁场中的电荷输运现象主要包括电导和霍耳效应；在一块半导体样品中，通过控制施主与受主浓度的方法，在两个区域的交界处形成 pn 结；当光辐射入射到半导体材料上时，导致材料中电子状态改变，引起半导体的光吸收；同时半导体也会产生光辐射. 了解电导、霍耳效应、pn 结、半导体的光辐射和光吸收等基本物理性质，是本章的要求.

在低温的条件下某些金属、合金以及化合物，呈现出电阻等于零和排斥磁力线的奇特超导现象. 学生应了解超导的 BCS 理论和约瑟夫森效应，掌握超导体的主要特性.

最后，本章介绍了纳米材料的特性及其应用. 了解表面效应、小尺寸效应、量子尺寸效应和宏观量子隧道效应，是本章的要求.

附：本章的知识网络

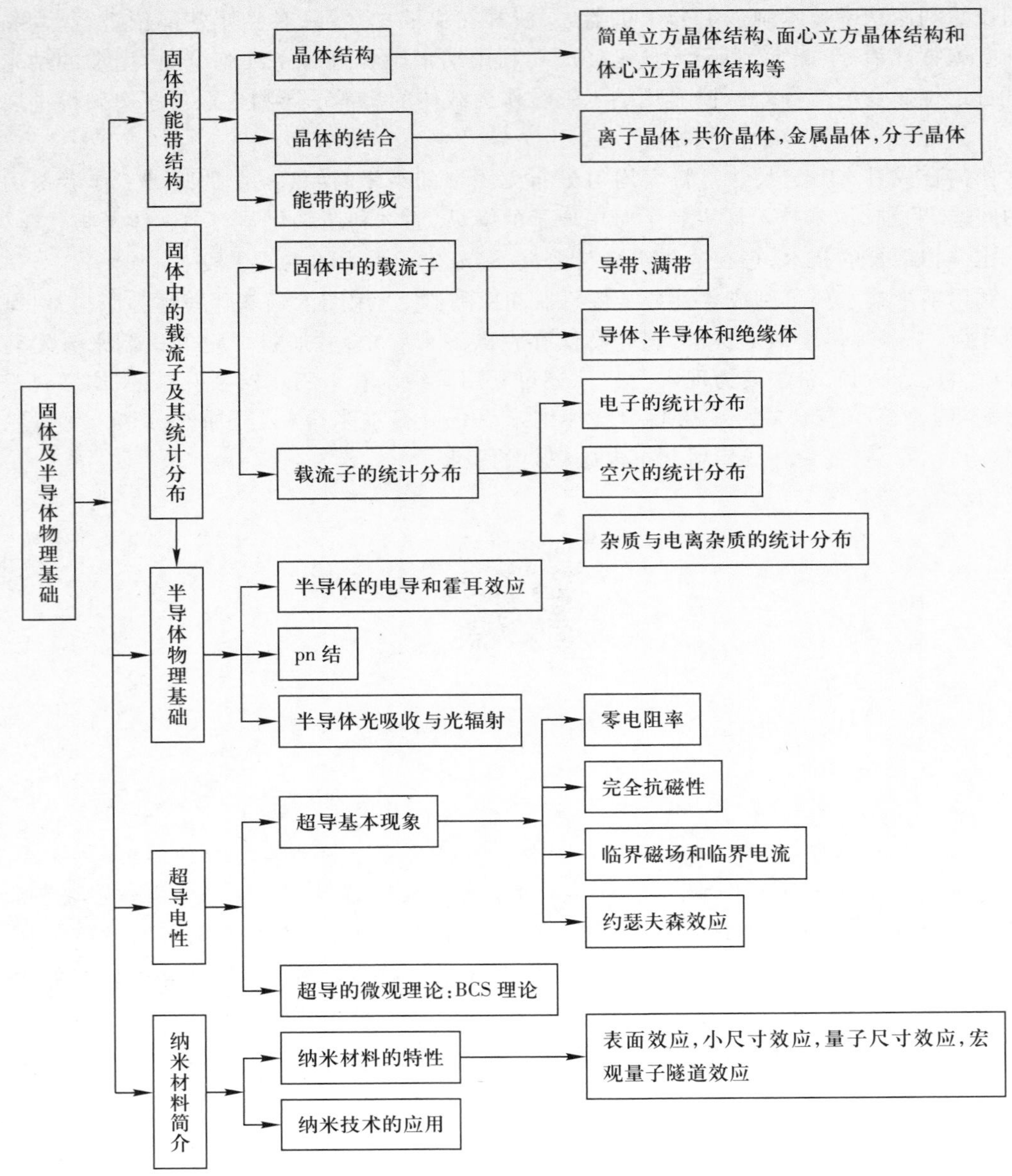

思 考 题

21.1 按结合力的性质可将晶体分为几类?

21.2 比较孤立原子中电子与晶体中电子的能量特征.

21.3 定性说明能带形成的原因.

21.4 什么是导体、绝缘体和半导体,其能带特点是什么?

21.5 什么是导带、满带和空穴?空穴与电子的异同是什么?

习 题

21.1 如果(1)锗用锑(5价元素),(2)硅用铝(3价元素)掺杂,则分别获得的半导体属于哪种类型?

21.2 n型半导体中杂质原子所形成的局部能级(施主能级)与p型半导体中杂质原子所形成的局部能级(受主能级),在禁带带结构中应处什么位置?

21.3 简述本征半导体与杂质半导体的异同.

21.4 说明pn结空间电荷区形成机理.

21.5 已知$T=0$ K时锗的禁带宽度为0.78 eV,则锗能吸收的辐射的最长波长是多少?

21.6 荷兰物理学家昂内斯发现当温度降到4.2 K附近时,Hg样品的电阻突然降到零,他把这种性质称为什么?

21.7 具有超导电性的材料称为超导体,超导体电阻降为零的温度称为什么?

21.8 什么是超导体?它具有哪些基本现象?

21.9 简述第一类超导体与第二类超导体的区别?

21.10 什么是纳米材料?它具有哪些基本特性?

习题参考答案

索　　引

C.

D.

E.

F.

G.

H.

J.

K.

L.

M.

N.

R.

S.

T.

W.

X.

Y.

参考文献

郑重声明